DIGITAL FRONT-END

디지털 반도체 설계

Cadence®로 배우는 Arm® 기반 SoC 설계

선 혜 승 · 나인플러스아이티㈜ 기술연구개발팀 공저

B.C.Info

이 책은
나인플러스아이티(주)의 기술지원과
CADENCE 라이선스 지원, 서버 지원을 통하여 진행되었습니다.

이 책은
SoC 글로벌 기업 Arm사의 AAA(Arm Academic Access) 프로그램의
NDA 계약을 근거로 한 IP 지원으로 진행되었습니다.

Prologue

집필을 하기 전에 많은 고민이 있었습니다. 사실 저는 그저 한 사람의 학습자이고, 기존 기술을 배우고 활용하는 데 중점을 두어왔기 때문입니다. 세상에 없던 기술을 만들어 내어 기술 문서와 책을 통해 리드하거나 계몽하는 사람도 아닙니다. 또한 시중에는 Arm에 대한 전문 서적들이 많이 나와 있습니다. Arm 웹사이트에 가면 Arm의 마이크로 아키텍처에 대한 자세한 설명도 있고, Arm 코어를 이용하여 SoC를 만들 때 고려해야 할 사항들과 최적화 기법 등 수많은 내용이 있습니다. 책을 쓰는 순간 Technical Document보다 구식이 될 수 있는 요즘 세상이므로, 최신 기술과는 거리가 먼 제가 책을 쓰는 데는 그만한 용기가 있어야만 했습니다. 하지만 이 책이 구별될 수 있는 이유는 아래와 같습니다.

- 초보자들이 어떻게 Arm IP 에 접근할 수 있는지 알려주기 때문일 것입니다.
- 어떻게 Arm Cortex-M0 SoC 를 하드웨어로 구현할 수 있고, 어떻게 소프트웨어와 연동할 수 있는지를 알려주기 때문일 것입니다.
- 주어진 RTL 코드를 CADENCE EDA 툴을 활용하여 어떻게 GDS 까지 만들어낼 수 있는지를 다루기 때문일 것입니다.
- 설계에 꼭 필요한 CADENCE GPDK 를 어떻게 사용할 수 있는지 다루기 때문일 것입니다.
- 거의 모든 챕터가 실습을 포함하고 있으며, 어려운 이론 대비 쉬운 실습 자료를 제공하기 때문일 것입니다.

이 책은 초보자 및 초/중급 레벨을 대상으로 하였습니다. 두 권으로 기획하여 1년(2학기) 정도의 기간에 디지털 칩 설계 전체인 RTL-to-GDS를 경험할 수 있도록 하였습니다.

본 책 Vol 1.은 Front-End를 담았는데, 간단한 소개는 아래와 같습니다.

- 1 장에서는 반도체 설계의 전체적인 과정과 개발 환경을 소개하였습니다.
- 2 장에서는 디지털 라이브러리에 대한 이해와 실습을 담았습니다.
- 3 장에서는 설계 주제인 Arm Cortex-M0 SoC 에 대하여 다루었는데, 인프라가 없는 대학의 경우 어떻게 접근할 수 있는지에 대한 절차도 담아보았습니다.

- 4 장부터는 디지털 칩 설계 플로우를 순서대로 담았는데, 시뮬레이션, 합성, 동등성 검사까지 총 6 개의 장으로 구성하였습니다.

이후의 Vol 2.는 Back-End 과정을 담고 있습니다. Auto PnR부터 마지막 과정까지를 소개할 예정입니다. 특히 마지막에는 FRAM 셀이 아닌 Real GDS를 적용하여 Fab에 들어가기 전의 실제적인 모습까지 확인할 수 있습니다.

디지털 반도체 분야는 초보자에게 상당히 높은 문턱이 있는 것 같습니다. 리눅스를 다룰 수 있어야 하고, 전문 툴에 대한 라이선스를 구비해야 하고, 많은 툴을 구동할 수 있어야 합니다. 또한 디지털 라이브러리에 대하여 이해해야 하고, 만들고자 하는 칩의 스펙을 Constraint, SDC 파일로 기술할 수 있어야 합니다. 처음 입문하는 사람이 많은 시간을 들여 이해해야만 하는 내용을 텍스트와 그림만으로 이해시키려는 것이 큰 도전 과제였지만 최대한 문턱을 낮추어보고자, 쉽게 풀어보고자 노력했습니다. 이 책을 통해 독자들이 자신만의 칩 설계를 완성할 수 있을 것이니, 디지털 설계에 관심 있는 분들에게 도움이 되기를 바랍니다.

저조차도 CADENCE 툴을 공부해야 하는 상황이어서 고민이 많았지만, 함께 공부하고 논의했던 학생들, 아니 Co-worker 들이 있었기에 가능했다고 생각합니다. 그들 역시 리눅스도 모르는 초보자였지만, 열정을 가지고 문턱을 넘는 순간 함께 일할 수 있는 엔지니어로서의 가능성을 보여주어 깜짝 놀랐던 순간이 많았습니다. 하고자 하면 못할 것이 없다는 것을 확인시켜준 한국폴리텍대학 반도체융합캠퍼스 반도체설계과의 김도우 학과장님 이하 김홍래, 박세준, 김건욱, 황혜민에게 마음 깊은 감사를 보냅니다. 고맙습니다. 우리의 뜨거웠던 2학기와 겨울 방학을 잊지 못할 것입니다.

또한 이 책의 집필을 제안해주시고 케이던스 툴과 서버를 지원해주신 나인플러스아이티(주)의 박현찬 대표님과 이하 임직원분들께도 깊은 감사의 마음을 전합니다. 많이 부족한 저에게 기회를 주셨고, 결과물이 나올 때까지 물심양면 도와주셨습니다. 그리고 우승안 팀장님과 정윤혁 사원님, 고개 숙여 마음을 전합니다. 이 작은 책이 앞으로 우리 모두의 큰 성장에 좋은 계기가 되기를 기원하겠습니다.

마지막으로 늘 저를 움직이게 하는 원동력이자 지탱해주고 애정해주는 아내와 우리 가족들에게 고맙고 사랑한다는 말을 전합니다.

2025년 여름 저자 씀

CONTENTS

CHAPTER 1 반도체 설계

CHAPTER 2 설계용 라이브러리 점검

CHAPTER 3 Sytem On Chip(SoC) 디자인

CHAPTER 4 Function Simulation

CHAPTER 5 합성

CHAPTER 6 Equivalence Check

부록

Chapter 1

반도체 설계

1.1 반도체 설계 소개

반도체설계는 구현 방법에 따라서 크게 세 가지 방식으로 구분된다. Full Custom 디자인과 Cell based 디자인, Mixed 디자인이다.

커스텀(Custom)이라는 단어는 일상생활에서도 자주 사용하는 표현이다. 누군가 독자적으로 만든 제품이나 독특하게 한정하여 만들어낸 사물 등에 붙이곤 한다. 아날로그 디자인을 할 때는 스키매틱(Schematic)과 레이아웃(Layout) 작업을 완전히 비어 있는 화면에서 시작하는데, 소자를 하나씩 불러오고(instance), 선을 연결하며, 수정하는 작업을 반복적으로 오랜 기간에 걸쳐 진행한다. 이 모든 과정이 100% 커스텀하기 때문에 Full-Custom이라고 부른다. 최근에는 Custom IC라는 용어도 사용하고 있다. 아래 그림은 Full Custom 설계의 예시를 나타낸다.

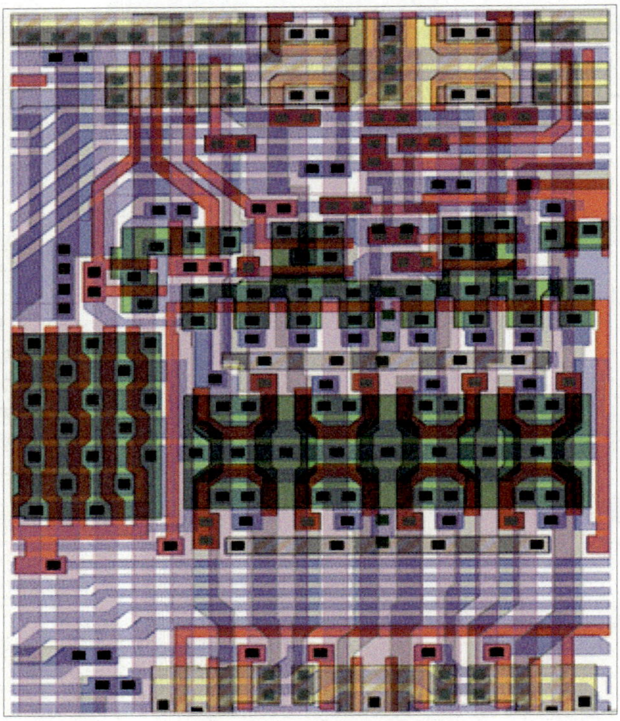

[그림 1-1] Full Custom 디자인의 예-1

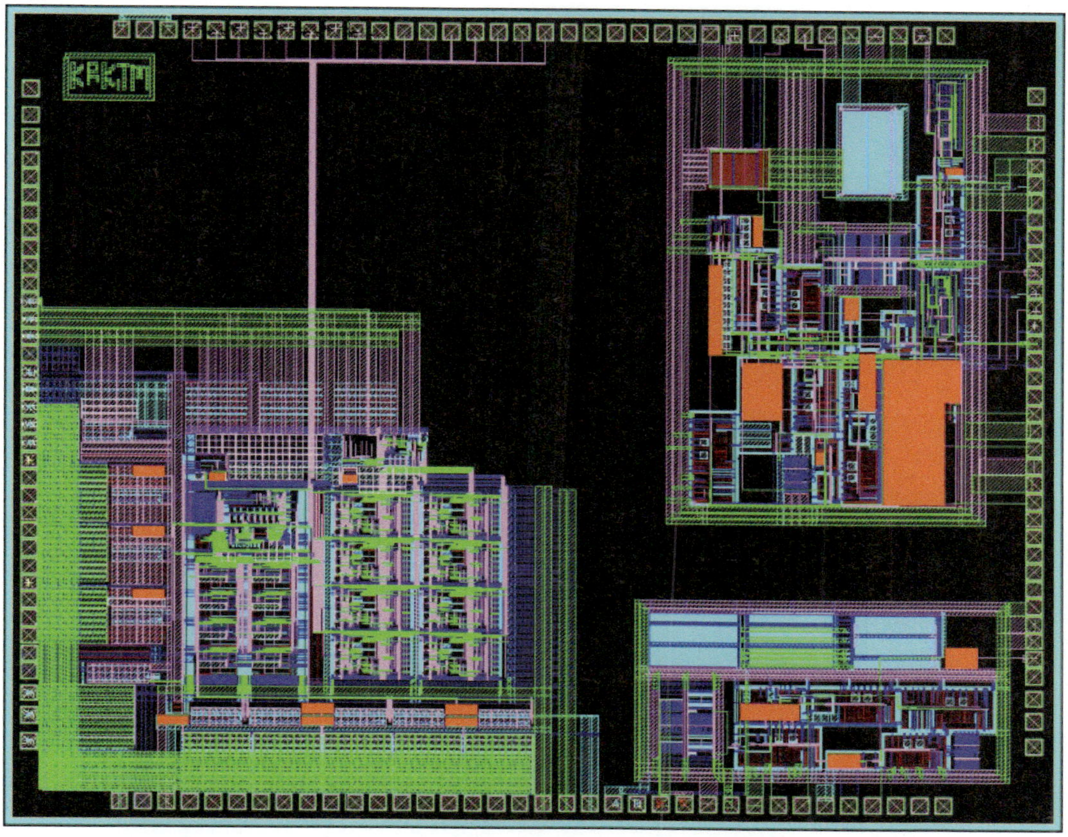

[그림 1-2] Full Custom 디자인의 예-2

Cell Based 디자인이라는 용어는 셀을 그대로 이용하는 디자인으로 해석된다. Full Custom 설계와는 반대 개념으로, 미리 만들어진 셀을 이용하여 디자인한다는 뜻이다. 우리가 익히 배워서 알고 있는 디지털 논리게이트가 이에 해당하는데, Cell based 디자인은 설계자의 아이디어를 Verilog, System Verilog 등의 HDL(Hardware Description Language) 언어로 기술한 뒤 디지털 논리게이트로 변환하는 컴파일 과정을 거친다는 것이 중요하다.

Cell Based 디자인은 언어를 사용하기 때문에 다음과 같은 장점이 있다.

- 유연하게 코드 수정이 가능
- 논리, 산술 계산 회로뿐 아니라 복잡한 연산을 할 수 있는 구조의 설계 가능
- 하드웨어 가속기와 같은 큰 로직을 만드는 데 적합

아래 그림은 Cell Based 디자인의 예시를 나타낸다.

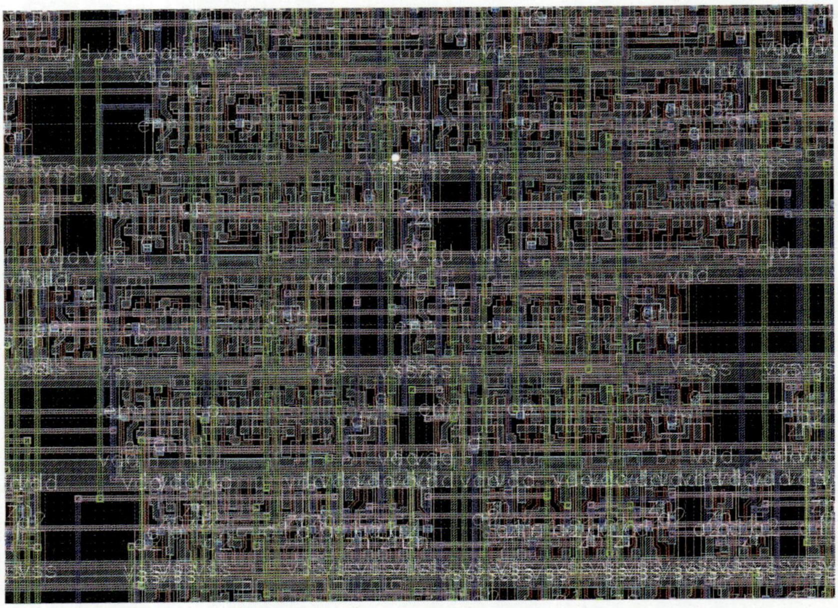

[그림 1-3] Cell Based 디자인의 예-1

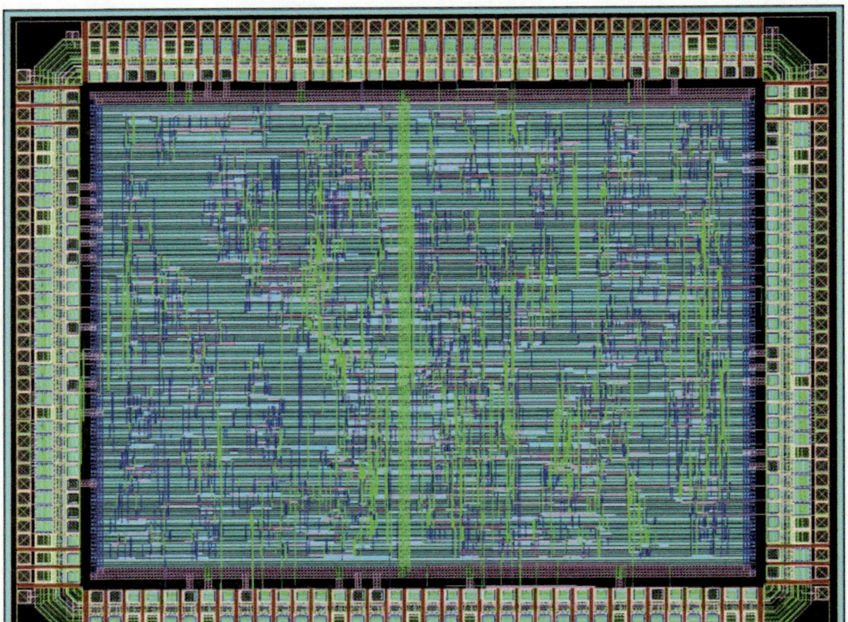

[그림 1-4] Cell Based 디자인의 예-2

Mixed 디자인은 말 그대로, Full Custom 및 Cell Based 디자인을 하나의 칩 안에 모두 넣은 형태를 가리킨다. 예를 들어, 하나의 칩 안에서 아날로그 회로는 Full Custom 방식으로 구현하고, 디지털 제어 블록은 Cell Based 방식으로 구성하는 것이다. 최근 고성능이 요구되는 SoC (System On Chip) 칩과 AI를 다루는 칩들이 새로운 시장을 개척하고 있으므로 더 많은 관심을 받는 설계방식이다. Mixed 디자인은 많은 기능 회로들을 구현해야 하고 많은 블록을 유기적으로 연결하기 때문에 기술적 난이도가 가장 높은 방식이다. 아래 그림은 Mixed 디자인의 예시를 나타낸다.

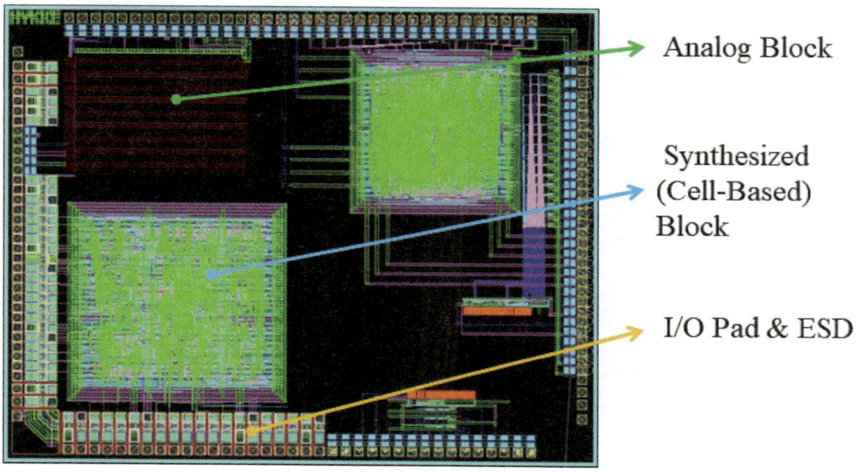

[그림 1-5] Mixed 디자인의 예

아래 표는 지금까지 소개한 내용을 정리하고 있다.

[표 1-1] 설계방식별 특징

설계방식	특징
Full Custom 디자인	- 모든 Circuit을 설계자가 직접 Design - Cell Library를 사용하지 않음 - 공정 특성에 따라 성능이 변하는 아날로그나 RF 설계에 주로 사용 - 장점 :우수한 성능, 적은 비용(면적 감소)
Cell Based 디자인	- 공정사가 제공하는 표준 셀 라이브러리(Standard Cell)와 IO셀, 메모리를 사용하는 설계 - 디지털 설계에 주로 사용 - HDL 언어를 이용한 큰 규모의 칩 설계에 적합
Mixed 디자인	- Full-Custom과 Cell-Based Design을 혼용 - 칩에 많은 복합적인 기능을 넣을 수 있음 기술적 난이도가 가장 높음

1.2 반도체 설계 방법

이번에는 설계라는 단어에 대하여 알아보자. 설계는 좋은 아이디어를 머릿속에서 상상만으로 그치는 것이 아니라 실제로 그려보거나 만들어보는 구현이 가장 중요하다고 생각한다. 그래서 최초에 회로를 그림이나 언어로 만들면 시뮬레이션을 반드시 진행하는데, 입력을 넣은 뒤 회로의 출력을 확인했을 때 예상하는 값이거나 비슷한 수준의 결과로 확인이 된다면 그 설계는 성공한 것이다.

아래 그림에서 표현하고 있는 것처럼, 반도체 설계 분야에서는 회로의 입력과 출력은 고정하고 회로의 모습을 실제적인 모습으로 구현해나가는 것에 집중하고 있다. 최종적인 모습이 완성되면 결과 파일로 저장하여 공정사(Foundry)에 전달하는 것이 설계의 마무리이다.

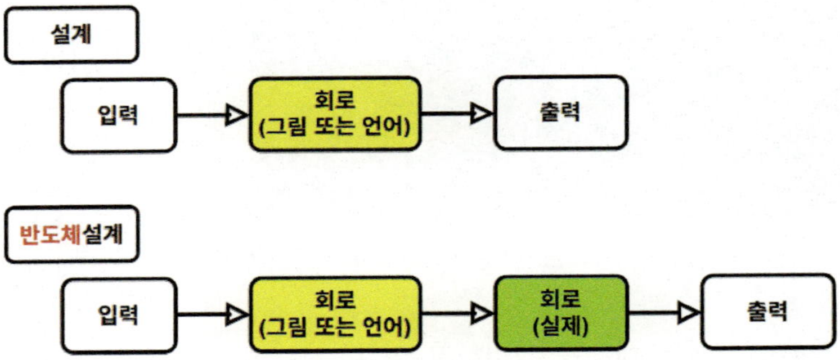

[그림 1-6] 반도체 설계

반도체 설계는 아날로그 설계와 디지털 설계로 나눌 수 있다. 위 그림을 유념하면서 각각의 설계방식에 대해 자세히 알아보도록 하자.

1.2.1 아날로그 설계

아래 그림에서 아날로그 반도체 설계 방법을 확인할 수 있다. 파란색으로 표시된 상자는 전반부 설계인 Front-End를 나타내는데 회로를 심볼(그림)로 구현한 뒤 시뮬레이션을 하는 단계이고, 초록색으로 표시된 상자는 후반부 설계인 Back-End를 나타내는데 실제의 모습인 레이아웃(Layout)으로 구현한 뒤 시뮬레이션을 하는 단계이다.

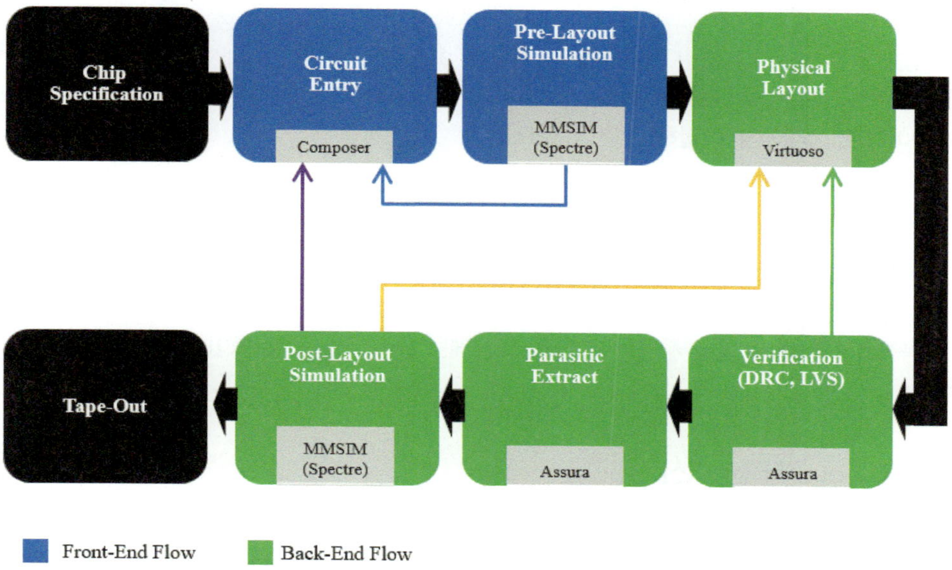

[그림 1-7] 아날로그 설계 방법

(1) 칩의 스펙 설정

- 칩의 기능, 동작 주파수, Area, 증폭률, 노이즈 등 다양한 요소를 통합적으로 고려하여 스펙을 설정
- 과도한 스펙은 설계를 매우 어렵게 만들 수 있으므로, 지나친 오버 스펙이 되지 않도록 설정하는 것이 중요
- 설정한 스펙은 설계 마지막까지 수정하지 않는 것이 원칙

(2) Schematic 작성

- CADENCE 사의 Composer 툴을 이용하여 Schematic 을 구현
- PDK 에 들어있는 다양한 소자들을 사용하므로, 공정 정보를 이해한 상태에서 작업하는 것이 필요

(3) Pre-layout 시뮬레이션

- 작성한 Schematic 에 입력을 넣고 출력 결과를 확인하는 방식의 시뮬레이션
- CADENCE Spectre 툴을 이용하여 Time & Frequency 및 AC, Transient, DC 등의 분석 가능
- RF 회로 디자인이라면 SpectreRF 툴, Mixed 디자인이라면 MMSIM 툴을 이용하여 통합시뮬레이션이 가능
- 빠른 시뮬레이션을 위해서는 Spectre APS, Spectre XPS, Spectre X 툴 사용 가능(디자인 크기에 따라 선택, 다수 라이선스 필요)

(4) 레이아웃 작성

- CADENCE Virtuoso 툴의 레이아웃 에디터를 이용하여 물리적인 배치와 배선 수행
- 공정사에서 제공하는 Design Rule 문서를 참고하여 공정 정보와 단면구조, 디자인 규칙(Rule)을 잘 이해한 상태에서 작업하는 것이 필요

(5) DRC, LVS, PEX

- 완성된 레이아웃에 대하여 DRC(설계 규칙 검사), LVS(회로 비교), PEX(기생 성분 추출) 검증을 진행
- 전통적으로 Assura 툴을 사용하고 있고, 최근에는 PVS, Pegasus 툴이 출시되어 최신 공정에서 사용

(6) Post Layout 시뮬레이션

- Parasitic Extraction 까지 완료하면, 디자인 내의 net 에 있는 기생 R, C 값을 정확하게 알 수 있으므로 Post Layout 시뮬레이션을 통해 칩의 실제 동작에 가까운 결과를 얻을 수 있음
- 위에서 소개한 Spectre 툴을 사용하고, 목적에 맞게 SpectreRF, MMSIM 등을 사용할 수 있음

(7) Tape Out

- 최종 디자인을 gds 포맷으로 추출하여 프로젝트 마감 기한 내에 공정사에 제출함
- 스펙과 기능을 만족하면서도 공정사에서 제시하는 DRC 와 제한사항에 문제가 없어야 함
- 일반적으로 레이아웃된 디자인에 회로 보호용 더미를 추가 후에 제출
- 필연적인 DRC 에러에 대하여 설명하는 Waive list 와 최종 디자인 정보인 Device List 도 작성하여 공정사에 제출함

1.2.2 디지털 설계

아래 2개의 그림을 통해서 디지털 반도체 설계 방법을 확인할 수 있다.

첫 번째 그림은 전반부 설계인 Front-End를 나타내는데 Verilog 또는 System Verilog 언어를 이용하여 회로를 구현하고 심볼(그림) 형태의 디지털 논리회로로 합성(컴파일)한 뒤 시뮬레이션을 하는 단계다. 두 번째 그림은 후반부 설계인 Back-End를 나타내는데 실제의 모습인 레이아웃(Layout)의 모습으로 자동 배치배선(Auto PnR)한 뒤 시뮬레이션을 하는 단계다.

아날로그 설계보다 더 많은 단계와 툴이 사용되는 것으로 보이는데, 디지털 설계는 큰 회로를 만들 수 있으므로 여러 검증 단계들이 추가로 필요하고 각각의 단계마다 독립적인 툴로 만들어야 할 정도의 기술적 볼륨이 요구되기 때문이다.

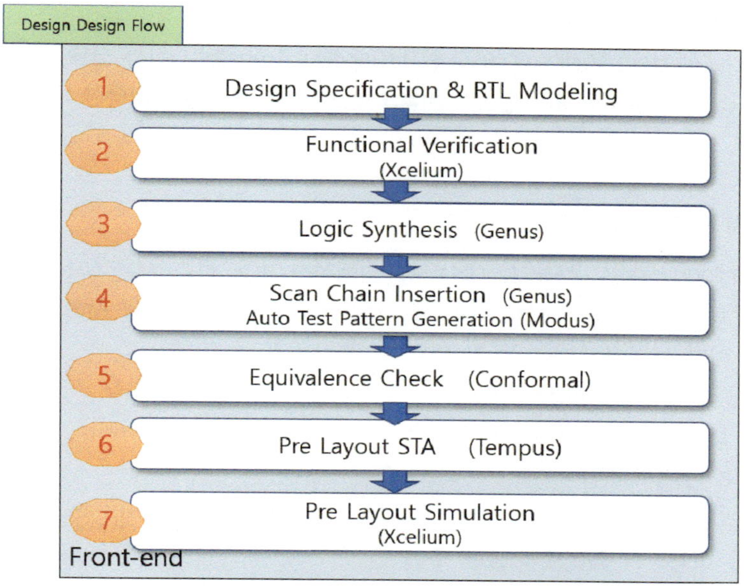

[그림 1-8] 디지털 설계 Flow - 전반부 Front End

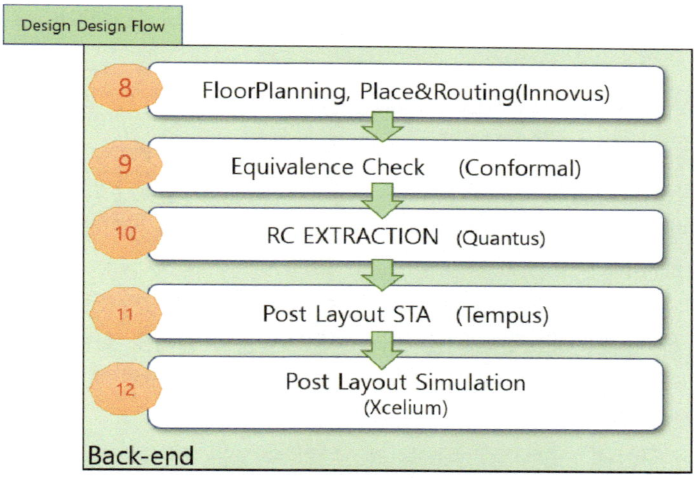

[그림 1-9] 디지털 설계 Flow - 후반부 Back End

(1) 칩의 스펙 설정 & RTL 모델링

- 칩의 기능, 동작 시나리오, 동작 주파수, Area, Timing, 동작 환경, 전원 조건 등을 통합적으로 고려하여 스펙을 설정
- 과도한 스펙은 설계를 매우 어렵게 만들 수 있으므로, 지나친 오버 스펙이 되지 않도록 설정하는 것이 중요

- 설정한 스펙은 설계 마지막까지 수정하지 않는 것이 원칙
- Verilog 또는 System Verilog 언어로 RTL(Register Transfer Level) 코드를 작성
- 구현한 RTL 코드 자체가 실리콘 칩이 되므로 높은 코드 퀄리티와 정확한 동작을 보장하는 것이 매우 중요

(2) Functional Verification

- 작성한 Verilog 형태의 디자인을 대상으로 진행하는 동작 검증 시뮬레이션
- 설계자는 테스트 벤치(Testbench) 파일을 작성하여 입력으로 사용할 패턴의 형태와 규칙 등을 기술하고, 출력 파형의 저장 여부와 파일 이름을 정할 수 있음
- 입력과 출력을 웨이브 형태로 볼 수 있는 Dynamic 시뮬레이션 타입

(3) 합성(Logic Synthesis)

- 동작이 검증된 HDL 소스 코드를 공정사에서 제공한 디지털 라이브러리(Standard Cell, IO Cell, Memory)를 이용하여 게이트-레벨로 구현
- 소스 코드 형태에서 디지털 논리게이트로 이루어진 디자인이 되며, 툴의 GUI 를 통해 그림(Schematic)으로 확인이 가능
- 설계자가 설정한 스펙을 만족하는 게이트-레벨의 디자인을 만들어 낼 수 있도록 최적화가 진행됨
- 최종적으로 Verilog 문법 형식을 따르는 게이트-레벨 넷리스트로 추출하여 다음 단계에서 사용함

(4) Scan Chain 삽입 & 자동 테스트 패턴 생성

- 칩이 만들어지는 과정에서 공정상의 결함으로 원치 않는 connection 이 일어났을 수 있음(예 : 메탈과 메탈간의 연결)
- 이는 공정 진행 도중에 낮은 확률로 일어날 수 있는 일이지만 칩 동작에 심대한 영향을 끼치므로 반드시 테스트해야 함
- 테스트 원리 : 칩 내부의 모든 플립플롭을 한 줄로 꿰어 낼 수 있는(Stitch) 채널을 만들고 칩의 외부에서 0, 1 기반의 테스트 패턴을 밀어 넣은 뒤 동작 결과를 확인
- 테스트를 위한 구현-0 : 모든 플립플롭을 Scan 채널이 있는 셀로 교체 후 DFT 컴파일러를 이용하여 한 줄로 Stitch 진행
- 테스트를 위한 구현-1 : 모든 플립플롭을 테스트할 수 있는 패턴을 자동으로 생성. 이에 더하여, 모든 플립플롭이 엮여 있는지 자세히 검증
- 모든 작업 후, 스펙을 여전히 만족하는지 검증. 만약 이상 없다면 게이트-레벨 넷리스트를 출력

(5) Pre–Layout Equivalence Check

- 등가성 검증으로서 합성 전, 후 비교
- 합성 전의 RTL 코드와 합성 후의 게이트-레벨 넷리스트가 동일한 동작을 하는지 검증
- 입력 패턴을 만들어 RTL 코드와 게이트-레벨 넷리스트에 동일하게 넣고 출력이 일치해야 함
- 설계 변경이나 합성 툴의 오류로 인한 차이를 검출하는 데 효과적

(6) Pre-Layout STA(Static Timing Analysis)

- 정적 타이밍 분석 : 전체 디자인을 Path 단위로 쪼갠 상태에서, 각 Path 단위로 타이밍 계산
- Path 내의 모든 셀과 wire에서 소요되는 시간을 수치적으로 누적(Accumulation)한 뒤 목표 시간과 비교
- Setup, Hold Time에 더하여 Recovery, Removal Time 등을 통합적으로 진행하는 고성능 검증
- 테스트 벤치 파일 없이 진행하는 방식으로서, 각 경로의 지연을 숫자로 검토하는 타이밍 계산이므로, 입력과 출력을 웨이브 형태로 볼 수 있는 Dynamic 시뮬레이션과 다름

(7) Pre-Layout 시뮬레이션

- 게이트-레벨 넷리스트에 대한 입력과 출력을 웨이브 형태로 볼 수 있는 Dynamic 시뮬레이션
- sdf 파일에 들어있는 셀 딜레이를 적용. 셀이 동작하는 지연 시간을 적용하는 것이므로 Function 시뮬레이션보다 한층 더 실제 칩 동작에 가까운 시뮬레이션임

(8) Auto PnR(Place and Route)

- 논리적으로 검증된 게이트 레벨 넷리스트를 물리적인 칩의 형태로 구현하는 과정
- 셀들의 배치와 셀 간의 배선을 자동으로 수행하여 실제 칩의 레이아웃을 생성
- 초반 단계인 FloorPlan과 PowerPlan은 사람이 직접 관여해야 하고, 툴에게 자동으로 맡길 수 있는 것은 Place 단계부터이니 오해가 없어야 함
- Auto PnR 과정은 다음과 같은 단계로 나누어 진행

[표 1-2] PnR 세부 단계

세부 단계	주요 역할
FloorPlan	- 목표로 하는 칩 Area만큼 작업할 땅을 펼치고, 칩 내부의 주요 블록 배치와 면적 분배. 멀티 파워 도메인의 경우 도메인별 영역 지정
PowerPlan	- Core 영역과 IO 셀, 주요 블록에 전력 공급을 위한 메탈 라인과 연결을 완성 - 작업 후 Edge 셀과 Tap 셀 등과 같이 미리 Place 되어야 할 셀들을 배치
Placement	- 스탠다드 셀들을 타이밍과 파워 등을 고려하여 최적의 위치에 자동 배치
CTS	- 클록 신호가 Zero skew를 위하여 즉, 모든 플립플롭에 동시에 도달할 수 있도록 클록 트리 생성 - 실제적인 Latency와 Transition 값을 계산하고 인지하게 됨
Route	- 디지털 논리회로를 생각했을 때 심볼과 심볼을 이어주는 Wire 연결을 실제로 진행하는 단계로서, 자동 연결이 핵심 - 공정 디자인 룰을 이해한 상태에서 배선을 진행하되, 타이밍과 파워, Area, DFM 이슈들을 종합적으로 고려
ChipFinish	- Core 필러셀을 삽입 후 최종 검증을 진행. 최종 결과물로서 gds 파일과 def 파일을 출력

(9) Post-Layout Equivalence Check

- 기본적으로 (5) Pre-Layout Equivalence Check 과 내용이 같지만, PnR 이후에 진행하는 단계라는 차이가 있음
- Auto PnR 이후 생성된 레이아웃과 입력으로 사용된 게이트 레벨 넷리스트가 논리적으로 같은지 검증하는 과정을 통해 설계 변경이나 오류를 검출

(10) RC Extraction

- 심볼과 심볼을 이어주는 Net 에 기생하고 있는 저항 성분과 Cap 성분을 추출하는 단계
- 단순히 선 하나의 연결이 아니라, M1 부터 M11 까지 이어질 수도 있는 긴 연결인 경우도 많아 상당히 어려운 계산이므로 전문 툴을 활용해야 함
- 전통적으로 SPEF 파일 포맷으로 추출하고, STATIC 타이밍 분석을 할 때 입력으로 전달, 실제 Net 에서 걸리는 시간으로 발현되도록 함

(11) Post-Layout STA

- 기본적으로 (6) Pre Layout STA 와 내용이 동일하지만, PnR 이후에 진행하는 단계라는 차이가 있음
- 구현이 완성된 디자인을 읽어 들인 뒤, Net RC 기생 성분까지 읽어 들여서 불확실성이 없는 상황에서 타이밍 만족 여부를 철저히 검증
- 디자인 내의 모든 Path 에 대해 Setup Time, Hold Time, Recovery, Removal 등 타이밍 관련 조건들을 만족했는지 통합 검증
- 문제가 발견되면 ECO(Engineering Change Order)를 통해 설계를 수정하되, Innovus 툴로 돌아가기를 반복
- 문제가 없다면 최종 Sign off 를 마친 것으로서, sdf 파일을 출력. 이 sdf 파일은 Cell Delay + Net Delay 정보를 포함하고 있어, 다음 단계에서 활용됨

(12) Post-Layout Simulation

- Post Layout STA 를 통해 출력된 sdf 파일을 이용하므로 실제 칩 동작 상황에 가장 가까운 시뮬레이션 진행이 가능
- Xcelium 툴을 통해 진행하며, 모든 신호 경로의 정확한 타이밍과 신호 품질을 최종적으로 확인할 수 있음
- 가장 긴 Run Time 을 보이는 시뮬레이션

(13) 머지 및 Tape Out

- 최종 디자인은 팬텀 셀로 작업한 결과이므로 Real 패턴이 보이도록 하는 작업이 필요
- 머지(Merge) 작업은 가장 처음에 디자인을 읽어 들이고, Real GDS 를 나중에 읽어 들이는 방식을 따르는데, 아래와 같은 순서로 진행

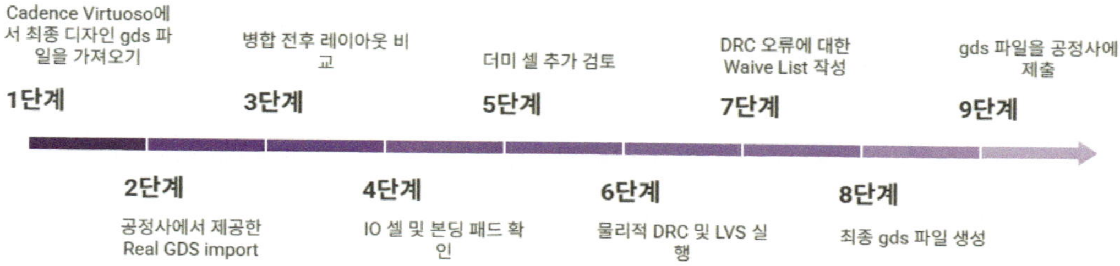

[그림 1-10] 머지 및 Tape Out 과정

- 1단계. Cadence Virtuoso 툴에서 최종 디자인 gds 파일을 import
- 2단계. 공정사에서 제공된 Real GDS를 import
  (주의 : 기존 레이아웃과 같은 라이브러리에 Overwrite 방식으로 진행)
- 3단계. Layout Editor에서 머지 전, 후의 상태를 비교
- 4단계. IO셀 및 Bonding 패드 포함 여부 확인. 필요 시 Seal Ring/Outline 추가
- 5단계. 더미셀 추가 여부 검토 (ESD 보호 및 설계 안정성 확보)
- 6단계. Physical DRC, LVS를 실행하여 최종 검증을 진행
- 7단계. 필연적인 DRC 오류가 존재하는 경우 Waive List 작성
- 8단계. 문제가 없으면 Device List를 작성하고 최종 gds 파일을 생성
- 9단계. gds 포맷으로 추출하여 프로젝트 기간 내에 공정사에 제출함(Tape-out)

1.3 EDA(Electrical Design Automation) 툴

반도체 설계는 매우 복잡하고 정교한 작업이기 때문에, 전용 툴의 도움이 필요하다. 이러한 툴을 통칭하여 EDA 툴이라고 한다. EDA 툴은 설계자가 회로를 기술하고, 검증하고, 최종적으로 물리적인 칩 형태로 구현하는 전 과정을 자동화하거나 보조하는 역할을 한다. 아래 그림은 CADENCE 사에서 제시하는 RTL to GDS Flow를 나타낸다. 디지털 설계가 처음 RTL 코드부터 최종 GDS 파일 생성까지 어떤 단계를 거치는지 알 수 있다. 그림의 우측 상단에는 툴의 목적에 따라 색깔별로 구분되어 있다.

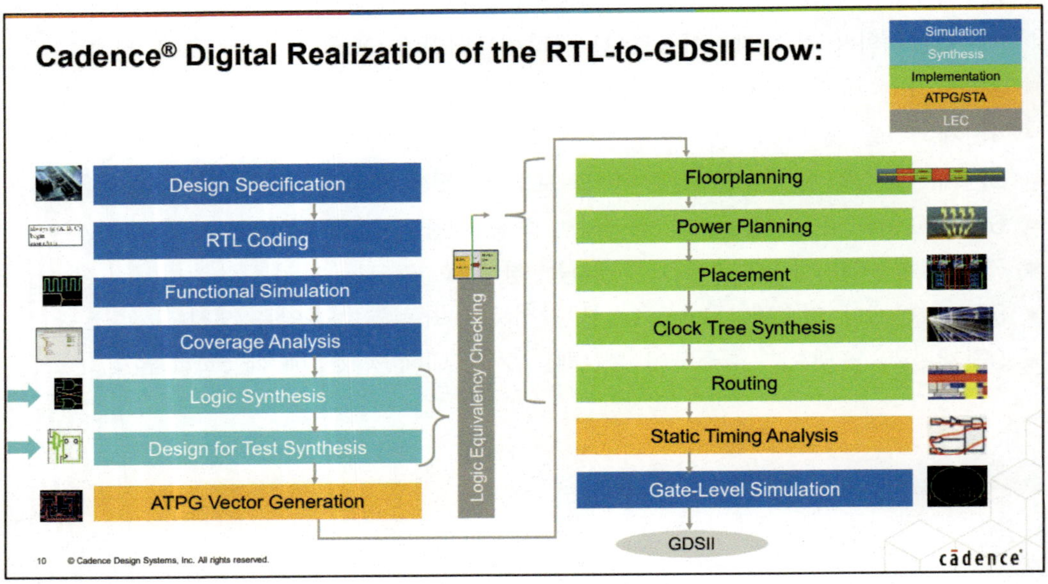

[그림 1-11] Digital RTL to GDS Flow (Cadence 자료 발췌)

위 그림의 왼쪽은 전반부 Front-End를, 오른쪽은 후반부 Back-End를 나타낸다. 각 단계별 자세한 내용은 이전 절을 참고하고, 본 책에서 실습으로 다루게 될 주요 툴의 이름과 목적을 아래에서 살펴보도록 하자.

1.3.1 Xcelium

- 목적 : Function, Pre-Layout, Post-Layout Simulation
- 주요 입력 : Verilog/SystemVerilog 코드, Testbench
- 주요 출력 : 파형(Waveform) 및 시뮬레이션 로그 파일
- 지원 OS : RHEL 7, RHEL 8/SLES 11, SLES 12
- 특성 및 기능

> Xcelium은 Multi language를 지원하는 simulator로서 SystemVerilog, VHDL, SystemC®, UVM, mixed signal, low power, 및 X-propagation을 지원.
> 고품질, 고성능의 코어 엔진을 가지고 있는 Digital Logic Simulator.

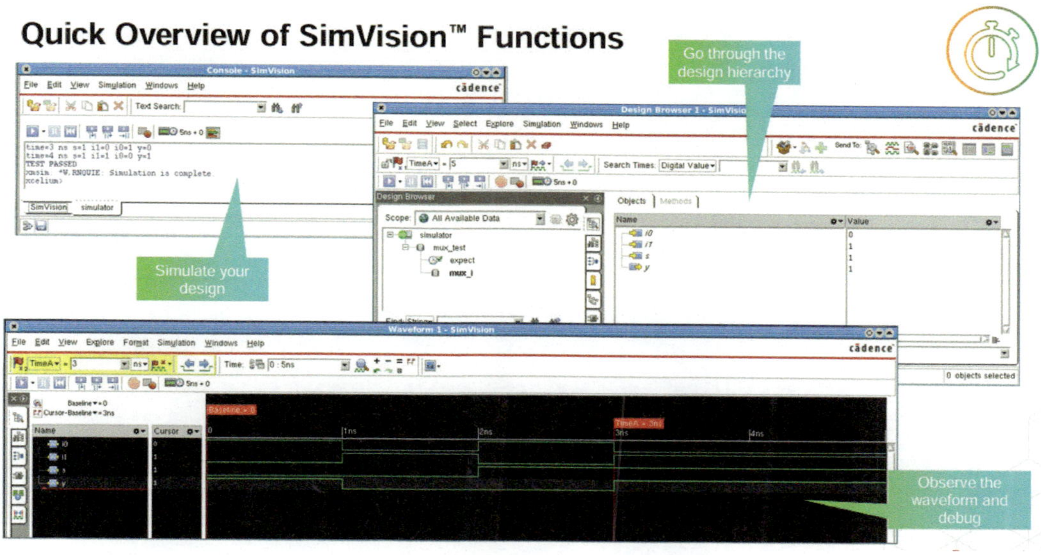

[그림 1-12] Cadence Xcelium(Cadence 자료 발췌)

1.3.2 Genus

- 목적 : 합성(Synthesis)
- 주요 입력 : RTL 코드, 디지털 라이브러리(Standard Cell + IO Cell), 제약 조건(Constraints)
- 주요 출력: 게이트-레벨 넷리스트(Gate-level Netlist)
- 지원 OS : 21 버전 기준, Red Hat Enterprise Linux (64bit) RHEL 7, SUSE Linux Enterprise Linux (64bit) SLES 12
- 특성 및 기능

> – Genus는 Digital IC Design에서 Logic Synthesis Solution을 제공.
> – Global mapping 기술을 통하여 탁월한 Timing, Power, Area 즉 Best Quality of Silicon을 제공.
> – Timing–Driven Partition Algorithm을 사용하여 Distributed Parallelism을 적용하므로 기존보다 5배 이상 빠른 turnaround time 달성 가능.
> – 합성 후 Scannable 한 디자인을 만들기 위하여 DFT 기능을 이용하고, ATPG(Auto Test Pattern Generation) 툴로서 Modus 툴을 추가로 이용하여 디자인 구현 진행.
> – 복잡한 과정을 진행하는 동안 기능적, 시간적, Area 적인 이유로 많은 Optimization이 필요하므로 Genus 툴이 Incremental 컴파일을 지원.

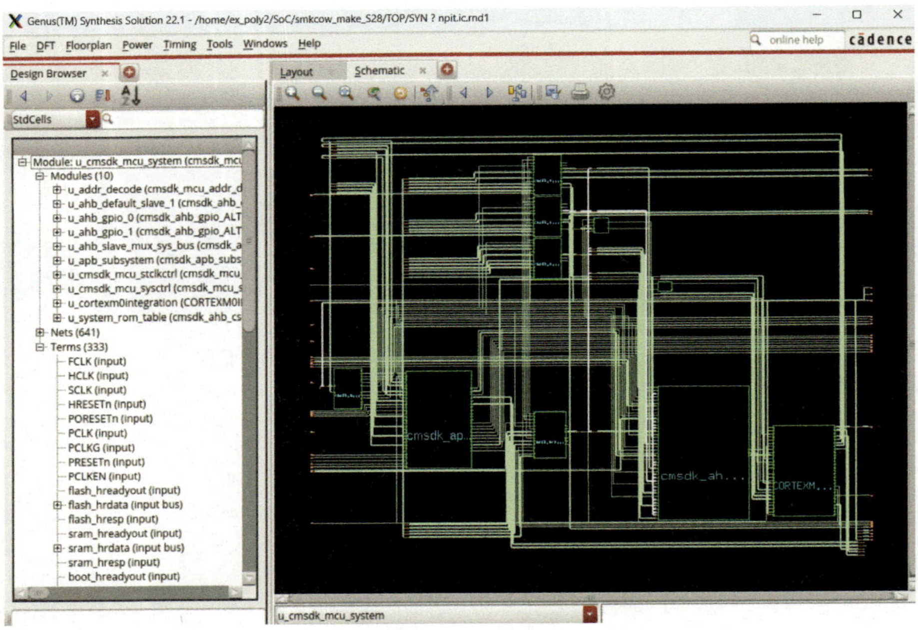

[그림 1-13] Cadence Genus

1.3.3 Conformal

- 목적 : Pre-Layout, Post-Layout Equivalence Check
- 주요 입력: RTL 코드, 게이트 레벨 넷리스트
- 주요 출력: 등가성 검증 보고서
- 지원 OS : 23 버전 기준, Red Hat Enterprise Linux (64bit) RHEL 7, SUSE Linux Enterprise Linux (64bit) SLES 12
- 특성 및 기능

> – Cadence의 Conformal 툴은 합성 전후의 설계가 논리적으로 완전히 동일한지의 여부 검증. Pre-Layout 단계에서는 RTL 코드와 합성 결과인 게이트-레벨 넷리스트에 동일한 패턴을 입력한 뒤 동일한 출력이 나오는지 확인.
> – Post-Layout 단계에서는 합성 후의 게이트-레벨 넷리스트와 PnR 후의 게이트-레벨 넷리스트 간의 검증을 진행.

The Graphical User Interface (GUI)

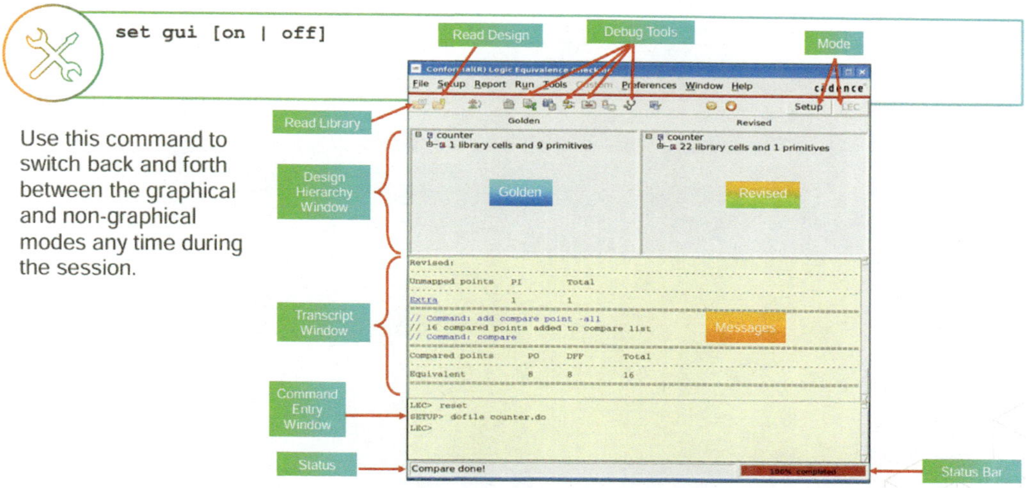

[그림 1-14] Cadence Conformal(Cadence 자료 발췌)

1.3.4 Innovus

- 목적 : Auto Place & Route
- 주요 입력: 게이트 레벨 넷리스트, 물리적 라이브러리(LEF), SDC
- 주요 출력: 배치 배선된 레이아웃 파일(DEF/GDS)
- 지원 OS : 21 버전 기준, Red Hat Enterprise Linux (64bit) RHEL 7, SUSE Linux Enterprise Linux (64bit) SLES 12
- 특성 및 기능

- Cadence의 Innovus 툴은 넷리스트에 기반하여 셀을 자동 배치하고 배선하여 최적의 레이아웃을 생성.
- FloorPlan, PowerPlan, CTS, Route, ChipFinish까지 한 툴로 진행.
- 추가로 RC Extraction을 위하여 Quantus 툴과 연동하고, IR drop을 점검하기 위하여 Voltus 툴과 연동.
- 설계의 면적, 성능 및 전력 효율성을 동시에 고려하여 작업을 진행.

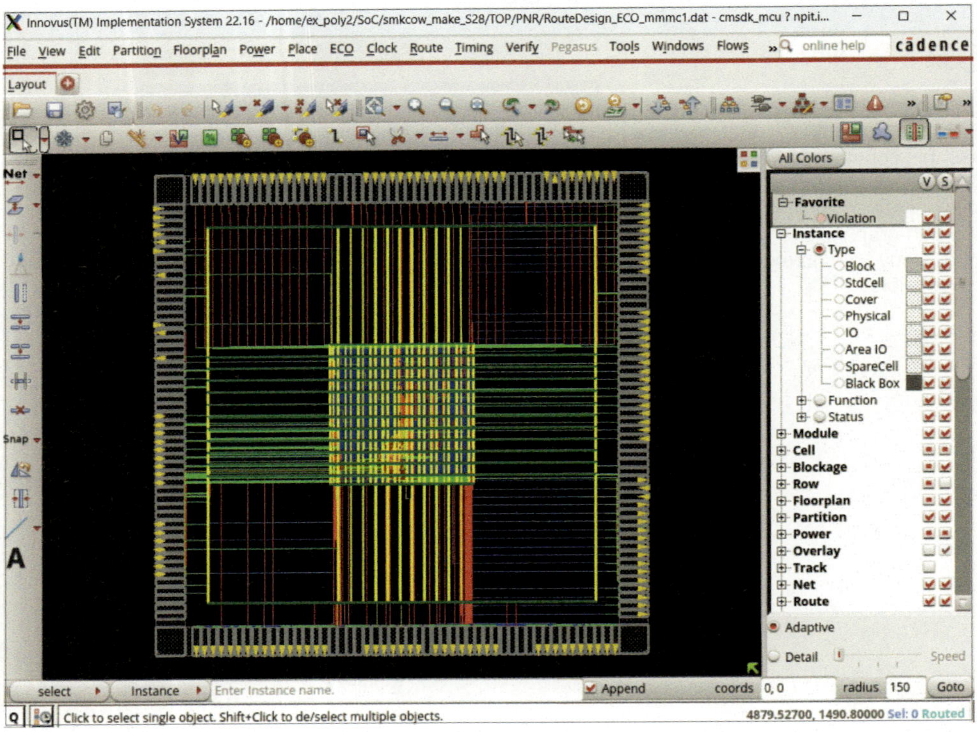

[그림 1-15] Cadence Innovus

1.3.5 Tempus

- 목적 : Pre-Layout, Post-Layout Static Timing Analysis & ECO
- 주요 입력: 레이아웃 데이터, 타이밍 제약 조건 SDC
- 주요 출력: 타이밍 보고서, ECO 수정 파일
- 지원 OS : 21 버전 기준, Red Hat Enterprise Linux (64bit) RHEL 7, SUSE Linux Enterprise Linux (64bit) SLES 12
- 특성 및 기능

> – Tempus툴은 Tape out 후에 칩 동작을 보장하는 Timing Signoff Tool로서, 설계 내의 모든 경로를 분석하여 타이밍 조건이 충족되는지 검사.
> – 문제가 발견되면 ECO(Engineering Change Order) 기능을 통해 수정 진행.
> – Advanced analysis(OCV, AOCV, SOCV, GBA, PBA) 기능을 사용할 수 있고, 사용 가능 library 타입으로 NLDM, ECSM, CCS, CDB, ECSM-N, CCS-N 등이 있음.
> – ECO는 Signoff STA 환경에서 Netlist 전력 소모를 줄이고 timing violation을 수정할 수 있도록 하는 기능임. ECO 스크립트를 생성하여 Innovus에서 재작업하는 방식으로 연동.

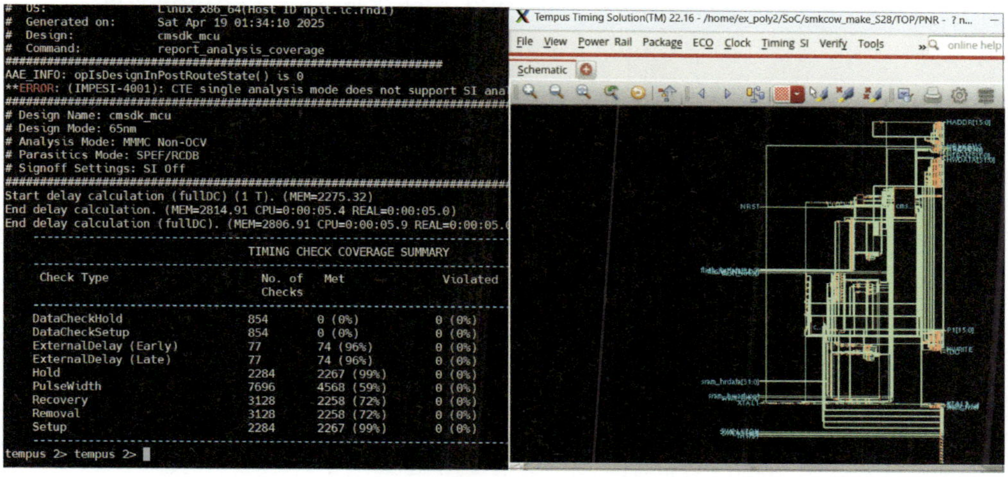

[그림 1-16] Cadence Tempus

1.4 PDK와 디지털 라이브러리

반도체 설계 시 Full Custom 설계의 경우 PDK를 사용하고, Cell based 설계의 경우 디지털 라이브러리를 사용한다. PDK와 디지털 라이브러리는 일반적으로 공정사에서 만들어 배포하고 있다. 공정에 잘 포팅된 고성능의 셀을 설계자에게 제공하여 설계에 도움이 되도록 하려는 목적이 있다.

설계할 때는 셀의 정보뿐만 아니라 공정의 특성을 담은 파일, 시뮬레이션 정보, 디자인 룰 파일 등 많은 것들이 필요하므로 공정사의 준비물은 기술집약적인 내용을 포함하고 있다.

1.4.1 PDK(Process Design Kit)

PDK는 공정사에서 만들어 제공하는 아날로그 소자들의 묶음이다. Mosfet, Bipolar-Transistor, Capacitor, Resistor, Diode 등의 종류로 이루어져 있다. 아날로그 디자인이나 RF 디자인을 할 때 필요한 기본 셀들이 모두 들어있다. CADENCE는 대학의 연구 및 교육을 위하여 다양한 공정의 Generic PDK(GPDK)를 제공하고 있다. 180nm, 90nm, 45nm에 더하여 2021년부터는 Finfet 공정인 18nm도 배포하고 있다. 간단한 특성을 아래 표에 정리하였다.

[표 1-3] CADENCE GPDK 정리

공정	PDK 특성
GPDK180	툴 버전 : IC5141, IC613 동작 전압 : 3.3V 메탈 정보 : 1P6M 코너 : NN, SF, SS
GPDK090	툴 버전 : IC615 동작 전압 : 1.2V, 2.5V 메탈 정보 : 1P9M 코너 : NN, FF, SS, FS, SF, NN_highPerf, SS_highPerf, SF_highPerf, FS_highPerf, FF_highPerf
GPDK045	툴 버전 : IC618 동작 전압 : 1.0V, 1.8V 메탈 정보 : 1P11M 소자 : rvt, hvt, lvt 코너 : tt, ff, ss, fs, sf, mc
GPDK18 (FinFet)	툴 버전 : IC618 이상 동작 전압 : 0.8V, 1.8V 메탈 정보 : 1P8M 소자 : svt, hvt, lvt 코너 : tt, ff, ss, fs, sf, tt_lvt, ff_lvt, ss_lvt, fs_lvt, sf_lvt, tt_hvt, ff_hvt, ss_hvt, fs_hvt, sf_hvt, tt_18, ff_18, ss_18, fs_18, sf_18, mc, mc_lvt, mc_hvt, mc_18, mc_mis, mc_lvt_mis, mc_hvt_mis, mc18_mis

본 책은 GPDK045를 이용한 디자인을 소개한다. GPDK045를 선택한 이유는 높은 기술 공정이면서도 아날로그 PDK와 디지털 라이브러리(STD Cell, IO Cell) 구성에 있어서 가장 완성도가 높기 때문이다.

gpdk045 폴더 내부로 들어가면 아래 그림과 같이 많은 폴더가 준비되어 있다.

```
[ex_poly2@npit gpdk045_v_6_0]$ ll
total 28
drwxr-xr-x  2 ex_poly2 rnd  336 Apr  4 16:18 assura
-rw-r--r--  1 ex_poly2 rnd   27 Aug 21  2019 assura_tech.lib
-rw-r--r--  1 ex_poly2 rnd  327 Aug 21  2019 cds.lib
-rw-r--r--  1 ex_poly2 rnd  760 Nov 10 22:38 cdsLibEditor.log
drwxr-xr-x  2 ex_poly2 rnd   79 Aug 21  2019 diva
drwxr-xr-x  2 ex_poly2 rnd  164 Sep  6  2019 docs
drwxr-xr-x  5 ex_poly2 rnd  216 Sep  6  2019 ead
drwxr-xr-x 95 ex_poly2 rnd 4096 Apr  8 15:12 gpdk045
drwxr-xr-x  2 ex_poly2 rnd  102 Aug 21  2019 ict
-rw-r--r--  1 ex_poly2 rnd 2414 Nov 10 22:38 libManager.log
drwxr-xr-x  3 ex_poly2 rnd   29 Aug 21  2019 models
drwxr-xr-x  2 ex_poly2 rnd  174 Nov 27 20:46 pvs
-rw-r--r--  1 ex_poly2 rnd   25 Aug 21  2019 pvtech.lib
drwxr-xr-x  5 ex_poly2 rnd  130 Mar  6 00:46 qrc
drwxr-xr-x  2 ex_poly2 rnd  143 Apr  7 16:08 soce
```

[그림 1-17] CADENCE 45nm GPDK 내용 구성

[표 1-4] 설계 단계별로 사용되는 폴더

설계 단계	사용 툴	사용되는 폴더
스키매틱, Layout	Virtuoso	gpdk045
시뮬레이션	Spectre	models
검증 및 기생값 추출	Assura DRC, LVS, RCX	assura
	Diva DRC, LVS, RCX	diva
	Quantus RCX	qrc

아래 그림은 CADENCE Virtuoso 툴에서 라이브러리 매니저 창을 띄운 뒤, gpdk045 라이브러리를 선택한 상황을 보여준다. Category에 있는 많은 분류 중에 mos를 선택하면 많은 셀을 확인할 수 있는데, nmos1v를 선택한 뒤 layout을 오픈하면 셀의 자세한 모습을 확인할 수 있다. 그 외 hvt, rvt, lvt 등의 분류에 따라서 많은 셀이 준비되어 있으니 설계에 활용할 수 있다.

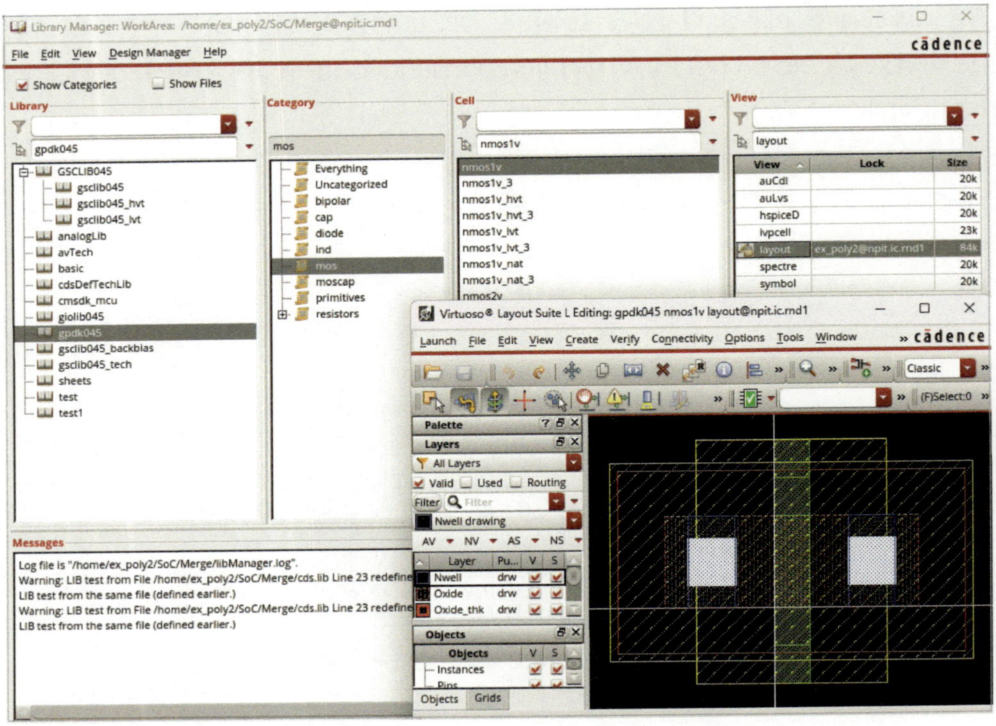

[그림 1-18] cadence Virtuoso에서 PDK 인식 완료 모습

1.4.2 디지털 라이브러리

디지털 라이브러리는 우리가 알고 있는 논리게이트를 포함한 Standard Cell, IO Cell, Memory Cell로 구성되어 있다. 3가지 종류가 있으면 RTL 코드로 구현하는 대부분의 디지털 회로를 문제없이 구현해낼 수 있다. 케이던스가 만든 gpdk045에는 어떤 정보들이 있는지 알아보도록 하자.

(1) standard cell의 구성

스탠다드 셀은 학교에서 배운 디지털 논리회로를 모두 포함하고 있다. 조합회로, 논리회로를 비롯하여 Auto PnR 단계에서만 사용되는 TIE셀, 필러셀, 안테나셀, 파워 매니지먼트(PMK)용 셀 등을 포함한다. Cell-Based 디자인이라는 말이 나온 만큼 많은 셀이 제공되어야 하고 셀 각각의 퀄리티도 높아야 한다. 아래 그림을 통해서 스탠다드 셀의 종류와 구성을 확인할 수 있다.

[표 1-5] gpdk045의 스탠다드 셀 리스트(cadence 자료 발췌)

Cell Category		Suffix to 'gsclib045' and Cell Count				Drive Strength
		(svt)	_hvt	_lvt	_backbias	
ADD		12	12	12	12	X1, X2, X4, L
AND		18	18	18	18	X1, X2, X4, X6, X8, L
ANTENNA		1	1	1	1	
AO		48	48	48	48	X1, X2, X4, L
BUF		18	18	18	18	X2, X3, X4, X6, X8, X12, X16, X20
CLK		33	33	33	33	X1, X2, X3, X4, X6, X8, X12, X16, X20
DLY		8	8	8	8	X1, X4
FF	DFF	45	45	45	45	X1, X2, X4, X8, L
	EDFF	12	12	12	12	X1, X2, X4, X8, L
	MDFF	4	4	4	4	X1, X2, X4, X8
	SDFF	44	44	44	44	X1, X2, X4, X8, L
	SEDFF	13	13	13	13	X1, X2, X4, X8, L
	SMDFF	4	4	4	4	X1, X2, X4, X8
	MultiBits	16				X1, X2
FILL		7	7	7	7	1, 2, 4, 8, 16, 32, 64
HOLD		1	1	1	1	X1
INV		10	10	10	10	X1, X2, X3, X4, X6, X8, X12, X16, X20, L
LPCells	ALWAYS_ON	2				X1, X2
	FSW	2				X1
	HSW	4				X1
	ISO	8				X1
	LS	20				X1
	RDFF	16				X1
	RTLAT	3				X1
	SRDF	16				X1
MX		6	6	6	6	X1, X2, X4, L
Misc		1	1	1	1	X2
NAND		34	34	34	34	X1, X2, X4, X6, X8, L
NOR		34	34	34	34	X1, X2, X4, X6, X8, L
OA		48	48	48	48	X1, X2, X4, L
OR		18	18	18	18	X1, X2, X4, X6, X8, L
TIE		2	2	2	2	
TLAT		32	32	32	32	X1, X2, X3, X4, X6, X8, X12, X16, X20, L
XNOR		6	6	6	6	X1, X2, X4, L
XOR		6	6	6	6	X1, X2, X4, L
Sum:		567	481	481	481	

위 표를 통해 아래와 같은 사항들을 알 수 있다.

- 셀이 기능별로 구분되어 있음(ADD, AND, INV, NAND, NOR 등).
- FF (Flip-Flop)과 LPCells (Low Power Cells)는 더 세부적으로 구분되어 있음
- Threshold 전압별로 여러 가지가 준비되어 있음
  svt (Standard Voltage Threshold)
  hvt (High Voltage Threshold)
  lvt (Low Voltage Threshold)
  backbias (Back-Bias 기능을 지원하는 버전)
- Drive Strength 즉, 셀의 출력 신호의 세기를 나열하고 있음
  높은 숫자일수록 더 강한 드라이브 능력을 나타냄
- L은 일반적으로 Low Leakage나 특정 특성을 의미

여기서 문제!

설계자는 디자인 시 스탠다드 셀 리스트를 염두에 두고 진행해야 할까?
정답은 아니다.
설계자가 직접 사용하고 싶은 셀이 있다면 RTL 코드에서 instance(불러오기)를 할 수 있지만, 일반적으로 기능을 구현할 때는 전혀 신경 쓰지 않고 진행한다. 대신, 합성 툴이 자세히 분석하고 있다가 매핑 단계에서 자동으로 적합한 셀들을 골라줄 것이다.

디지털 디자인을 RTL 코드로 완성하고 나면 EDA 툴에 입력으로 전달한다. 모든 EDA 툴은 RTL 코드를 아래와 같은 디지털 논리 게이트들의 형태로 인지한 뒤 시뮬레이션이나 합성 또는 구현을 진행한다.

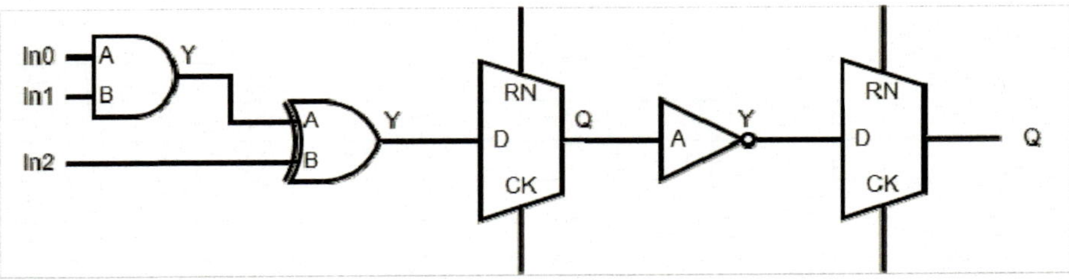

[그림 1-19] 디지털 논리회로의 예

그리고 반도체 설계에서 사용하는 스탠다드 셀은 CMOS 소자로 되어 있다. CMOS는 PMOS, NMOS를 모두 포함한다는 뜻의 Complementary MOS로서, 가장 기본 셀인 인버터부터 PMOS, NMOS를 인스턴스 및 연결하여 구현하고 있다. 또한, PMOS의 소스(SOURCE) 단자는 VDD, NMOS의 소스(SOURCE) 단자는 VSS와 연결하는 TAP 기능도 포함하고 있다. 아래 인버터(Not

게이트) 셀을 예로 들어보면, RTL 코드와 디지털 게이트 심볼, 팬텀셀, 셀의 레이아웃이 모두 같은 기능이지만 구현 단계별로 활용되는 형태가 다름을 알 수 있다. RTL 코드는 시뮬레이션, 게이트 심볼은 합성을 포함한 전반부 단계(Front-End), 팬텀셀은 후반부 단계(Back-End), 셀 레이아웃은 Physical 머지 단계에서 활용된다.

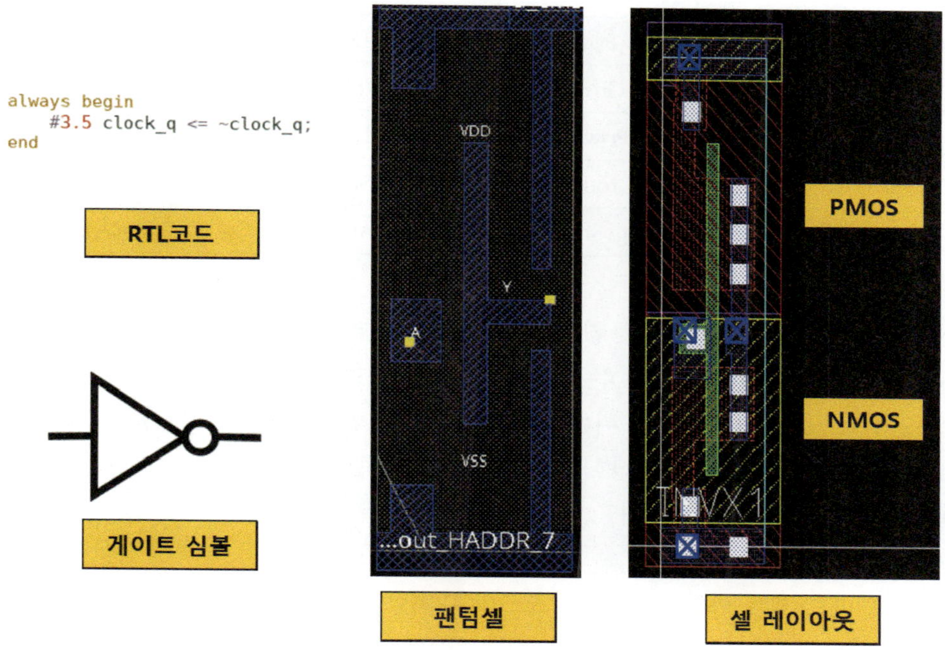

[그림 1-20] CMOS 인버터의 단계별 형태

(2) IO 셀의 구성

IO 셀은 말 그대로 칩 입장에서 Input, Output(입력, 출력)을 하는 셀이다. 0과 1 값을 그대로 유지한 상태로 입력과 출력을 하기 때문에 특별한 일을 하지 않는 것으로 오해하기 쉽지만, IO 셀 내부에 ESD(Electro Static Discharge) 회로와 CDM(Charged Device Mode) 회로가 있다는 것으로 존재 이유를 설명할 수 있다. ESD는 사람과 칩의 관계이고 CDM은 칩과 칩의 관계이다. 미세 공정을 통해 만들어진 칩은 작은 정전기에서도 전자부품의 파괴가 일어나기 때문에, 보호회로는 매우 중요하다. ESD 기준은 일반적으로 사람이 통증으로 느끼는 2000V를 견뎌야 하고, CDM 기준은 300~400V를 견뎌야 한다.

신호를 유지하면서도 정전기를 버텨내는 것이 기본적인 IO 셀의 특성인데, 기능에 따라서 아래와 같이 분류된다.

[표 1-6] gpdk045의 IO 셀 리스트

분류	목적	셀 이름	설명
GPIO (General Purpose IO)	Input Cell	PADDI	입력
	Output Cell	PADDO	출력
	Bidirectional Cell	PADDB	입/출력
POWER IO	Core Power	PADVDD	Core 영역을 위한 VDD 공급
	Core Ground	PADVSS	Core 영역을 위한 VSS 공급
	IO Power	PADVDDIOR	IO 셀을 위한 VDD 공급
	IO Ground	PADVSSIOR	IO 셀을 위한 VSS 공급
GPIO - Analog IO	Analog Signal	PADANALOG	아날로그 신호 입/출력

GPIO(General Purpose IO)는 신호 값을 왜곡 없이 그대로 유지한 상태에서 입력, 출력, 입/출력하는 셀을 가리킨다. POWER IO는 Core 영역(스탠다드셀, Memory셀)의 셀들을 위한 파워, 그라운드 셀이 있고, IO 셀들을 위한 파워, 그라운드 셀이 있다. PADANALOG 셀은 0, 1 값으로 규명되지 않는 아날로그 신호를 처리하는 일을 하며 입, 출력 등의 방향성에 있어서도 자유롭게 사용할 수 있도록 한다.

IO 셀도 스탠다드 셀과 마찬가지로 RTL 코드와 디지털 게이트 심볼, 팬텀셀, 셀의 레이아웃이 모두 같은 기능이지만 구현 단계별로 활용되는 형태가 다르다. RTL 코드는 시뮬레이션, 게이트 심볼은 합성을 포함한 전반부 단계(Front-End), 팬텀셀은 후반부 단계(Back-End), 셀 레이아웃은 머지 단계에서 활용된다.

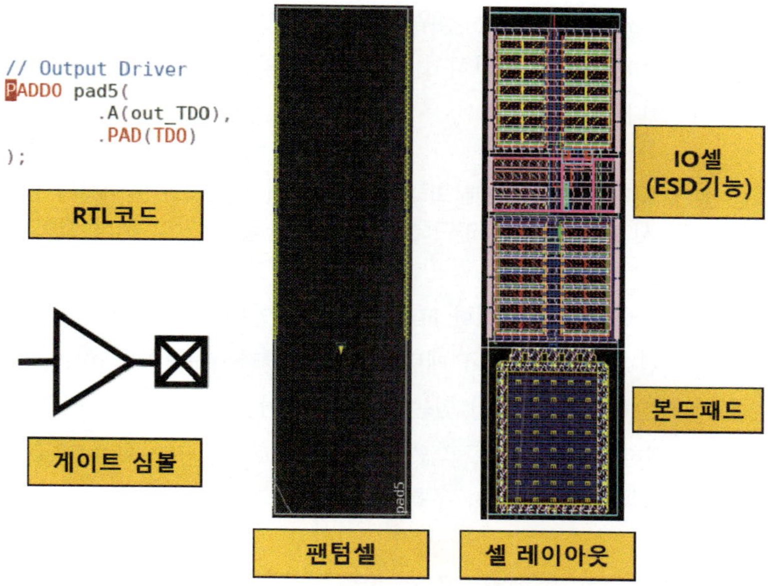

[그림 1-21] IO 셀의 단계별 형태

위 그림의 셀 레이아웃을 살펴보면, 하단에 본드 패드가 있다. 우리가 일상생활에서 사용하는 초강력 본드와 동일한 단어이다. 패키지를 생각해보자. 일반적인 와이어 본딩은 백금(Au)으로 된 와이어가 사용되는데 바깥으로는 패키지 핀(다리)가 연결되고, 다른 한쪽은 칩에 연결되는 방식이다. 이 연결을 본드(BOND)라고 부르는데, 본드 패드에 접착 물질을 통해 연결되는 방식이다. 그래서 본드 패드는 칩의 표면, 즉 건물로 생각해보면 옥상과 같이 최상위층으로 되어 있어야 한다. gpdk04 5공정의 경우, 사용할 수 있는 메탈은 1번부터 11번까지인데 본드 패드는 가장 높은 메탈인 Metal 11로 되어 있고, IO 셀은 그보다 하위 메탈들로 이루어져 있다. 아래 그림을 살펴보자.

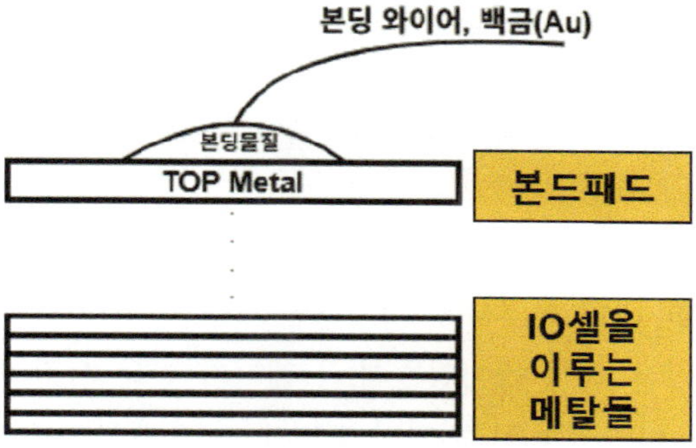

[그림 1-22] IO 셀과 본드 패드에 사용되는 메탈

설계자가 복잡하고 큰 SoC를 설계하는 경우, 일반적으로 IO 셀을 칩 영역의 가장자리에 꽉 채워서 배열하는데 상, 하, 좌, 우에 걸쳐서 동일한 거리를 두고 위치시킨다. 이때 고려해야 할 사항들은 아래와 같다.

- 본드 패드는 설계 디자인 룰(DRC)에 의해서 일정 거리 이상으로 떨어져야 함
- 와이퍼 본딩 작업 시 서로 간섭이 없도록 와이어 간에 일정 거리 이상 떨어져야 함

지금까지의 내용을 모두 반영하여 구성한 Full Chip 디자인에 대한 모습은 아래 그림과 같다. 같은 디자인이지만 팬텀셀의 유무(Real 패턴의 유무)로 좌, 우측의 그림이 다르게 보인다. 각 그림의 가운데에 복잡하게 형성되어 있는 영역을 코어 영역이라고 하는데 주로 스탠다드 셀과 메모리, IP가 존재하는 영역이다. 스탠다드 셀은 눈으로 차이점을 발견하기 어렵지만 IO 셀의 모습을 보면 실제 패턴의 유, 무를 구별할 수 있다.

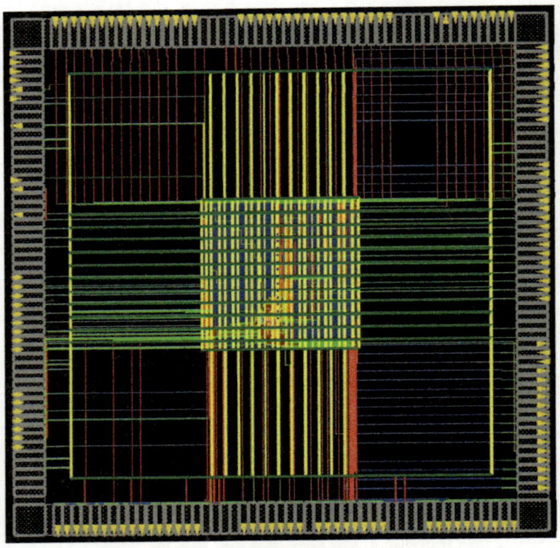

Auto PnR된 디자인
(팬텀셀 사용)

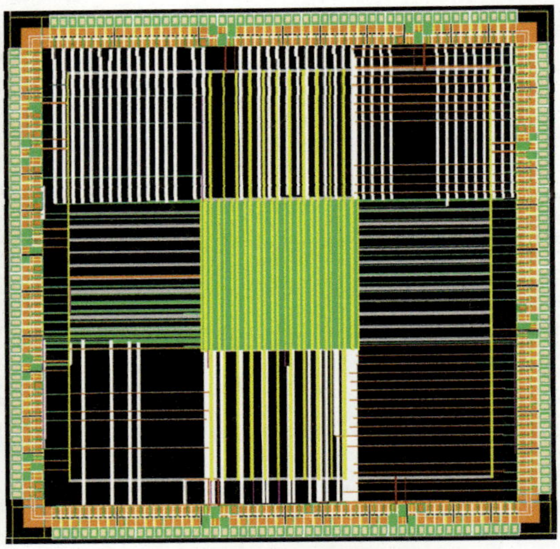

머지 후의 디자인
(Real layout 적용)

[그림 1-23] Full Chip 디자인

위 그림과 같이 설계 완료 후 머지 단계까지 진행하면 Physical DRC, LVS를 거친 뒤 최종 gds 파일로 저장한다. 기한 내에 공정사에 제출하면 약 16주 내외의 기간 후 완성된 웨이퍼를 볼 수 있다. 웨이퍼에는 많은 칩이 들어있는데, 설계자가 만든 사각형의 칩(Bare Die)을 떼어 낸 뒤 패키지를 진행한다. 미리 준비한 패키지 도면에 따라 백금으로 된 와이어로 본드 작업을 진행하면 완성된 패키지 칩을 받아볼 수 있다.

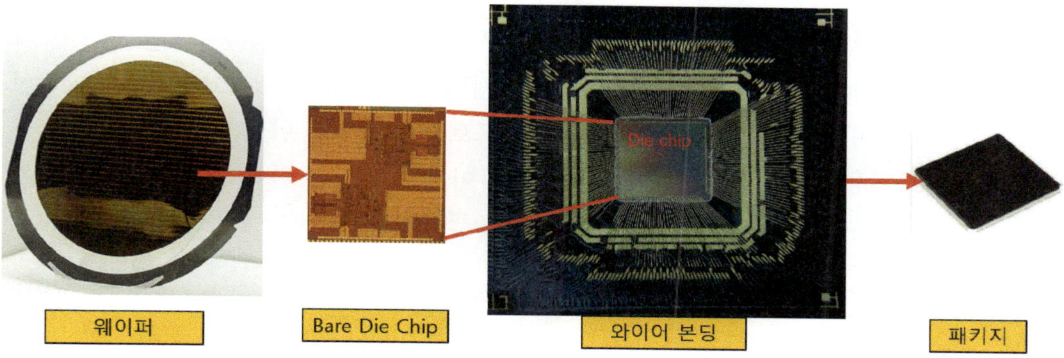

[그림 1-24] 칩 OUT부터 패키지까지의 과정

[참고]

1. gds045는 교육용 라이브러리이기 때문에 최종 디자인을 공정사를 통해 만들어낼 수 없다. 이 책의 독자들은 RTL-to-GDS 과정 즉, Physical Layout까지만 실습 진행 및 확인이 가능하다. 만약 상용 공정으로 MPW(Multi Project Wafer)프로그램을 참여하게 된다면 모든 과정 진행이 가능하다.

2. 케이던스 gpdk045는 스탠다드 셀과 IO 셀을 포함하고 있다. 메모리 셀은 배포되지 않기 때문에 구현 영역 내에는 메모리를 포함하지 않았다. 대신 시뮬레이션 범위 안에 준비했는데, 2차원 Reg 형태로 Behavioral 동작할 수 있도록 했다. 만약 상용 공정으로 MPW 프로그램을 참여하게 된다면 공정사에서 제공하는 메모리들을 이용할 수 있다.

1.5 칩 설계 환경 소개

칩 설계에 사용되는 환경을 이해할 필요가 있다. 특히 설계에 사용되는 서버와 리눅스 OS(Operating System), 기본 쉘 및 환경 변수에 대하여 알고 있다면 작업하기에 매우 유리하다. 프로젝트 시작 전에 준비해야 할 중요한 일 중 하나는 동일한 설계 환경과 툴 버전이다. 프로젝트 참여 인원 별로 다른 OS와 툴 버전을 사용한다면, 서로 작업한 파일을 가져오거나(import) 오픈(Open)하는 것조차 어려울 것이다. 따라서 개발 환경을 만드는 사람은 해당 프로젝트에 한정하여 툴 별 단일 버전을 설치하고, 적합한 OS를 설치한 뒤 칩 설계자들에게 계정을 제공해야 한다. 또한, 모든 설계자는 기본 쉘 및 환경 변수를 동일하게 설정한 뒤 EDA 툴을 구동해야 한다. 이 절에서는 구체적인 OS 버전 및 툴 설정 방법, 기본 쉘 및 환경 변수 설정 방법에 대하여 설명할 것이다.

1.5.1 개발 환경과 OS 버전, 툴 버전 소개

반도체 설계를 할 때는 주로 리눅스 기반의 운영체제를 사용한다. 윈도우 OS를 장기간 사용하면 사용 중인 창이 멈추고, 응답이 없거나 좀비 프로세스가 되는 현상을 경험하기 쉬운데, 리눅스는 메모리 용량이 초과(Overflow) 되지 않는 이상 실행 중인 툴에 문제가 생기지 않기 때문이다. 매우 큰 시뮬레이션에 몇 달이 소요되기도 하므로 주요 EDA 툴들이 리눅스 환경에 최적화되고 있다.

리눅스의 또 다른 장점은 서버뿐 아니라 PC에도 설치할 수 있다는 것이다. 예전에는 워크스테이션(Workstation) 등의 서버에만 한정적으로 설치되는 OS가 있었다. PC에 설치되지도 않았을 뿐더러 매우 고가였으며, 구매를 할 때는 물리적인 서버와 OS를 같이 사야만 했다. 하지만 리눅스는 OS만 구매할 수 있고, 무료 버전도 있으며 PC에도 설치할 수 있다. 이런 장점으로 인하여 현재 다양한 리눅스가 있고, 간단히 검색하면 iso 파일을 구할 수 있다. 대표적인 리눅스 몇 가지와 특징을 아래 표에 나타냈다.

[표 1-7] 리눅스 종류 및 주요 특징

종류	주요 특징	지원/라이선스	기본 파일 시스템	보안 프레임워크
Red Hat (RHEL)	- 엔터프라이즈 시장 점유율 1위 - 안정성, 기술지원, 보안성, 확장성 우수 - 유료 지원	상업용 (유료)	XFS	SELinux
SUSE	- 독일 기반, 엔터프라이즈 집중 - 안정성, 보안, 시스템 관리 도구 강점	상업용 (유료) 오픈SUSE (무료)	Btrfs	AppArmor (기본) SELinux (선택)
CentOS	- RHEL 기반 무료 배포판 - RHEL과 높은 호환성 - 최근 CentOS Linux 종료 - 커뮤니티 주도	무료	XFS	SELinux
Rocky Linux	- RHEL 100% 호환 무료 배포판 - CentOS 대체 목적 - 장기 지원(LTS) - CentOS 종료 후 등장, 활발한 커뮤니티	무료	XFS	SELinux

정답

[객관식]

1 ④ Digital Standard 디자인 **2** ② Cell Based 디자인 **3** ③ Mixed 디자인 **4** ④ gds 포맷 **5** ④ Innovus **6** ① 합성 전후의 논리적 등가성 검증 **7** ② 합성 (Logic Synthesis) **8** ② 칩의 정전기 파괴 방지 **9** ④ Rocky Linux **10** ① FloorPlan과 PowerPlan

[주관식]

11 HDL (또는 Hardware Description Language)

12 Process Design Kit

13 PnR (또는 Place and Route 또는 Auto PnR)

14 Pre-Layout STA는 합성 후 게이트 레벨 넷리스트를 대상으로 한다. 셀과 와이어의 지연 시간을 수치적으로 계산하여 타이밍을 분석하는데, 이때 와이어의 지연시간은 공정사에서 제공하는 통계치에 근거하는 WLM(Wire Load Model)을 가지고 진행한다. Post-Layout STA는 물리적인 배치 배선인 Auto PnR 이후 완성된 디자인을 대상으로 한다. 역시 셀과 와이어의 지연 시간을 계산하는데, 이때 와이어의 지연 시간은 통계치가 아니라, Net RC 기생 성분을 계산하여 타이밍을 검증한다. 기생 성분까지 반영하므로 불확실성이 없는 상황에서 진행되며, 이는 실제 칩 동작 상황에 훨씬 가깝기 때문에 Post-Layout STA 결과가 더 정확하다.

15 리눅스는 매우 큰 시뮬레이션이 몇 달 소요될 수 있는 반도체 설계 환경에서, 메모리 용량이 초과되지 않는 이상 실행 중인 툴에 문제가 생기지 않는 안정성 때문에 선호된다. 윈도우 OS에서는 사용 중 창 멈춤, 응답 없음, 좀비 프로세스 발생 등이 일어나기 쉽다. 또한, 주요 EDA 툴들이 리눅스 환경에 최적화되어 있다. 서버를 사용하는 것은 많은 설계자가 하나의 자원을 공유하기 때문에 유리하다. 오해가 없어야 하는데, 서버는 피자를 나누어 먹는 개념이 아니다. 서버는 24시간 돌아가는 놀이공원처럼 항상 준비 되어 있는 자원이다. 개별 PC를 사용하면 툴 설치, 자원 증량, 유지보수 등을 각자 해야 하므로 자금과 노동력 낭비가 발생할 수 있다. 서버는 한 번의 설치로 모든 설계자가 툴을 사용할 수 있고, 메모리/하드디스크 증량도 서버 하나에 적용하여 모두가 사용할 수 있어 유지보수에 유리하다. 또한 서버는 PC보다 많은 CPU 코어를 적용하고 확장할 수 있는 장점이 있다.

용어설명

용어	설명
Schematic	회로를 도식화한 설계의 그림
Layout	칩에 구현될 물리적인 배치, 배선된 설계 결과
Instance	특정 셀이나 소자를 불러와 사용하는 것. 스키매틱과 Layout 시에 사용하고, RTL 코딩시에 셀을 불러와 사용
PDK	공정사에서 제공하는 회로 설계용 키트 (소자, 시뮬레이션 모델, 디자인 룰 등 포함)
HDL	하드웨어 동작을 기술하기 위한 언어. Verilog, SystemVerilog가 대표적
Standard Cell	공정사에서 제공하는 기본 셀로서, 조합회로와 순차 회로를 포함하여 매우 많은 셀을 포함
IO Cell	입, 출력 신호의 인터페이스 및 정전기 보호 회로 포함
SoC	다양한 기능이 하나의 칩 안에 통합된 큰 규모의 System on Chip
Scan Chain	칩 내부 플립플롭 연결로 결함 테스트 수행
환경 변수	운영체제에서 툴의 실행 및 동작 환경을 정의하는 변수
CDS_LIC_FILE	라이선스 서버 연결을 위한 환경 변수
PATH	실행 가능한 프로그램의 디렉토리 경로 설정 변수
Rocky Linux	CentOS 후속으로서 안정적인 리눅스 배포판
ECO	타이밍 에러 등 발견 시, 후처리용 설계 변경
STA	정적 타이밍 분석. 각 경로의 지연을 수치로 계산
Netlist	회로의 연결 정보를 담은 파일. 합성 및 PnR 입력
SPEF	기생 소자 추출 정보 파일 (RC 정보 포함)
GDS	칩 설계 결과의 표준 파일 포맷, 제조용
sdf	지연 정보 파일(Post-layout 시뮬레이션에 사용)

Chapter 2

설계용 라이브러리 점검

2.1 설계용 라이브러리 개요

2.1.1 설계용 라이브러리란 무엇인가?

설계용 라이브러리는 반도체 설계에 사용되는 누군가가 미리 만들어 검증하고 배포하는 논리 및 기능 블록의 모음이다. 디지털 회로 설계자가 매번 기본적인 회로 요소들을 처음부터 설계하지 않아도 설계를 효율적으로 할 수 있게 해주는 강력한 도구이다. TSMC와 삼성의 셔틀 일정에 맞추어 칩 설계를 하는 사람들은 TSMC와 삼성으로부터 상업용 라이브러리를 받을 수 있겠지만 우리는 이제 배우는 초보자이니 교육용 라이브러리를 사용하자. CADENCE에서 GPDK045를 배포하고 있으니 이를 사용하도록 한다.

[표 2-1] 설계용 라이브러리 쉽게 이해하기

설계용 라이브러리는 마치 집을 지을 때 사용하는 벽돌과 같다. 집을 짓고자 하는 사람이 벽돌부터 만들지 않는다. 성능이 검증된 벽돌을 가져다 쓰는 것이 가장 효율적인 것과 같다. 기본 블록(스탠다드 셀)과 특수 연결 블록(IO 셀)이 미리 만들어져 있어, 설계자는 이 블록들을 직접 instance 하거나 조립하여 복잡한 구조물(칩)을 빠르고 안정적으로 만들 수 있다. 벽돌은 벽돌 공장에서 만들어 내듯, 설계용 라이브러리는 공정사에서 만들고 테스트한 뒤, 일반 설계자에게 공개하고 있다.

설계용 라이브러리는 일반적으로 아래와 같은 것들로 구성된다.

- 표준 셀(Standard Cell) : 조합 논리 게이트(AND, OR, NOT, XOR 등)와 플립플롭, 래치 등의 순차 논리 게이트
- 입출력 셀(I/O Cell) : 칩과 칩 외부를 연결하는 인터페이스 역할 수행
- 메모리 블록 : SRAM, ROM 과 같은 메모리
- 아날로그/혼합 신호 셀 : 아날로그-디지털 변환기(ADC), 디지털-아날로그 변환기(DAC)
- 특수 기능 블록 : PLL(Phase-Locked Loop), DLL(Delay-Locked Loop) 등의 클록 생성 및 분배 회로

본 교재에서는 GPDK045(Generic Process Design Kit 45nm) 라이브러리를 이루는 스탠다드 셀과 I/O 셀을 중점적으로 살펴볼 것이다.

2.1.2 라이브러리의 중요성

설계 라이브러리는 아래와 같은 역할을 하므로 칩 설계에 매우 중요하다.

(1) 설계 효율성과 신뢰성 향상

- 검증된 셀 또는 셀을 활용한 로직의 재사용을 통하여 설계 시간 단축
- 설계자가 상위 수준 설계에 집중할 수 있는 편의성 제공
- 검증된 셀 사용으로 결함 가능성 감소

(2) 제조 공정 최적화

- 공정에 최적화된 레이아웃 제공
- 수율(Yield) 향상을 위한 설계 규칙 준수 보장
- 공정 변화에 대한 설계 민감도 최소화

2.1.3 라이브러리의 분류

(1) 공급 주체에 따른 분류

- 파운드리 제공 : TSMC, Samsung, Global Foundries 등 반도체 제조사가 직접 제공하는 상업용 라이브러리
- 설계 자동화 기업 제공 : CADENCE, SYNOPSYS, Siemens 등 EDA 툴 기업에서 제공하는 교육용 라이브러리
- IP(Intellectual Property) 업체 제공 : Arm 을 비롯한 많은 IP 개발 업체들이 제공하는 라이브러리

(2) 포함 정보에 따른 분류

- 타이밍 라이브러리(.lib) : 셀의 타이밍, 전력 소모 등 전기적 특성 정보
- 논리 라이브러리(.v) : 셀의 논리적 동작을 기술한 Verilog/VHDL 모델
- 물리 라이브러리(.lef/.gds) : 셀의 물리적 레이아웃 정보

본 교재에서 사용할 GPDK045는 CADENCE에서 교육 및 연구 목적으로 제공하는 것으로, 상용 공정의 라이브러리 구조와 사용법이 같으므로 초심자들의 교육과 학습에 좋은 재료이다. 또한 많은 버전의 GPDK 중에서 IO 라이브러리를 유일하게 제공하므로 본 교재에 적용하기에 적합하다.

2.1.4 GPDK045 라이브러리 수령 절차 안내

GPDK045 라이브러리는 CADENCE 툴을 구매한 사람들을 위하여 무료로 제공하고 있다. 즉 CADENCE 툴에 대한 정식 라이선스의 구매가 선행되어야 한다는 뜻이다. 대학의 경우 아래와 같은 2가지 경로로 라이선스를 수급할 수 있다.

(1) 나인플러스IT(주)를 통한 신청

나인플러스IT(주)는 CADENCE의 한국 대리점으로서 대학과 연구기관, 기업을 대상으로 EDA 툴과 라이브러리를 제공하고 있다. 나인플러스IT(주)의 라이선스 특징은 아래와 같다.

- 상업용/교육용 모두 구매 가능
- 필요한 Feature 와 수량을 맞춤형으로 구성 가능
- 빠른 라이선스 발급과 연중 상시 구매 가능
- 툴 설치 및 라이선스 데몬 구성에 대한 기술 지원

[표 2-2] 나인플러스IT(주)를 통한 라이선스 신청 절차

1. 나인플러스IT(주) 영업 담당자에게 연락(https://npit.co.kr) 2. 필요한 툴에 대한 Feature와 수량, 사용 기간 협의 3. 견적 및 구매 계약 진행 4. 라이선스 발급 및 툴과 데몬의 설치 지원

(2) IDEC을 통한 신청

IDEC(반도체설계교육센터)는 국내 대학만을 대상으로 교육용 EDA 툴과 라이브러리를 제공하고 있다. IDEC 라이선스 특징은 아래와 같다.

- 대학 교육 및 연구 목적으로만 사용 가능
- Cadence 의 글로벌 정책인 University Package 에 따르는 고정적이지만 다양한 feature 포함
- 대학의 연구실을 위한 소량 지원은 매년 1 회 신청할 수 있고, 대학의 학부생 수업을 위한 대량 지원은 매 학기 개강 전에 신청 가능
- 라이선스 데몬 서버를 IDEC 이 직접 운영함으로써 설계자들의 유지보수 부담이 없음. 설계자들에게는 네트워크 라이선스 방식으로 전국을 지원
- EDA 툴의 설치와 관리는 학교에서 자체적으로 진행하고, IDEC 은 기술 지원

[표 2-3] IDEC 라이선스 신청 절차

1. IDEC 회원 가입 및 로그인 (https://www.idec.or.kr) 2. 교수 아이디로 접속 ⇨ 참여 교수 신청(매년 초) 3. 참여 교수 승인 ⇨ IDEC 사이트 EDA Tool 메뉴에서 라이선스 신청 4. IDEC 심사 후 라이선스 비용처리 및 발급

(3) Cadence 사이트 등록 및 자료 활용 방법

위 2가지 방법 중 하나를 선택하여 라이선스를 받았다면 CADENCE Support 사이트를 통하여 GPDK045를 포함한 CADENCE의 다양한 자료에 접근하자. 세부 절차는 아래와 같다.

[표 2-4] Support 사이트를 통한 세부 절차

– Cadence Support 사이트 접속 (https://support.cadence.com) – 새 계정 등록 (소속 기관 이메일 사용 필수. 교수의 경우 .ac.kr 사용) – 라이선스 정보를 입력하여 계정 인증 – 'Downloads' 메뉴에서 GPDK045 검색 및 다운로드

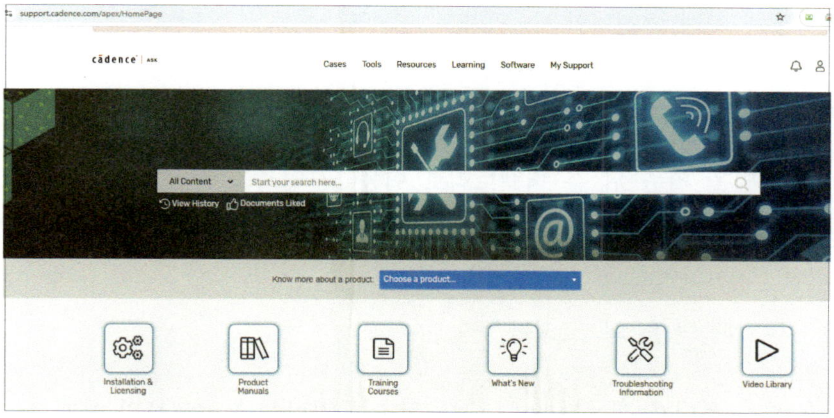

[그림 2-1] Cadence Support 사이트의 모습

Support 사이트를 통해 아래와 같은 추가 자료도 접근할 수 있다.

- Cadence Online Support 포털에서 다양한 기술 문서 접근 가능
- 실무에 도움이 되는 예제인 RAK(Rapid Adoption Kit)의 접근 및 VoD 시청
- Application Notes, Technical Papers 등 참고 자료 확인
- Community 포럼을 통한 질의응답 및 정보 공유
- 온라인 교육 자료 및 Webinar 참여

[표 2-5] 라이선스 관련 법적 주의사항

주의사항 : 모든 라이선스는 라이선스 계약 조건에 따라 사용해야 한다. 교육용 라이선스는 상업적 목적으로 사용할 수 없으며, 라이브러리 및 툴에 대한 무단 공유는 금지된다.

[표 2-6] 필자의 당부

GPDK045 라이브러리는 케이던스 라이선스 계약 구매가 선행되어야 한다. 라이선스 획득에는 소속 기관의 지원과 절차가 필요하므로, 시간과 노력이 필요하다. 따라서 사전에 충분한 시간을 두고 준비하는 것이 좋다.

2.2 GPDK 045 구성 및 실습 환경 준비

본 챕터는 사용할 EDA 툴의 설치 및 라이선스의 준비가 완료되었다는 가정하에 진행한다. 출판사 또는 나인플러스IT(주)로부터 예제 파일(SoC.tar.gz)을 받으면 리눅스 환경에 업로드 후 다음 과정들을 차례로 진행할 수 있다.

2.2.1 압축 파일과 디렉토리 구조

리눅스에서 터미널을 띄운 뒤 홈 디렉토리로 이동 및 압축을 해제한다.

```
$> cd ~
$> tar zxvf SoC.tar.gz
```

참고) 기호 ~ : 계정의 홈 디렉토리를 뜻함

압축 해제 후 SoC 폴더가 생성되는데, 내부 구조를 간략히 표현해보면 아래 그림과 같다. cortexm0_designstart 폴더는 designstart 패키지 자체이며, 하드웨어와 소프트웨어에 대한 리소스를 모두 포함하고 있다. CSHRC 폴더는 EDA 툴 사용을 위한 환경 변수를 정의한 digital.cshrc파일을 포함하고 있다. GPDK045 폴더는 Analog 디자인과 Digital 디자인에 필요한 모든 파일을 포함한다. Merge 폴더는 디지털 디자인을 모두 마친 뒤 최종적인 모습을 확인할 수 있는 환경을 포함한다. SoC_make_G45폴더는 SoC를 만들 수 있는 폴더로서 EDA 툴을 이용한 디지털 Flow를 실습할 수 있다. SW_install 폴더는 KEIL MDK 툴의 설치 파일을 포함한다. 소프트웨어 컴파일러 툴은 윈도우 PC에 설치하면 되는데, 세부 내용은 다음 장에서 다룰 것이다.

```
SoC
|-- CSHRC
|    |-- analog.csh
|    `-- digital.cshrc
|-- GPDK045
|    |-- analog
|    `-- digital
|-- Merge
|    |-- cds.lib
|    |-- display.drf
|    |-- giolib045.gds
|    `-- gsclib045.gds
|-- SW_install
|    `-- mdk528a.exe
|-- SoC_make_G45
|    `-- TOP
`-- cortexm0_designstart
     |-- Cortex_M0_DesignStart_Design_Kit_Release_Note.pdf
     |-- cores
     |-- documentation
     |-- implementation
     |-- logical
     |-- software
     `-- systems
```

[그림 2-2] SoC 폴더 구조

SoC.tar.gz 파일의 크기는 약 1.1G 바이트이고, 압축을 풀면 SoC 폴더의 용량은 약 2.8G 바이트이므로 리눅스에 총 4G 바이트의 여유 공간은 확보해야 할 것이다. 사실 파일 자체의 용량을 줄이는 것이 필자의 고민이었다. 고심 끝에 용량이 큰 폴더 중에서 본 교재 실습에서 사용하지 않는 것들을 정리하기로 했다. 예를 들어 GPDK045/analog 폴더 내에서 용량이 큰 일부 폴더는 삭제하였다.

본 교재는 칩을 만드는 데 있어서 디지털 Flow를 다룰 예정이다. 따라서 GPDK045/digital 폴더에 있는 내용을 주로 다루게 될 것인데, 스탠다드 셀과 IO 셀을 이해하기 위하여 해당 폴더 안으로 들어가서 간단히 내용을 살펴보고, 테스트를 진행하자. 먼저, 터미널의 홈 디렉토리에서 digital 폴더의 내용을 확인하자.

```
$> ls SoC/GPDK045/digital
```

```
drwxr-xr-x  4 ex_poly1 rnd   44 Nov  4 20:12 TEST
drwxr-xr-x 11 ex_poly1 rnd 4096 Jan 21 11:43 giolib045_v3.5
drwxr-xr-x 11 ex_poly1 rnd  318 Nov  4 20:24 gsclib045_all_v4.4
```

[그림 2-3] Digital 라이브러리가 있는 폴더

각 폴더의 의미는 아래와 같다.

- TEST 폴더 : 표준 셀 라이브러리와 IO 셀 라이브러리를 테스트하기 위한 실습 LAB 자료 포함
- giolib045_v3.5 : GPDK045 라이브러리의 IO 셀 라이브러리들에 대한 정보가 있는 폴더
- gsclib045_all_4.4 : GPDK045 라이브러리의 스탠다드 셀 라이브러리들에 대한 정보가 있는 폴더

2.2.2 주요 파일 형식의 역할과 사용 툴

GPDK045 라이브러리에는 다양한 형식의 파일들이 포함되어 있으며, 각 파일은 설계 흐름의 특정 단계에서 사용된다. 주요 파일 형식과 그 역할, 그리고 이를 사용하는 툴 들을 살펴보자.

(1) 타이밍 라이브러리 파일(.lib)

.lib 파일은 스탠다드 셀에 대한 가장 자세한 설명서와 같다. 셀의 타이밍과 크기, 딜레이, 전력 소모, 노이즈 특성은 물론, 다양한 조건(fast, slow, typical)에서의 특성까지 담겨 있어서 사실상 셀의 모든 정보가 들어 있다고 이해하면 된다. 사용 툴은 Genus와 Innovus 등의 구현 툴과 Tempus 등의 타이밍 분석 툴, Conformal 같은 논리 등가 검증 툴이다. 터미널의 홈 디렉토리에서 아래 명령으로 .lib 파일을 확인하자.

– IO 셀

```
$> ls SoC/GPDK045/digital/giolib045_v3.5/timing
```

```
pads_FF_s1vg.lib  pads_SS_s1vg.lib  pads_TT_s1vg.lib
```

[그림 2-4] IO 셀의 .lib 파일 확인

– 스탠다드 셀

```
$> ls SoC/GPDK045/digital/gsclib045_all_v4.4/gsclib045/timing
```

```
fast_vdd1v0_basicCells.lib      report
fast_vdd1v0_extvdd1v0.lib       slow_vdd1v0_basicCells.lib
fast_vdd1v0_extvdd1v2.lib       slow_vdd1v0_extvdd1v0.lib
fast_vdd1v0_multibitsDFF.lib    slow_vdd1v0_extvdd1v2.lib
fast_vdd1v2_basicCells.lib      slow_vdd1v0_multibitsDFF.lib
fast_vdd1v2_extvdd1v0.lib       slow_vdd1v2_basicCells.lib
fast_vdd1v2_extvdd1v2.lib       slow_vdd1v2_extvdd1v0.lib
fast_vdd1v2_multibitsDFF.lib    slow_vdd1v2_extvdd1v2.lib
README.txt                      slow_vdd1v2_multibitsDFF.lib
```

[그림 2-5] 스탠다드 셀의 .lib파일 확인

해당 폴더에는. lib 파일이 많이 있지만 공식적인 설명 문서가 없어서, 필자가 README.txt 파일로 간단한 정보를 기재해놓았으니 아래 명령으로 확인하자.

```
$> vim SoC/GPDK045/digital/gsclib045_all_v4.4/gsclib045/timing/README.txt
```

```
README: Liberty Timing (.lib)
==============================

The timing files are characterized from Altos Liberate software. The timing are
based on 2x2 constraint-table-template for tool demonstration purpose (shorten c
haracterization time and small timing file). For actual silicon process, we reco
mmend the 7x7 constraint-table-template for high accuracy.

Operating Conditions
==================================================
PROJECT SELECTION
##fast_vdd1v0_basicCells.lib : PVT_1P1V_0C
##slow_vdd1v0_basicCells.lib : PVT_0P9V_125C
==================================================
SUMMARY OF basicCells
##fast_vdd1v0_basicCells.lib : PVT_1P1V_0C
##fast_vdd1v2_basicCells.lib : PVT_1P32V_0C
##slow_vdd1v0_basicCells.lib : PVT_0P9V_125C
##slow_vdd1v2_basicCells.lib : PVT_1P08V_125C
```

[그림 2-6] 라이브러리 파일(.lib)에 대한 간략한 설명

(2) 합성 데이터베이스 파일(.db)

.db파일은 .lib 파일과 동일한 정보를 갖고 있다. 하지만 바이너리 형태로 변환되어 있어서 vi 에디터 등으로 open할 수 없다는 것이 차이점이며, 합성 툴에서는 좀 더 빠르게 읽어 들일 수 있는 장점이 있어서 .lib 파일과 같이 많이 사용되고 있다. .lib 파일과 마찬가지로 사용 툴은 Genus과 Innovus 등의 구현 툴과 Tempus 등의 타이밍 분석 툴이다. 공교롭게도 GPDK 안에는 .db파일이 제공되지 않고 있는데, .lib파일을 사용하는 것으로도 전혀 문제가 없다.

(3) 논리 모델 파일(.v)

.v 파일은 스탠다드 셀의 논리적 동작을 Verilog HDL로 기술해 놓은 것이다. AND셀이면 AND, OR면 OR에 대해서 입력과 출력의 인터페이스와 셀 내부의 동작 원리를 볼 수 있다. 또한 딜레이가 적용되면 출력을 그만큼 느리게 할 수 있는 중요한 기능을 갖고 있다. 사용 툴은 Xcelium과 Conformal이다. 터미널의 홈 디렉토리에서 아래 명령으로 .v 파일을 확인하자.

– IO 셀

```
$> ls SoC/GPDK045/digital/giolib045_v3.5/vlog
```

```
pads_FF_s1vg.v  pads_SS_s1vg.v  pads_TT_s1vg.v  stub.v
```

[그림 2-7] IO 셀의 .v 파일 확인

– 스탠다드 셀

```
$> ls SoC/GPDK045/digital/gsclib045_all_v4.4/gsclib045/verilog
```

```
compile_gsclib045_functional.csh  fast_vdd1v2_extvdd1v0.v      slow_vdd1v0_multibitsDFF.v
fast_vdd1v0_basicCells.v          fast_vdd1v2_extvdd1v2.v      slow_vdd1v2_basicCells.v
fast_vdd1v0_extvdd1v0.v           fast_vdd1v2_multibitsDFF.v   slow_vdd1v2_extvdd1v0.v
fast_vdd1v0_extvdd1v2.v           slow_vdd1v0_basicCells.v     slow_vdd1v2_extvdd1v2.v
fast_vdd1v0_multibitsDFF.v        slow_vdd1v0_extvdd1v0.v      slow_vdd1v2_multibitsDFF.v
fast_vdd1v2_basicCells.v          slow_vdd1v0_extvdd1v2.v
```

[그림 2-8] 스탠다드 셀의 .v 파일 확인

(4) 레이아웃 교환 형식 파일(.lef)

.lef 파일은 셀의 실제 레이아웃의 모습을 담고 있는 파일이다. 특이점은 셀 레이아웃 내용을 모두 포함한 Real 메탈 패턴이 아닌, 빈 깡통이라고 부르는 팬텀 셀 형태로서 각 셀의 입출력 핀 정보만 담고 있다는 것이다. 갖고 있는 정보는 핀의 위치와 크기, 구성되어 있는 메탈 정보 그리고 라우팅에 중요한 레이어 정보들이다.

lef 파일은 마치 건축 설계도와 같다. 각 구성 요소의 크기, 모양, 연결 지점 등이 정확하게 명시되어 있어 전체 건물(칩)을 설계할 때 각 부품을 어디에 배치할지 결정하는 데 사용된다. 사용 툴은 Innovus이다. 터미널의 홈 디렉토리에서 아래 명령으로 lef 파일을 확인하자.

– IO 셀

```
$> ls SoC/GPDK045/digital/giolib045_v3.5/lef
```

```
concat_pad_lef.csh  giolib045.lef  giolib045_modify.lef
```

[그림 2-9] IO 셀의 lef 파일

– 스탠다드 셀

```
$> ls SoC/GPDK045/digital/gsclib045_all_v4.4/gsclib045/lef
```

```
[ex_poly2@npit lef]$ ls
gsclib045_macro.lef  gsclib045_multibitsDFF.lef  gsclib045_tech.lef
[ex_poly2@npit lef]$ █
```

[그림 2-10] 스탠다드 셀을 포함하는 lef 파일 2개와 공정 tech 파일

[표 2-7] 여기서 잠깐

> **여기서 잠깐!**
> GPDK045/digital/gsclib045_all_v4.4 폴더 내에는 문턱전압(Threshold Voltage) 특성에 따라서 lvt, svt, hvt에 대한 폴더들이 준비되어 있다. 낮은 문턱전압 lvt는 셀의 On까지 금방 도달하는 특성이 있으므로 고속 디자인에 유리하고, 높은 문턱전압 hvt는 그의 반대이다. 본 교재는 초보자를 위하여 집필하는 것이니 기본 문턱전압인 svt를 가지고 진행하도록 한다.
>
> GPDK045의 doc 폴더에는 공정의 자세한 정보나 셀 리스트 등이 제공되지 않아서 초보자에게는 어려움이 많을 것 같다. 기본적인 내용들을 부록으로 기재해놓았으니 참고하기를 바란다.

2.2.3 실습 : .cshrc 파일 설정 및 툴 연동

Cadence 툴을 사용하기 위해서는 적절한 환경 설정이 필요하다. 리눅스 환경에서 C셸(csh)을 기반으로 하는 .cshrc파일을 통해 필요한 환경 변수와 경로를 설정해보자. 환경적인 부분이니 독자들 별로 반드시 진행해야 하는 실습이다.

Cadence 툴 사용을 위한 환경 변수는 주로 4가지이다.

- 라이선스 정보
- 툴의 설치 경로
- PATH 의 경로
- 케이던스의 경우 OA 버전 및 경로

(1) 샘플 digital.cshrc 수정을 통한 환경 변수 설정

SoC.tar.gz 파일의 압축 해제를 했다는 가정하에, 리눅스 홈 디렉토리에서 SoC/CSHRC 폴더에 있는 digital.cshrc 파일을 vim으로 open한다.

```
$> cd ~
$> vim SoC/CSHRC/digital.cshrc
```

- 10 행의 CDS_LIC_FILE 이라는 환경 변수는 라이선스 정보를 뜻한다. CADENCE 만의 유일한 대명사로서 [라이선스 포트@라이선스 데몬 서버의 IP 주소]를 뜻한다. 라이선스 파일을 가지고

데모 프로그램을 구동하는 서버가 있을 것이니 해당 정보를 먼저 파악해야 한다. 이 책의 독자가 연구실 소속이라면 가장 먼저 선배 또는 지도 교수님에게 문의해야 하고, 그래도 정보를 알 수 없다면 라이선스 구매처(나인플러스 IT(주) 또는 IDEC)에 문의해야 한다.

- 13 행은 CADENCE 툴이 설치된 경로 중에서 가장 상위 폴더를 나타낸다. CDS_INST_DIR 변수로 정의하는데, 해당 변수를 파일 하단에서 매우 많이 활용하므로 아래 그림을 참고하여 독자별로 CADENCE 툴 설치 경로를 정확하게 수정하도록 하자. 참고로 변수명은 수정하지 않도록 하자.

```
10 setenv CDS_LIC_FILE PORT@XXX.XXX.XXX.XXX
11 setenv LM_LICENSE_FILE {$CDS_LIC_FILE}
12 setenv CDS_LIC_ONLY 1
13 setenv CDS_INST_DIR /opt/tools/cadence
```

[그림 2-11] digital.cshrc 파일 수정

- 21, 25, 31, 36, 41, 46 행은 설계에 사용할 모든 툴의 경로를 나타낸다. 아래 그림에서 볼 수 있는 폴더이름은 13 행에서 선언한 /opt/tools/cadence 폴더 아래에 각 툴의 출시 연도와 버전을 뜻하는 숫자들로 끝나고 있다. 본인에 상황에 맞게 수정하도록 하자. 참고로 변수명은 수정하지 않도록 하자.

```
21 setenv XCELIUM_ROOT {$CDS_INST_DIR}/XCELIUMMAIN2403
25 setenv VERISIUM_DEBUG_ROOT {$CDS_INST_DIR}/VERISIUMDEBUG2403
31 setenv DDI_ROOT {$CDS_INST_DIR}/DDI221
36 setenv CONFRML_ROOT {$CDS_INST_DIR}/CONFRML221
41 setenv SSV_ROOT {$CDS_INST_DIR}/SSV221
46 setenv STRATUS_ROOT {$CDS_INST_DIR}/STRATUS2401
```

[그림 2-12] 사용할 모든 툴의 설치 경로

- 다음 알아보아야 할 중요한 변수는 PATH 이다. ls 와 cd 명령처럼 어느 경로, 어느 위치에서도 툴을 실행할 수 있도록 하는 것이 중요하다. PATH 라는 변수에 툴의 실행 파일이 모두 들어 있는 bin 폴더 경로를 기재하면 된다. digital.cshrc 파일 내에는 set path = $XCELIUM/bin 과 같은 구문으로 잘 준비되어 있어서 독자들이 특별히 할 일이 없으니 이해만 잘하도록 하자.

- 33 행에는 OA_HOME 이라는 변수가 있다. Open Access 포맷의 접근을 위하여 추가적으로 선언해야 하는 경로이다. Innovus 설치 폴더 아래에 oa 로 시작하는 폴더가 있으니 본인의 경로를 정확하게 기재하도록 하자. 참고로 변수명은 수정하지 않도록 하자.

```
31 setenv DDI_ROOT {$CDS_INST_DIR}/DDI221
32 set path = ( $path {$DDI_ROOT}/bin )
33 setenv OA_HOME $DDI_ROOT/INNOVUS221/oa_v22.60.095
```

[그림 2-13] OA_HOME 변수 선언

지금까지의 내용을 vim에서 적용한 뒤 저장 및 빠져나오도록 하자.

```
[vim] ESC + wq (엔터)
```

(2) 리눅스 시스템에 적용 및 검토

독자들 각자가 완성한 digital.cshrc 파일이 있다고 가정하고, 아래 명령을 통해서 리눅스 시스템 전반에 적용하자.

```
$> source SoC/CSHRC/digital.cshrc
```

source 명령을 내렸다면, 적용한 환경 변수들에 이상이 없는지 확인해보자. 아래 2가지 명령을 통해서 적용된 현황을 확인하고, 사용 예정인 툴이 잘 인식되었는지 확인하자.

```
$> setenv
$> which xrun
```

먼저 setenv는 아래 그림처럼 digital.cshrc에 정의된 항목들이 모두 보이는 느낌이어야 한다. 또한 아래 그림의 첫 항목인 PATH 변수에 많은 것들이 콜론(:)과 함께 이어져 나가야만 한다.

```
PATH=/usr/lib64/qt-3.3/bin:/usr/local/sbin:/usr/local/bin:/
XCELIUMMAIN2403/tools/bin/64bit:/opt/tools/cadence/XCELIUMM
VMANAGER2403/bin:/opt/tools/cadence/DDI221/bin:/opt/tools/c
nce/SSV221/bin:/opt/tools/cadence/STRATUS2401/bin:/opt/tool
ence/PVS231//bin:/opt/tools/cadence/PVS231/tools/bin:/opt/t
s/cadence/IC618/tools/bin:/opt/tools/cadence/IC618/tools/df
CDS_LIC_FILE=XXXX@111.111.111.111
LM_LICENSE_FILE=XXXX@111.111.111.111
CDS_INST_DIR=/opt/tools/cadence
XCELIUM_ROOT=/opt/tools/cadence/XCELIUMMAIN2403
CDS_AUTO_64BIT=ALL
VERISIUM_DEBUG_ROOT=/opt/tools/cadence/VERISIUMDEBUG2403
DDI_ROOT=/opt/tools/cadence/DDI221
OA_HOME=/opt/tools/cadence/DDI221/INNOVUS221/oa_v22.60.095
CONFRML_ROOT=/opt/tools/cadence/CONFRML221
SSV_ROOT=/opt/tools/cadence/SSV221
STRATUS_ROOT=/opt/tools/cadence/STRATUS2401
MODUS_ROOT=/opt/tools/cadence/MODUS231
PVS_HOME=/opt/tools/cadence/PVS231
SUBSTRATESTORHOME=/opt/tools/cadence/PVS231
QRC_HOME=/opt/tools/cadence/QUANTUS212
IC618_HOME=/opt/tools/cadence/IC618
```

[그림 2-14] setenv 명령 수행 결과

이후에는 which xrun 명령을 통해서 툴 명령의 위치를 확실히 알 수 있어야 한다. 명령 수행 결과는 아래 그림과 같은데, xrun뿐 아니라 genus, innovus 등의 명령으로 테스트할 수 있다. 독자들도 이와 유사한 결과가 나와야 한다.

```
[ex_poly2@npit CSHRC]$ which xrun
/opt/tools/cadence/XCELIUMMAIN2403/tools/bin/64bit/xrun
[ex_poly2@npit CSHRC]$
```

[그림 2-15] which 명령 수행 결과

setenv, which 명령을 내리는 동안 이상이 없었다면 환경 설정이 완료된 것이다. 앞으로는 완성된 digital.cshrc 파일을 계속 사용할 것을 염두하고, 디지털 라이브러리를 테스트하러 가자.

[표 2-8] 여기서 예상 질문

예상 질문 : 어디까지 툴을 설치하고, digital.cshrc 파일을 수정해야 하나요?
본 교재는 digital.cshrc 파일의 #4번까지 툴을 사용하므로 툴 설치를 미리 한 뒤 digital.cshrc 파일의 #4번 항목까지 정확하게 기재하는 것이 필요하다. 본 교재에서는 툴 설치는 다루고 있지 않지만, 나인플러스IT(주)의 도움을 받거나 IDEC 홈페이지의 EDA 탭 ⇨ EDA 설치 가이드를 통하여 각자 진행이 가능하다. 가이드를 보면서 툴 설치를 직접 해보고자 하는 사람이 있다면, 박수를 보내도록 하겠다. 먼 미래의 자신에 대한 투자이기 때문이다.

2.3 실습 : STD 셀 테스트와 해석

2.3.1 실습 개요 및 환경 설정

스탠다드 셀(Standard Cell)은 디지털 회로 설계의 기본 구성 요소로, 조합 회로(AND, OR, XOR, NOT 등)와 순차 회로(D 플립플롭, 래치 등)를 포함한다. 본 장의 실습을 통해서 GPDK045 라이브러리에서 제공하는 스탠다드 셀의 동작을 시뮬레이션하고, 그 결과를 분석하는 방법을 습득할 것이다.

본 실습은 아래 세 가지 LAB으로 구성되어 있다. 각 LAB은 점진적으로 스탠다드 셀에 대한 이해를 높이며, 다양한 환경에서의 동작 특성을 분석할 수 있도록 했다.

학습 시간) 모든 LAB은 자기 주도형으로 결과까지 복기하면 각각 20분 내외 소요

1. **LAB1 : SimVision GUI를 사용한 기본 게이트 동작 확인**
   - Standard cell 의 게이트 동작을 시뮬레이션
   - GUI 로 시뮬레이션 결과 확인
   - dump 폴더에 시뮬레이션 파형 자동 저장 확인
   - 정해진 시간에 시뮬레이션을 정지시키는 $stop 명령어의 동작 확인

2. **LAB2 : 덤프 파일을 활용한 시뮬레이션 결과 분석**
   - GUI 없이 시뮬레이션 실행
   - 시뮬레이션 결과가 저장된 데이터베이스로 결과 확인
   - $finish 명령어의 동작 확인

3. **LAB3 : 고속 클록 환경에서의 스탠다드 셀 동작 검증**
   - 클럭의 반전 주기를 줄이는 방식의 고속 동작 테스트
   - 최대 동작 주파수와 속도 확인

실습을 위해 아래 경로로 이동하자. 3가지 실습 폴더를 확인할 수 있다.

```
$> cd SoC/GPDK045/digital/TEST/std_cell
```

공통적으로 각 LAB 폴더에는 다음과 같은 파일들이 포함되어 있다.

- README : 실습 내용 요약 및 안내
- TB_std_cell.v : 테스트벤치 Verilog 코드
- clean.tcl : 시뮬레이션 중 발생한 임시 파일들을 정리하는 스크립트 파일
- run_function.tcl : 시뮬레이션 실행 스크립트
- dump : 시뮬레이션 결과 파형 저장 디렉토리
- log : 로그 파일 저장 디렉토리

2.3.2 실습 : LAB1 - 기본 게이트 동작 확인(Simvision GUI)

LAB1은 SimVision GUI를 사용한 기본 게이트 동작 확인을 하는 것이 목표로서, 다음과 같은 내용을 학습한다.

- Standard cell 의 게이트 동작을 시뮬레이션한다.
- -gui 옵션을 통해 시뮬레이션 결과를 확인한다.
- dump 폴더에 시뮬레이션 파형이 자동으로 입력되는지 확인한다.
- 시뮬레이션 start 후, 정해진 시간에 stop 확인한다.

실습을 위해 아래 명령을 내리자.

```
$> source SoC/CSHRC/digital.cshrc
$> cd SoC/GPDK045/digital/TEST/std_cell/LAB1
$> ll
```

```
-rw-r--r-- 1 ex_poly1 rnd   115 Oct 15 23:40 README
-rw-r--r-- 1 ex_poly1 rnd   859 Oct 15 23:44 TB_std_cell.v
-rwxr-xr-x 1 ex_poly1 rnd    65 Oct 23 11:43 clean.tcl
drwxr-xr-x 3 ex_poly1 rnd    33 Oct 14 00:44 dump
drwxr-xr-x 2 ex_poly1 rnd    37 Oct 14 00:45 log
-rwxr-xr-x 1 ex_poly1 rnd   662 Oct 15 23:44 run_function.tcl
-rw-r--r-- 1 ex_poly1 rnd  7026 Oct 14 21:53 shm.prof
-rw-r--r-- 1 ex_poly1 rnd 23414 Oct 24 02:35 xmprof.out
```

[그림 2-16] LAB1 폴더 구성

README 파일을 open하여 이번 실습에서 진행하게 될 내용을 파악한다. 시뮬레이션에 관련된 설명을 볼 수 있다. "-gui" 옵션을 통해 simvision이 자동으로 시작되고 dump 폴더는 자동으로 열린다는 것을 알 수 있다. 또한 시뮬레이션 창에서 시작 버튼을 누른 뒤 $stop 기능으로 멈출 수 있음을 알 수 있다.

```
###########
## GUIDE ##
###########

with option -gui
simvision auto started
dump folder is auto opened
press start button and stop at $stop function
```

[그림 2-17] README 파일 내용. 확인 후 ESC + :q! 명령으로 종료

시뮬레이션으로 실행할 run_function.tcl 파일의 내용은 아래와 같다. 시뮬레이션 명령인 xrun과 사용되는 옵션을 볼 수 있다.

```
xrun -64bit \
     +max_err_count+50 \
     +define+function_sim \
     -access +rwc \
     -profile \
     -profthread \
     -gui \
     TB_std_cell.v \
     ../../../gsclib045_all_v4.4/gsclib045_svt_v4.4/gsclib045/verilog/slow_vdd1v0_basicCells.v \
     -l ./func_sim.log
```

[그림 2-18] run_function.tcl 파일 내용

xrun 실행에 사용되는 옵션들은 아래와 같다.

[표 2-9] xrun 옵션 설명

- -64bit : 64bit 환경에서 시뮬레이션 실행한다.
- +max_err_count+50 : 에러 검출을 50 개까지 할 수 있다.
- +define+ 함수 : 함수를 정의한다.
- -access : 접근 권한을 부여한다. (r: read, w: write, c: execute)
- -profile : 디자인의 런타임 프로필을 생성한다.
- -profthread : 스레드 된 프로세스가 프로파일 되도록 허용한다.
- -gui : 그래픽 사용자 인터페이스 호출한다.

TB_std_cell.v의 내용은 아래와 같다. vim 에디터에서 긴 내용을 한눈에 확인할 수 있도록 :vs 명령으로 세로 분할을 했다.

```
`timescale 1ns/1ps
module TB_std_cell();

reg CK,RN;
reg [2:0] IN;
wire AND_RESULT, XOR_RESULT;
wire Q1, Q1_BAR, Q2;

//integer TEST;

AND2X1 UAND2X1 (
        .A(IN[0]),
        .B(IN[1]),
        .Y(AND_RESULT)
);

XOR2X1 UXOR2X1 (
        .A(AND_RESULT),
        .B(IN[2]),
        .Y(XOR_RESULT)
);

DFFRHQX1 UDFFRHQX1 (
        .D(XOR_RESULT),
        .CK(CK),
        .RN(RN),
        .Q(Q1)
);

INVX1 UINVX1 (
        .A(Q1),
        .Y(Q1_BAR)
);
```

```
DFFRHQX1 UDFFRHQX2 (
        .D(Q1_BAR),
        .CK(CK),
        .RN(RN),
        .Q(Q2)
);

initial begin
        CK      <= 1'b0;
        IN      <= 3'b000;
        RN      <= 1'b1;

#199    RN      <= 1'b0;
#100    RN      <= 1'b1;

#500
$stop;
end

always begin
#2      CK      <= ~CK;
end

always begin
#2      IN      <= IN+1'b1;
end

initial begin
        `ifdef function_sim
                $shm_open("./dump/TB_std_cell");
                $shm_probe(TB_std_cell, "AC");
        `endif
end
```

[그림 2-19] TB std cell.v 파일 내용

위 그림 오른쪽의 initial begin부터 end까지 시뮬레이션 초기값 설정을 하는데, 시뮬레이션의 시작 이후 199ns에 리셋을 100ns동안 진행하고 500ns 후에 시뮬레이션을 중단(stop)하고 있다. 그리고 always 구문들을 통해 클록과 입력에 대한 반복적인 일을 정의하고 있다.

독자들이 중요하게 파악해야 할 또 다른 부분은 ifdef-endif 구문으로서, 시뮬레이션을 진행할 때 테스트 벤치 파일 내의 특정 부분을 on, off 할 수 있는 기능을 제공한다. 앞서 run_function.tcl 파일에서 +define+function_sim 구문이 사용되었으니 테스트 벤치 파일 내에서는 $shm_open과 $shm_probe가 실행되도록 하는 효과가 있다. 즉, dump 폴더에 파형 결과를 저장하는 것이다. 아래 그림에서 스크립트와 테스트벤치 파일 간의 연결 관계를 나타내었다.

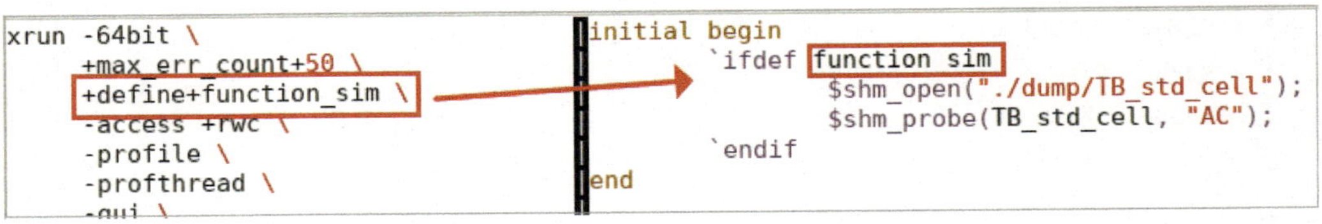

[그림 2-20] ifdef 구문의 활성화는 +define+으로 가능

이 테스트 벤치는 LAB1부터 3까지 거의 동일하게 사용되므로 아래 그림으로 표현해보았다. TestBench의 구조는 2-input AND 1개, 2-input XOR 1개, inverter 1개, D Flip Flop 2개로 이루어져 있다. 클럭(CK)의 포지티브 엣지 트리거 후에 출력 값이 나온다. RN은 네거티브 리셋으로서, 0 값에 의해 리셋된다.

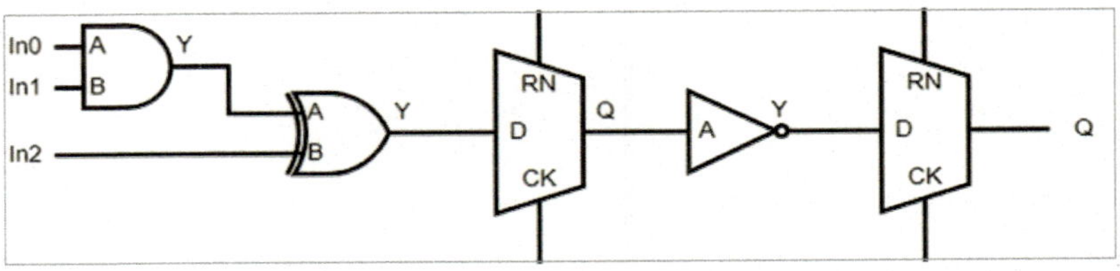

[그림 2-21] TB_std_cell.v 테스트 벤치 파일의 내부 셀 구성

LAB1의 내용 파악이 되었다면 시뮬레이션을 진행하자.
시뮬레이션을 진행하기 전에 아래 명령으로 불필요한 파일들을 삭제하고, run_function.tcl 파일을 실행한다.

```
$> ./clean.tcl
$> ./run_functional.tcl
```

내부적으로 compile과 elaboration 과정을 거친 뒤, 아래 그림과 같이 Simvision 툴이 나타난다. Simvision툴을 통해 시뮬레이션 과정과 결과를 GUI로 확인할 수 있다. Design Browser 창에서 테스트 벤치 모듈인 TB_std_cell을 볼 수 있다. 오른쪽 objects 창에는 테스트 벤치 파일에서 설정한 변수들을 확인할 수 있다.

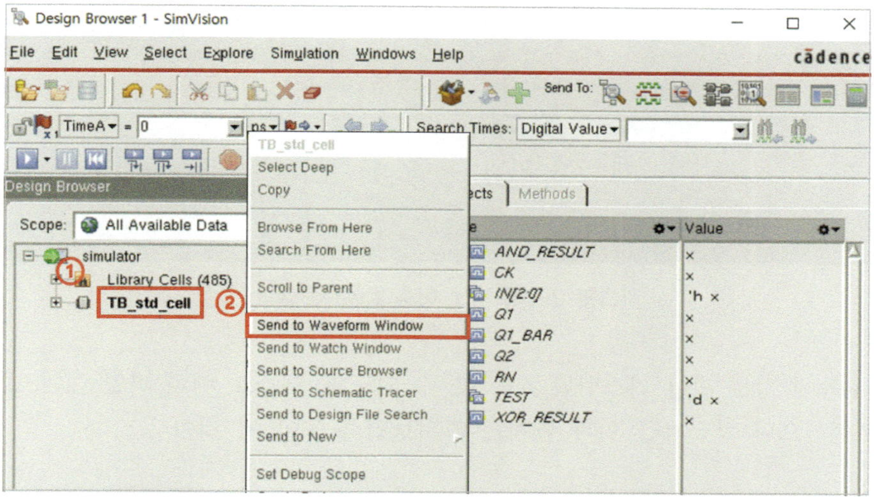

[그림 2-22] 스크립트 실행 결과인 Simvision 창

위 그림에 있는 번호순으로 진행하자. 시뮬레이션의 결과를 wave 창으로 확인하기 위해 TB_std_cell 부분을 길게 우클릭한다. 메뉴 중 Send to Waveform Window를 선택하면 아래와 같은 waveform을 볼 수 있다. 아래 그림처럼 ps를 ns로 바꾸고 실행 버튼(start)을 누르면 결과를 wave가 보인다. 드래그를 하면 해당 구역을 확대할 수 있다. 그림 오른쪽에 조그맣게 + - = 가 보이는데, 각각 확대와 축소, 창 크기에 맞게 Fit 하는 기능이다.

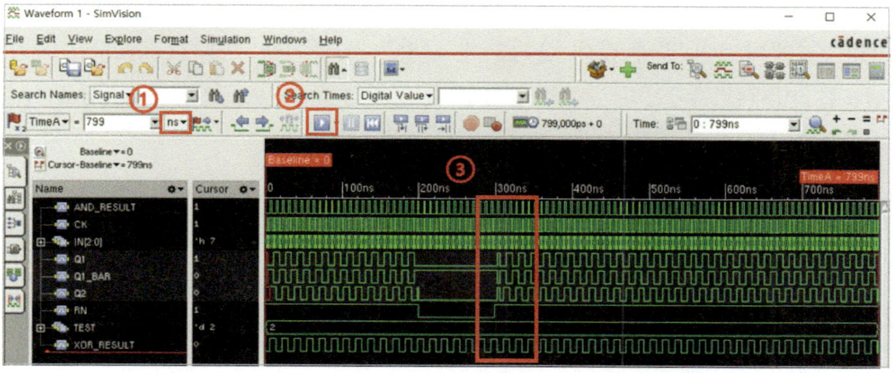

[그림 2-23] 시간 단위 설정과 실행 버튼 클릭, 드래그 시 확대 가능

리셋 직후에 모든 셀이 정상 동작함을 확인하자. 아래 그림처럼 리셋 이후의 영역을 드래그하여 확대하면 아래 그림과 같다. 가로축은 시간의 흐름이고 클릭한 곳에 움직이는 세로축은 그때 당시의 0, 1 값을 파악하는데 도움을 준다. 하드웨어의 동작은 C언어처럼 순차적으로 수행되는 것이 아니라 병렬적이고, 독립적으로 진행되므로 Wave 파형을 많이 보면 도움이 될 것이다.

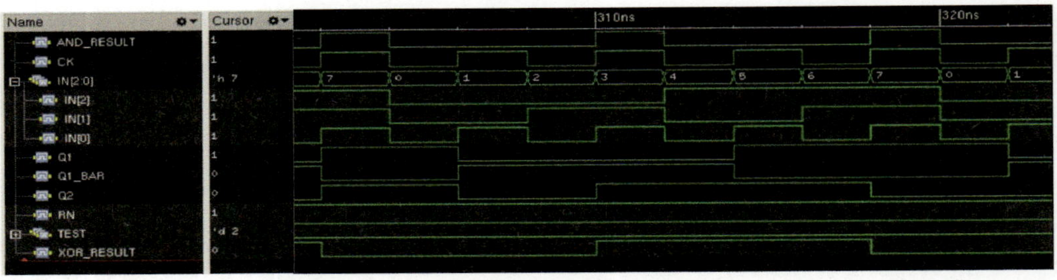

[그림 2-24] 리셋 이후의 wave 결과

위 그림 왼쪽에 많은 핀이 리스팅된 것을 볼 수 있는데, 테스트 벤치 파일 내의 셀 구성을 아래에 표현했으니 차근차근 인과 관계를 따져보면 도움이 될 것이다.

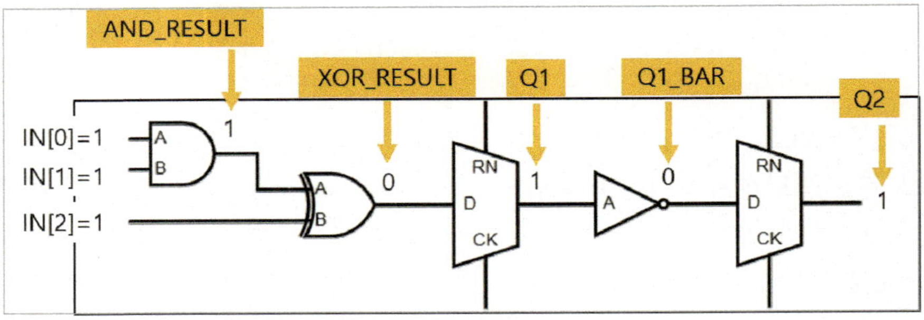

[그림 2-25] 핀 이름 추가

입력에 따라 각 게이트의 결과 값이 올바르게 나왔는지 확인했다면, TestBench 내의 회로가 잘 동작했음을 이해할 수 있다. 이제 종료를 위하여 File 〉 Exit Sim Vision을 누르자.

터미널로 돌아오면 시뮬레이션 후 LAB1 폴더 안에 어떤 파일이 생성되었는지 확인할 수 있다. 아래 명령을 내려보자. 시뮬레이션 진행 이전과 비교해보면 func_sim.history, func_sim.log, waves.shm, xcelium.d, xrun.key 파일 등이 생겼음을 알 수 있다. 이는 시뮬레이션 진행 중에 발생한다.

```
$〉 ll
```

```
-rw-r--r-- 1 ex_poly1 rnd   115 Oct 15 23:40 README
-rw-r--r-- 1 ex_poly1 rnd   859 Oct 15 23:44 TB_std_cell.v
-rwxr-xr-x 1 ex_poly1 rnd    65 Oct 23 11:43 clean.tcl
drwxr-xr-x 3 ex_poly1 rnd    33 Oct 14 00:44 dump
-rw-r--r-- 1 ex_poly1 rnd   319 Feb 25 21:25 func_sim.history
-rw-r--r-- 1 ex_poly1 rnd 42728 Feb 25 21:26 func_sim.log
drwxr-xr-x 2 ex_poly1 rnd    37 Oct 14 00:45 log
-rwxr-xr-x 1 ex_poly1 rnd   662 Oct 15 23:44 run_function.tcl
-rw-r--r-- 1 ex_poly1 rnd  7026 Oct 14 21:53 shm.prof
drwxr-xr-x 2 ex_poly1 rnd    52 Feb 25 21:25 waves.shm
drwxr-xr-x 6 ex_poly1 rnd   214 Feb 25 21:25 xcelium.d
-rw-r--r-- 1 ex_poly1 rnd 24294 Feb 25 21:26 xmprof.out
-rw-r--r-- 1 ex_poly1 rnd   231 Feb 25 21:26 xrun.key
```

[그림 2-26] 시뮬레이션 결과로 생긴 파일들

2.3.3 실습 : LAB2 - Dump 데이터 후처리 분석(CLI + Simvision)

LAB2는 덤프 파일을 활용한 시뮬레이션 결과 분석을 목표로 하며, CLI(커맨드 라인 인터페이스)방식으로 진행한다. 다음과 같은 내용들을 살펴본다.

- -gui 옵션 없이 simvision 으로 시뮬레이션 확인한다.
- 시뮬레이션 재시작할 필요 없이 Dump 폴더 내 database 로 시뮬레이션 결과를 확인한다.
- TB_std_sell.v 내에 $finish 명령어를 확인한다.

LAB2 폴더로 이동하여 내부 구성을 살펴본다.

```
$> cd ~/SoC/GPDK045/digital/TEST/std_cell/LAB2
$> ls
```

```
[ex_poly2@npit LAB2]$ ls
README  TB_std_cell.v  clean.tcl  dump  run_function.tcl
```

[그림 2-27] LAB2 폴더 구성

가장 먼저 README 파일을 확인한다.

```
$> vim README
```

```
$finish in testbench file

1) just ./run_function.tcl
2) $> simvision
3) open database in dump folder
4) no need to restart simulation
```

[그림 2-28] 확인 후 ESC + :q! 명령으로 종료

LAB2에서는 $finish 명령어를 포함하여 작성된 테스트벤치 파일을 볼 수 있다. 시뮬레이션이 특정 시간에 자동 종료되도록 하는 방식이다. ./run_function.tcl 명령을 실행하면 GUI 없이 시뮬레이션이 진행 및 종료되며, 이후 $〉 simvision 명령어를 사용하여 Simvision 창을 실행할 수 있다. 이때 Dump 폴더에 저장된 데이터베이스를 열어 시뮬레이션 결과를 확인할 수 있다. 이 방법은 실무에서 많이 사용되는 방법으로서, 긴 시뮬레이션을 다시 실행하지 않고 저장된 데이터를 활용하여 분석할 수 있다.

시뮬레이션 실행 파일인 run_function.tcl 파일의 내용을 확인해보자. 이전 LAB과는 다르게 –gui 옵션이 없는 것을 알 수 있다. 따라서 시뮬레이션 후 Simvision 창이 뜨지 않는 것을 확인하게 될 것이다.

```
$〉 vim run_function.tcl
```

```
xrun -64bit \
     +max_err_count+50 \
     +define+function_sim \
     -access +rwc \
     -profile \
     -profthread \
     TB_std_cell.v \
     ../../../gsclib045_all_v4.4/gsclib045_svt_v4.4/gsclib045/verilog/slow_vdd1v0_basicCells.v \
     -l ./func_sim.log
```

[그림 2-29] run_function.tcl 파일 내용. –gui 옵션 없음을 확인

테스트 벤치 파일에도 특이점이 있다. 아래 그림의 59행에는 $finish가 있다. $stop과 $finish는 Verilog 시뮬레이션에서 실행을 중단하는 명령어지만, 동작 방식에 차이가 있다. $stop은 시뮬레이션을 일시 정지(Pause)하여 사용자가 실행을 계속할지 선택할 수 있으며, 디버깅 과정에서 특정 시점에서 멈추는 용도로 주로 사용된다. 반면, $finish는 시뮬레이션을 완전히 종료(Terminate)시켜 이후 실행이 불가능하며, 최종 결과를 출력하고 시뮬레이터를 즉시 종료하는 데 사용된다.

```
initial begin
        CK      <= 1'b0;
        IN      <= 3'b000;
        RN      <= 1'b1;

#199    RN      <= 1'b0;
#100    RN      <= 1'b1;

#500
$finish;
end

always begin
#2      CK      <= ~CK;
end

always begin
#2      IN      <= IN+1'b1;
end
```

[그림 2-30] 테스트 벤치 파일. $finish 확인

그 외 다른 파일들은 기존 LAB과 동일하다. 아래의 명령어들을 차례로 입력하여 환경파일을 소스(source)하고, 기존 데이터를 지운 뒤, 시뮬레이션을 진행한다.

```
$> source ~/SoC/CSHRC/digital.cshrc
$> ./clean.tcl
$> ./run_function.tcl
```

```
xcelium> run
Simulation complete via $finish(1) at time 799 NS + 0
./TB_std_cell.v:59 $finish;
xcelium> exit
TOOL:    xrun(64)         24.03-s005: Exiting on May 22, 2025 at 09:42:24 KST  (total: 00:00:02)
[ex_poly2@npit LAB2]$
```

[그림 2-31] 시뮬레이션 자동 실행 및 종료(finish)

LAB1과 다르게 -gui 옵션을 넣지 않아 Simvision 창이 뜨지 않고 시뮬레이션이 완료됐다는 메시지만 나온다. 설정한 대로 799ns에 시뮬레이션이 종료되었고, 결과를 확인하기 위해 폴더의 구성을 살펴보자.

```
$> ls
```

```
[ex_poly2@npit LAB2]$ ls
README         clean.tcl   func_sim.history   run_function.tcl   xcelium.d
TB_std_cell.v  dump        func_sim.log       shm.prof           xmprof.out
[ex_poly2@npit LAB2]$
```

[그림 2-32] 시뮬레이션 후 모습. xcelium.d 폴더 확인

시뮬레이션이 한번은 진행이 되어야만 dump 폴더에 시뮬레이션 결과(Waveform) 데이터가 저장되며, 이후에 시뮬레이션을 재실행하지 않고도 결과를 확인할 수 있다. 이제 아래의 명령어를 통해 Simivision 툴을 실행시키고 dump 파일에 저장된 시뮬레이션 내용을 확인해보자.

```
$〉 simvision
```

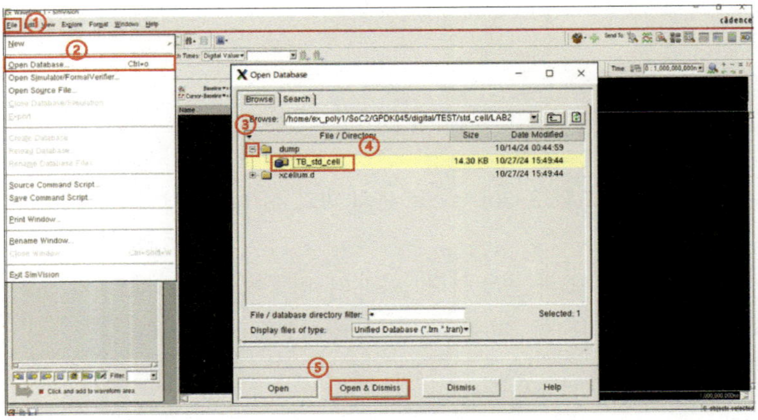

[그림 2-33] simvision 수행 후 덤프 폴더 로드

위 그림의 순서에 따라 진행하면 아래 그림과 같이 TB_std_cell 테스트 벤치 파일부터 하위 모듈까지 잘 로드되는 것을 확인할 수 있다. 그림의 순서대로 셀을 선택한 후 A, B, Y를 클릭하면 아래 그림과 같이 시뮬레이션 결과를 확인할 수 있다. 다른 셀도 선택하여 결과를 확인할 수 있다.

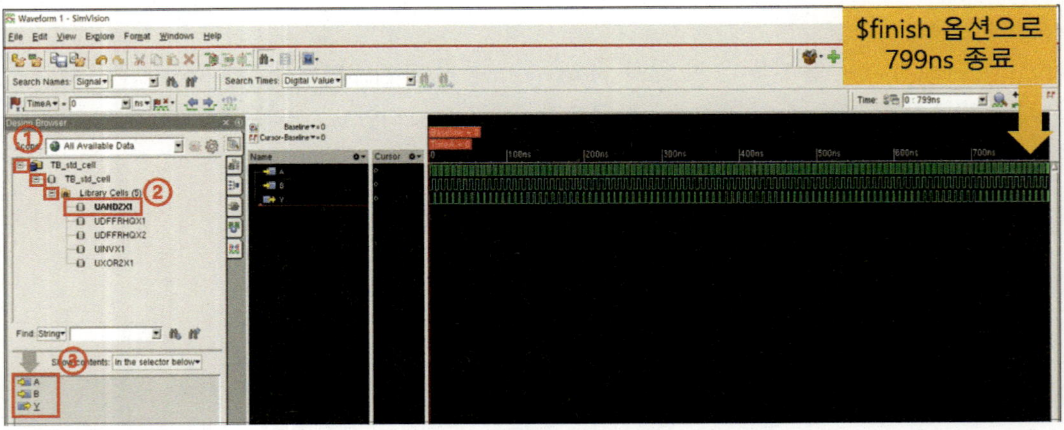

[그림 2-34] 결과 확인 방법

2.3.4 실습 : LAB3 - 고속 클록 환경에서의 동작 확인

LAB3는 고속 클록 환경에서의 스탠다드 셀 동작 검증을 목표로 하며, 다음과 같은 내용을 학습한다.

- -gui 옵션을 사용하여 Simvision 을 확인한다.
- 클럭의 반전 주기를 줄여 시뮬레이션을 진행한다.
- 최대 동작 주파수와 최대 동작 속도를 확인한다.

LAB3 폴더로 이동하여 내부 구성을 살펴본다.

```
$> cd ~/SoC/GPDK045/digital/TEST/std_cell/LAB3
```

```
[ex_poly2@npit LAB3]$ ls
README  TB_std_cell.v  clean.tcl  dump  run_function.tcl
```

[그림 2-35] LAB3 폴더 구성

폴더의 구성은 기존 LAB과 동일하다. 가장 먼저 README 파일을 확인한다. LAB3에서는 스탠다드 셀의 high speed 동작을 확인한다는 내용과 클럭의 주기를 빠르게 설정하여 테스트를 진행한다는 내용이다. 확인 후 vim 창을 종료한다.

```
$> vim README
```

```
##########
## NOTE ##
##########
Lab3 is for high speed test
1ns test, so toggle at each 0.5ns

###########
## GUIDE ##
###########
with option -gui
simvision auto started
dump folder is auto opened
press start button and stop at $stop function
```

[그림 2-36] 해당 실습의 특이점 확인

run_function.tcl 파일에서는 -gui 옵션이 들어가 있음을 알 수 있다.

```
xrun -64bit \
    +max_err_count+50 \
    +define+function_sim \
    -access +rwc \
    -profile \
    -profthread \
    -gui \
    TB_std_cell.v \
    ../../../gsclib045_all_v4.4/gsclib045_svt_v4.4/gsclib045/verilog/slow_vdd1v0_basicCells.v \
    -l ./func_sim.log
```

[그림 2-37] run_function.tcl

테스트 벤치의 특이점은 아래 그림과 같다. 0.5ns마다 반전시켜 1ns 즉, 1GHz를 부여한다. 이는 다른 LAB에서 4ns를 부여한 것에 비해 매우 빠른 속도이다. 이런 속도에도 스탠다드 셀이 정상적으로 동작하는지 시뮬레이션을 통해 확인하자.

```

// Check the maximum speed
always begin
#0.5    CK      <= ~CK;
end

always begin
```

[그림 2-38] 테스트 벤치 파일의 특이점

내용 파악이 되었다면 LAB3 폴더에서 아래의 명령어들을 차례로 입력하여 환경파일을 소스(source)하고, 기존 데이터를 지운 뒤, 시뮬레이션을 진행한다.

```
$> source ~SoC/CSHRC/digital.cshrc
$> ./clean.tcl
$> ./run_function.tcl
```

스크립트 파일 run_function.tcl을 실행하면 -gui 옵션에 의해서 Simvision 창이 실행된다. Run 버튼을 눌러서 시뮬레이션을 수행하고, File탭 〉 Open Database를 눌러서 덤프 된 내용을 불러오도록 하자. 이후는 아래 그림의 순서에 따라 파형을 리스팅하자. 원하는 셀이나 신호를 선택한 뒤 Send to Waveform Window를 해도 된다.

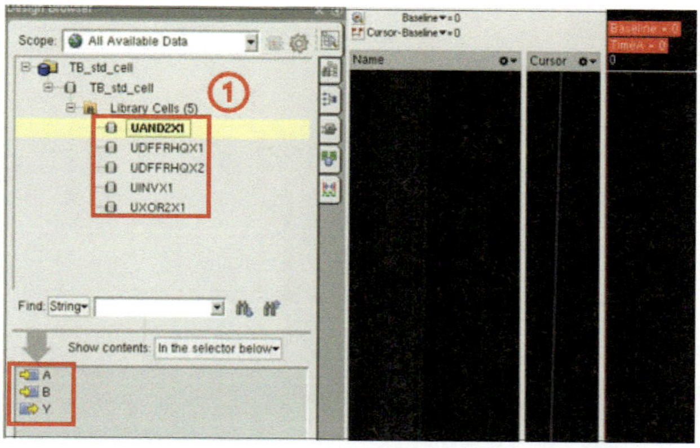

[그림 2-39] 시그널 리스팅

그런데 셀이 5개라서 입출력을 모두 리스팅하면 눈으로 구분하기가 쉽지 않다. 잘 보이도록 만들기 위해서는 아래 그림처럼 create 〉 divider를 하는 것이 좋다. 아래 그림처럼 특정 시그널을 클릭하면 노란색으로 바뀌는데, divider를 만들면 노란색 위에 생긴다는 특성을 염두에 두며 잘 정리하기를 바란다.

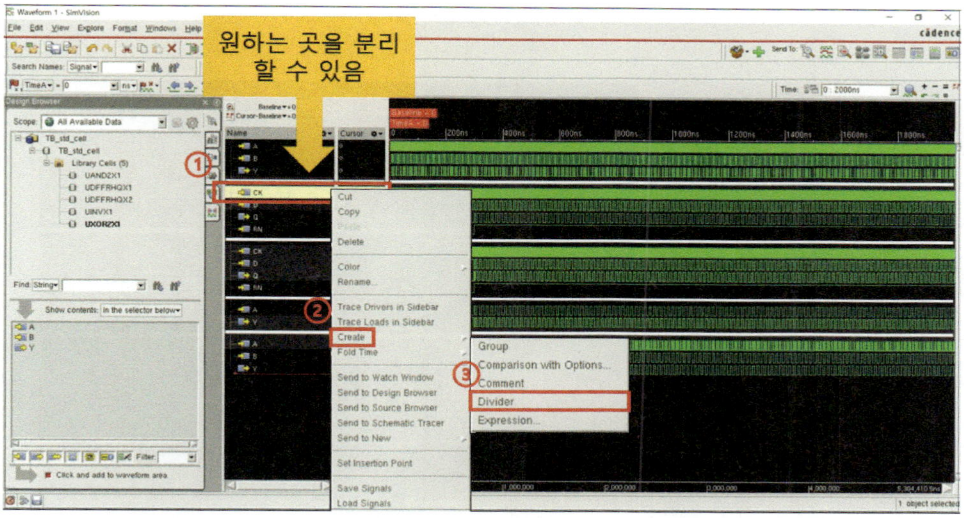

[그림 2-40] create divider

시뮬레이션의 목적인 고속 동작을 확인해보자. 리셋 이후의 시점을 확인하면 되는데, 빨간색으로 표시한 구간을 드래그하여 확대하자.

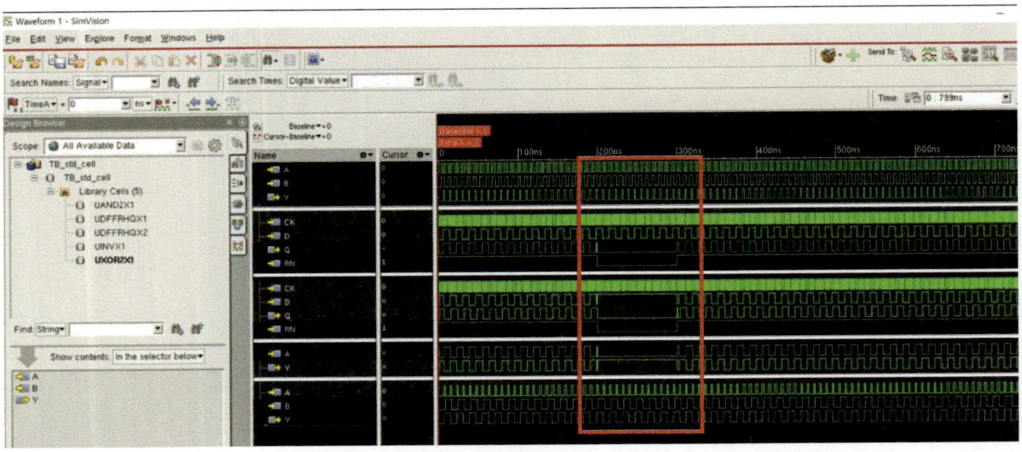

[그림 2-41] 리셋 이후의 구간을 확대하여 분석할 예정

리셋 직후 지점을 확대하면 아래 그림과 같다. 아래 그림을 보거나 각자 시뮬레이션 창에서 3가지를 직접 확인해보자.

- 클럭의 주기 확인
- 조합 회로 동작 : 입력의 변화에 따라 빠른 출력이 나오는지
- 순차 회로 동작 : 클록의 Rising 직후에 빠른 출력이 나오는지

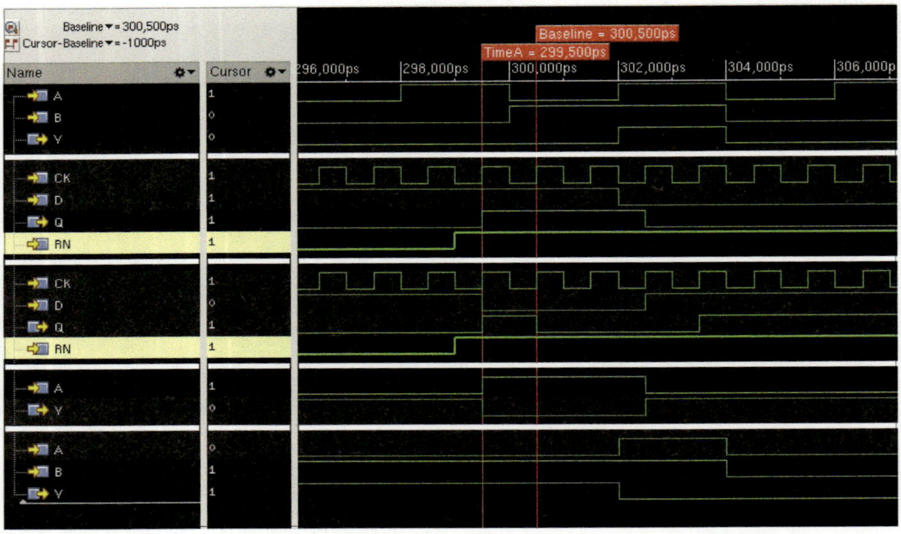

[그림 2-42] 확대하여 시뮬레이션 분석을 진행

먼저 클록의 주기를 같이 살펴보자. 첫 클록의 rising 지점과 다음 지점을 비교한 모습을 위 그림에서 확인할 수 있다. 첫 rising 지점을 클릭한 뒤, 다음 지점을 가운데 마우스 버튼으로

클릭하면 또 다른 빨간색 선이 나타나면서 두 지점 간의 시간적 거리를 비교할 수 있다. 1,000ps 즉 1ns의 주기를 갖는 클록으로 동작하는 중임을 알 수 있다.

다음으로 조합 회로는 입력 신호 값이 변하는 지점에서 출력값이 딜레이 없이 바뀌는 것을 확인하기 바란다. 또한 순차 회로에서 CK가 Rising 직후에 출력값이 나오는지도 확인하기 바란다. 테스트 벤치 내에 있는 5가지 셀의 인과 관계를 신호 레벨에서 꼼꼼하게 따져보면 많은 공부가 될 것이다.

[표 2-10] 여기서 잠깐

이번 LAB은 스탠다드 셀 각각을 Function 시뮬레이션으로 간단하게 검증한 것이지만, SoC의 최종 구현 이후에 Cell Delay와 Net Delay를 적용한 시뮬레이션을 하면 출력에 있어서 지연이 생길 것이다. 지연을 적용했음에도 불구하고 전체적인 회로의 동작에 문제가 없어야 함

2.3.5 실습 요약

지금까지 세 가지 LAB을 통해 GPDK045 스탠다드 셀 라이브러리의 동작 특성을 확인했다. 실습으로 얻은 정보는 실제 설계 과정에서 중요한 판단 기준을 제공한다. 아래는 간단한 요약이다.

[표 2-11] 실습의 요약

1. LAB1 : GUI 기반 시뮬레이션을 통한 기본 동작 확인
   - 조합논리(AND, XOR, INV)와 순차 논리(FF)의 정상 동작 검증
   - 리셋 기능 확인
   - 시뮬레이션 결과의 시각적 분석

2. LAB2 : 덤프 파일을 활용한 시뮬레이션 결과분석
   - GUI 없이 백그라운드에서 시뮬레이션 실행
   - 저장된 덤프 파일을 통한 사후 분석
   - $finish 명령어와 $stop 명령어의 차이 이해

3. LAB3 : 고속 클록 환경에서의 셀 동작 검증
   - 1GHz(1ns 주기) 클록에서의 동작 확인
   - 셀 지연 시간 확인

2.4 실습 : IO셀 테스트와 해석

2.4.1 IO Cell의 개념과 종류

1장에 기술되어 있는 것처럼 IO셀은 칩 내부 회로와 외부 환경 사이의 인터페이스 역할을 담당한다. 칩 설계에서 IO셀은 신호를 전달하는 것 이상의 여러 중요한 기능을 수행한다. 주요 기능은 아래와 같고, 자세한 내용이 필요하면 1장에서 확인할 수 있다.

1. 신호 레벨 변환
   - 칩 내부 전압 레벨(예: 1.0V)과 외부 신호 레벨(예: 3.3V) 간의 변환
   - 내부/외부 전압 도메인 간의 안전한 통신 보장

2. 보호 기능
   - 정전기 방전(ESD) 보호
   - 과전압 보호
   - 전류 제한 및 버퍼링

3. 구동 능력(Drive Strength)
   - 다양한 부하 조건에 맞는 출력 구동 능력 제공
   - 임피던스 매칭 기능, 신호 무결성 유지

4. 특수 기능
   - 풀업/풀다운 저항
   - 트라이스테이트(Tri-state) 기능
   - 전압 레벨의 미약함을 감지 및 Idle 상태 진입/Retention 기능

설계자가 필수로 알아야 할 IO 셀의 2가지 분류가 있다. 아래 표와 같고 차례대로 알아보자.

분류	설명	셀 이름
GPIO (General Purpose)	0, 1 값을 입력, 출력, 입/출력	PADDI, PADDO, PADDB
POWER IO	STD, IO 셀이 동작할 수 있도록 전압과 그라운드 공급	Core : PADVDD, PADVSS IO : PADVDDIOR, PADVSSIOR

(1) 신호 입출력 처리

보통 GPIO라고 부르는 이 셀들은 칩 외부 장치와의 데이터를 송수신하는 역할을 한다. 데이터의 입출력에 따라 Input 셀(PADDI), Output 셀(PADDO), 양방향 셀(PADDB, Bi-direction) 등이 있다.

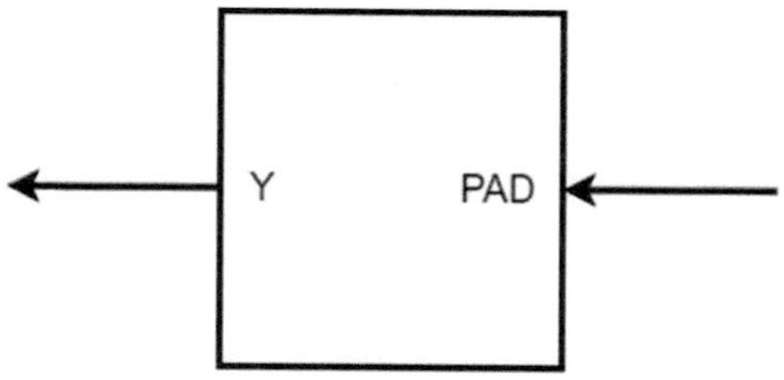

[그림 2-43] PADDI(Input)

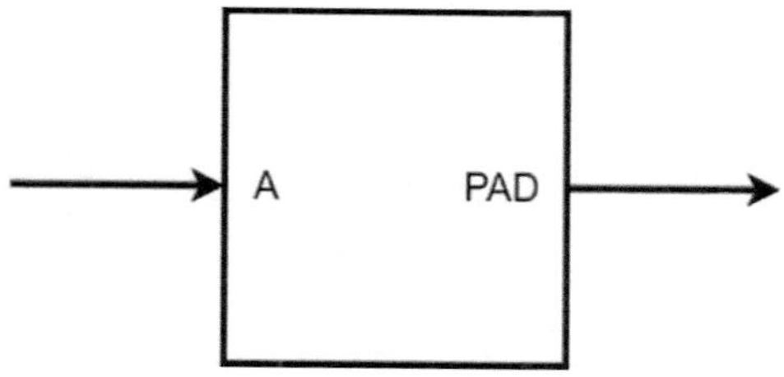

[그림 2-44] PADDO(Output)

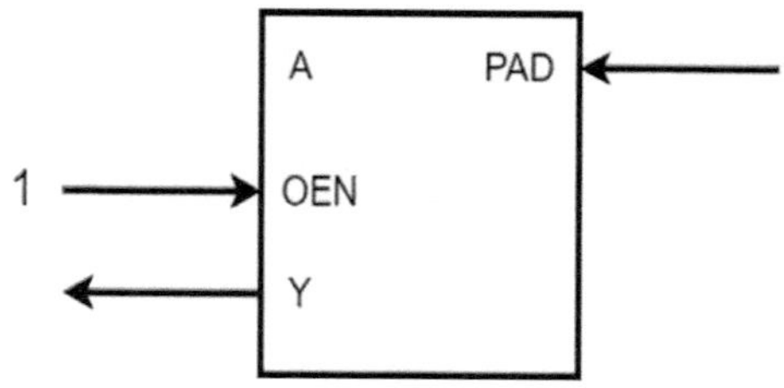

[그림 2-45] PADDB_IN

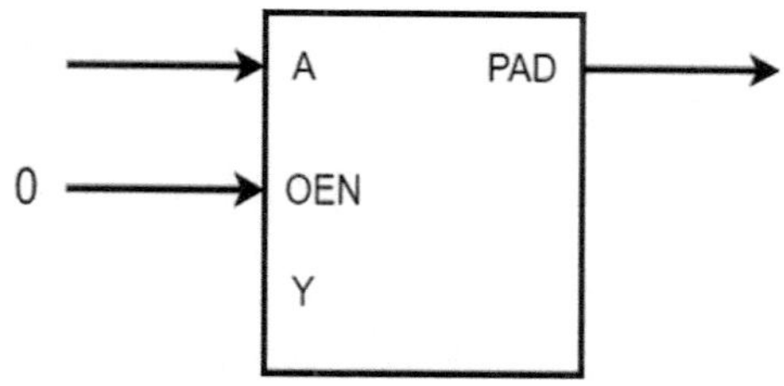

[그림 2-46] PADDB_OUT

(2) Power 및 Ground 공급

IO 영역과 코어 영역에 VDD 및 VSS를 공급해야 한다. 즉, IO 셀도 셀이기 때문에 파워를 공급받아서 동작해야 한다는 것이고, 스탠다드 셀도 셀이기 때문에 파워를 공급받아서 동작해야 한다는 것이다. 이 두 가지를 충족하기 위한 셀들이 준비되어 있다. 먼저 스탠다드 셀과 메모리 등이 위치하는 코어 영역은 PADVDD, PADVSS가 파워 및 그라운드를 공급한다. IO 셀 영역은 PADVDDIOR, PADVSSIOR이 파워 및 그라운드를 공급한다. 아래 그림을 보면, 나의 칩이 간단하게 AND 셀과 같다는 가정하에 신호의 입출력은 PADDI, PADDO 셀로 진행하고, 파워를 공급하는 것은 VDD, VSS라는 단어가 있는 셀이다. 빨간색으로 표현된 박스들은 파워를 공급하는 셀들이다.

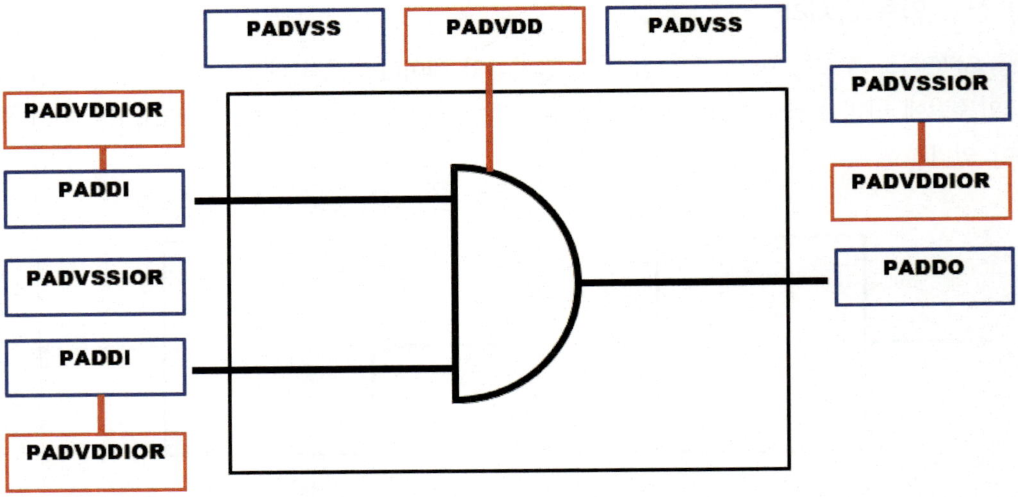

[그림 2-47] IO 셀들의 활용 예

IO 셀의 실습은 아래 두 가지 LAB으로 구성되어 있다. 각 LAB은 점진적으로 IO 셀에 대한 이해를 높이며, 다양한 환경에서의 동작 특성을 분석할 수 있도록 했다.

> **학습 시간) 모든 LAB은 자기 주도형으로 결과까지 복기하면 각각 20분 내외 소요**
>
> 1. LAB1 : SimVision GUI를 사용한 기본 동작 확인
>   - 기본 IO 셀 동작 테스트
>   - IO 셀의 기본적인 동작을 확인 및 PADDI/PADDO/PADDB 의 구조 이해
>   - OEN 신호를 1 과 0 으로 전환하여 입출력 동작을 분석.
>   - 시뮬레이션을 통해 정상적으로 신호가 전달되는지 확인.
>
> 2. LAB2 : 고속 클록 환경에서의 IO 셀 동작 검증과 신호전파 지연 분석
>   - IO 셀의 최대 동작 속도와 신호전파 지연(Cell Delay)을 분석
>   - PADDB_IN(입력) 및 PADDB_OUT(출력)의 rising/falling delay 측정
>   - 1GHz 에서 정상 동작 여부를 검증

실습을 위해 아래 경로로 이동하자. 2가지 실습 폴더를 확인할 수 있다.

```
$> cd SoC/GPDK045/digital/TEST/io
```

공통적으로 각 LAB 폴더에는 다음과 같은 파일들이 포함되어 있다.

- README : 실습 내용 요약 및 안내
- TB_std_cell.v : 테스트벤치 Verilog 코드
- clean.tcl : 시뮬레이션 중에 발생한 임시 파일들을 정리하는 스크립트 파일
- run_function.tcl : 시뮬레이션 실행 스크립트
- dump : 시뮬레이션 결과 파형 저장 디렉토리
- log : 로그 파일 저장 디렉토리

2.4.2 실습 : LAB1 - 기본 입출력 동작 테스트

LAB1는 각자 실습 진행과 복기까지 하면 20분 내외가 소요되며, 다음과 같은 내용을 학습한다.

- 기본 IO 셀 동작 테스트
- IO 셀의 기본적인 동작을 확인 및 PADDI/PADDO/PADDB 의 구조 이해
- OEN 신호를 1 과 0 으로 전환하여 입출력 동작을 분석.
- 시뮬레이션을 통해 정상적으로 신호가 전달되는지 확인.

아래 폴더로 이동하여 내부 구성을 살펴본다.

```
$〉 cd ~/SoC/GPDK045/digital/TEST/io/LAB1
```

```
[ex_poly2@npit LAB1]$ ls
clean.tcl  dump  README  run_function.tcl  TB_io_cell.v
```

[그림 2-48] LAB1 폴더 구성

가장 먼저 README 파일을 확인한다. LAB1에서는 -gui 옵션을 활용하여 simvision을 실행하고, start 버튼을 누르면 일정 시간 이후에 stop 된다는 내용이다. 디자인에 있어서 Bi-direction IO셀이 사용될 것을 예고하고 있다. 확인 후 vim 창을 종료한다.

```
$〉 vim README
```

```
##########
## NOTE ##
##########
#1. Bi-direction IO
#2. PAD_B_IN is an Input for PAD to Y
#3. In Lab1, just 1 value is go into PAD_B_IN and out through Y pin

###########
## GUIDE ##
###########
with option -gui
simvision auto started
dump folder is auto opened
press start button and stop at $stop function
```

[그림 2-49] 확인 후 ESC + :q! 명령으로 종료

run_function.tcl 파일에서는 -gui 옵션이 들어가 있음을 알 수 있고, 특이사항은 없다.

```
xrun -64bit \
     +max_err_count+50 \
     +define+function_sim \
     -access +rwc \
     -profile \
     -profthread \
     -gui \
     TB_io_cell.v \
     ../../../giolib045_v3.5/vlog/pads_FF_s1vg.v \
     -l ./func_sim.log
```

[그림 2-50] run function.tcl

테스트 벤치 파일인 TB_io_cell.v 파일을 open하여 사용된 IO 셀의 종류를 파악하자. 39-48행에는 단방향 Input 및 Output IO셀이 instance 되었다.

```
38 // Input Buffer
39 PADDI UPADDI(
40         .PAD(PAD_IN),
41         .Y(Y_IN)
42 );
43
44 // Output Driver
45 PADDO UPADDO(
46         .A(A_OUT),
47         .PAD(PAD_OUT)
48 );
49
```

[그림 2-51] 입력과 출력 셀

PADDI는 PAD 핀을 입력, Y 핀을 출력으로 사용하는 Input IO 셀이다. 주로 Input Buffer로 사용해 외부 신호를 내부 회로에서 안정적으로 사용할 수 있도록 변환하여 전달하는 역할을

한다. PADDO는 A 핀을 입력, PAD 핀을 출력으로 사용하는 Output IO 셀이다. 주로 Output Driver로 사용하며 내부 회로에서 생성된 신호를 외부로 증폭하여 전달하는 역할을 한다.

다음으로 19-36행의 양방향 IO 셀에 대해 살펴보자.

```
19 // Bi-directional Cell
20 // PAD to Y
21 PADDB UPADDB_IN(
22          .A(),
23          .OEN(OEN_IN),
24          .PAD(PAD_B_IN),
25          .Y(Y_B_IN)
26 );
27
28
29 // Bi-directional Cell
30 // A to PAD
31 PADDB UPADDB_OUT(
32          .A(A_B_OUT),
33          .OEN(OEN_OUT),
34          .PAD(PAD_B_OUT),
35          .Y()
36 );
```

[그림 2-52] 양방향 셀

PADDB는 양방향 IO 셀로 PAD 핀을 입력 핀과 출력 핀 모두로 사용할 수 있다. 21-26행의 PADDB는 PAD 핀을 입력으로, Y핀을 출력으로 사용하였다. 31-36행의 PADDB는 A핀을 입력으로, PAD핀을 출력으로 사용하였다. 이처럼 PADDB는 설계에 따라 입력과 출력 핀을 다르게 지정할 수 있는데 OEN 핀을 통해 이를 제어한다. OEN은 Output Enable Negative의 약자로 OEN에 0 또는 1을 입력함에 따라 입력과 출력을 전환할 수 있다. OEN을 통해 PADDB IO 셀은 하나의 셀로 입출력 모두를 처리할 수 있다.

다음으로 TestBench의 내용을 확인하자. 복잡해 보일 수 있어서 아래 그림의 오른쪽에 행별 설명을 추가하였다.

```
50 assign PAD_B_IN = 1'b1;
51
52 initial begin
53
54         OEN_IN <= 1'b1;
55
56         A_B_OUT<=1'b1;
57         OEN_OUT<=1'b1;
58         #20
59         OEN_OUT <=1'b0;
60         #20
61         A_B_OUT<=1'b0;
62
63         PAD_IN<= 1'b0;
64         #20
65         PAD_IN <=1'b1;
66
67         A_OUT<= 1'b0;
68         #20
69         A_OUT<= 1'b1;
70
71         #100
72         $stop;
73 end
```

·50행 : PAD_B_IN에 1 입력 유지
·52~57행 : initial 구문으로 초기값 세팅
- OEN_IN에 1 입력 (초기값)
- A_B_OUT 핀에 1 입력 (초기값)
- OEN_OUT 핀에 1 입력 (초기값)
·58행 : 20ns 경과
·59행 : OEN_OUT에 0 입력
·60행 : 20ns 경과
·61행 : A_B_OUT 핀에 0 입력
·63행 : PAD_IN 핀에 0 입력
·64행 : 20ns 경과
·65행 : PAD_IN 핀에 1 입력
·67행 : A_OUT 핀에 0 입력
·68행 : 20ns 경과
·69행: A_OUT 핀에 1 입력
·71행 : 100ns 경과
·72~73행 : 시뮬레이션 종료

[그림 2-53] 입력 시나리오

내용 파악이 되었다면 LAB1 폴더에서 아래의 명령어들을 차례로 입력하여 환경파일을 소스(source)하고, 기존 데이터를 지운 뒤, 시뮬레이션을 진행한다.

```
$> source ~/SoC/CSHRC/digital.cshrc
$> ./clean.tcl
$> ./run_function.tcl
```

아래 그림처럼 시뮬레이션을 위한 Simvision Design Browser 창이 뜨면 다음을 차례대로 진행한다.

- Library Cells 하위의 모든 IO 셀들을 클릭
- 우측 상단의 웨이브 아이콘 클릭

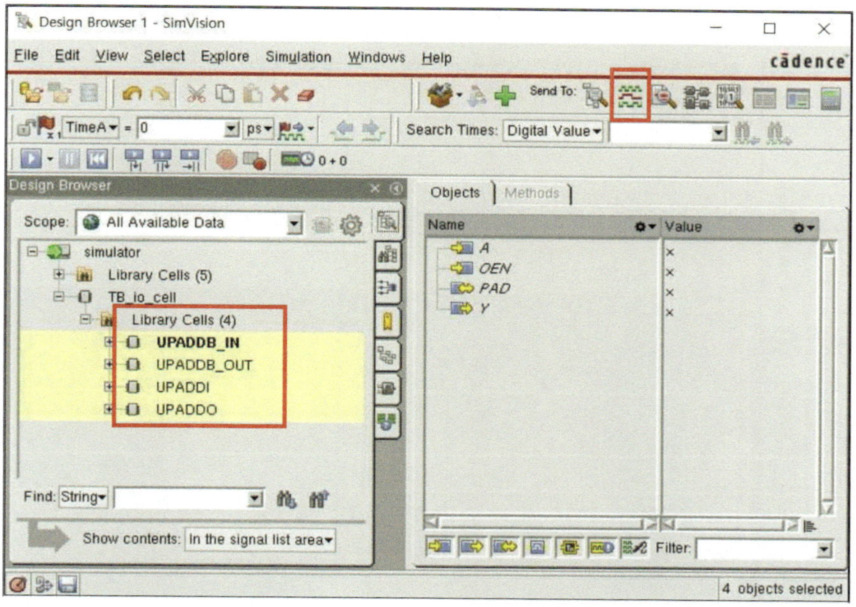

[그림 2-54] GUI 확인

아래 그림처럼 Waveform 창이 열리면 번호 순서대로 진행한다. IO 셀별로 divider를 넣어주면 파형 분석을 편히 할 수 있다.

- 2 번째 PADDB 의 A 핀을 우클릭
- Create 클릭
- Divider 클릭

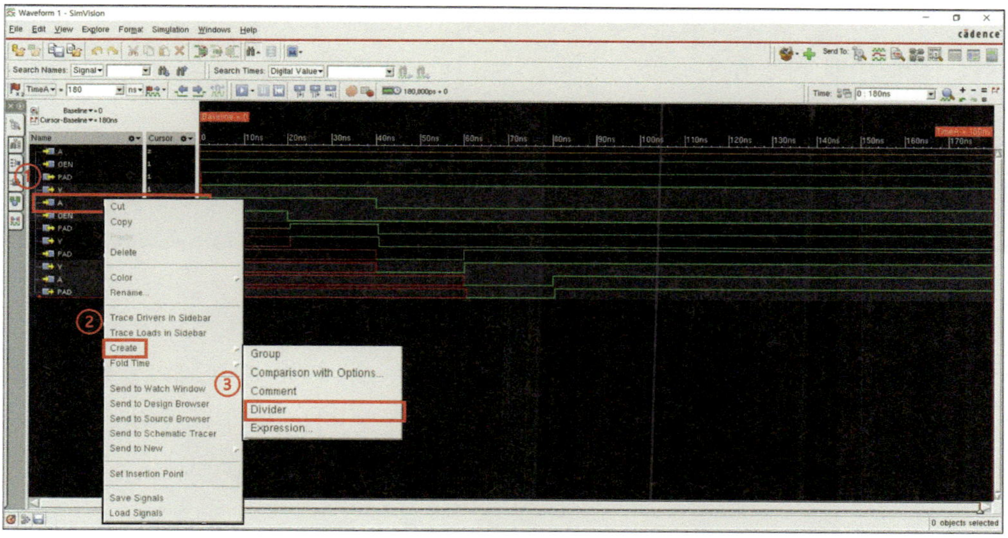

[그림 2-55] wave 파형 정리

아래 그림과 같이, 빨간색으로 처리한 영역을 확대하여 자세한 시뮬레이션 결과를 확인하자. 또한 아래 그림의 왼쪽에 divider로 구분되어 있는 4개의 영역이 보이는데, 가장 상단부터 아래 방향으로 설명하겠다.

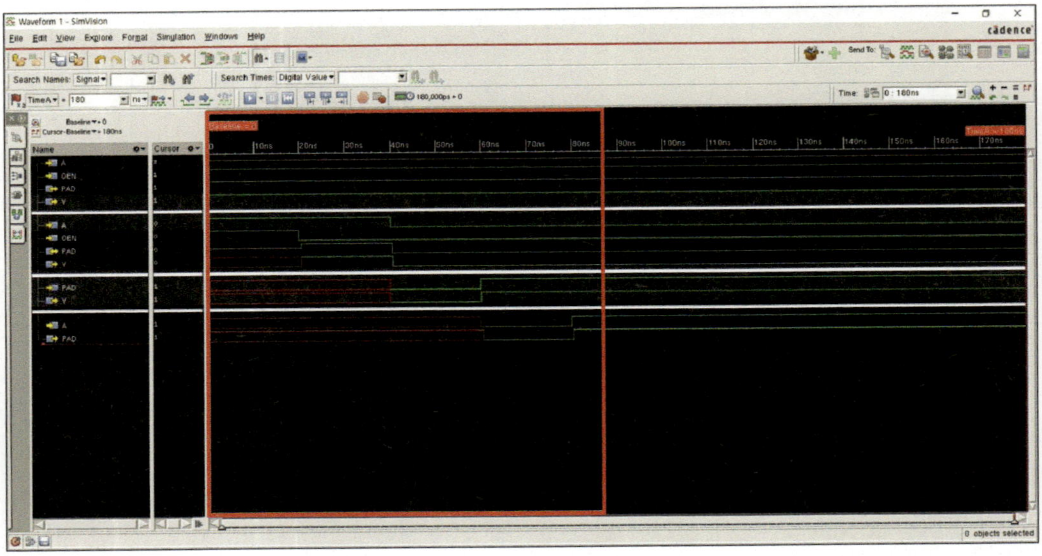

[그림 2-56] 파형 확대

아래 그림은 테스트 벤치 파일 21행에 인스턴스 되어 있는 UPADDB_IN셀의 동작을 보여준다. PAD로 들어오는 값을 받아와 Y로 출력하는 동작을 하는 즉, 입력을 수행하는 내용이다. PAD 핀에 인가된 1 값이 Y 핀으로 출력되는 것을 확인할 수 있는데 이는 OEN 핀에 1 값이 인가되었기 때문이며, 이때 사용되지 않는 A 핀은 Not Connect 처리한다.

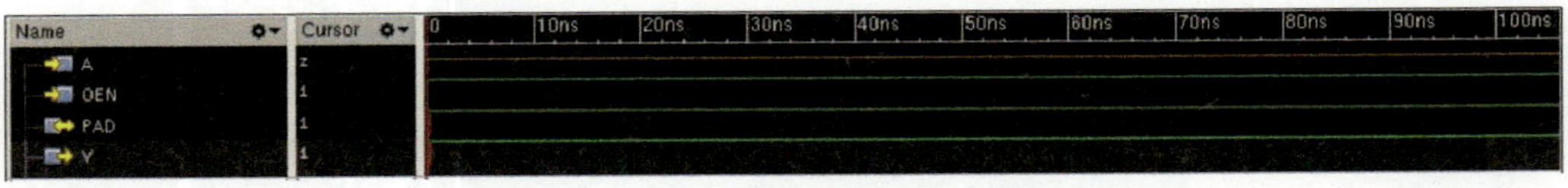

[그림 2-57] 양방향 셀의 입력 동작

아래 그림은 테스트 벤치 파일 31행에 인스턴스 되어 있는 UPADDB_OUT 셀의 동작을 보여준다. A에 걸려 있는 값을 PAD로 출력하는 동작이다. 출력이라는 뜻의 OEN(Output Enable Negative) 핀에 0 값이 인가되는 시점부터 자세히 살펴보면 된다.

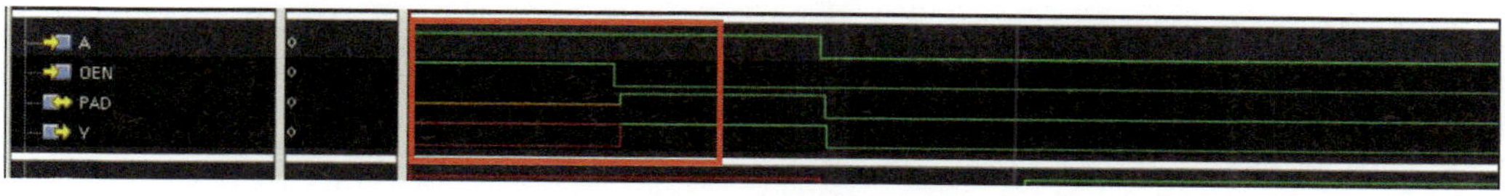

[그림 2-58] 양방향 셀의 출력 동작

아래 그림은 테스트 벤치 파일 39행부터 인스턴스 되어 있는 PADDI, PADDO셀의 동작을 보여준다. PADDI 셀의 경우 입력이 PAD, 출력이 Y이고, PADDO 셀의 경우 입력이 A, 출력이 PAD이다.

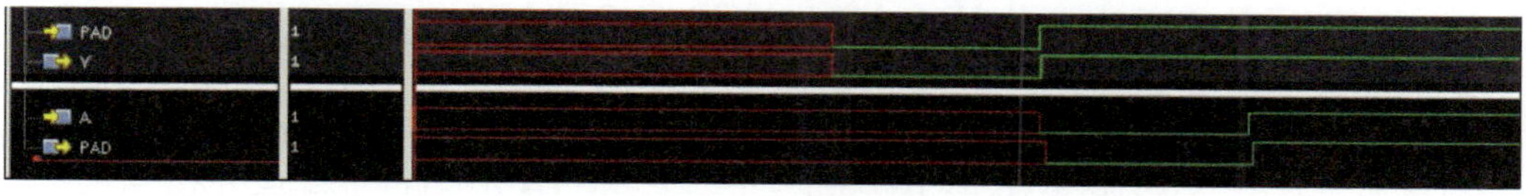

[그림 2-59] 입력 전용, 출력 전용 셀의 동작

LAB1의 시뮬레이션 결과 모든 IO 셀들이 정상적으로 동작하고 있음을 확인할 수 있다.

2.4.3 실습 : LAB2 - 고속 클록 기반 동작 및 Cell Delay 측정

LAB2는 고속 클록 환경에서의 IO 셀 동작 검증과 신호전파 지연 분석을 목표로 하며, 다음과 같은 내용을 학습한다. 실습 진행과 복기까지 포함하여 20분 내외가 소요된다.

- IO 셀의 최대 동작 속도와 신호전파 지연(Cell Delay)을 분석
- PADDB_IN(입력) 및 PADDB_OUT(출력)의 rising/falling delay 측정
- 1GHz 에서 정상 동작 여부를 검증

LAB2 폴더로 이동하여 내부 구성을 살펴본다.

```
$> cd ~/SoC/GPDK045/digital/TEST/io/LAB2
```

```
[ex_poly2@npit LAB2]$ ls
README  TB_io_cell.v  clean.tcl  dump  run_function.tcl
```

[그림 2-60] LAB2 폴더 구성

폴더의 구성은 기존 LAB과 같다. README 파일의 내용부터 살펴보자. #4에 있는 것처럼 LAB2에서는 양방향 셀의 패드에 0, 1값이 토글링되어 들어갈 것을 예상할 수 있다.

```
##########
## NOTE ##
##########
#1. Bi-direction IO
#2. PAD_B_IN is an Input for PAD to Y
#3. In Lab1, just 1 value is go into PAD_B_IN and out through Y pin
#4. In Lab2, 1 and 0 toggle values are go into PAD_B_IN and out through Y pin

###########
## GUIDE ##
###########
with option -gui
simvision auto started
dump folder is auto opened
press start button and stop at $stop function
```

[그림 2-61] README 파일 내용

run_function.tcl 파일은 이전과 동일하니 언급하지 않고, 테스트벤치 파일을 살펴보자. 아래 그림에서 노란색으로 표시된 PAD_B_IN 이라는 wire를 살펴보자. 해당 wire는 0.5ns마다 토글링 되는 PAD_B_IN_reg 값을 그대로 받아서 양방향 셀의 PAD 핀으로 인가한다. 주기로는 1ns이므로 양방향 셀이 1GHz의 신호를 안정적으로 입력받는지 확인하는 것이 이번 랩의 목표라고 보면 되겠다.

```
// Bi-directional Cell
// PAD to Y
PADDB UPADDB_IN(
        .A(),
        .OEN(OEN_IN),
        .PAD(PAD_B_IN),
        .Y(Y_B_IN)
);


// Bi-directional Cell
// A to PAD
PADDB UPADDB_OUT(
        .A(A_B_OUT),
TB_io_cell.v

always begin
        #0.5 PAD_B_IN_reg <= ~PAD_B_IN_reg;
end

assign PAD_B_IN = PAD_B_IN_reg;

initial begin
        `ifdef function_sim
                //$sdf_annotate (".../.../xx.sd
                //TEST  <= $fopen("./log/tb_std
                $shm_open("./dump/TB_io_cell");
                $shm_probe(TB_io_cell, "AC");
        `endif
TB_io_cell.v
```

[그림 2-62] 테스트 벤치 파일에서 고속 신호 PAD_B_IN

내용 파악이 되었다면 LAB2 폴더에서 아래의 명령어들을 차례로 입력하여 환경파일을 소스(source)하고, 기존 데이터를 지운 뒤, 시뮬레이션을 진행한다.

```
$> source ~/SoC/CSHRC/digital.cshrc
$> ./clean.tcl
$> ./run_function.tcl
```

아래 그림과 같이 창이 열리면 Design Browser의 Library cells의 하위 모듈들을 모두 선택하고 웨이브 아이콘을 클릭하여 시뮬레이션을 실행한다.

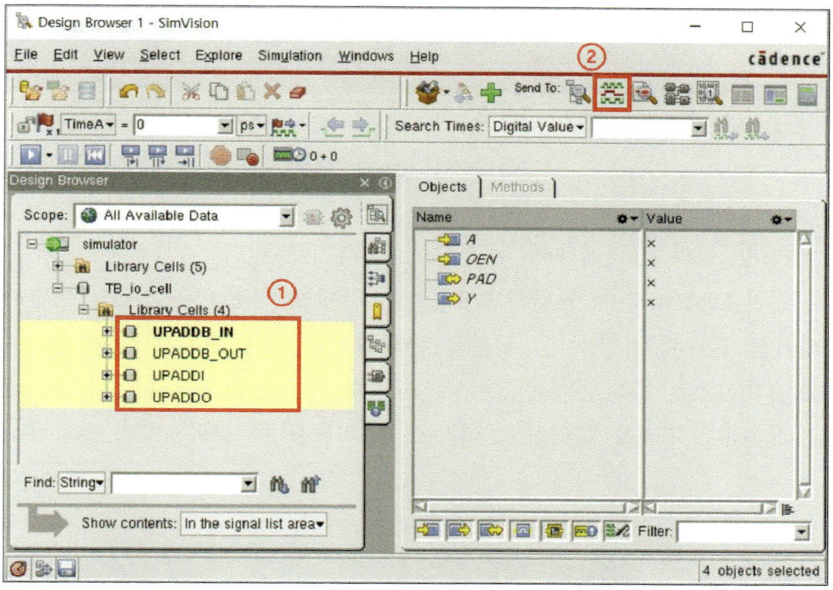

[그림 2-63] 셀 선택 및 웨이브 창에 추가

Waveform 창이 열리면 아래 그림과 같이 Divider를 넣어서 각 모듈을 구분하자.

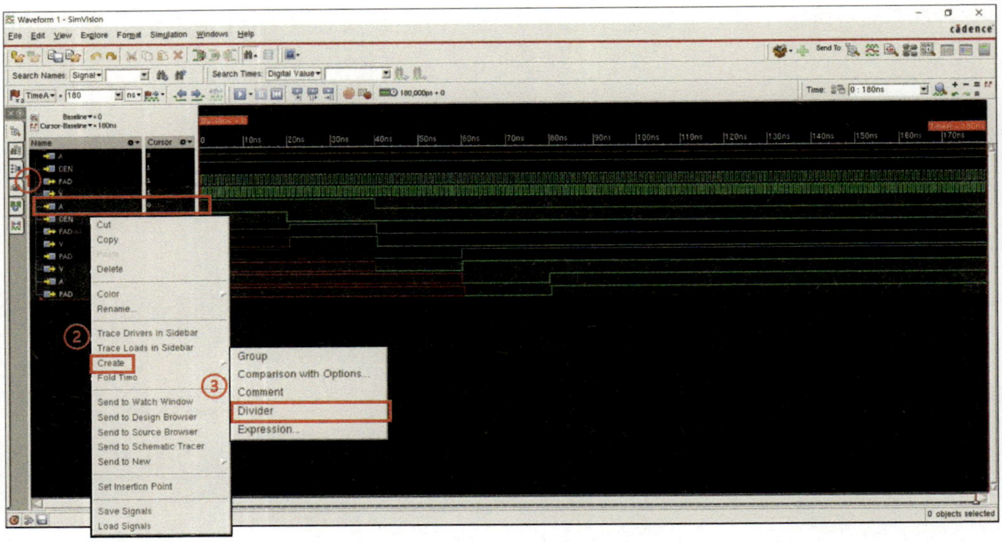

[그림 2-64] divider 생성

가장 먼저, 양방향 셀의 입력에 대한 동작을 검증하기로 한다.

reg 변수로 선언한 UPADDB_IN 모듈의 PAD_B_IN 핀에 클록과 같은 신호가 도달하는지 확인한다. 시뮬레이션 결과의 가장 처음 부분을 확대해보자. 시뮬레이션 파형 분석 결과, 입력 PAD 핀(PAD_B_IN)으로 들어오는 신호는 0.5ns마다 반전되며 1ns 주기를 갖는 것을 알 수 있다. 참고로 각 rising 지점을 클릭하고, 마우스 휠 버튼을 클릭하는 방법으로 차이를 확인할 수 있다.

[그림 2-65] 신호의 주기 확인

또한 파형 view는 그대로 유지한 상태에서 아래 그림처럼 PAD to Y를 비교해보면 33ps 정도의 짧은 지연시간을 갖는 것을 알 수 있다.

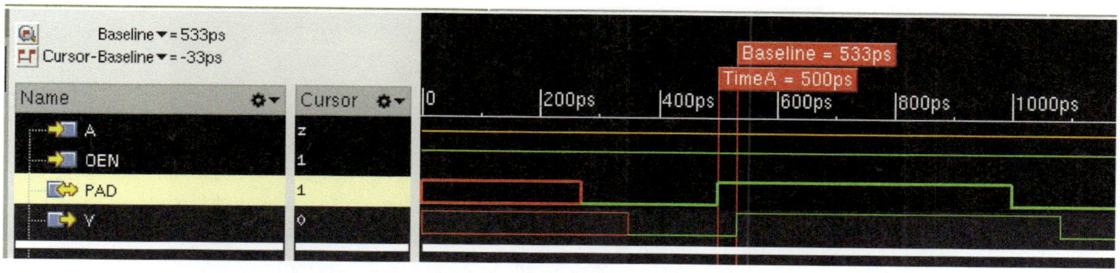

[그림 2-66] PADDB의 입력 동작(Rising Delay)

위 그림이 신호가 0에서 1로 올라가는 Rising이었다면 반대로 1에서 0으로 변할 때 걸리는 시간을 확인하자. 파형 view를 그대로 유지한 상태에서 아래 그림처럼 PAD to Y를 비교해보면 80ps 정도의 짧은 지연시간을 갖는 것을 알 수 있다.

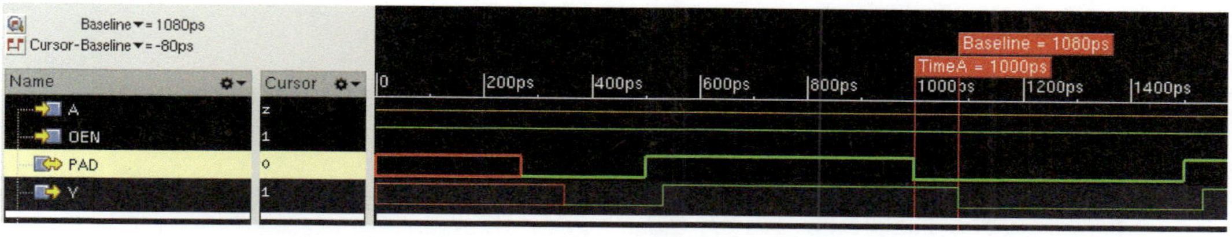

[그림 2-67] PADDB의 입력 동작(Falling Delay)

여기까지 정리하면 PADDB 셀은 입력으로 동작할 때 1GHz의 고속 신호를 잘 받아서 칩 내부로 빠르게 출력 및 전달할 수 있다는 것이다. 고속 디자인을 하려는 설계자에게 도움이 되는 정보일 것이다.

다음으로 양방향 셀의 출력에 대한 동작을 검증해보자. 이번에는 UPADDB_OUT 모듈을 놓고, 입력 신호 대비 출력 신호가 나오는 데까지 걸리는 시간(Cell Delay)을 확인하자. 설계자가 이해해야 할 것은 OEN 핀에 0 값이 인가될 때 출력이 된다는 것이다. 잘 숙지하고 이전 실습과 같이 Rising Delay와 Falling Delay를 확인하자.

20ns 지점을 찾아가면 OEN 신호가 0으로 변하는 것을 볼 수 있다. 이후 PAD 핀의 값이 1로 변하는 시점을 마우스 휠 버튼으로 클릭한다. Rising Delay는 480ps로 측정된다.

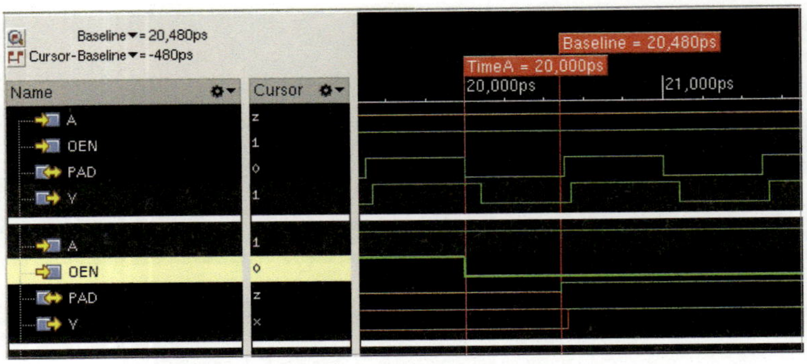

[그림 2-68] PADDB의 출력 동작(Rising Delay)

이어서 Falling Delay를 확인하자. A 핀의 신호가 1에서 0으로 하강하는 시점(40ns)을 클릭한다. 이후 PAD 핀의 출력값이 0으로 하강하는 시점을 마우스 휠 버튼으로 클릭한다. Falling Delay는 480ps로 측정된다.

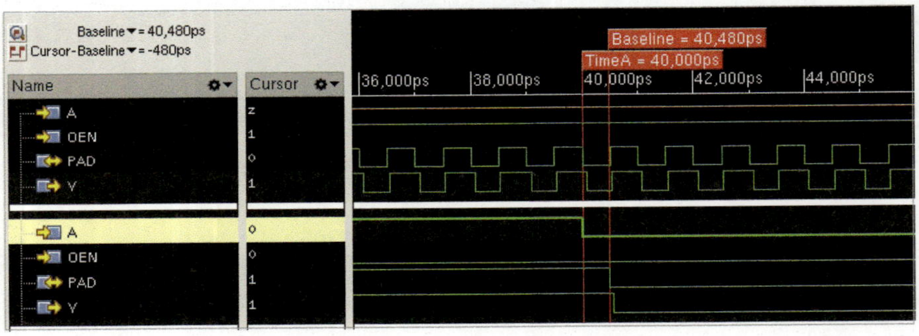

[그림 2-69] PADDB의 출력 동작(Falling Delay)

여기까지 측정한 내용을 정리하면 아래 표와 같다. PADDB 셀은 출력으로 동작할 때 지연이 크다는 것을 알 수 있다. 480ps 즉 0.48ns의 지연은 고속의 디자인에서는 민감할 수 있으므로 설계자가 반드시 유념해야 한다.

[표 2-12] IO 셀의 Cell Delay(점차 추가되는 흐름, 다음 표에 업데이트 예정)

셀 이름	입력		출력	
	Rising Delay	Falling Delay	Rising Delay	Falling Delay
PADDB	33ps	80ps	480ps	480ps

다음으로 입력 전용 셀 PADDI의 특성을 살펴보자. 아래 그림처럼 60ns 시점에서 PAD to Y를 비교해보면 33ps 정도의 짧은 지연시간을 갖는 것을 알 수 있다.

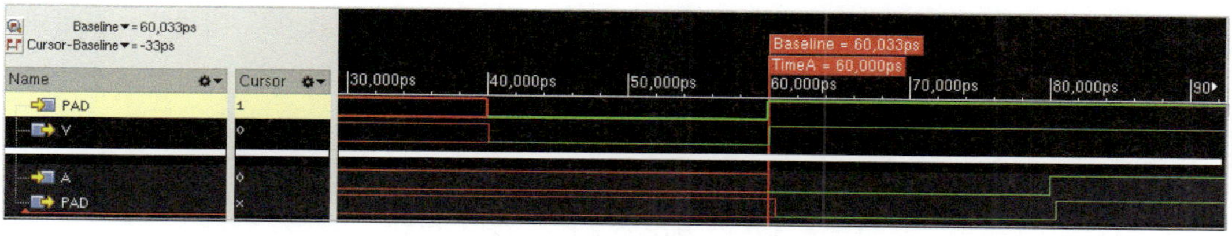

[그림 2-70] PADDI의 Rising Delay

이어서 Falling Delay를 확인하자. PAD 핀의 신호가 1에서 0으로 하강하는 80ns 시점에서 PAD to Y를 비교해보면 80ps 정도의 짧은 지연시간을 갖는 것을 알 수 있다.

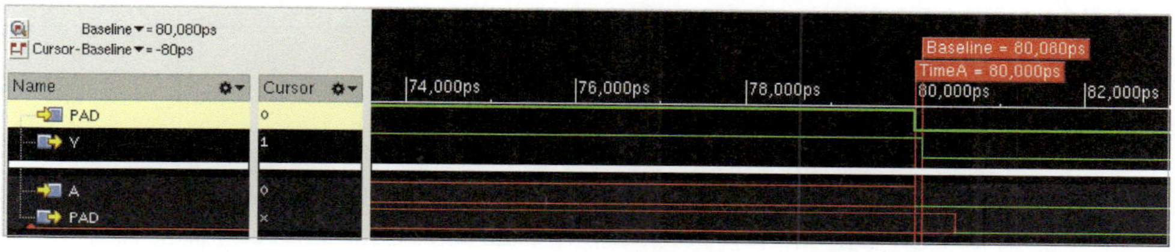

[그림 2-71] PADDI의 Falling Delay

다음으로 출력 전용 셀 PADDO의 특성을 살펴보자. 아래 그림처럼 100ns 시점에서 A to PAD를 비교해보면 490ps이라는 긴 지연시간을 갖는 것을 알 수 있다.

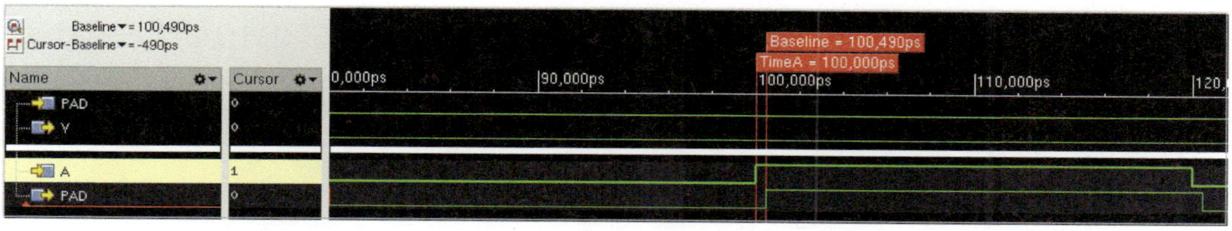

[그림 2-72] PADDO의 Rising Delay

이어서 Falling Delay를 확인하자. PAD 핀의 신호가 1에서 0으로 하강하는 80ns 시점에서 PAD to Y를 비교해보면 80ps 정도의 짧은 지연시간을 갖는 것을 알 수 있다.

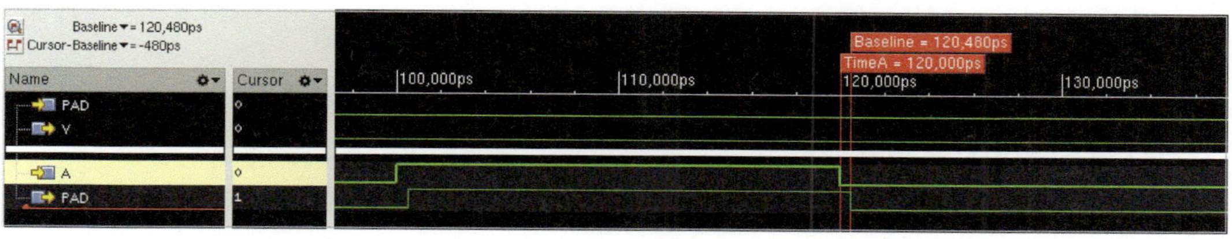

[그림 2-73] PADDO의 Falling Delay

지금까지의 내용을 모두 정리한 표는 아래와 같다. 이전 표에 추가한 것으로 이해하면 되겠다. 독자들도 직접 이런 표를 만들어 놓는다면 설계를 진행할 때 매우 유용하게 사용할 수 있을 것이다.

[표 2-13] IO 셀의 Cell Delay(최종 버전)

셀 이름	입력		출력	
	Rising Delay	Falling Delay	Rising Delay	Falling Delay
PADDB	33ps	80ps	480ps	480ps
PADDI	33ps	80ps	-	-
PADDO	-	-	490ps	480ps

[표 2-14] 여기서 잠깐

이번 장에서는 IO에 대한 시뮬레이션을 주로 GPIO 즉 0과 1에 대한 시그널을 다루는 셀들을 다룬 것이다. 파워를 공급하는 IO 셀들은 시뮬레이션으로 다루지 않고, PnR 단계에서 PowerPlan을 진행할 때와 Power Analysis를 진행할 때 소개하도록 한다.

2.4.4 실습 요약

지금까지 두 가지 LAB을 통해 GPDK045 IO 셀 라이브러리의 특성을 살펴보았다. 실습으로 얻은 정보는 실제 설계 과정에서 중요한 판단 기준을 제공한다. 아래는 간단한 요약이다.

[표 2-15] 실습의 요약

1. LAB1 : GUI 기반 시뮬레이션을 통한 기본 동작 확인
   - 입력 전용(PADDI), 출력 전용(PADDO), 양방향(PADDB) 셀의 기본 동작 확인
   - 양방향 셀의 OEN 신호를 통한 입출력 모드 전환 검증
   - 각 셀 유형별 신호 흐름 분석

2. LAB2 : 고속 동작 및 셀 지연 측정
   - 1GHz(1ns 주기) 신호에 대한 IO 셀 동작 검증
   - Rising/Falling Delay 측정을 통한 셀 성능 평가
   - 측정 결과를 표로 정리

요점 정리

01. 설계용 라이브러리는 반도체 설계에 사용되는 **미리 검증된 논리 및 기능 블록의 모음**이다.
02. 라이브러리는 **집 짓기의 벽돌**과 같은 개념으로, 설계자가 매번 기본 요소를 새로 만들 필요가 없게 한다.
03. 라이브러리 구성 요소는 **표준 셀(Standard Cell) + 입출력 셀(I/O Cell) + 메모리 블록 + 특수 기능 블록**이다.
04. **GPDK045** 는 Cadence 에서 제공하는 **45nm 교육용 라이브러리**로, 상용 라이브러리와 동일한 구조를 갖는다.
05. 라이브러리는 **설계 효율성 향상**과 **제조 공정 최적화**라는 두 가지 핵심 가치를 제공한다.
06. 라이브러리 파일 형식은 **4 가지 핵심 타입**으로 구성된다:
    - **.lib**: 타이밍, 전력, 딜레이 등 전기적 특성 정보
    - **.db**: .lib 와 동일 정보의 바이너리 버전 (합성 툴에서 빠른 로딩)
    - **.v**: 논리적 동작을 기술한 Verilog 모델
    - **.lef**: 물리적 레이아웃 정보 (핀 위치, 크기, 라우팅 정보)
07. **환경 변수 설정**은 **라이선스 정보 + 툴 경로 + PATH + OA_HOME** 의 4 가지 핵심 요소가 필요하다.
08. 표준 셀은 **조합 논리**(AND, OR, XOR, NOT) + **순차 논리**(D-FF, 래치)로 구성된다.
09. **LAB1**(GUI 기반): SimVision 을 통한 기본 게이트 동작 확인 및 $stop 명령어 학습
10. **LAB2**(커맨드방식+덤프): GUI 없이 시뮬레이션 후 저장된 데이터로 분석, $finish 명령어 학습
11. **LAB3**(고속 동작): **1GHz**(1ns 주기) 클록에서의 셀 동작 검증
12. Function Simulation 에서는 **딜레이가 적용되지 않아** 고속 동작이 가능하지만, 실제 구현 후에는 **Cell Delay + Net Delay** 가 적용된다.
13. IO 셀은 2 가지 핵심 분류로 구분된다:
    - **GPIO**: 신호 입출력 처리 (PADDI, PADDO, PADDB)
    - **Power IO**: 전력 공급 (PADVDD/PADVSS - 코어용, PADVDDIOR/PADVSSIOR - IO 용)
14. 양방향 셀(PADDB)은 **OEN(Output Enable Negative) 신호**로 입출력 모드를 전환한다.
15. **Cell Delay 측정 결과**는 설계 시 중요한 판단 기준을 제공한다:
16. 출력 셀의 지연(~480ps)은 입력 셀(~50ps)보다 **약 10 배 크므로 고속 설계 시 주의**가 필요하다.
17. 1GHz 동작 검증을 통해 라이브러리의 최대 성능 한계를 파악할 수 있다.

연습문제 객관식 문제 (10개)

01 설계용 라이브러리에 대한 설명으로 가장 적절한 것은?

① 설계자가 매번 새로 만들어야 하는 기본 회로 요소들
② 미리 검증된 논리 및 기능 블록의 모음
③ 특정 공정에서만 사용할 수 있는 전용 툴
④ 시뮬레이션에서만 사용되는 가상의 모델

02 GPDK045에서 ".lib" 파일의 주요 역할은?

① 논리적 동작을 Verilog로 기술
② 물리적 레이아웃 정보 제공
③ 타이밍, 전력, 딜레이 등 전기적 특성 정보 제공
④ 합성 툴 전용 바이너리 데이터

03 환경 변수 설정에서 반드시 필요한 4가지 요소가 아닌 것은?

① CDS_LIC_FILE (라이선스 정보)
② CDS_INST_DIR (툴 설치 경로)
③ PATH (실행 파일 경로)
④ PDK_HOME (공정 정보 경로)

04 Verilog 시뮬레이션에서 $stop과 $finish의 차이점은?

① $stop은 완전 종료, $finish는 일시 정지
② $stop은 일시 정지, $finish는 완전 종료
③ 둘 다 동일한 기능을 수행
④ $stop은 GUI 용, $finish는 CLI(커맨드라인 인터페이스 방식)용

05 라이브러리 구성 요소에 포함되지 않는 것은?

① 표준 셀(Standard Cell)
② 입출력 셀(I/O Cell)
③ 메모리 블록
④ 컴파일러 툴체인

06 ".lef" 파일이 제공하는 정보로 옳지 않은 것은?

① 셀의 핀 위치와 크기
② 구성되어 있는 메탈 종류
③ 라우팅에 필요한 레이어 정보
④ 셀의 전력 소모 특성

07 GPDK045에서 문턱전압 특성에 따른 분류가 아닌 것은?

① lvt (Low Threshold Voltage)
② svt (Standard Threshold Voltage)
③ hvt (High Threshold Voltage)
④ mvt (Medium Threshold Voltage)

08 xrun 시뮬레이션 옵션에 대한 설명으로 옳지 않은 것은?

① -64bit: 64bit 환경에서 시뮬레이션 실행
② -gui: 그래픽 사용자 인터페이스 호출
③ -access +rwc: 읽기, 쓰기, 실행 접근 권한 부여
④ -compile: 자동으로 합성까지 진행

09 라이브러리의 중요성으로 옳지 않은 것은?

① 설계 효율성과 신뢰성 향상
② 검증된 셀 재사용을 통한 설계 시간 단축
③ 제조 공정 최적화 및 수율 향상
④ 새로운 공정 기술의 직접 개발

10 Function Simulation의 특징으로 옳은 것은?

① Cell Delay와 Net Delay가 모두 적용됨
② Cell Delay만 적용되고 Net Delay는 무시됨
③ 딜레이가 전혀 적용되지 않음
④ Net Delay만 적용되고 Cell Delay는 무시됨

연습문제 주관식 문제 (5개)

11 라이브러리 파일 형식 4가지(.lib, .db, .v, .lef)의 역할과 사용 툴을 각각 설명하시오.

12 GPDK045 환경 설정을 위한 .cshrc 파일에서 반드시 수정해야 하는 4가지 핵심 환경 변수를 쓰고, 각각의 의미를 설명하시오.

13 테스트벤치 파일에서 ifdef–endif 구문의 역할과 +define+function_sim 옵션과의 연관성을 설명하시오.

14 IO 셀 Cell Delay 측정 결과를 바탕으로, 고속 설계 시 주의해야 할 사항과 그 이유를 설명하시오.

15 PADDB(양방향 IO 셀)에서 OEN 신호의 역할과 입출력 모드 전환 원리를 구체적으로 설명하시오.

정답

[객관식]

1 ② 미리 검증된 논리 및 기능 블록의 모음 **2** ③ 타이밍, 전력, 딜레이 등 전기적 특성 정보 제공 **3** ④ PDK_HOME (공정 정보 경로) **4** ② $stop은 일시 정지, $finish는 완전 종료 **5** ④ 컴파일러 툴체인 **6** ④ 셀의 전력 소모 특성 **7** ④ mvt (Medium Threshold Voltage) **8** ④ –compile: 자동으로 합성까지 진행 **9** ④ 새로운 공정 기술의 직접 개발 **10** ③ 딜레이가 전혀 적용되지 않음

[주관식]

11 라이브러리 파일 형식

- .lib: 타이밍, 전력, 딜레이 등 전기적 특성 정보 / 사용툴: Genus, Innovus, Tempus, Conformal
- .db: .lib와 동일 정보의 바이너리 버전 (빠른 로딩) / 사용툴: Genus, Innovus, Tempus
- .v: 논리적 동작을 Verilog로 기술 / 사용툴: Xcelium, Conformal
- .lef: 물리적 레이아웃 정보 (핀 위치, 크기, 라우팅) / 사용툴: Innovus

12 .cshrc 파일 핵심 환경 변수

- CDS_LIC_FILE: 라이선스 정보 (포트@서버IP)
- CDS_INST_DIR: Cadence 툴 최상위 설치 경로
- PATH: 각 툴의 실행 파일(bin) 경로
- OA_HOME: OpenAccess 포맷 접근을 위한 경로

13 ifdef–endif 구문과 +define 옵션

ifdef–endif 구문은 시뮬레이션 시 테스트벤치 파일의 특정 부분을 선택적으로 활성화/비활성화하는 기능이다. +define+function_sim 옵션을 사용하면 테스트벤치 내의 ifdef function_sim 블록이 활성화되어 $shm_open과 $shm_probe 명령이 실행되고, 이를 통해 시뮬레이션 파형이 dump 폴더에 자동 저장된다.

14 고속 설계 시 주의사항

출력 셀(PADDO ~490ps, PADDB 출력 ~480ps)의 지연이 입력 셀(~50ps)보다 약 10배 크므로, 고속 클록 도메인에서는 출력 경로의 지연을 충분히 고려한 타이밍 분석이 필수적이다. 특히 500MHz 이상의 설계에서는 출력 셀의 지연이 클록 주기의 상당 부분을 차지할 수 있어 신중한 타이밍 계획이 필요하다.

15 PADDB의 OEN 신호

OEN(Output Enable Negative)은 PADDB 셀의 입출력 모드를 제어하는 신호이다. OEN = 1일 때는 입력 모드로 동작하여 PAD 핀의 신호를 Y 핀으로 출력하고, OEN = 0일 때는 출력 모드로 동작하여 A 핀의 신호를 PAD 핀으로 출력한다. 이를 통해 하나의 셀로 양방향 통신이 가능하며, 사용하지 않는 핀은 NC(Not Connect) 처리한다.

용어설명

용어	설명
설계용 라이브러리	반도체 설계에 사용되는 미리 검증된 논리 및 기능 블록의 모음. 표준 셀, IO 셀, 메모리 블록 등을 포함하며, 설계자가 매번 기본 요소를 새로 만들 필요 없이 효율적인 설계를 가능하게 함. 집 짓기의 벽돌에 비유할 수 있음.
GPDK045	Cadence에서 제공하는 45nm 공정 기반의 교육용 PDK. 상용 라이브러리와 동일한 구조를 가지므로 초보자 교육에 적합하며, 유일하게 IO 라이브러리를 제공하는 GPDK 버전임.
OEN (Output Enable Negative)	양방향 IO 셀(PADDB)에서 입출력 모드를 제어하는 신호. OEN = 0일 때 출력 모드, OEN = 1일 때 입력 모드로 동작함. 네거티브 로직을 사용하여 0이 출력 활성화를 의미함.
표준 셀 (Standard Cell)	디지털 회로 설계의 기본 구성 요소로, 조합 논리(AND, OR, XOR, NOT 등)와 순차 논리(D 플립플롭, 래치 등)를 포함함. 미리 검증된 셀을 재사용하여 설계 효율성을 높임.
IO 셀 (Input/Output Cell)	칩 내부 회로와 외부 환경 사이의 인터페이스 역할을 담당하는 셀. GPIO(신호 입출력)와 Power IO(전력 공급)로 분류되며, 신호 레벨 변환과 보호 기능을 수행함.
.lib 파일	스탠다드 셀의 타이밍, 전력, 딜레이, 노이즈 특성 등 전기적 특성 정보를 담고 있는 라이브러리 파일. Genus, Innovus, Tempus 등의 툴에서 사용됨.
.lef 파일 (Library Exchange Format)	셀의 물리적 레이아웃 정보를 담고 있는 파일. 핀의 위치와 크기, 메탈 레이어 정보 등을 포함하며, 주로 배치 및 배선 툴인 Innovus에서 사용됨.
.v 파일 (Verilog Model)	스탠다드 셀의 논리적 동작을 Verilog HDL로 기술한 파일. 셀의 입출력 인터페이스와 내부 동작 원리를 포함하며, 시뮬레이션 툴인 Xcelium에서 사용됨.
Cell Delay	셀 내부에서 입력 신호가 출력 신호로 전파되는 데 걸리는 시간. Rising Delay와 Falling Delay로 구분되며, 타이밍 분석의 핵심 요소임.
PADDI (PAD Input)	입력 전용 IO 셀로, PAD 핀을 입력으로 Y 핀을 출력으로 사용함. 외부 신호를 내부 회로에서 안정적으로 사용할 수 있도록 변환하는 Input Buffer 역할을 수행함.

PADDO (PAD Output)	출력 전용 IO 셀로, A 핀을 입력으로 PAD 핀을 출력으로 사용함. 내부 회로에서 생성된 신호를 외부로 증폭하여 전달하는 Output Driver 역할을 수행함.
PADDB (PAD Bidirectional)	양방향 IO 셀로, OEN 신호에 따라 입력 또는 출력 모드로 동작 가능함. 하나의 셀로 입출력을 모두 처리할 수 있어 핀 수를 절약할 수 있음.
Function Simulation	회로의 논리적 기능만을 검증하는 시뮬레이션으로, Cell Delay나 Net Delay가 적용되지 않음. 설계 초기 단계에서 기본 동작을 빠르게 확인할 때 사용됨.
SimVision	Cadence의 그래픽 시뮬레이션 환경으로, 파형을 시각적으로 분석할 수 있음. Design Browser와 Waveform Viewer를 통해 시뮬레이션 결과를 직관적으로 확인 가능함.
문턱전압 (Threshold Voltage)	트랜지스터가 턴온되는 데 필요한 최소 전압. GPDK045에서는 lvt(저전압), svt(표준전압), hvt(고전압)로 분류되며, 속도와 전력 소모의 트레이드오프 관계를 가짐.
$stop과 $finish	Verilog 시뮬레이션 제어 명령어. $stop은 시뮬레이션을 일시 정지하여 사용자가 계속 실행을 선택할 수 있고, $finish는 시뮬레이션을 완전히 종료시킴.
ifdef–endif 구문	Verilog에서 조건부 컴파일을 위한 구문. +define+ 옵션과 함께 사용하여 테스트벤치의 특정 부분을 선택적으로 활성화/비활성화할 수 있음.
Power IO 셀	칩의 전력 공급을 담당하는 IO 셀. 코어 영역용(PADVDD/PADVSS)과 IO 영역용(PADVDDIOR/PADVSSIOR)으로 구분되며, 각각 다른 전압 도메인에 전력을 공급함.
CDS_LIC_FILE	Cadence 툴 사용을 위한 라이선스 정보를 담고 있는 환경 변수. [포트번호@라이선스서버IP] 형태로 설정하며, 모든 Cadence 툴 실행의 전제 조건임.
AAA (Arm Academic Access)	Arm에서 대학을 대상으로 제공하는 프로그램. 최신 Arm IP와 개발 도구를 교육 목적으로 무료 제공하며, NDA 체결을 통해 접근 권한을 부여받음.

[부록 안내]

1. 스탠다드 셀 라이브러리의 선택 기준
2. 스탠다드 셀 .lib 파일이 포함하고 있는 라이브러리 특성 및 셀 리스트
3. 공정 코너와 Operating Condition

Chapter 3

System On Chip(SoC) 디자인

3.1 시스템 및 SoC 소개

SoC는 System On Chip의 약자이다. 시스템을 칩 하나에 구현한다는 뜻인데, 그렇다면 먼저 시스템이 무엇인지 알아야 하겠다. 시스템을 이해하면 칩으로 구현하는 방법과 과정은 다음 챕터들을 통해서 경험하게 될 것이다.

아래 그림은 우리에게 가장 친숙한 전자기기인 핸드폰을 보여주고 있다. 케이스와 PCB 기판으로 나눌 수 있는데 이 PCB 기판이 우리의 관심사이다. PCB는 많은 소자들과 칩으로 구성되어 있다. 그런데 그림에서 칩이 무엇인가? 가장 직관적인 답은 검정색 물체이다. 내부의 칩을 보호하기 위하여 패키지가 된 형태로서 표면은 절연에 좋은 플라스틱으로 되어 있다.

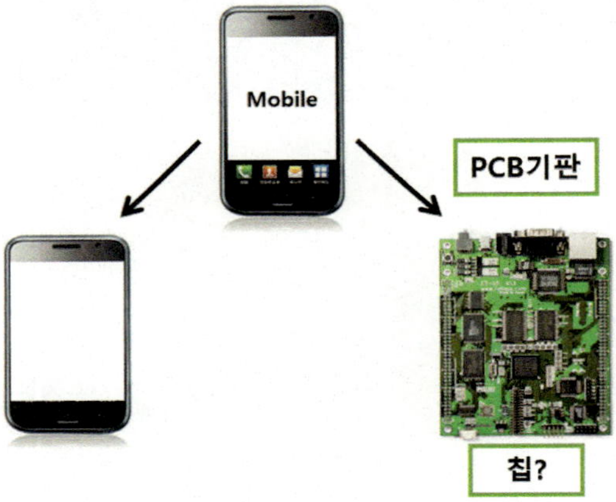

[그림 3-1] 전자기기 내의 PCB 기판

이번에는 우리가 자주 사용하는 PC의 메인 보드를 아래 그림에 나타내보았다. 가운데부터 살펴보자. 보통은 가운데에 가장 중요한 칩이 자리 잡는다. CPU(Central Processing Unit)라는 단어는 우리에게 익숙한 편인데, 시스템 내에서 가장 중요한 연산을 담당한다. 아래 그림에서는 CPU가 하는 또 다른 중요한 일이 명시되어 있다. 주변에 있는 각종 컨트롤러 칩을 통제하는 것이다. 빨간색 선으로 이해하면 된다. 컨트롤러는 직접적인 일을 하고 일의 시작과 끝 또는 도중에 CPU의 통제를 받는다. 예를 들어 게임을 한다고 가정하면 인터넷, 화면, 소리, 키보드, 마우스, 메모리 등 모두가 필요할 것이다. 입력과 출력, 연산까지 모두 빠른 프로세싱을 해야 하는 상황에서 CPU 혼자 모든 일을 할 수는 없을 것이다. 그래서 각종 컨트롤러가 있는 것이다. 키보드, 마우스에 꽂히는 USB를 생각해보면 USB 컨트롤러가 포트 근처에 있어서 빠른 입력이 들어와도 혼자 잘 처리하고, 일을 하고 있음을 한 번씩 CPU에게 보고하고 통제를 받는다.

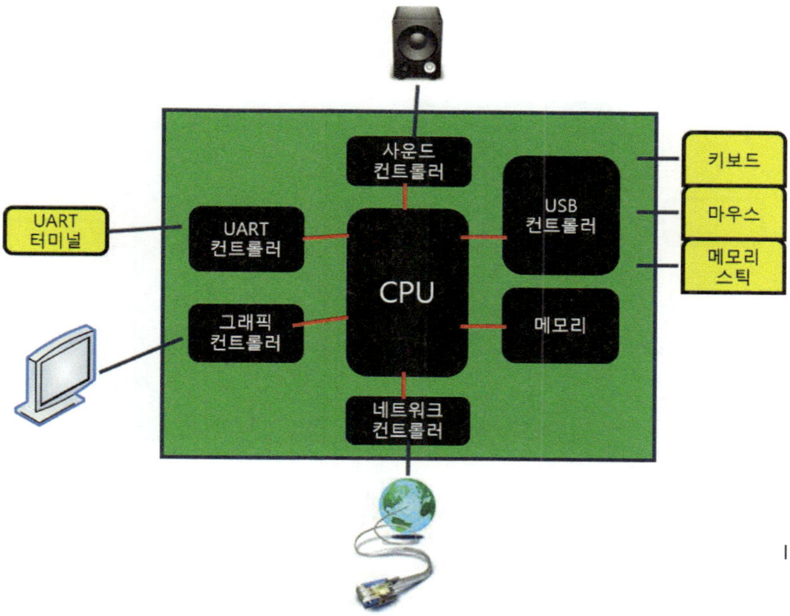

[그림 3-2] 메인 보드의 예

이제 시스템이라는 단어에 대하여 알아보자. 일상생활에서는 정말 많은 시스템을 듣고, 보고, 이용하는 것 같다. 버스 정류장에 가면 버스 운행 시스템이 있고, 날씨는 기상청 시스템이 있고, 교통 정보는 교통 정보 시스템이 있다. 그런데 이 책의 독자들은 전자 분야, 특히 디지털 세계에서 시스템이라는 단어를 어떻게 정의하는지 알았으면 한다. 아래와 같다.

[표 3-1] 시스템 공식

시스템 = CPU + IO + 메모리

전자 분야에서 시스템은 CPU, IO, 메모리로 표현할 수 있다. 사람으로 따지면 두뇌, 눈귀손발, 기억이다. 아래 그림을 이전 그림과 비교해보라. 메인 보드의 입, 출력에 대한 것들은 쉽게 IO 장치 컨트롤러라는 단어로 줄일 수 있다. 그렇다면 시스템 + 특정 컨트롤러로 정리할 수 있다. 만약 특정 컨트롤러가 블루투스라면, 블루투스 xx 시스템이라고 이름이 붙을 것이고, 인체의 신호를 탐지하는 칩이 붙으면 생체신호 탐지 시스템 같은 이름이 붙을 것이다.

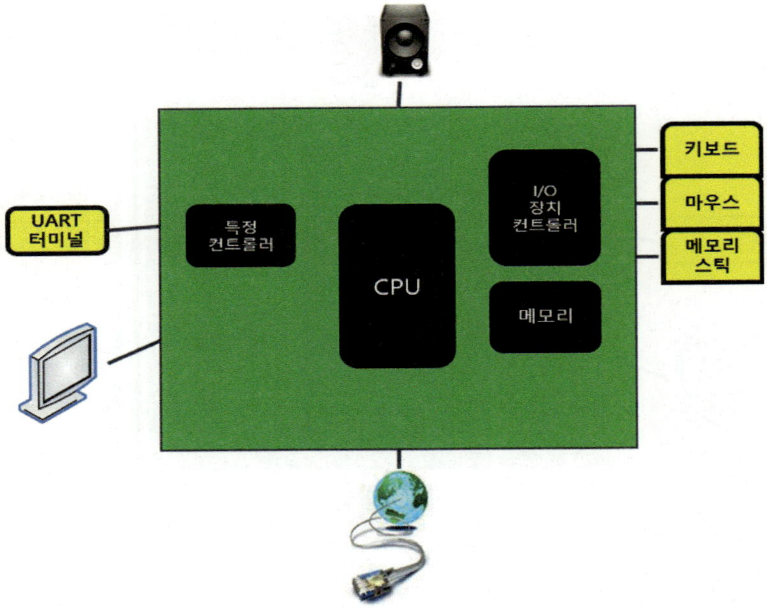

[그림 3-3] 시스템의 정의

시스템은 하드웨어와 소프트웨어의 연동(Co-work)이라는 또 다른 개념을 갖는다. 위 공식을 생각해보면 CPU와 IO는 하드웨어적인 의미가 있다. 물리적으로 만들어져 있다는 뜻인데, 이 하드웨어를 운영하는 것은 소프트웨어가 하는 일이다. 좀 더 자세히 알아보면, 소프트웨어를 코딩한 뒤 컴파일하면 hex 파일이 나오는데, 이를 메모리에 다운로드 하는 것이다. 그 후 CPU는 부팅이 되는 순간부터 메모리에서 한 줄씩 차례대로 읽어와 그대로 실행하는 원리이다. 결국 소프트웨어가 하드웨어를 운영하게 되는 것이다.

메모리와 CPU, IO가 하는 일을 정리하면 아래의 설명과 그림과 같다.

- 설계자가 소프트웨어를 코딩 및 컴파일하여 메모리에 다운로드
- CPU 는 메모리의 내용을 읽어온 뒤 그대로 실행
- 입력과 출력(I/O)을 연동

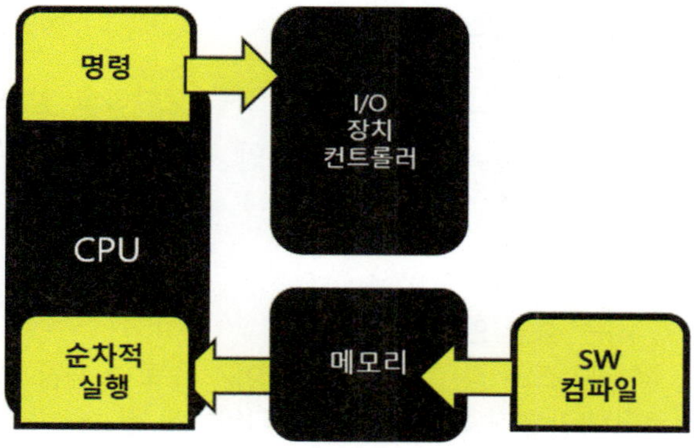

[그림 3-4] 하드웨어와 소프트웨어의 연동

지금까지 이해한 시스템을 SoC로 만들어보자. 아래 그림과 같다. 정 가운데를 칩으로 바꾸고 주변의 몇 개를 집적하면 2번의 그림이 될 것이다. 재차 몇 개를 집적하면 3번의 그림이 될 것이다. 그렇다면 마지막 4번처럼 PCB의 크기가 작아질 수 있는 것이다. 집적화, 소형화는 전자 분야의 주요 컨셉이고, 수많은 엔지니어의 노력의 결과이다. 우리가 가장 잘 사용하는 제품들을 생각해보면 예전에는 크기가 컸지만, 점점 작아져 소형제품으로 되어 있는 경우가 많고, 우리도 그런 제품들을 찾아 구매하곤 한다. 덩치가 작아지면 밥도 적게 먹을 테니 배터리 입장에서도 SoC 설계가 매우 유리하다. SoC 설계는 하나의 칩에 수백만 개의 트랜지스터를 집적할 수 있게 되면서, 복잡한 기능을 단일 칩에 구현할 수 있는 매력적인 설계방식이다. PPA(Performance, Power, Area) 측면에서 가장 효율이 좋은 방식이다.

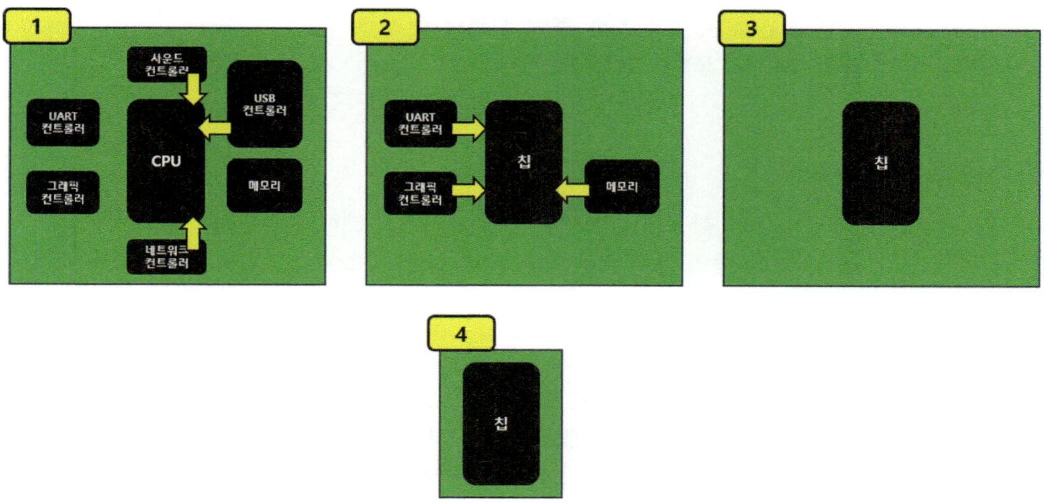

[그림 3-5] SoC 구현의 결과

3.1.1 SoC의 기본 구성 요소

최근 SoC는 다양한 하드웨어 및 소프트웨어 구성 요소를 포함하고 있고, 마치 작은 도시처럼 여러 기능 블록들이 연결되어 있다. SoC의 대표적인 구성 요소는 아래와 같다.

(1) 프로세서 코어

- SoC 의 두뇌 역할을 하는 중앙 연산 장치
- Arm Cortex-A, R, M 시리즈와 같은 프로세서 코어가 주로 사용됨
- 용도에 따라 단일 코어부터 멀티 코어 구성까지 다양하게 활용됨

(2) 메모리 시스템

- 프로그램과 데이터를 저장하는 곳으로서, SoC 에 존재하는 기억창고와 같음
- 내부 메모리(온 칩 SRAM, ROM, Flash)와 외부 메모리 인터페이스(DDR SDRAM 컨트롤러)로 구성됨
- 시스템 성능 향상을 위해 캐시 메모리도 포함 가능

(3) 온 칩 버스 시스템

- 온 칩 네트워크라고 부르기도 하며, SoC 내부의 모듈과 IP 들을 잇는 도로망 역할을 수행
- Arm 프로세서 기반 설계에서는 주로 암바(AMBA) 프로토콜이 사용됨

[표 3-2] 가장 많이 활용되는 암바 버스

AHB(Advanced High-performance Bus) : 고성능 시스템 버스 APB(Advanced Peripheral Bus) : 저속 주변 장치용 버스 AXI(Advanced eXtensible Interface) : 고성능, 고대역폭 요구 시스템용 버스

(4) 주변장치 컨트롤러

- 칩 외부와 통신하기 위한 창구 구실을 하는 인터페이스에 대한 컨트롤러
- UART, SPI, I2C, GPIO 등의 표준 인터페이스부터 USB, Ethernet, LCD 컨트롤러 등 다양한 통신 방식을 지원

(5) 시스템 컨트롤러

- SoC 의 전체적인 동작을 관리하는 관제탑과 같은 역할을 수행
- 클록 생성 및 분배, 리셋 컨트롤, 전원 관리 유닛(PMU) 등을 포함

(6) 가속기

- 특정한 목적을 위하여 제작되어 기본 시스템에 연동됨
- 연동 시 암바 버스와 같은 버스 인터페이스가 주로 활용됨
- 복잡한 연산을 위한 GPU(Graphic Processing Unit), DSP(Digital Signal Processor), AI 가속기, 오디오/비디오 코덱 등이 대표적

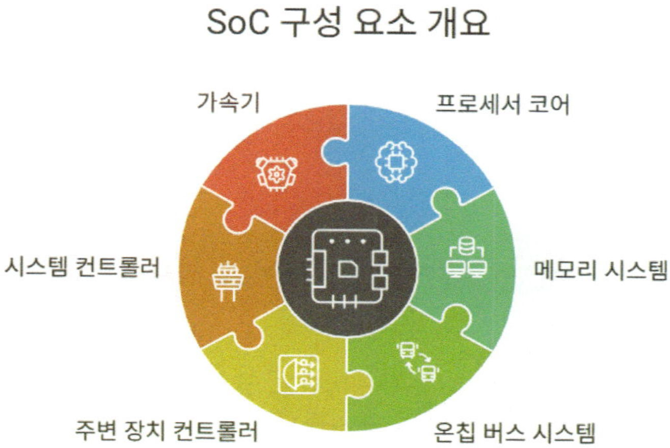

[그림 3-6] SoC 구성 요소

3.1.2 SoC 설계의 장점

SoC 설계방식은 여러 개별 칩을 사용하는 전통적인 시스템 설계 방식에 비해 아래와 같은 장점을 제공한다.

(1) 소형화

- 작은 면적으로 집적하기 때문에 칩 크기와 PCB 면적이 감소함
- 스마트워치, IoT 센서와 같은 초소형 제품 개발에 적합

(2) 저전력

- 칩의 크기가 작아지므로 물리적으로 소모하는 전력의 양이 크게 감소
- 필요에 따라 특정 부분의 전원을 차단하는 방식의 전력 관리가 가능

(3) 고성능

- 많은 기능들을 통합할 수 있고, 내부 통신 경로가 짧아져 지연 시간이 감소 및 전체 시스템 성능이 향상됨
- 프로세서와 메모리 간의 통신이 빨라져 데이터 처리 속도가 개선됨

(4) 비용 절감

- 대량 생산 시 복수의 개별 칩보다 단일 SoC 의 생산 비용이 낮아짐
- PCB 설계 및 제조, 시스템 조립 비용도 같이 절감됨

3.2 Arm Academic Access(AAA) 프로그램 소개

Arm사는 학계와 교육기관이 최신 Arm을 경험하고 사용할 수 있도록 AAA(Arm Academic Access) 프로그램을 운영하고 있다. 이 프로그램은 대학의 교수와 학생들이 교육과 연구를 목적으로 하는 경우 무료로 Arm IP를 제공하는 것으로서, 소스 코드 레벨의 하드웨어와 소프트웨어 개발 및 디버그 환경까지 경험할 수 있도록 한다. 대학의 경우 일반적으로 동작이 검증된 SoC를 보유하기 쉽지 않은데 이 프로그램을 통해서 Arm SoC를 만들어 테스트할 수 있고, 하드웨어 가속기를 만들어 붙이는 방식으로 확장할 수 있게 되었다. 상업용으로 매우 고가인 소프트웨어 개발 환경도 무료로 제공하기 때문에 더할 나위 없이 좋은 기회라고 생각된다. 필자의 경우도 Arm SoC의 FPGA 구현과 확장, 그리고 칩 설계까지 진행하고 있다. 좋은 기회를 제공하고 있는 Arm 사에게 감사의 말씀을 전한다.

3.2.1 AAA 프로그램의 목적과 혜택

(1) 교육적 가치 제공

- 학생들이 업계표준 Arm 기술을 직접 경험하며 실무 지식을 습득할 수 있음
- 이론과 실습을 병행할 수 있는 학습 기회를 제공함

(2) 연구 지원

- 대학 연구실에서 최신 Arm IP 를 활용한 연구를 수행할 수 있도록 지원
- 저전력 컴퓨팅, IoT 시스템 등 다양한 분야의 연구에 활용 가능

(3) 인재 양성

- 산업 현장에서 즉시 활용할 수 있는 설계기술을 갖춘 엔지니어를 양성
- 학생들의 취업 경쟁력 강화에 기여

AAA 프로그램이 제공하는 주요 혜택은 아래와 같다.

- Cortex-A, R, M 시리즈를 비롯한 다양한 Arm IP 접근
- Arm Development Studio, Keil MDK 등의 개발 도구 제공
- 교육 자료, 실습 가이드, 예제 프로젝트 제공
- 기술 지원 및 커뮤니티 포럼 접근

3.2.2 AAA 프로그램 등록 및 접근 방법

Arm Academic Access 프로그램 참여를 위한 등록 과정은 아래 그림과 같다. Arm에서 계약 과정에 대하여 설명하는 간략한 그림이다.

[그림 3-7] 계약 진행 과정(Arm 자료 발췌)

(1) 자격 확인

- 공인된 교육기관의 교수, 연구원, 학생이어야 함
- 특히 계약을 주도하는 교수가 소속 교육기관의 홈페이지에서 조회되는 사람이어야 하고, 이메일 계정이 .ac.kr 로 끝나야 함

(2) Arm 개발자 웹사이트 계정 생성

- Arm Developer 웹사이트에서 계정 생성(https://developer.arm.com)
- 소속 교육기관 이메일 주소(.edu, .ac.kr 등)를 사용하면 검증이 원활함

(3) AAA 프로그램 신청

- AAA 지원 웹사이트로 이동(https://www.arm.com/academic-access)
- 계약을 주도하는 교수가 온라인 신청 양식을 작성하고 소속 기관 증명 정보를 제공
- 이 과정에서 Arm 담당자가 이메일을 통해 온라인 미팅을 요청해 올 것이고, 스케줄을 서로 조율 및 미팅을 하면 이 프로그램에 대한 설명을 직접 들을 수 있고 질의, 응답을 할 수 있음

(4) NDA(Non–Disclosure Agreement) 체결

- 계약을 주도하는 교수가 Arm IP를 무단으로 배포하지 않겠다는 문서에 서명
- 이 과정에서 소속 교육기관의 법무팀을 통한 별도의 확인 및 서명이 필요

(5) 승인 및 액세스 권한 부여

- Arm의 검토 및 승인이 완료되면 Arm Download Hub 사이트에 접근 가능

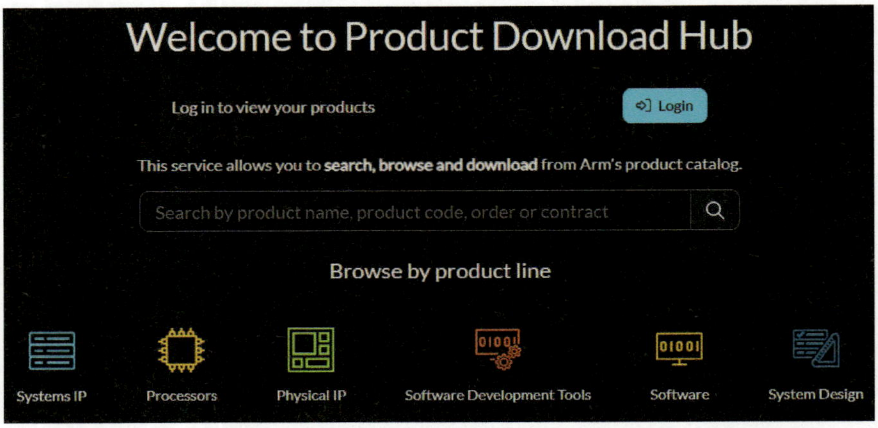

[그림 3–8] Arm Download Hub 사이트(홈페이지 발췌)

3.2.3 AAA를 통해 제공되는 리소스

(1) 하드웨어 IP 및 설계자료

- Cortex-A, Cortex-R, Cortex-M 시리즈 프로세서 IP
- GPU 프로세서 및 Mali 멀티미디어 프로세서, Security IP
- DesignStart 프로그램(무료 Cortex-M0, M3 설계 패키지)
- AMBA 버스 규격 및 구현 예제
- SoC 설계 및 예제

(2) 소프트웨어 개발 도구

- Arm Development Studio, Keil MDK 등
- CMSIS(Cortex Microcontroller Software Interface Standard) 라이브러리
- RTOS 지원 : RTX, FreeRTOS 등의 실시간 운영체제
- 디버깅 및 트레이스 도구

(3) 교육 및 학습 자료

- 강의 슬라이드 및 노트
- 실습 가이드 및 실험 매뉴얼
- 온라인 교육 리소스

3.2.4 계약 주도 교수의 역할

(1) User Administrator

Access Control List라는 이름의 엑셀 형식의 리스트를 관리해야 한다. 해당 엑셀 파일은 소속 기관의 계약 주도 교수를 비롯한 모든 Arm 사용자들의 현황이 기록되어 있어야 한다. 즉 특정 인원이 소속 기관에 새롭게 들어왔고, Arm 웹사이트에 로그인하여 Arm IP를 다운로드할 수 있는 권한을 가지려면 User Admin 즉 계약 주도 교수가 그 인원을 ACL 리스트에 추가하고 Arm에게 승인 요청을 해야 한다.

추가적으로 User Admin은 Arm 웹사이트에서 온라인 교육을 받을 수 있는 인원을 지정 및 통제해야 한다. 대학별로 총 5개의 온라인 자리(Seat)가 부여되기 때문에 설계자가 많은 경우 관리가 필요하다.

(2) Software License Manager

계약 주도 교수의 또 하나의 역할이다. Arm DS-5 툴을 누군가 사용하고자 한다면 라이선스 파일 발급이 필요한데, 해당 업무를 대학의 소프트웨어 라이선스 매니저에게 일임하고 있다. 계약 주도 교수가 NDA 완료 당시 발급받은 시리얼 넘버를 Arm 웹사이트에 입력하면 라이선스 발급이 되는 원리이다.

3.2.5 필자의 강조

AAA는 더할 나위 없이 좋은 프로그램이다. 대학의 교수 한 명이 단독 신청을 해도 그 대학의 모든 교수가 긴 기간을 들이지 않고 쉽게 활용할 수 있기에 더욱 그러하다. Arm 하드웨어와 소프트웨어에 대한 소스 코드 레벨의 지원으로 디지털 시스템, 컴퓨터 구조, 마이크로프로세서, 임베디드 시스템, SoC 설계, 칩 설계까지 모두 할 수 있는 방법과 수단이 되었다.

단, 의무사항은 꼭 지켜야 한다. 독자들의 의무 중에서 가장 첫 번째는 NDA의 이행이다. Arm IP에 접근하고 다른 이에게 강의를 하거나 보여주는 것에 대해서는 라이센싱 및 NDA에 기반해야 한다.

의무 두 번째는 Arm IP를 사용하여 연구 결과를 만들었다면 주기적으로 Arm이 보내오는 메일에 응답하거나 Arm 사이트에 내용을 올려서 공유하도록 한다.(https://soclabs.org)

의무 세 번째는 Arm IP를 사용하여 칩을 만들 계획이 있다면 미리 Arm에 알리기로 한다. MOF(Manufacture Order Form) 양식을 별도로 작성해야 한다.(AAA-enquiries@arm.com)

사실 최소한의 도리만 지키면 최신 IP를 무료로 연구에 활용할 수 있도록 도와주는 프로그램이므로 부담 갖지 말고 적극적으로 활용하도록 하자. 독자들과 이 책을 사용할 강사님들이 위에 기술되어 있는 내용을 잘 이해하고 따라주시기를 간절히 바란다.

3.3 Arm Core 개요

코어라는 단어는 가장 핵심적인 부분을 가리키는 말이다. Arm SoC 안에는 많은 블록이 존재하는데 사람의 두뇌, 자동차의 엔진과 같은 일을 하는 부분을 코어라고 부른다. 우리가 흔히 CPU라고 부르기도 하는 이 부분은 Arm이 주도적으로 내부 아키텍처를 정의하고 있고, 이를 구매하여 가져다 쓰는 사람들은 코어를 구현한 뒤 다른 많은 IP들과 함께 조합하여 자신들만의 프로세서를 만들어내고 있다.

Arm은 새롭게 만들어내는 내부 구조(아키텍처) 자체에 이름을 부여하는 방식으로 라인업을 하고 있다. 1985년에 처음 세상에 나온 Armv1 아키텍처 기반의 Arm1을 시작으로 2021년에는

Armv9 아키텍처가 나왔다. 오랜 역사 중에서 눈에 띄는 변화는 Cortex라는 말을 처음 사용한 2004년이다. 이때부터는 Arm Cortex-A, R, M 시리즈가 나오게 되었고, 각각 Application, Real Time, Microcontroller 성격으로 제품군이 구분되고, 확장되어 나갔다. 아래 그림은 Arm-fundamental-soc.pdf에서 볼 수 있는 Arm 코어의 역사 중 일부를 보여준다.

ARMv6	Arm11	2002 →	Include T, E and J extensions MMU Multiprocessor facilities Support for 64-bit buses Mixed-endian support
ARMv6-M	Cortex-M M0, M0+, M1	2007	**Introduction of low-end product to Cortex-M family**; lowest power consumption
ARMv7-A	Cortex-A A5, A7, A8, A9 MPCore, -A5, A7, A12, A15	2005 →	**Start of Cortex-A family** Multicore Arm & Thumb instructions Virtual address support Thumb-2
ARMv7-R	Cortex-R R4, R5, R7	2011	**Start of Cortex-R family** Arm & Thumb instructions Physical address only
ARMv7-M	Cortex-M M3	2004	**Start of Cortex-M family** Thumb instruction set only
ARMv7E-M	Cortex-M M4, M7	2010 →	Enhanced DSP instructions, saturated arithmetic

[그림 3-9] Arm 아키텍처의 역사(Arm 문서 Arm-fundamental-soc 발췌)

이 책에서 다룰 예정인 Arm Cortex-M0는 2007년에 소개된 가장 작고 에너지 효율적인 코어 중 하나로서 저비용, 저전력의 임베디드 시스템을 위한 가장 좋은 선택이다. 8비트 및 16비트 마이크로컨트롤러를 대체하면서도 32비트 성능을 제공하는 이 프로세서는 IoT 장치, 센서 노드, 웨어러블 기기 등에 적합하다.

3.3.1 Cortex-M0 Core 특징

(1) 아키텍처

- Armv6-M 아키텍처 기반의 간결한 설계
- 32 비트 코어와 범용 레지스터 및 특수 기능 레지스터 포함
- Thumb/Thumb-2 명령어 서브셋 지원으로 Code density 향상
- 3 단계 파이프라인 구조로 효율적인 명령어 실행
- 폰노이만 아키텍처(공유 버스를 통한 명령어 및 데이터 액세스)

(2) 성능

- 효율적인 분기 아키텍처로 제어 흐름 최적화, 0-지연 분기 연산
- Cortex-M0 프로세서 프로그래머 모델은 이식성을 위해 Cortex-M0+, M3, M4, M7 프로세서와 완벽하게 호환

(3) 메모리 시스템

- SoC 내의 모든 모듈과 주변 장치들의 접근을 위하여 Memory Map 사용
- 통합된 32 비트 AHB-Lite 버스 인터페이스를 사용
- 총 4GB 의 주소 공간
- 중첩 벡터 인터럽트 컨트롤러(NVIC) 내장

(4) 저전력 기능

- 효율적인 sleep 모드 지원
- 클록 게이팅 최적화
- 작은 실리콘 면적으로 구현 가능

아래 그림은 Cortex-M 제품별 성능을 표 형태로 보여주는데, Cortex-M0의 성능을 한눈에 비교할 수 있다.

Cortex-M	Architecture	Arch. Type	MPU	Caches	Pipeline	FPU	DSP	Interface	Security	Max no. IRQs
M0	Arm v6-M	von Neumann	-	-	3	-	-	AHB-Lite	-	1..32
M0+	Arm v6-M	von Neumann	option	-	2	-	-	AHB-Lite Optional single-cycle I/O port	-	1..32
M3	Arm v7-M	Harvard	option	-	3	-	-	AHB-Lite APB	-	1..240
M4	Arm v7E-M	Harvard	option	-	3	option	DSP	AHB-Lite APB	-	1..240
M7	Arm v7-M	Harvard	option	I / D	3..6	option	DSP	AXI AHBS/AHBP TCM	-	1..240
M23	Arm v8-M	Harvard	option	-	3		DSP	AMBA 5 AHB 5 Optional single-cycle I/O port	TrustZone	1..240
M33	Arm v8-M	Harvard	option	-	3	option	DSP	AMBA 5 AHB 5	TrustZone	1..480
M55	Arm v8.1-M	Harvard	option	-	4	option	DSP/SIMD Helium custom instruction	AXI5, M-AXI AHB5, S-AHB AHB5, P-AHB	TrustZone	1..480

TCM: Tightly coupled memory

[그림 3-10] Arm Cortex-M 제품별 비교(Arm 문서 Arm-fundamental-soc 발췌)

3.4 Cortex-M0 DesignStart Kit 개요

Cortex-M0 DesignStart Kit은 SoC의 예제이다. 바로 직전의 3.3절에서 언급한 Core를 비롯하여 암바 버스, 그리고 주변장치 컨트롤러들을 붙여 만든 SoC로서 이 책의 독자들이 실습하고 구현하게 될 예제이다. Cortex-M0 DesignStart Kit 안에는 Verilog RTL 코드로 이루어진 하드웨어 분야의 리소스와 소프트웨어 예제와 개발 환경으로 이루어진 소프트웨어 분야의 리소스가 들어 있다. 또한 DUI0926A_cortex_m0_designstart_rtl_testbench_r1p0_user_guide 문서는 해당 Kit을 어떻게 사용해야 하는지의 기술적 내용을 담고 있다. 자세한 내용은 아래와 같다.

[표 3-3] Arm Cortex-M0 DesignStart Kit의 구성

Kit 구성	설명
Cortex-M0 코어	· 합성할 수 있는 Verilog RTL 코드로 제공됨 · IP 보호를 위해 일부 코드만 난독화 처리됨 · 교육 및 연구 목적으로 사용 가능한 라이선스 조건
예제 시스템 디자인	· 완전한 마이크로컨트롤러 시스템 예제 제공 · AHB-Lite 및 APB 버스 인터페이스 포함 · 주변장치 컨트롤러(UART, 타이머, Watchdog, GPIO) 포함
검증 환경	· Function 시뮬레이션을 위한 테스트 벤치 · 다양한 EDA 시뮬레이터 툴 지원 · 다양한 예제 소프트웨어 테스트 코드
소프트웨어 개발 지원	· CMSIS 호환 소프트웨어 헤더 파일 · 컴파일 및 시뮬레이션 설정 스크립트 · Keil-MDK 툴 지원

3.4.1 Cortex-M0 DesignStart Kit 디렉토리 구조

DesignStart Kit를 다운로드 및 압축해제 후 확인할 수 있는 디렉토리 구조 및 설명은 아래와 같다.

[표 3-4] 디렉토리 구조 및 설명

디렉토리명	설명
cores	프로세서 코어 RTL 파일
logical	재사용할 수 있는 RTL 컴포넌트
systems	예제 시스템 설계 및 시뮬레이션 파일
implementation_tsmc_ce018fg	합성 및 구현 스크립트
software	소프트웨어 개발 환경 및 소스
documentation	사용자 가이드 및 레퍼런스 문서

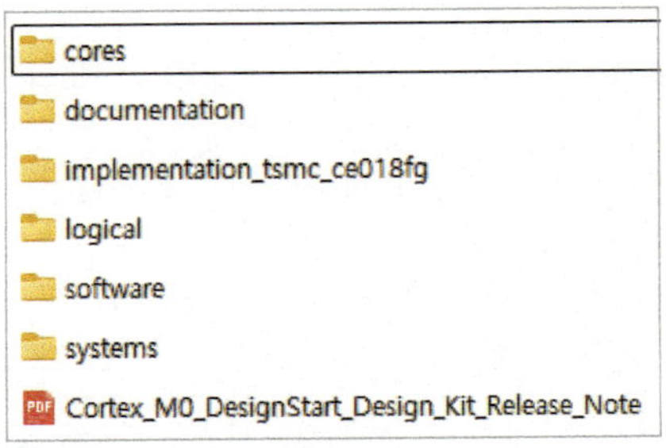

[그림 3-11] 주요 디렉토리 구조

3.4.2 Cortex-M0 DesignStart 제한 사항

Cortex-M0 DesignStart Kit은 교육 및 연구 목적으로 설계되었기 때문에, 상용 Cortex-M0 프로세서 제품과 비교하여 몇 가지 제한 사항이 있다.

(1) RTL 코드 형태

- 상용 제품 : 주석이 포함된 일반 텍스트 RTL
- DesignStart : CORE 내의 난독화 된 RTL로 내부 구조의 세부 학습이 제한됨

(2) 기능 제한

- Wake-up 인터럽트 컨트롤러(WIC) 미지원
- 내장 클록 게이팅 미지원
- 디버그 기능(JTAG/SWD) 미지원

(3) 라이선스 제한

- 교육 및 연구 목적으로 제공됨
- 그 외 상업적 제품 생산을 위해서는 추가적인 라이선스 및 구매 필요

(4) 소프트웨어 툴 미포함

- DesignStart Kit 내에 컴파일러 툴 설치파일 미포함
- Arm 사이트에서 직접 다운로드 후 설치 가능

아래 그림은 제약사항을 정리하여 보여준다.

Feature	Full Cortex-M0 processor	Cortex-M0 processor from DesignStart
Verilog code	Commented plain-text RTL	Flattened and obfuscated RTL
AMBA®3 AHB-Lite interface	Master and optional slave ports	Master port only
ARMv6-M instruction set	ARMv6-M instruction set support	ARMv6-M instruction set support
Multiplier options	Fast single-cycle or small 32-cycle	Fast single cycle multiplier
Nested vectored interrupt controller (NVIC)	1-32 interrupt inputs	32 interrupt inputs only
Wake-up Interrupt Controller (WIC)	Optional	None
Architectural clock gating	Optional	None
24-bit system timer, SysTick	Optional reference clock	Reference clock supported
Hardware debugger interface	Optional Serial-Wire or JTAG	None
Hardware debug support	Optional single step with up to four breakpoints, up to two watchpoints and PC sampling	None
Low-power signaling and domains	Optional state-retention power domains and power control signaling	SLEEPING, TXEV and RXEV signaling only

[그림 3-12] DesignStart Kit의 제약(Arm 문서 Arm-fundamental-soc 발췌)

이러한 제한 사항에도 불구하고, DesignStart Kit은 Arm 프로세서 기반 SoC의 아키텍처와 설계 원칙을 학습하고, 프로세서와 주변장치의 통합 방법론을 이해하는 데 매우 유용하다. 또한 FPGA 구현과 칩 설계에도 전혀 어려움이 없으므로 반도체 설계를 처음 접하는 사람들에게 적극 추천한다.

3.5 Cortex-M0 DesignStart의 기술적 소개

이 챕터부터 기술적인 내용이 많이 소개될 예정이다. 이번 절에서는 DesignStart의 구조와 각 모듈의 역할을 설명한다. 이 구조는 실제 칩 구현을 위한 지식적 기반이 된다. 시작 전에 독자들이 이해해야 할 용어가 있다. cmsdk라는 약자이다. 정말 많이 보게 될 단어인데, 전체 이름은 Cortex-M System Design Kit이다. 앞 글자만 인용한 cmsdk라는 단어는 시스템을 이루는 모듈 대부분에 들어가므로 익숙해져야 할 필요가 있다.

3.5.1 시스템 레벨 디자인과 계층적 구조

아래 그림은 DesignStart Kit안에 구현되어 있는 SoC와 테스트 벤치를 포함한 전체 구조를 보여준다. 테스트 벤치 tb_cmsdk_mcu는 메인 리셋인 NRST과 메인 클록 XTAL1을 인가한 뒤 XTAL2를 받으며, UART Capture 모듈을 활용하여 SoC와 통신하는 일을 한다.
SoC의 이름은 cmsdk_mcu로서, 아래 내용들을 포함하고 있다.

- 클록과 리셋을 처리하는 모듈
- 프로그램 메모리와 RAM, 그리고 Optional bootloader 모듈
- 큰 규모의 모듈인 cmsdk_mcu_system
- 입출력 수를 Port 0, 1 의 총 비트 수에 맞추기 위한 pin_mux 모듈

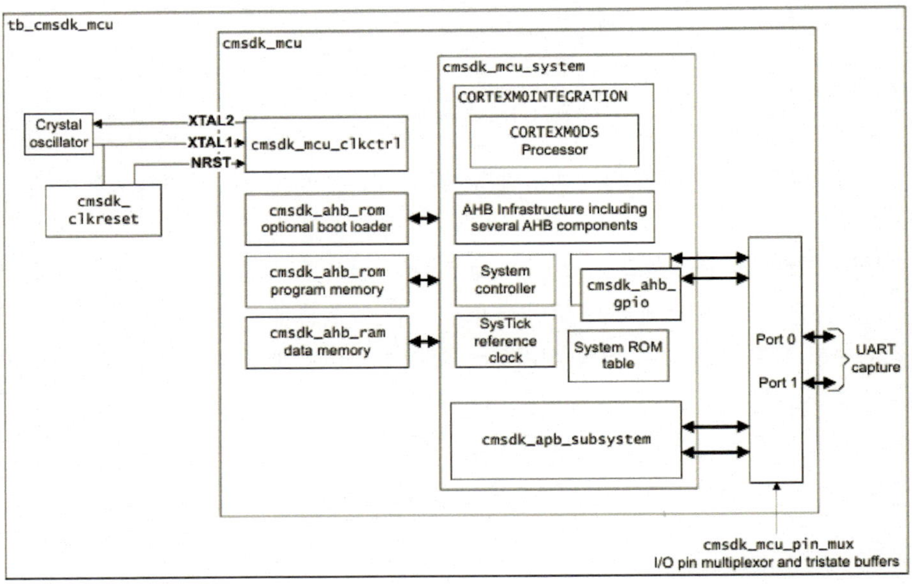

[그림 3-13] 테스트 벤치를 포함한 전체 SoC 구조(Arm 문서 발췌)

cmsdk_mcu_system은 아래 내용들을 포함하고 있다.

- Cortex-M0
- AHB 버스와 마스터, 슬레이브 인터페이스
- APB 버스와 마스터, 슬레이브 인터페이스
- GPIO 모듈

테스트 벤치인 tb_cmsdk_mcu는 아래 2개의 모듈을 포함하고 있다.

- cmsdk_clkreset : 클록과 리셋 신호를 생성한다. 메인 클록인 XTAL1 으로 50MHz 를 인가하고, 시뮬레이션 시작 후 5ns 후에 NRST 신호를 이용하여 리셋
- cmsdk_uart_capture : UART2 로 들어오는 SoC 의 UART 신호를 받은 뒤 메시지로 보여준다. 실제 UART 모듈이 아니므로 baudrate 를 클록 스피드와 동일하게 하면 한 클록에 1bit 씩 받아들일 수 있어서 빠르게 메시지 출력 가능

아래 표는 테스트 벤치를 제외한 모듈들에 대한 설명이다.

[표 3-5] SoC 내의 모듈 설명

Item	Description
cmsdk_mcu	칩으로 만들 영역의 TOP 모듈
cmsdk_mcu_system	코어와 암바버스, 외부 장치등 대부분을 포함하는 영역
CORTEXM0DS	Cortex-M0 코어로서, 난독화 되어 있는 모듈
cmsdk_apb_subsystem	AHB to APB 브리지와 외부 장치 컨트롤러들을 포함
cmsdk_mcu_clkctrl	clock과 리셋처리에 대한 처리
cmsdk_mcu_pin_mux	외부 IO의 수를 줄이기 위하여 적용하는 멀티플렉서
cmsdk_ahb_rom	Behavioral 동작을 하는 ROM 모델. 칩 구현을 위하여 합성 영역 밖으로 계층을 이동할 예정
cmsdk_ahb_ram	Behavioral 동작을 하는 RAM 모델. 칩 구현을 위하여 합성 영역 밖으로 계층을 이동할 예정
System controller	메모리 remap 같은 시스템 컨트롤을 위한 레지스터들 포함

아래 그림은 테스트 벤치를 제외한 모습을 자세하게 나타내었다. 복잡해 보이지만, 차근차근 3가지만 살펴보자.

첫 번째로 상단에는 Cortex-M0 Core가 보이는데, 가장 중요한 일을 하지만 독립적으로 동작할 수 없고 암바버스 AHB-lite에 연결되어야 하므로 Bus matrix라는 이름의 인터페이스가 필요하다. 그리고 다양한 인터럽트를 지원해야 하므로 인터럽트 컨트롤러(NVIC)와 연결되어 있다.

두 번째로 좌측 하단을 살펴보자. AHB 어드레스 디코더와 가로로 긴 모양의 Mux가 있다. Mux에 말이 길게 쓰여 있지만, 단순하게 표현해보겠다. AHB Slave mux가 여러 모듈과 연결되어 있다. 가장 중요한 것은 ROM과 RAM이다.

세 번째로 우측 하단을 살펴보자. AHB to APB 브리지가 있고 세로로 긴 모양의 Mux가 있다. Mux는 여러 주변 장치(Peripherals)와 연결되어 있다.

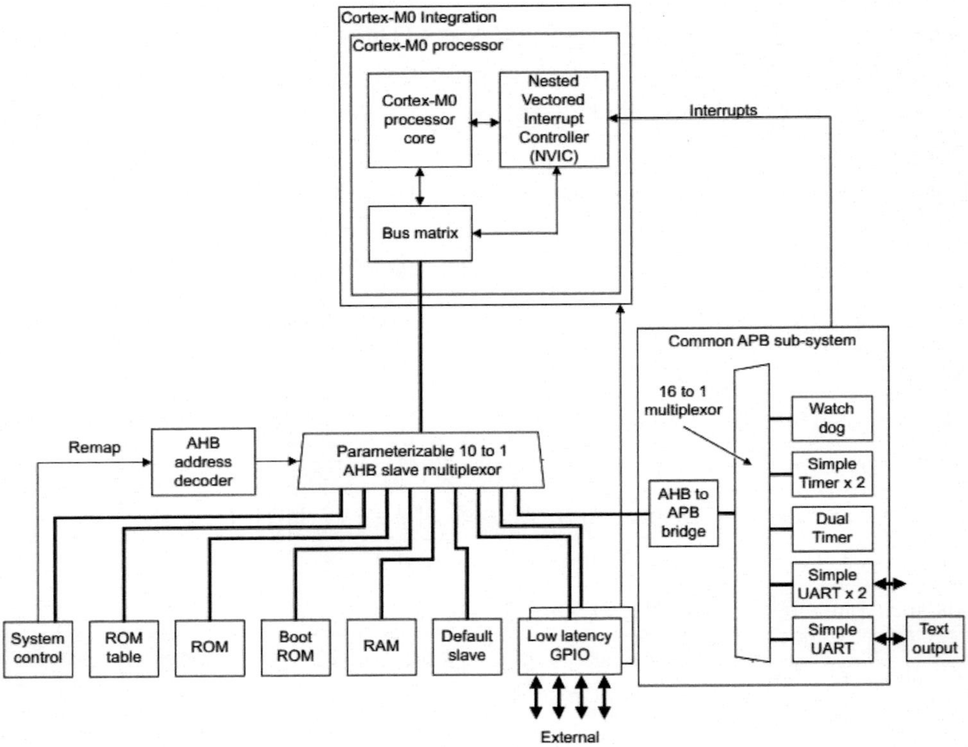

[그림 3-14] cmsdk mcu의 내부 구조(Arm 문서 발췌)

위 그림의 SoC가 어떻게 동작하는지 궁금할 것이다. 가장 먼저, ROM에 코드가 들어가 있다. 간단하게 Hello world 메시지를 출력하는 코드라고 가정하자. 전원이 켜지거나 리셋이 되면 Cortex-M0 Core는 ROM으로부터 한 줄씩 코드를 받아와서 그대로 동작한다. 즉 코드대로만 동작하므로 Hello world를 출력하면 끝이다. 그렇다면 H부터 d까지 메시지를 실제로 출력하는 것은 누굴까? 그림의 가장 우측 하단에 있는 Simple UART이다. 바깥으로 Text output 모듈이 연결되어 있는데, 위에서 소개된 cmsdk_uart_capture가 그것이다. 메시지를 차례대로 H부터 d까지 시뮬레이터 로그 또는 메시지로 보여주는 일을 한다. 여기까지 정리하면 Cortex-M0

시스템이 잘 동작했다는 것을 알 수 있는 가장 간단한 방법은 UART로 나온 텍스트 메시지를 확인하는 것이다. 설명이 어려웠을 텐데 방금 언급된 모듈을 아래 그림에서 빨간색 사각형으로 표시했으니 그림 간의 비교를 해보기 바란다.

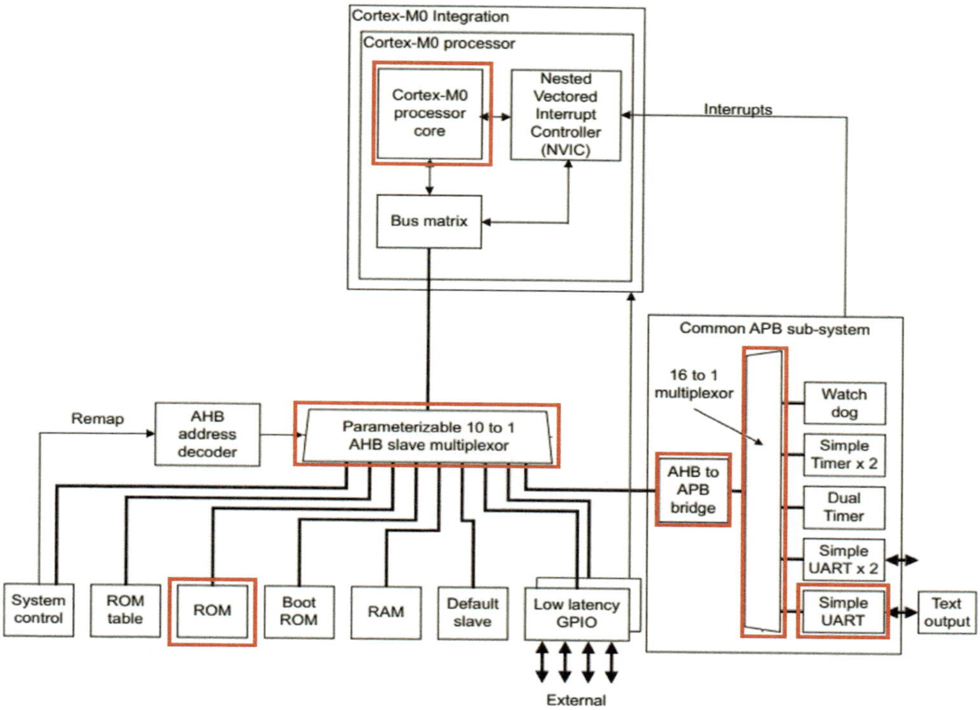

[그림 3-15] Core의 동작과 UART까지의 경로(이전 그림에 빨간색 사격형 추가)

그렇다면 더 단순히 나타내보자. 위 그림에서 빨간색으로 표시된 모듈만 꺼내어 아래 그림에 나타내보았다. Core가 ROM 메모리에 들어 있는 코드를 그대로 수행하던 중, 메시지를 프린트해야 한다면 Simple UART에게 텍스트를 한 글자씩 출력하도록 명령을 내려야 한다. Core부터 Simple UART까지 가려면 AHB mux를 거친 뒤 AHB to APB bridge를 지난 뒤, APB mux를 통과해야 한다. 여러 관문이 있는 것 같지만 2가지의 버스 시스템이 막힘 없이 모두 잘 열리기 때문에 걱정은 없다.

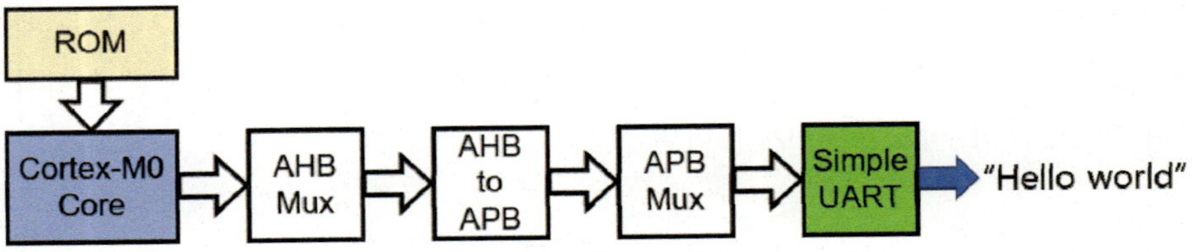

[그림 3-16] Core의 동작과 UART까지의 경로(단순하게 표현)

위 그림에서 흰색으로 표현된 중간 모듈들은 암바버스이고, 나타내지는 않았지만 암바버스 내부에 디코딩과 Selection을 해주는 이론적 내용들이 들어있다고 이해하자. 또한 Core가 Simple UART를 확실히 특정하고 타겟팅할 수 있도록 하는 메모리 맵이라는 이론도 들어있다고 이해하자. 다음 챕터들을 통하여 간단하게 언급 및 설명하도록 하겠다.

3.5.2 주요 인터페이스 및 버스 구조

Cortex-M0 DesignStart 시스템은 Arm의 AMBA(Advanced Microcontroller Bus Architecture) 버스를 채택하여 사용한다. 마치 도시의 도로망과 같이 시스템 내의 다양한 모듈이 서로 연결되도록 함으로써, Core가 모든 접근 및 컨트롤을 가능하게 한다. AHB-Lite버스와 APB버스를 사용하는데, 버스의 마스터가 하나이기 때문에 AHB버스가 아닌 AHB-Lite버스를 사용하였다. 그로 인하여 중재 역할을 하는 Arbiter가 없어도 되므로 간단하고 작은 면적으로 구현되었다.

(1) AHB-Lite 버스

- 임베디드 시스템에서 많이 사용하는 고성능 버스로서, CPU와 고속 메모리, 고속 주변 장치간의 통신에 사용
- 32비트 주소 및 32비트 데이터 전송 사용, 파이프라인 전송 지원
- Cortex-M0가 마스터가 되고, 메모리와 주변 장치들이 슬레이브가 되어 동작함
- 어드레스 디코더가 존재하므로, Core가 출력한 주소를 확인한 뒤 해당 슬레이브로의 길을 열어줌

(2) APB 버스

- 저속 주변장치를 위한 저전력, 저복잡성을 갖는 버스
- AHB-to-APB 브리지가 AHB 버스의 슬레이브 역할을 수행함과 동시에 APB 버스의 마스터 역할을 수행
- Core가 출력한 주소를 확인한 뒤, 해당 슬레이브로의 길을 열어줌
- UART, 타이머, 워치독 등의 주변장치가 연결됨

3.5.3 메모리 맵

Cortex-M0 DesignStart 시스템은 32비트 주소체계를 갖고 있다. 다시 말해서 0x0000_0000부터 0xFFFF_FFFF까지의 총 4GB(232)의 주소 공간을 Cortex-M0 SoC가 운용할 수 있다는 것이다. 주소 내에 롬과 램을 비롯하여 주변 장치들이 맵 안에 모두 들어 있고, Core가 해당 주소를 통해 접근하면 특정 모듈과 그 안의 레지스터들까지 읽기/쓰기가 가능하다. 주요 메모리 맵을 표로 정리해보았다.

[표 3-6] AHB 메모리 맵

주소	내용
0x0000_0000 - 0x0000_FFFF	프로그램 메모리(ROM), 64KB
0x2000_0000 - 0x2000_FFFF	SRAM(데이터 메모리), 64KB
0x4000_0000 - 0x4000_FFFF	APB 주변 장치(UART, 타이머 등)
0x4001_F000 - 0x4001_FFFF	시스템 컨트롤러 레지스터
0xF000_0000 - 0xF000_0400	시스템 ROM 테이블

위 메모리 맵은 CPU Core가 AHB 마스터로서 접근할 수 있는 AHB Slave들의 주소를 나타낸다. 가장 앞자리 주소가 0으로 시작하는 것은 프로그램 메모리인 ROM이다. 소프트웨어 코드를 컴파일하여 만든 hex파일은 이 ROM으로 다운로드 되어 있어야 한다. CPU가 부팅 직후부터 ROM에 있는 코드를 차례대로 읽어서 그대로 수행할 때, 임시 데이터를 저장하고 읽어야 할 때는 SRAM을 사용한다. 이 2개의 메모리들은 각각 16비트 주소 체계를 사용하고 있기 때문에 시작주소 + 0xFFFF까지 사용하고, 64KB(216)의 용량을 갖는다.

또한, 위 맵에서 눈여겨보아야 할 것은 4로 시작하는 APB 주변 장치이다. APB 버스에는 Test Slave까지 총 8개의 슬레이브들이 연결되어 있다. 아래 표를 살펴보자. APB는 주소가 4로 시작하고 각 슬레이브별로 시작주소 + 0x0FFF까지의 주소가 할당되어 있다.

[표 3-7] APB 메모리 맵

주소	내용
0x4000_0000-0x4000_0FFF	Timer0
0x4000_1000-0x4000_1FFF	Timer1
0x4000_2000-0x4000_2FFF	Dual Timer
0x4000_3000-0x4000_3FFF	Not Used
0x4000_4000-0x4000_4FFF	UART0
0x4000_5000-0x4000_5FFF	UART1
0x4000_6000-0x4000_6FFF	UART2. 시뮬레이션 시, 텍스트 메시지 출력
0x4000_7000-0x4000_7FFF	Not Used
0x4000_8000-0x4000_8FFF	Watchdog
0x4000_9000-0x4000_AFFF	Not Used
0x4000_B000-0x4000_BFFF	APB test slave
0x4000_C000-0x4000_CFFF	APB expansion port 12, Not Used
0x4000_D000-0x4000_DFFF	APB expansion port 13, Not Used
0x4000_E000-0x4000_EFFF	APB expansion port 14, Not Used
0x4000_F000-0x4000_FFFF	APB expansion port 15, Connected to micro DMA

[표 3-8] 여기서 잠깐

메모리 주소와 디코딩, 왜 필요한가? 왜 메모리나 주변 장치를 숫자로 된 주소로 구분할까?
우리가 먼 곳으로 물건(신호)을 보내고 싶을 때 목적지까지의 주소와 우편번호를 사용하듯, CPU Core도 주소를 사용한다. 이때 사람은 글자를 사용할 수 있지만 CPU는 숫자로 된 주소를 사용한다. 정리하면 어드레스 맵은 사람으로 따지면 주소록과 같고, 데이터를 정확한 지점까지 보내기 위하여 어드레스를 해독하는 디코더가 필요한 것이다.

또, 왜 주소에 0x를 붙이는 것인가?
우선 주소는 0, 1의 2진수 체계를 따른다. 만약 CPU가 2개의 모듈만 연결한다면 주소는 1비트면 되고, 0과 1값으로 양자택일 방식으로 접근할 수 있다. 좀 더 크게 16개를 연결해야 한다면 0000부터 1111까지 4비트로 접근할 수 있어서 이를 16진 hex 코드로 0x0부터 0xF까지 표현할 수 있다. 그런데 시스템에서는 연결해야 할 것들이 많으므로 Arm Cortex-M0 SoC 시스템은 32비트 체계를 도입하여 0x0000_0000부터 0xFFFF_FFFF까지 사용하기로 했다. 우리는 이것에 대한 자세한 현황을 어드레스 맵으로 보는 것이다.

어드레스 맵 체계 안에서 어떻게 주소값을 가지고 특정 APB 슬레이드 모듈의 선택이 가능한지 알아보자. Address Decode 로직의 RTL 코드를 살펴보자. 아래 그림에서 왼쪽은 AHB버스, 오른쪽 2개는 APB버스의 Address Decode 로직을 보여준다. 왼쪽의 99행과 105행을 보면,

haddr 주소 32비트 중 상위 16비트를 가지고 selection 신호 값을 정하고 있다. 오른쪽 그림 중 상단을 보면 하위 16비트 중 [15:12]를 DECODE4BIT으로 인가한 뒤, 그림 하단에서 판단하여 PSEL0 – PSEL15의 신호값을 정한다. 마지막에 PSEL 값이 커진다는 것은 통로가 열린다는 뜻이다. 이 방법으로 CPU부터 특정 모듈까지 연결할 수 있다.

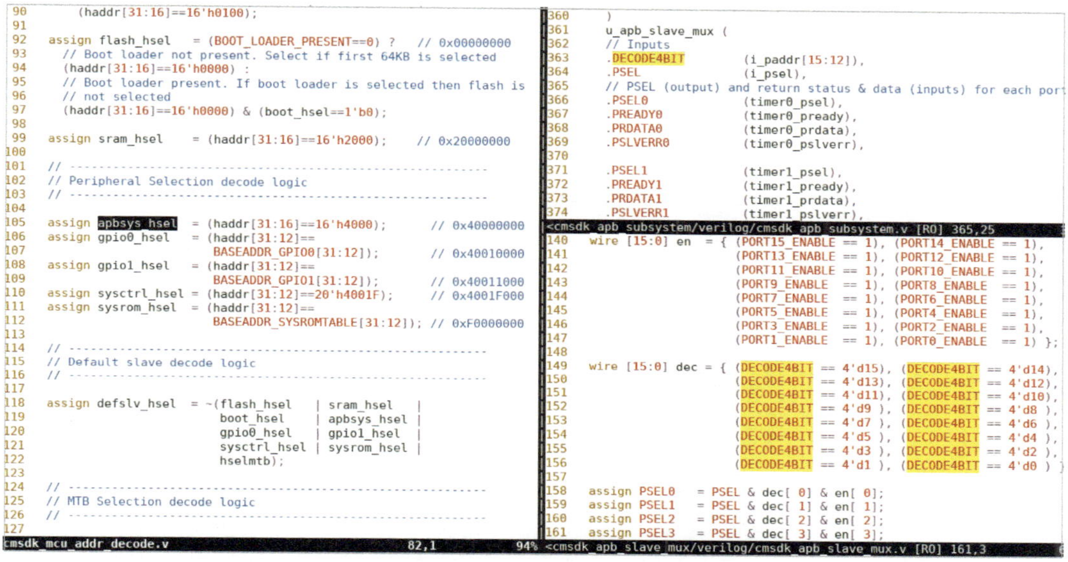

[그림 3-17] Address 디코딩

[표 3-9] 여기서 잠깐

CPU Core가 UART2를 선택하도록 한다면? – 그림 왼쪽처럼 전체 주소의 상위 16비트는 0x4000이어야 함 – 그림 오른쪽처럼 하위 주소 중 15:12값이 6(이진수 0110, 십진수 6)이어야 함 최종적으로 0x4000_6000부터 0x4000_6FFF가 되는 것임 정답 확인을 위해서는 기 제시된 APB 메모리 맵을 참고

3.5.4 I/O 핀 및 주변장치

Cortex-M0 DesignStart는 칩 외부와의 통신을 위하여 다양한 I/O 핀과 주변장치를 포함하고 있다. 마치 건물의 창문과 문처럼 외부와 연결되는 통로 역할을 한다. 아래 그림은 SoC의 I/O 인터페이스를 나타낸다.

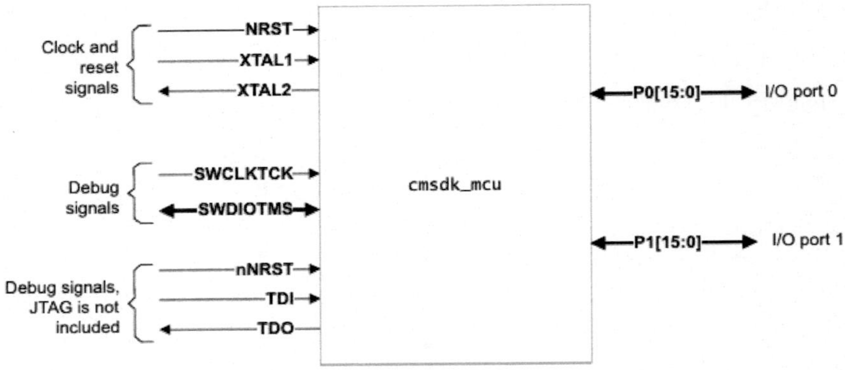

[그림 3-18] cmsdk_mcu의 I/O 인터페이스(Arm 문서 발췌)

(1) SoC의 주요 I/O

- 클록 및 리셋 핀 : XTAL1, XTAL2, NRST
- GPIO 포트 : P0[15:0], P1[15:0]

(2) SoC의 주변장치

SoC의 외부로 신호를 입, 출력하며 P0, P1으로 향하는 모듈들은 아래와 같다.

컨트롤러	설명
GPIO 컨트롤러	· cmsdk_ahb_gpio 모듈 사용 · AHB 버스 슬레이브로서 2개의 16비트 포트 제공 · 인터럽트 생성 기능
UART 컨트롤러	· cmsdk_apb_uart 모듈 사용 · 세 개의 UART 통신 인터페이스(UART0, 1, 2) · 프로그래머블 보드레이트 · 송/수신 인터럽트 · 하이스피드 테스트 모드 필요(시뮬레이션용)
타이머	· cmsdk_apb_timer 모듈 사용 · 두 개의 32비트 타이머 (Timer0, Timer1) · 프로그래머블 카운트 값 · 인터럽트 생성
듀얼타이머	· cmsdk_apb_dualtimers 모듈 사용 · 두 개의 다운카운트 타이머 · 다양한 타이머 모드(자유 실행, 주기적, 원샷) · 인터럽트 생성
워치독 타이머	· cmsdk_apb_watchdog 모듈 사용 · 시스템 잠금 상태 감지 및 리셋 기능 · NMI(Non-Maskable Interrupt) 연결

(3) GPIO 1의 Alternative 기능

SoC 내부에 있는 pin_mux 모듈은 UART, TIMER, DualTimer등의 입, 출력을 P1 포트 16비트 안에 모두 할당하는 특별한 일을 하고 있다. 많은 핀들이 있지만 SoC 입장에서 보면 GPIO 1[15:0]으로만 보이도록 하는 효과가 있는 것이다. 아래 표는 GPIO 1 즉, 총 16비트를 구성하는 세부 내용을 나타낸다.

[표 3-11] GPIO 1 Alternative Function

Pin	Alternate Function
GPIO 1[15:10]	No Function
GPIO 1[9]	Timer 1 EXTIN
GPIO 1[8]	Timer 1 EXTIN
GPIO 1[7]	TSTART to MTB
GPIO 1[6]	TSTOP to MTB
GPIO 1[5]	UART2 TXD
GPIO 1[4]	UART2 RXD
GPIO 1[3]	UART1 TXD
GPIO 1[2]	UART1 RXD
GPIO 1[1]	UART0 TXD
GPIO 1[0]	UART0 RXD

추가적으로 pin_mux 모듈은 SoC의 입출력이 너무 많을 때도 도입하여 외부 IO 핀 수를 줄이는데 사용하기도 한다.

3.5.5 인터럽트 및 이벤트 관리

인터럽트는 외부 이벤트가 발생했을 때, 프로세서가 현재 실행 중인 작업을 일시 중단하고 해당 이벤트를 먼저 처리하도록 하는 방법이다. 마치 업무 중에 긴급 전화를 먼저 받는 것과 같은 개념이다. 인터럽트는 전체 시스템의 실시간 반응성과 전력 효율성에 직접적인 영향을 미치기 때문에 즉각적인 인지 및 처리는 물론이고 원래 하던 일로 빨리 돌아오는 것이 매우 중요하다.

Cortex-M0의 인터럽트 시스템은 아래와 같이 구성되어 있다.

- NVIC(Nested Vectored Interrupt Controller) : 최대 32개의 외부 인터럽트 지원
- 우선순위 관리 : 인터럽트 간의 우선순위 처리
- 벡터 테이블 : 각 인터럽트 처리 루틴의 주소를 저장

Arm Cortex-M0 SoC에 대한 미리 정해진 인터럽트 소스는 아래와 같다.

[표 3-12] 인터럽트 소스

IRQ/NMI	Device
NMI	Watchdog
0	UART 0 수신 Interrupt
1	UART 0 송신 Interrupt
2	UART 1 수신 Interrupt
3	UART 1 송신 Interrupt
4	UART 2 수신 Interrupt
5	UART 2 송신 Interrupt
6	GPIO 0 combined interrupt for AHB GPIO and I/O port GPIO
7	GPIO 1 combined interrupt for AHB GPIO and I/O port GPIO
8	Timer 0
9	Timer 1
10	Dual Timer
11	Not Used
12	UART 0 Overflow Interrupt
13	UART 1 Overflow Interrupt
14	UART 2 Overflow Interrupt
15	Not Used
16-31	GPIO 0 Individual interrupts

위 표의 상단에 기재되어 있는 NMI는 'Non-Maskable Interrupt'의 약자로, 절대 무시할 수 없는 최우선 순위의 인터럽트이다. 일반적인 인터럽트는 CPU가 바쁠 때 잠시 차단(mask)할 수 있지만, NMI는 화재경보기처럼 항상 즉시 응답해야 하는 긴급 상황을 위해 설계되었다. Cortex-M0에서는 주로 하드웨어 오류, 전원 이상, 메모리 패리티 에러, 워치독 타이머 만료 같은 치명적인 시스템 문제가 발생했을 때 NMI가 트리거된다. NMI가 발생하면 CPU는 현재 어떤 작업을 하고 있든 즉시 중단하고 NMI 핸들러라는 이름의 함수로 점프하여 긴급 조치를 수행한다. 시스템의 안전성과 신뢰성을 보장하기 위한 마지막 방어선 역할을 하므로, NMI 핸들러는 반드시 간결하고 안정적으로 작성되어야 한다.

인터럽트는 동기화 처리도 필요하다. 인터럽트의 발생이 프로세서의 클록과 동기화되지 않을 수 있기 때문이다. 클록과 비동기인 신호가 아무런 처리 없이 동기된 로직에 들어가서 연산에 관여하면 전체 시스템에 비정상 동작을 일으키게 될 테니 주의해야 한다. 아래 그림을 보면 Interrupt 소스로 들어온 것을 동기화 처리하고 있다. 총 3개의 레지스터를 사용하는데 마지막 2개를 AND 연산하면 동기화된 신호를 얻어낼 수 있다. 이 로직을 총 32개 사용하여 인터럽트 정보를 수집한 뒤 CPU Core로 묶어 보낸다. cmsdk_irq_sync.v 파일을 열어본다면 아래 그림을 그대로 구현해 놓았음을 알 수 있을 것이다.

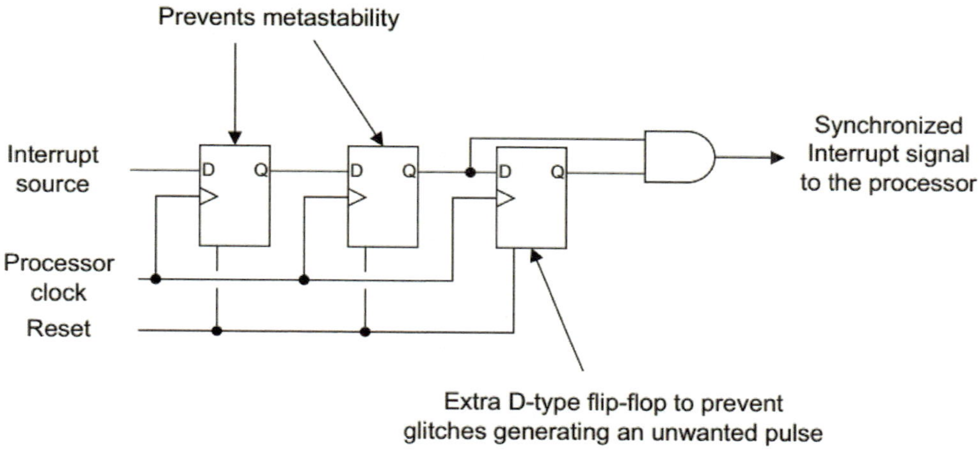

[그림 3-19] 인터럽트 동기 로직(Arm 문서 발췌)

이렇게 동기화되어 전달된 인터럽트 신호는 CPU가 인지하게 된다. 이후에는 소프트웨어 영역으로 넘어가게 된다. 인터럽트를 받으면 즉각 인터럽트 서비스 루틴이라는 함수를 실행한다. 인터럽트 서비스 루틴(ISR, Interrupt Service Routine)은 미리 정의해 놓은 인터럽트가 실제로 발생했을 때 실행되는 함수로, 긴급 전화를 받으러 가는 것과 같은 개념이다. 인터럽트가 발생하면 CPU는 현재 작업을 일시 중단하고 벡터 테이블에서 해당 인터럽트의 ISR 주소를 찾아 점프한다. ISR 내부에서는 인터럽트 원인을 처리하고 필요한 작업을 수행한 후, 이전에 중단했던 작업으로 복귀한다. 이 과정에서 레지스터들은 하드웨어에 의해 자동 저장 및 복원된다. 효율적인 시스템을 위해서는 ISR을 짧고 빠르게 작성하여 다른 중요한 인터럽트를 놓치지 않도록 해야 한다.

3.5.6 클록 및 리셋 시스템

클록과 리셋은 디지털 시스템의 '심장박동'과 '재시작 버튼'과 같은 역할을 담당한다. 아래 그림의 클록 및 리셋 구조는 간단하며 효율적으로 설계되어 있다. cmsdk_mcu_clkctrl 모듈의 소스 코드를 보면 메인 클록인 XTAL1이 FCLK, PCLK, PCLKG로 분기되는 것을 확인할 수 있고, 비동기의 대표 주자인 리셋 신호를 동기화한 뒤 시스템 내부에서 사용하는 것을 확인할 수 있다.

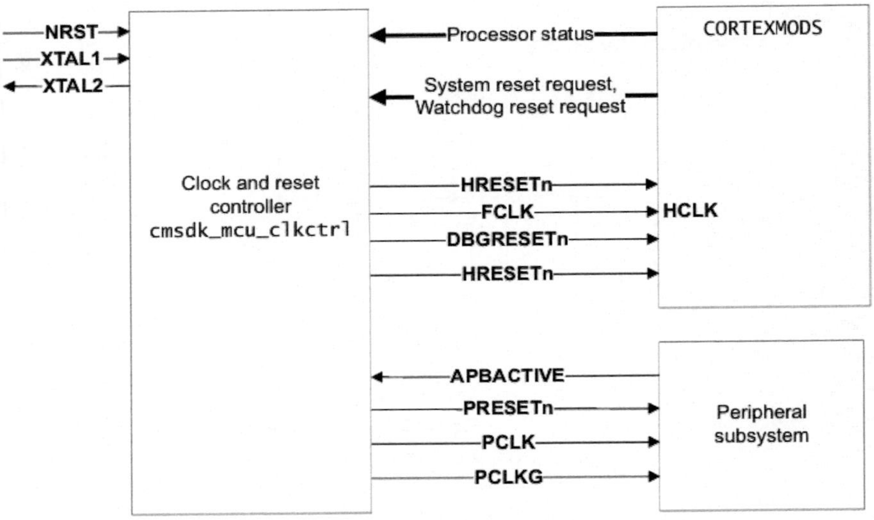

[그림 3-20] 클록과 리셋 동작(Arm 문서 발췌)

(1) 클록 시스템

- 클록 소스 : XTAL1 외부 크리스탈 입력(시뮬레이션 상 50MHz)
- 클록 분배
  - FCLK: 자유롭게 동작하는 클록 Free Running Clock 으로서, CPU 코어 클록
  - HCLK: AHB 버스 클록(FCLK 와 동일)
  - PCLK: APB 버스 클록
  - PCLKG: 전력 절약을 위한 게이트 된 APB 클록(PCLK 과 동일)

(2) 리셋 시스템

- 리셋 소스
  - NRST: 외부 리셋 입력
  - SYSRESETREQ: 소프트웨어 시스템 리셋 요청
  - WDOGRESETREQ: 워치독 타이머 리셋 요청

• 리셋 출력
  - PORESETn: Power On Reset, 메인 리셋 신호를 동기화 처리한 뒤, CPU Core와 sysctrl 모듈에만 전파됨
  - HRESETn: PORESETn 에 의하여 발생하는 AHB 시스템 리셋
  - PRESETn: PORESETn 에 의하여 발생하는 APB 주변장치 리셋

3.6 소프트웨어 개발 환경

3.6.1 개발 도구

(1) 컴파일러 및 IDE

이번 챕터에서는 소프트웨어 개발 툴인 Keil-MDK를 소개하고자 한다. 툴 이름은 μvision으로서, 이 툴은 Keil-MDK의 작은 서브셋이라고 이해하면 된다. 무료와 상업용 등 3가지 버전이 있는데, 교육과 연구 목적으로 무료 사용이 가능한 Community 버전을 사용하는 것으로도 초보자에게는 충분할 것이다. 이 툴은 윈도우에서만 사용이 가능하며 간단한 예제의 운용과 작은 규모의 어플리케이션 개발이 가능하다. 이런 툴이 Cortex-M0 DesignStart Kit에 들어있지 않은 이유는 개발 툴이 매우 다양해서 모든 것을 다 넣을 수가 없을 뿐 아니라 AAA 프로그램 툴 별로 라이선스 정책이 다르기 때문이다. Keil-MDK는 무료로 자유롭게 사용할 수 있지만 DS-5등의 툴은 라이선스 파일을 생성 및 다운로드 해야 한다. 오해가 없어야 할 것은 DS-5 툴은 상용 툴 중에 가장 기능이 많고 고가인데 AAA 프로그램을 통하면 무료 사용이 가능하니, 라이선스 처리 및 사용을 위해서는 학교별 대표 교수인 Admin User에게 연락하여 도움을 요청하기 바란다.

> 모든 개발 툴은 Arm Developer 사이트(https://developer.arm.com)와
> KEIL 사이트(https://www.keil.com)에서 다운로드 가능하다.

(2) CMSIS지원

μvision툴은 Core와 주변장치 접근을 쉽게 할 수 있도록 하는 CMSIS를 지원한다. CMSIS는 'Cortex Microcontroller Software Interface Standard'의 약자로, Arm이 제공하는 Cortex-M 시리즈 마이크로컨트롤러를 위한 표준 소프트웨어 인터페이스이다. 서로 다른 제조사의 Cortex-M 기반 칩들이 있더라도 CMSIS를 사용하면 동일한 방식으로 프로그래밍할 수 있어,

마치 USB가 다양한 기기를 연결하는 것과 같이 소프트웨어 이식성을 크게 향상시킨다. CMSIS는 코어 접근 함수, 주변장치 드라이버, RTOS 인터페이스, DSP 라이브러리 등을 포함하며, 특히 레지스터 정의와 인터럽트 처리를 표준화하여 개발자가 하드웨어 세부 사항에 신경 쓰지 않고 응용 프로그램 개발에 집중할 수 있도록 도와준다.

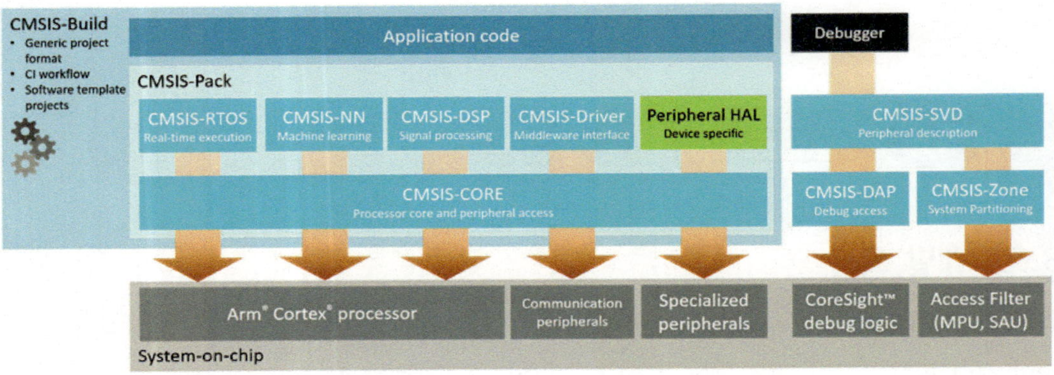

[그림 3-21] CMSIS Structure(Arm 사이트 캡처)

Cortex-M0 DesignStart에서도 CMSIS를 제공하므로, 개발자는 익숙한 함수들을 사용하여 GPIO 제어, 타이머 설정, 인터럽트 관리 등을 쉽게 구현할 수 있다. 결과적으로 CMSIS는 Arm 생태계의 통일된 개발 경험을 제공하는 핵심 도구로서, 개발 시간을 단축하고 코드의 재사용성을 높여주는 중요한 역할을 한다.

(3) 설치 및 업데이트 설치

KEIL-MDK툴의 다운로드 및 설치를 해보자. www.keil.com 사이트에 접속 후 Download 탭으로 가면 Product Downloads가 있다. 아래 그림에서 볼 수 있는 MDK-Arm을 선택하면 된다.

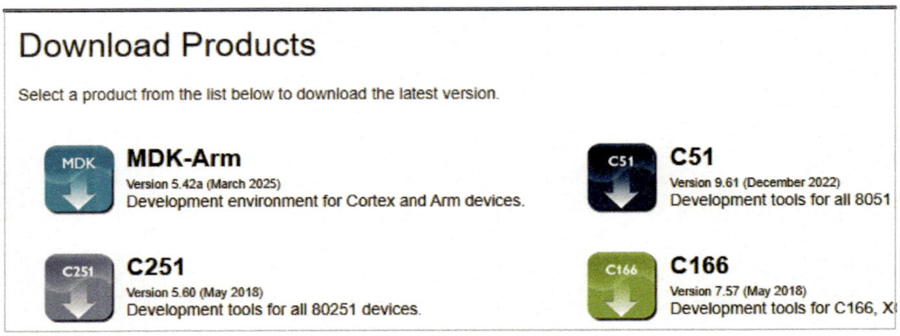

[그림 3-22] MDK-Arm 선택

이후 간단한 정보를 넣고 Submit을 누르면 파일을 다운로드 할 수 있다. MDK는 많은 버전이 있는데 필자의 경우는 MDK28A.EXE를 사용하겠다. 다른 버전을 설치해도 문제없다.

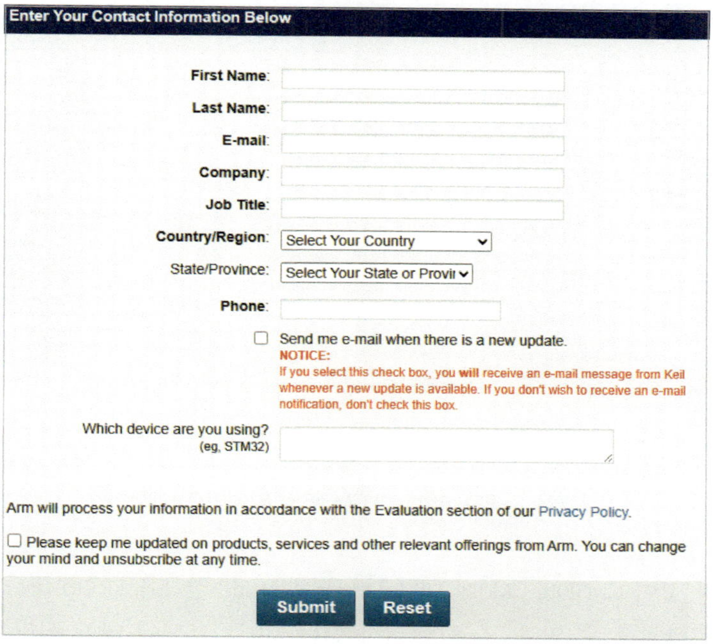

[그림 3-23] 간단한 정보 기입

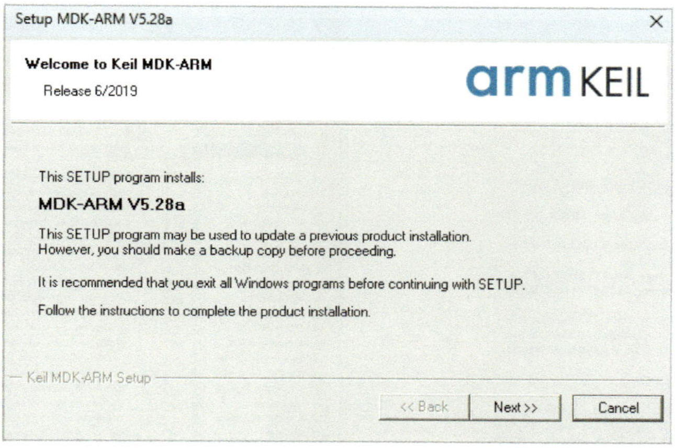

[그림 3-24] MDK-Arm V5.28a 설치

설치가 끝나면 Pack Installer가 자동으로 화면에 나타나는데, 몇 가지 추가 설치가 필요하다. 가장 먼저 CMSIS에 대한 것으로서 아래 그림의 빨간색으로 표시된 곳에서 Up to date 버튼을 클릭 후 기다리면 Pack Installer창의 우측 하단에 진행 상황을 %로 확인할 수 있다.

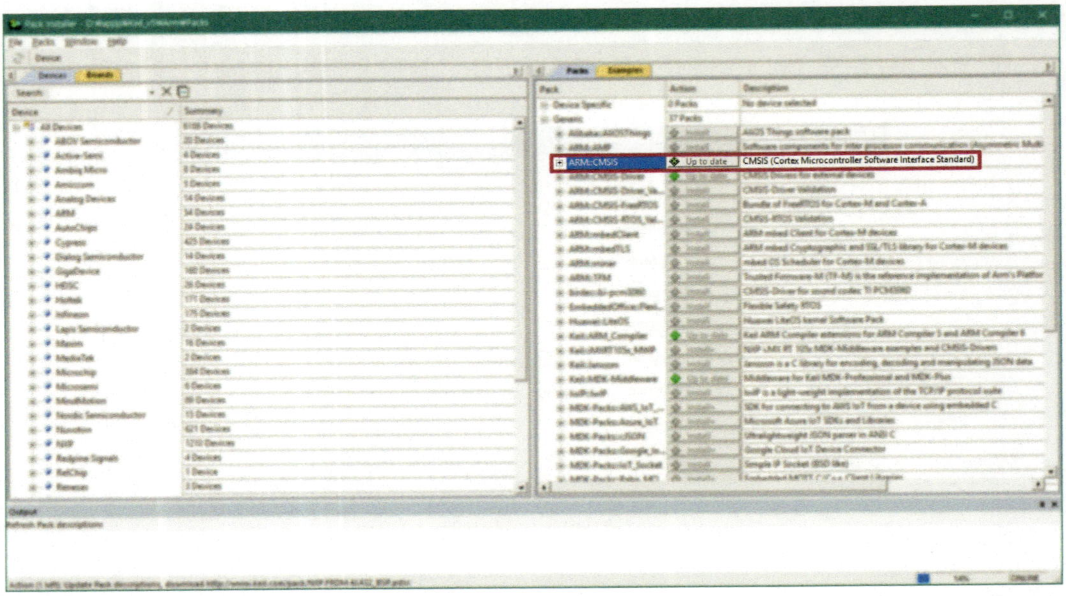

[그림 3-25] Arm :: CMSIS의 업데이트 설치

이후 아래 그림과 같이 CMSDK_CM0에 대한 Design Specific 항목을 Up to date 한다. 그림처럼 한 개나 두 개를 설치할 수 있다. Arm이 직접 만든 MPS2 보드에 대한 서비스 팩인데, 해당 보드를 사용하는 사람들에게는 Up to date가 더욱 필수일 것이다.

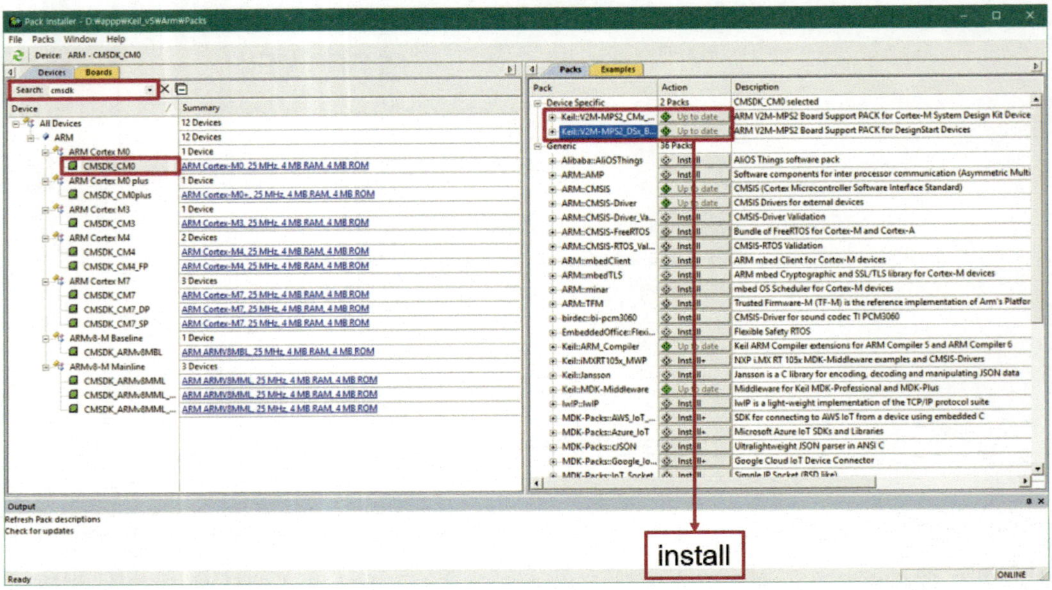

[그림 3-26] Keil::V2M-MPS2 업데이트 설치

여기까지 기본 설정은 완료이고, 바탕화면에 Keil μvision의 실행 아이콘이 존재할 것이다. 아래 그림과 같다.

[그림 3-27] 소프트웨어 개발 툴의 실행 아이콘

3.6.2 소프트웨어 예제 및 테스트

(1) 패키지에 포함된 예제 컴파일

AAA 프로그램으로 다운로드 할 수 있는 Kit에는 기본 예제가 들어 있다. 아래 경로로 진행하자. 많은 폴더가 있는데 기본 테스트를 위하여 hello 폴더에 들어가도록 한다.

```
AT510-BU-98000-r1p0-00rel0/cortexm0_designstart/systems/cortex_m0_mcu/te
stcodes
```

프로젝트 파일을 확인할 수 있는데, 툴 설치를 했기 때문에 로고의 모양이 자동 지정되어 있음을 알 수 있다. 더블클릭하여 프로젝트를 open 하도록 한다.

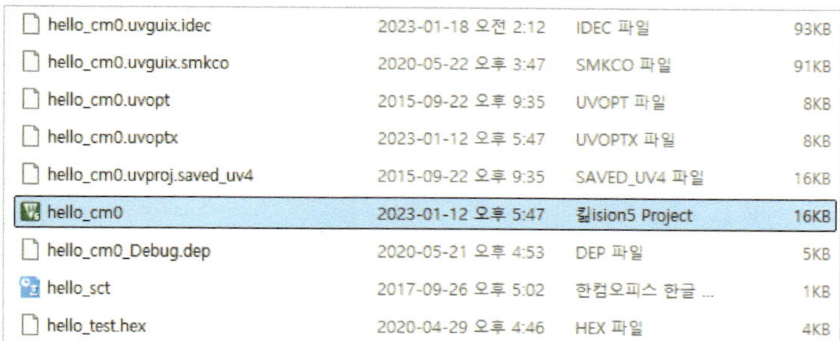

hello_cm0.uvguix.idec	2023-01-18 오전 2:12	IDEC 파일	93KB
hello_cm0.uvguix.smkco	2020-05-22 오후 3:47	SMKCO 파일	91KB
hello_cm0.uvopt	2015-09-22 오후 9:35	UVOPT 파일	8KB
hello_cm0.uvoptx	2023-01-12 오후 5:47	UVOPTX 파일	8KB
hello_cm0.uvproj.saved_uv4	2015-09-22 오후 9:35	SAVED_UV4 파일	16KB
hello_cm0	2023-01-12 오후 5:47	µVision5 Project	16KB
hello_cm0_Debug.dep	2020-05-21 오후 4:53	DEP 파일	5KB
hello_sct	2017-09-26 오후 5:02	한컴오피스 한글 ...	1KB
hello_test.hex	2020-04-29 오후 4:46	HEX 파일	4KB

[그림 3-28] 프로젝트 파일 확인 및 더블 클릭으로 open

툴이 뜨면 좌측의 Startup, Application, System 항목에 파일들이 들어가 있음을 확인할 수 있다. .s로 끝나는 파일 안에는 리셋 초기화 핸들러와 함께 ISR(Interrupt Service Routine)이 들어 있다. System 항목에 들어 있는 .c 파일에는 메인 클럭의 동작 주파수가 명시되어 있다. main 함수는 아래 그림과 같이 hello.c에 들어 있고, 몇 개의 메시지를 출력해주는 것을 알 수가 있다. printf()함수로 처리되어 있는 메시지들이 SoC와 연동되어 툴 메시지로 확인할 수 있을 것이다. 참고로 main 함수에는 uart 통신을 위하여 초기화를 진행하는 UartStdOutInit 함수가 있는데 함수 원형은 uart_stdout.c안에 들어 있다.

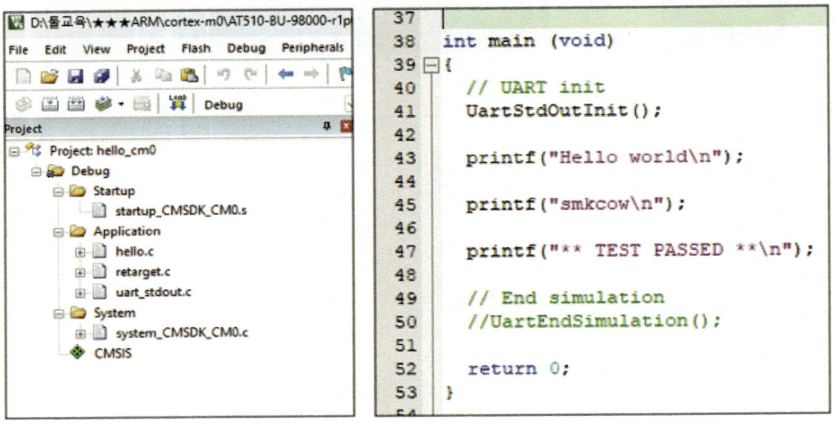

[그림 3-29] 프로젝트에 미리 설정되어 있는 파일들과 메인 함수

관련 소스 파일들을 확인했다면 컴파일에 대한 설정을 하자. 아래 그림과 같은 버튼을 눌러 진행할 수 있다.

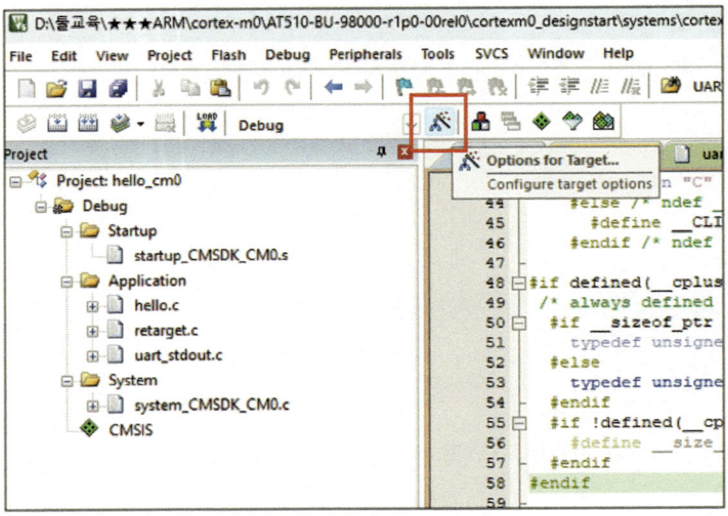

[그림 3-30] Options for Target

아래 그림과 같은 창이 나타나는데, Target 탭을 통해서 메모리의 크기를 지정할 수 있다. 롬과 램이 기본 주소 + 0xFFFF이기 때문에 사이즈는 0x10000으로 지정한다.

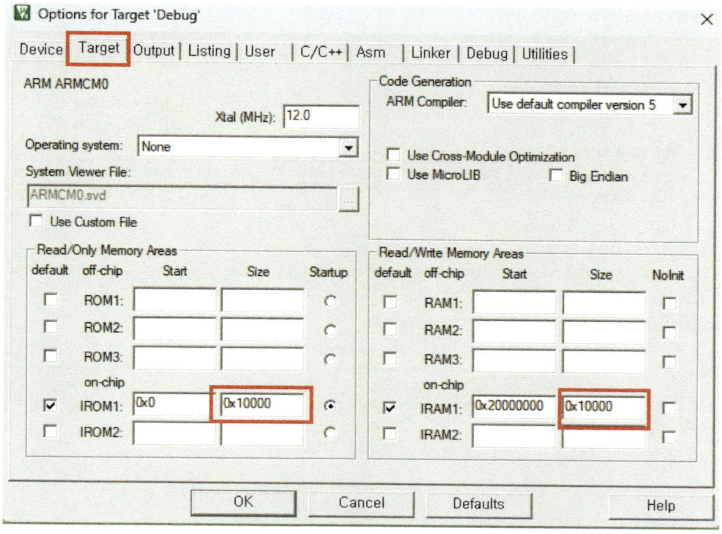

[그림 3-31] Target 탭에서의 설정(메모리 크기 설정)

Output 탭 내에서는 컴파일 결과로서 HEX 파일을 생성하기로 한다.

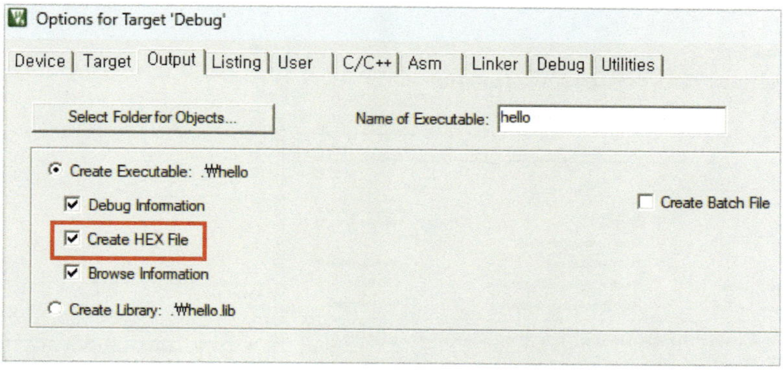

[그림 3-32] 컴파일 결과로 HEX 파일 추출

User 탭 내에서는 컴파일할 때 hello.hex를 만들겠다는 옵션이 들어가 있음을 확인한다. 기재되어 있지 않다면 아래 그림과 같이 작성하면 된다. 오타에 유의하자.

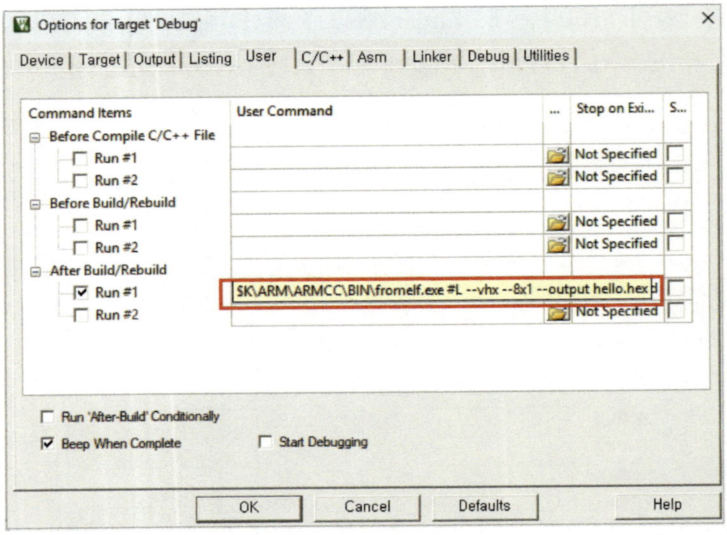

[그림 3-33] User 탭

C/C++ 탭 내에서는 컴파일 시 필요한 Include Paths를 설정한다. 아래 경로와 같다.

```
Software/Common/retarget
Software/cmsis/CMSIS/Include
Software/cmsis/Device/ARM/CMSDK_CM0/Include
```

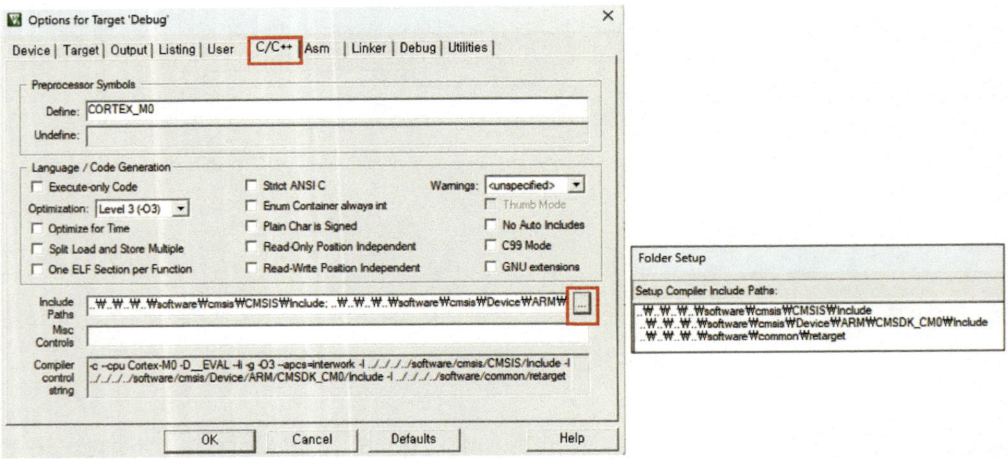

[그림 3-34] 컴파일시 Include 경로 지정

이제 설정은 끝났다. 아래 그림처럼 Build 아이콘을 누르거나 F7을 눌러서 컴파일하자.

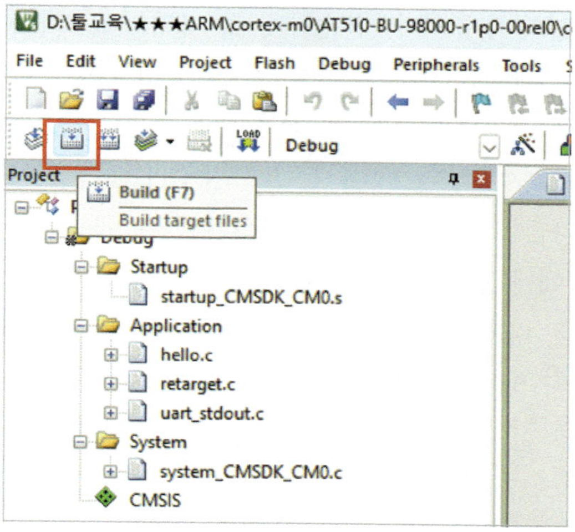

[그림 3-35] Build(F7)

툴 하단의 메시지 창에 0 Error(s), 0 Warning(s)라는 메시지가 나오면 정상적으로 컴파일이 완료된 것이다.

```
FromELF: creating hex file...
After Build - User command #1: C:\Keil_v5\\ARM\A
".\hello.axf" - 0 Error(s), 0 Warning(s).
Build Time Elapsed:  00:00:01
```

[그림 3-36] 컴파일 완료

같은 폴더에 hex 파일이 생성되었을 것이다. 이 hex 파일의 내용을 확인해보자. 우 클릭하여 빔 VIM 또는 본인이 선호하는 에디터를 선택하면 된다.

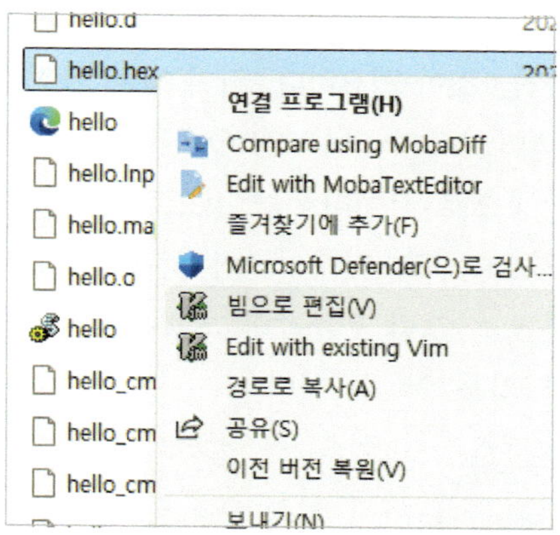

[그림 3-37] hex 파일 Open

아래 그림은 Open된 파일의 내용이다. 단순하게 두 자리의 코드로만 보이기 때문에 느낌이 오지 않지만, 시뮬레이션 결과를 자세하게 들여다보면 4줄이 역순으로 뭉쳐져 Core에게 전달되는 모습을 볼 수가 있다. CPU Core가 리셋 직후부터 차례로 코드를 읽는 모습을 나타내는 것인데, 20+00+03+68을 하여 20000368 라는 코드가 CPU에게 들어간다. 이후에는 00+00+01+65를 하여 00000165라는 코드가 CPU에게 들어간다. 이 모습을 눈으로 확인하고 이해하는 것이 SoC를 하는 사람들에게 있어 좋은 기회이다. 꼭 알아두어야 할 용어가 있다. 역순으로 코드가 구성되는 방식을 리틀 엔디안(Little Endian)이라고 부른다. 리틀 엔디안은 Arm Cortex-M 시리즈를 비롯하여 임베디드 시스템에서 널리 쓰이는 방식이다. 반대의 개념인 빅 엔디안은 높은 바이트부터 저장하여 12+34+56+78 순서로 배치되며, 네트워크 통신이나 인텔 PC에서 사용된다.

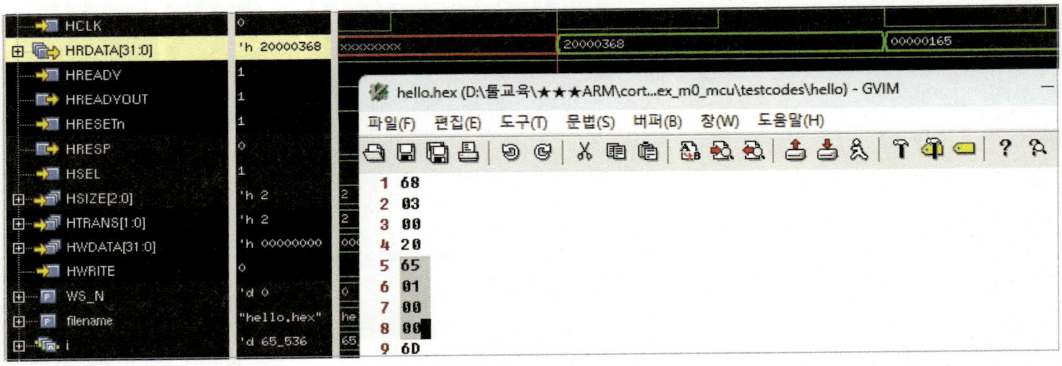

[그림 3-38] ROM 코드의 내용 확인과 코드 Fetch, 리틀 엔디안(Little Endian)

(2) Hex 파일, ROM 메모리에 인식

위 챕터에서 소개된 hex 파일을 ROM 메모리에 인식시키면 시뮬레이션할 수 있다. 우선 윈도우에서 hex 파일을 리눅스로 옮기는 것이 필요하다. 각자 다른 환경이 있을 수 있으니 디테일하게 다룰 수는 없겠지만 리눅스에서 SoC/SIM/FUNCTION 폴더에 hello.hex 파일이 미리 준비되어 있고, 이것을 시뮬레이션 시, 롬으로 끌어다쓰는 것으로 이해하자. 아래 그림에서는 Verilog 코드상에서 관련된 구문들을 보여주고 있다. 그림 왼쪽의 166행에서 SoC/SIM/FUNCTION 폴더의 hello.hex 파일을 인식했고, 그림 오른쪽의 78행에서 $readmemh 구문으로 2차원 형태의 reg인 ram_data에 인식한 것을 알 수 있다.

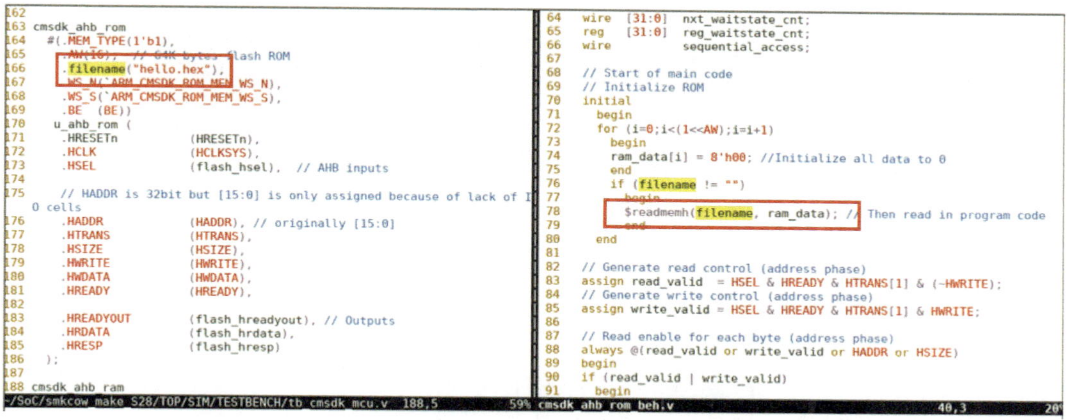

[그림 3-39] HEX 파일 선언 및 $readmemh

(3) 시뮬레이션 결과 확인

아래 그림은 Function Simulation 결과를 보여주고 있다. 위에서 확인한 바가 있는 main 함수의 내용 그대로 동작함을 알 수 있다. ROM 코드를 컴파일한 뒤 롬에 넣어 놓으면 CPU가 Base 주소부터 차례로 읽어 그대로 수행한 결과이다. 다음 장부터 실습을 하면 아래 그림과 동일한 결과를 확인할 수 있을 것이다.

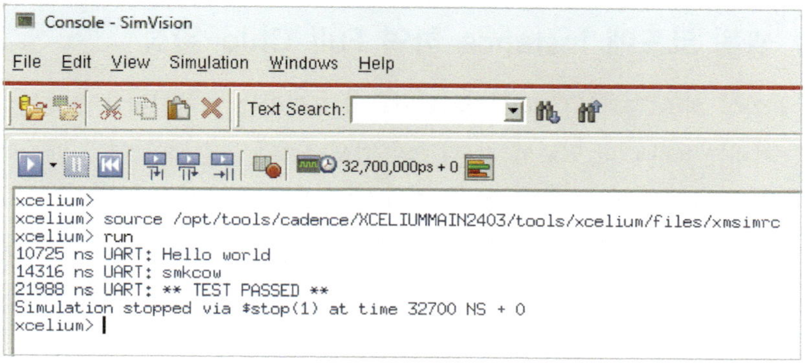

[그림 3-40] Function Simulation 결과 확인

3.7 DesignStart 칩 구현을 위한 설계 변경 사항

DesignStart는 순수한 RTL 코드로 존재하는데, 칩 구현을 위해서는 수정 및 개선해야 하는 점들이 있다. 아래 그림은 총 3가지 수정 전, 후를 나타내고 있다.

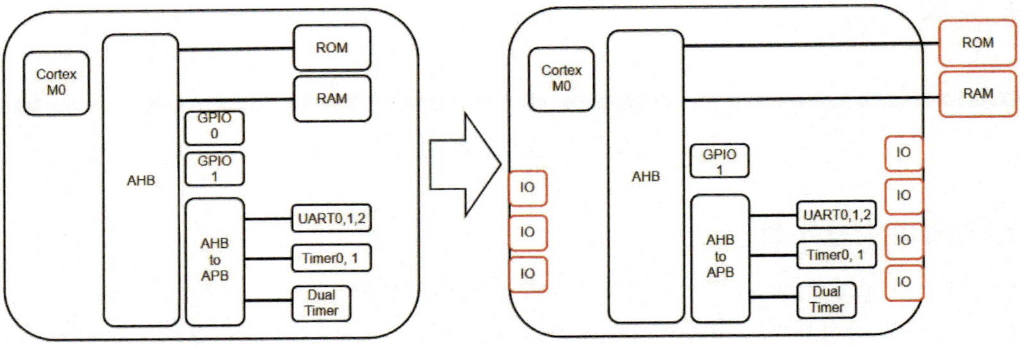

[그림 3-41] DesignStart 수정 전, 후

3.7.1 IO 셀을 코드에 instance 하여 Full Chip 완성

SoC 칩 구현에 있어 최종 결과물은 IO 셀을 최외곽에 포함하는 디자인이다. SoC는 모든 블록을 조합하여 만들어내는 Full Chip으로서 칩 외부의 컴포넌트와 통신해야 하기 때문에 작은 모듈과는 다르게 IO 셀을 포함해야 한다. 탑 모듈에 대한 RTL 코드에 PADDI, PADDO 등의 IO 셀을 추가하는 작업을 해야 한다. 이때 파워를 공급하는 IO 셀도 포함하여 미리 구상해놓으면 편리하겠다. 아래 그림의 왼쪽은 탑 모듈에 IO 셀을 포함한 모습을, 오른쪽은 미리 구성해 놓은 전체 IO 구성을 보여준다. 그림 왼쪽의 셀들은 2장에서 시뮬레이션으로 동작 검증했기 때문에 코드에 자신있게 instance 할 수 있다. 그림 왼쪽의 셀들은 시그널 IO이고, 오른쪽의 셀들은 파워(Power, Ground)를 공급하는 IO 셀들을 보여준다.

```
//////////////////////
//      Left side     //
//////////////////////

//// begin

// Input Buffer
PADDI pad1(
        .PAD(nTRST),
        .Y(in_nTRST)
);

// Input Buffer
PADDI pad2(
        .PAD(TDI),
        .Y(in_TDI)
);

// Input Buffer
PADDI pad3(
        .PAD(SWDIOTMS),
        .Y(in_SWDIOTMS)
);

// Input Buffer
PADDI pad4(
        .PAD(SWCLKTCK),
        .Y(in_SWCLKTCK)
);

// Output Driver
PADDO pad5(
        .A(out_TDO),
        .PAD(TDO)
);
```

```
//PADVDD     pad21();
//PADVDD     pad22();
//PADVSS     pad23();
//PADVDDIOR  pad24();
//PADVSSIOR  pad25();

//PADVDD     pad35();
//PADVSS     pad36();
//PADVDDIOR  pad37();
//PADVSSIOR  pad38();

//PADVDD     pad46();
//PADVSS     pad47();
//PADVDDIOR  pad48();
//PADVSSIOR  pad49();
//PADVSSIOR  pad50();

//PADVDD     pad67();
//PADVSS     pad68();
//PADVDDIOR  pad69();
//PADVSSIOR  pad70();

//PADVSSIOR  pad78();

//PADVDD     pad87();
//PADVSS     pad88();
//PADVDDIOR  pad89();
//PADVSSIOR  pad90();

//PADVDD     pad118();
//PADVSS     pad119();
//PADVDDIOR  pad120();
//PADVSSIOR  pad121();

//PADVDD     pad138();
//PADVSS     pad139();
//PADVDDIOR  pad140();
```

cmsdk_mcu.v   541,1   38%   add pad

[그림 3-42] cmsdk_mcu.v에 IO 셀 추가

위 작업을 하기 전에 큰 그림을 그려보면 진행하는 데 있어서 수월하다. 전체 IO 셀의 모습을 그려보는 것인데, 아래 그림처럼 엑셀 파일에 전체 IO 개수와 파워/시그널 IO 셀의 분배 및 구성을 하는 것이 가장 선행되어야 하고, 이 결과대로 그림 42처럼 탑 모듈에 IO 셀을 추가하는 것이 흐름에 있어서 좋다.

패드	셀이름	관련신호	패드	셀이름	관련신호	패드	셀이름	관련신호	패드	셀이름	관련신호
pad1	PADDI	nTRST	pad51	PADDO	HADDR[0]	pad101	PADDO	HWDATA[18]	pad151	PADDI	flash_hrdata[25]
pad2	PADDI	TDI	pad52	PADDO	HADDR[1]	pad102	PADDO	HWDATA[19]	pad152	PADDI	flash_hrdata[26]
pad3	PADDI	SWDIOTMS	pad53	PADDO	HADDR[2]	pad103	PADDO	HWDATA[20]	pad153	PADDI	flash_hrdata[27]
pad4	PADDI	SWCLKTCK	pad54	PADDO	HADDR[3]	pad104	PADDO	HWDATA[21]	pad154	PADDI	flash_hrdata[28]
pad5	PADDO	TDO	pad55	PADDO	HADDR[4]	pad105	PADDO	HWDATA[22]	pad155	PADDI	flash_hrdata[29]
pad6	PADDI	XTAL1	pad56	PADDO	HADDR[5]	pad106	PADDO	HWDATA[23]	pad156	PADDI	flash_hrdata[30]
pad7	PADVSS		pad57	PADDO	HADDR[6]	pad107	PADDO	HWDATA[24]	pad157	PADDI	flash_hrdata[31]
pad8	PADVSSIOR		pad58	PADDO	HADDR[7]	pad108	PADDO	HWDATA[25]	pad158	PADDO	sram_hsel
pad9	PADDO	XTAL2	pad59	PADDO	HADDR[8]	pad109	PADDO	HWDATA[26]	pad159	PADDI	sram_hreadyout
pad10	PADVSSIOR		pad60	PADDO	HADDR[9]	pad110	PADDO	HWDATA[27]	pad160	PADVDD	
pad11	PADVDD		pad61	PADDO	HADDR[10]	pad111	PADDO	HWDATA[28]	pad161	PADVSS	
pad12	PADVSS		pad62	PADDO	HADDR[11]	pad112	PADDO	HWDATA[29]	pad162	PADVDDIOR	
pad13	PADVDDIOR		pad63	PADDO	HADDR[12]	pad113	PADDO	HWDATA[30]	pad163	PADVSSIOR	
pad14	PADVSSIOR		pad64	PADDO	HADDR[13]	pad114	PADDO	HWDATA[31]	pad164	PADDI	sram_hresp
pad15	PADDI	NRST	pad65	PADDO	HADDR[14]	pad115	PADDI	flash_hreadyout	pad165	PADDI	sram_hrdata[0]
pad16	PADDO	HRESETn	pad66	PADDO	HADDR[15]	pad116	PADDI	flash_hresp	pad166	PADDI	sram_hrdata[1]
pad17	PADVSSIOR		pad67	PADVDD		pad117	PADDO	flash_hsel	pad167	PADDI	sram_hrdata[2]
pad18	PADVSSIOR		pad68	PADVSS		pad118	PADVDD		pad168	PADDI	sram_hrdata[3]
pad19	PADDO	HCLKSYS	pad69	PADVDDIOR		pad119	PADVSS		pad169	PADDI	sram_hrdata[4]
pad20	PADVSSIOR		pad70	PADVSSIOR		pad120	PADVDDIOR		pad170	PADDI	sram_hrdata[5]
pad21	PADVDD		pad71	PADDO	HTRANS[0]	pad121	PADVSSIOR		pad171	PADDI	sram_hrdata[6]
pad22	PADVDD		pad72	PADDO	HTRANS[1]	pad122	PADDI	flash_hrdata[0]	pad172	PADDI	sram_hrdata[7]
pad23	PADVSS		pad73	PADDO	HSIZE[0]	pad123	PADDI	flash_hrdata[1]	pad173	PADDI	sram_hrdata[8]
pad24	PADVDDIOR		pad74	PADDO	HSIZE[1]	pad124	PADDI	flash_hrdata[2]	pad174	PADDI	sram_hrdata[9]
pad25	PADVSSIOR		pad75	PADDO	HSIZE[2]	pad125	PADDI	flash_hrdata[3]	pad175	PADDI	sram_hrdata[10]
pad26	PADDB	P1[0]	pad76	PADDO	HWRITE	pad126	PADDI	flash_hrdata[4]	pad176	PADDI	sram_hrdata[11]
pad27	PADDB	P1[1]	pad77	PADDO	HREADY	pad127	PADDI	flash_hrdata[5]	pad177	PADDI	sram_hrdata[12]
pad28	PADDB	P1[2]	pad78	PADVSSIOR		pad128	PADDI	flash_hrdata[6]	pad178	PADDI	sram_hrdata[13]
pad29	PADDB	P1[3]	pad79	PADDO	HWDATA[0]	pad129	PADDI	flash_hrdata[7]	pad179	PADDI	sram_hrdata[14]
pad30	PADDB	P1[4]	pad80	PADDO	HWDATA[1]	pad130	PADDI	flash_hrdata[8]	pad180	PADDI	sram_hrdata[15]

[그림 3-43] SoC의 전체 IO 구성 예시(엑셀 사용)

3.7.2 IO 조정 : GPIO 0를 삭제

본 교재에서 소개하는 SoC 디자인은 총 200개의 IO 셀을 사용한다. 파워와 시그널을 200개 한도에서 구성하다 보니 시그널 IO를 모두 담지 못하는 일이 발생하였고, 고민 끝에 GPIO 0을 삭제하기로 하였다. 칩의 외부에는 GPIO 0가 연결되지 않으니 큰 문제가 되지 않았다. 아래 그림은 탑 모듈의 RTL 코드를 보여주고 있다. 532행의 각주 설명을 참고하기 바란다.

```
532 //2024.11.10 CADENCE project : P0 is erased by smkcow because of lack of IO port
533     .p0_in_from_IO      (p0_in_from_IO),
534 //    .p0_out_mux               (p0_out_mux),
535 //    .p0_out_en_mux    (p0_out_en_mux),
536     //.p0_in_from_IO    (),
537     .p0_out_mux         (),
538     .p0_out_en_mux      (),
539
540     .p1_in_from_IO      (p1_in_from_IO),
541     .p1_out_mux         (p1_out_mux),
542     .p1_out_en_mux      (p1_out_en_mux),
543
544     .nTRST            (in_nTRST),   // Not needed if serial-wire debug is used
545     .TDI              (in_TDI),     // Not needed if serial-wire debug is used
546     .SWDIOTMS         (in_SWDIOTMS),
547     .SWCLKTCK         (in_SWCLKTCK),
548     .TDO              (out_TDO)      // Not needed if serial-wire debug is used
```

[그림 3-44] 탑 모듈 cmsdk mcu.v에서 GPIO 0을 삭제

3.7.3 메모리 모델 부재 : ROM, RAM을 칩 구현 영역 밖으로 이동

GPDK045에는 디지털 라이브러리가 들어있는데, 스탠다드 셀과 IO 셀만 포함하고 있다. 메모리는 제공되지 않아서 합성될 영역에서 꺼내어 테스트 벤치 영역에 위치시켰다. 아래 그림은 tb_cmsdk_mcu.v을 보여주고 있다. 왼쪽과 오른쪽에 각각 rom과 ram이 존재하고 있음을 확인할 수 있다.

```
cmsdk_ahb_rom
  #(.MEM_TYPE(1'b1),
    .AW(16),  // 64K bytes flash ROM
    .filename("hello.hex"),
    .WS_N(`ARM_CMSDK_ROM_MEM_WS_N),
    .WS_S(`ARM_CMSDK_ROM_MEM_WS_S),
    .BE  (BE))
   u_ahb_rom (
    .HRESETn            (HRESETn),
    .HCLK               (HCLKSYS),
    .HSEL               (flash_hsel),  // AHB inputs

    // HADDR is 32bit but [15:0] is only assigned because of lack of IO cells
    .HADDR              (HADDR), // originally [15:0]
    .HTRANS             (HTRANS),
    .HSIZE              (HSIZE),
    .HWRITE             (HWRITE),
    .HWDATA             (HWDATA),
    .HREADY             (HREADY),

    .HREADYOUT          (flash_hreadyout), // Outputs
    .HRDATA             (flash_hrdata),
    .HRESP              (flash_hresp)
  );
tb cmsdk mcu.v                                    138,1          58%
```

```

cmsdk_ahb_ram
  #(.MEM_TYPE(1'b1),
    .AW(16),  // 64K bytes SRAM
    .WS_N(`ARM_CMSDK_RAM_MEM_WS_N),
    .WS_S(`ARM_CMSDK_RAM_MEM_WS_S))
   u_ahb_ram (
    .HCLK               (HCLKSYS),
    .HRESETn            (HRESETn),
    .HSEL               (sram_hsel),  // AHB inputs
    .HADDR              (HADDR), // originally [15:0]
    .HTRANS             (HTRANS),
    .HSIZE              (HSIZE),
    .HWRITE             (HWRITE),
    .HWDATA             (HWDATA),
    .HREADY             (HREADY),

    .HREADYOUT          (sram_hreadyout), // Outputs
    .HRDATA             (sram_hrdata),
    .HRESP              (sram_hresp)
  );

 // ----------------------------------------------------------------------

 // UART output capture
tb cmsdk mcu.v                                    161,3
```

[그림 3-45] 메모리 위치 확인

3.8 Cortex-M0 칩 구현 및 단계별 결과

3.8.1 칩 스펙 확인

칩을 구현할 때 선정한 요구사항들이 있다. 가장 먼저, 사용한 2개의 라이브러리이다. 해당 라이브러리에 들어 있는 Operating Condition도 함께 정리한 아래 표를 참고하기 바란다.

[표 3-13] 프로젝트에 사용한 라이브러리

라이브러리	Operating Condition(공통 Process : 1)	타이밍
fast_vdd1v0_basicCells.lib	Temperature : 0도, Voltage : 1.1V	Hold
slow_vdd1v0_basicCells.lib	Temperature : 125도, Voltage : 0.9V	Setup

위 표의 내용은 PnR 셋업시 사용하는 mmmc.view 파일에도 동일하게 적용하였다. 문서에 따르면 DesignStart를 TSMC180nm 공정으로 설계할 때는 50MHz, 20ns를 사용했다고 한다. 조금 향상시켜서 본 교재의 디자인 합성에 사용한 클럭 주기는 8ns이다. 사실은 100MHz, 10ns를 동작 주파수로 결정했는데 여기에 80%를 부여하여 좀 더 Pessimistic 한 효과를 기대한다. 즉 칩 구현시 8ns에 동작할 수 있도록 하고, 칩이 나오면 10ns를 부여해서 좀 더 안정적인 동작을 기대하는 것이다.

3.8.2 합성 결과

오른쪽 그림은 합성 후 RTL 코드가 스탠다드 셀과 IO 셀로 구현된 모습이다. 확대하거나 더블클릭하여 모듈 내부로 들어가면 복잡한 구현이 되어 있음을 알 수 있다.

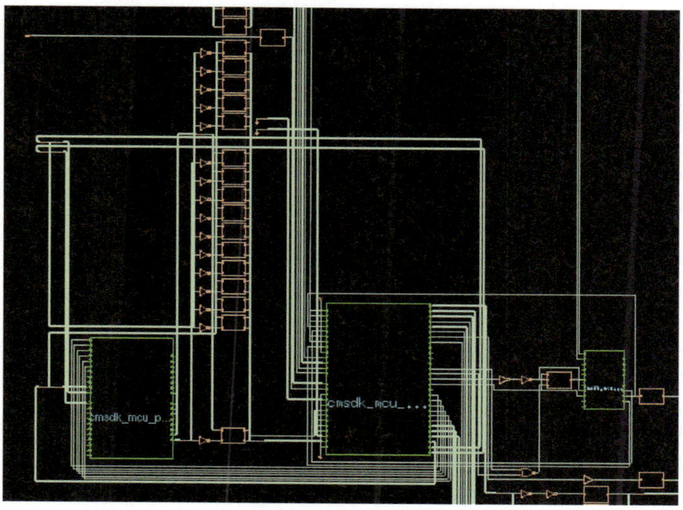

[그림 3-46] 합성 결과

3.8.3 PNR 구현 결과

200개의 IO 셀을 최외곽에 구성하여 만든 디자인의 모습이다. FloorPlan, PowerPlan, CTS, Route 그리고 ECO까지 완료된 모습으로서, STATIC 타이밍 이슈를 해결한 최종 결과이다.

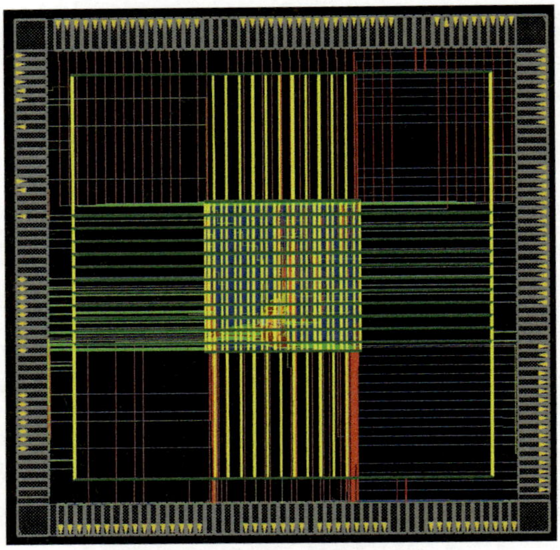

[그림 3-47] PNR 결과

3.8.4 Post-Layout Simulation 결과

Layout을 끝낸 디자인에 대하여 실제적인 Cell Delay와 Net Delay를 포함하여 시뮬레이션을 진행한 결과이다. 실제적인 딜레이를 적용했음에도 불구하고 Function simulation과 동일하게 Hello 메시지가 나오는 모습을 볼 수 있다.

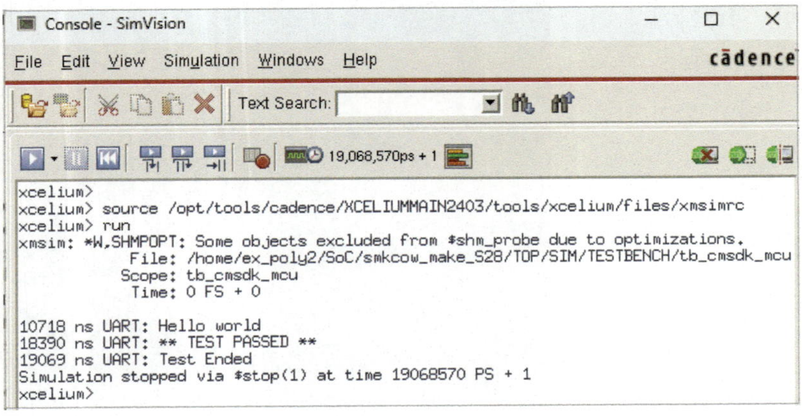

[그림 3-48] Post Layout Simulation 결과

지금까지 간략하게 구현 결과들 살펴보았다. 독자들도 다음 장부터 한 단계씩 진행해보면서 동일한 결과를 확인하게 되고, 칩 구현을 몸소 체험하게 될 것이다.

요점 정리

01. SoC는 System On Chip의 약자로, 시스템을 칩 하나에 구현한다는 뜻이다.
02. 시스템의 정의는 CPU + IO + 메모리로 표현할 수 있다.
03. SoC는 하드웨어와 소프트웨어의 연동(Co-work)이라는 개념을 갖는다.
04. SoC 설계는 집적화, 소형화를 통해 PPA(Performance, Power, Area) 측면에서 가장 효율이 좋은 방식이다.
05. Arm Academic Access(AAA) 프로그램은 대학이 최신 Arm IP를 무료로 사용할 수 있도록 지원하는 프로그램이다.
06. Cortex-M0 Core는 Armv6-M 아키텍처 기반의 간결한 설계로, 저비용, 저전력의 임베디드 시스템에 적합하다.
07. Cortex-M0 DesignStart Kit은 교육 및 연구 목적으로 설계된 SoC 예제이다.
08. SoC는 계층적 구조로 이루어져 있으며, 각 모듈은 암바버스를 통해 상호 연결된다.
09. AHB-Lite 버스는 고성능 버스로 프로세서와 고속 메모리, 고속 주변 장치간의 통신에 사용된다.
10. APB 버스는 저속 주변장치를 위한 저전력, 저복잡성을 갖는 버스이다.
11. 메모리 맵은 32비트 주소체계를 갖고 있으며, 총 4GB의 주소 공간을 운용할 수 있다.
12. 주변장치 컨트롤러에는 GPIO, UART, 타이머, 듀얼타이머, 워치독 타이머 등이 포함된다.
13. 인터럽트는 NVIC(Nested Vectored Interrupt Controller)가 관리하며, 최대 32개의 외부 인터럽트를 지원한다.
14. 클록 시스템은 FCLK(프리 러닝 클록), HCLK(AHB 버스 클록), PCLK(APB 버스 클록)으로 분배된다.
15. 소프트웨어 개발은 Keil-MDK μ vision 툴을 사용한다.
16. 칩 구현을 위해서는 IO 셀 추가, GPIO 조정, 메모리 모델 처리 등의 설계 변경이 필요하다.

연습문제 객관식 문제 (11개)

01 SoC는 어떤 용어의 약자인가?

① System of Computer ② System On Chip
③ Standard Operating Circuit ④ Software On Chip

02 시스템을 구성하는 3가지 기본 요소가 아닌 것은?

① CPU ② I/O
③ 메모리 ④ 파워

03 Arm Academic Access(AAA) 프로그램의 주요 목적이 아닌 것은?

① 교육적 가치 제공 ② 최신 Arm IP 연구 지원
③ 상업용 제품 개발 지원 ④ 산업 현장에서 활용 가능한 인재 양성

04 SoC 설계에서 집적화의 주요 장점이 아닌 것은?

① 칩 크기 감소 ② PCB 면적 감소
③ 전력 소모 증가 ④ 생산 비용 절감

05 DesignStart Kit에서 제공되는 기능이 아닌 것은?

① 상업용 라이선스 ② 기본 UART 통신
③ 타이머 기능 ④ GPIO 컨트롤러

06 Cortex-M0 DesignStart Kit에서 프로세서와 고속 메모리(ROM/RAM) 간의 통신에 사용되는 버스는?

① AHB-Lite ② APB
③ AXI ④ I2C

07 Cortex-M0 시스템에서 사용 가능한 전체 주소 공간의 크기는?

① 1GB ② 2GB
③ 3GB ④ 4GB

08 다음 중 NMI(Non-Maskable Interrupt)의 특징이 아닌 것은?

① 최우선 순위의 인터럽트
② CPU가 바쁠 때 차단 가능
③ 시스템 안전성 보장을 위한 마지막 방어선
④ 워치독 타이머 만료 시 트리거됨

09 시스템의 기본 구성요소인 CPU, I/O, 메모리 중에서 임시 데이터를 저장하는 역할을 하는 것은?

① ROM ② SRAM
③ Flash ④ UART

10 Cortex-M0 DesignStart Kit에서 ROM에 저장된 프로그램 코드를 CPU가 읽을 때의 바이트 순서 방식은?

① Big Endian ② Little Endian
③ Middle Endian ④ Network Endian

11 Cortex-M0 SoC 시스템에서 CPU가 워치독(Watchdog) 타이머에 접근하여 시스템 안전성을 모니터링하려고 한다. 워치독 타이머의 올바른 메모리 주소 범위는 무엇인가?

① 0x0000_0000 - 0x0000_0FFF
② 0x2000_0000 - 0x2000_0FFF
③ 0x4000_2000 - 0x4000_2FFF
④ 0x4000_8000 - 0x4000_8FFF
⑤ 0x4000_B000 - 0x4000_BFFF

연습문제 주관식 문제 (5개)

12 SoC 설계 방식이 PPA(Performance, Power, Area) 측면에서 효율적인 이유를 설명하시오.

13 AHB-Lite 버스와 APB 버스의 주요 차이점을 비교하고, Cortex-M0 DesignStart에서 각각 어떤 용도로 사용되는지 설명하시오.

14 인터럽트 시스템의 중요성을 설명하고, NMI(Non-Maskable Interrupt)가 일반 인터럽트와 다른 점을 서술하시오.

15 Little Endian 방식이 Arm Cortex-M 시리즈에서 사용되는 이유와 빅 엔디안과의 차이점을 예시를 들어 설명하시오.

16 Post-Layout Simulation이 Function Simulation보다 실제 칩 동작에 가까운 이유를 설명하시오.

정답

[객관식]

1 ② System On Chip **2** ④ 파워 **3** ③ 상업용 제품 개발 지원 **4** ③ 전력 소모 증가 **5** ① 상업용 라이선스 **6** ① AHB-Lite **7** ④ 4GB **8** ② CPU가 바쁠 때 차단 가능 **9** ② SRAM **10** ② Little Endian **11** ④ 0x4000_8000 - 0x4000_8FFF

[주관식]

12 SoC 설계 방식은 여러 칩을 하나로 통합하여 칩 크기와 PCB 면적을 감소시킨다(Area). 칩 크기가 작아지면서 물리적으로 소모하는 전력이 크게 감소하고 필요에 따라 특정 부분의 전원을 차단할 수 있다(Power). 내부 통신 경로가 짧아져 지연 시간이 감소하고 전체 시스템 성능이 향상된다(Performance).

13 AHB-Lite는 고성능 버스로 프로세서와 고속 메모리(ROM, RAM)간의 통신에 사용되며, 32비트 주소 및 데이터 전송을 지원한다. APB는 저속 주변장치용 저전력, 저복잡성 버스로 UART, 타이머, 워치독 등의 주변장치와 연결된다. AHB-to-APB 브리지가 두 버스를 연결하며, Core가 주변장치에 접근할 때는 AHB → 브리지 → APB 경로를 거친다.

14 인터럽트는 외부 이벤트 발생 시 프로세서가 현재 작업을 중단하고 해당 이벤트를 우선 처리하도록 하여 시스템의 실시간 반응성을 보장한다. NMI는 일반 인터럽트와 달리 CPU가 바쁘더라도 절대 차단할 수 없는 최우선 순위 인터럽트로, 워치독 타이머 만료나 하드웨어 오류 같은 치명적인 시스템 문제 발생 시 즉시 대응하여 시스템 안전성을 보장하는 마지막 방어선 역할을 한다.

15 Little Endian은 낮은 바이트부터 저장하는 방식으로, Arm Cortex-M에서는 메모리 접근 효율성과 주소 계산의 단순화를 위해 사용된다. 예를 들어 0x12345678은 Little Endian에서는 78-56-34-12 순서로 저장되고, Big Endian에서는 12-34-56-78 순서로 저장된다. Little Endian은 하위 바이트 접근이 쉬워 임베디드 시스템에서 선호되며, Big Endian은 네트워크 통신에서 주로 사용된다.

16 Post-Layout Simulation은 실제 Cell Delay와 Net Delay를 모두 포함하기 때문이다. PnR 이후 RC Extraction을 통해 추출된 기생 성분(R, C)값이 반영되어 실제 칩의 동작 타이밍에 가장 가까운 결과를 보여준다.

용어설명

용어	설명
SoC	System On Chip, 시스템을 하나의 칩에 구현한 것
AAA	Arm Academic Access, 대학에 Arm IP를 무료로 제공하는 프로그램
Cortex-M0	Arm의 32비트 마이크로컨트롤러 코어, 저전력 임베디드용
DesignStart Kit	Arm이 제공하는 교육용 SoC 예제 패키지
AMBA	Advanced Microcontroller Bus Architecture, Arm의 버스 아키텍처
AHB-Lite	Advanced High-performance Bus의 간소화 버전, 마스터가 하나인 버스
APB	Advanced Peripheral Bus, 저속 주변장치용 버스
GPIO	General Purpose Input/Output, 범용 입출력 포트
UART	Universal Asynchronous Receiver/Transmitter, 직렬 통신 인터페이스
NVIC	Nested Vectored Interrupt Controller, 중첩 벡터 인터럽트 컨트롤러
NMI	Non-Maskable Interrupt, 무시할 수 없는 최우선 순위 인터럽트
CMSIS	Cortex Microcontroller Software Interface Standard, Arm 표준 소프트웨어 인터페이스
ISR	Interrupt Service Routine, 인터럽트 서비스 루틴
메모리 맵	프로세서가 접근할 수 있는 주소 공간의 구조도
cmsdk	Cortex-M System Design Kit의 약자
Little Endian	낮은 바이트부터 저장하는 바이트 순서 방식
PPA	Performance, Power, Area, 칩 성능 평가 기준
Post-Layout Simulation	레이아웃 완료 후 실제 지연값을 적용한 시뮬레이션
Testbench	설계된 회로를 검증하기 위한 시뮬레이션 환경

Chapter 4

Function Simulation

SoC를 3장에서 이해한 독자라면 시스템의 구조와 변경된 내용까지 이해했을 테니 이번 장부터는 EDA 툴을 사용하여 실무적으로 학습해보자. RTL-to-GDS라는 긴 과정에서 두 번째 과정이 바로 Function Simulation 즉, 기능 검증이다. 아래 그림을 참고하자.

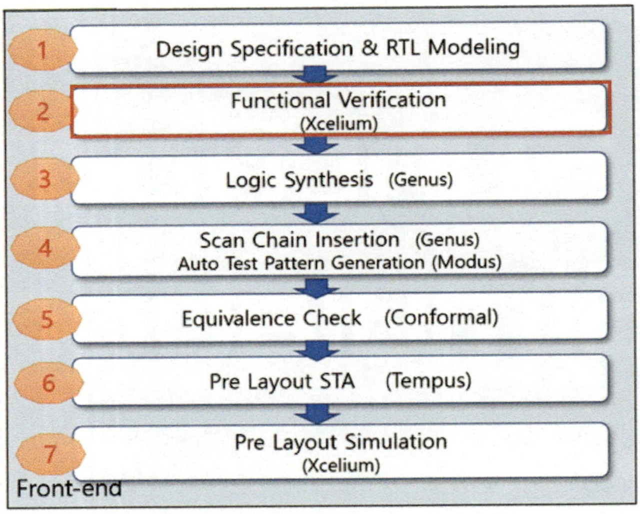

[그림 4-1] Front-End 단계 중 본 장의 위치

우리는 2장에서 반도체 설계를 위하여 꼭 필요한 재료인 GPDK에 대하여 알아보았다. 또한 직전의 3장을 통해 위 그림의 첫 단계인 RTL 코드와 디자인에 대하여 알아보았다. 본 4장부터는 진짜 반도체 설계로 들어온다. 본 장의 Function 시뮬레이션은 CPU가 ROM에서 코드를 fetch 하고, UART를 통해 출력하는 등'시스템 전체가 살아 움직이는 모습'을 시간 축 위에서 검증하는 것이다. 단순히 개별 논리 요소의 동작, 몇 개의 게이트 동작이 아니다. 이제 진짜 설계다운 설계에 들어섰다는 것을 강조하고 싶다.

설계의 첫 단계인만큼 목표를 제시한다. 본 책이 마무리될 때까지 절대 변하지 않을 목표이다. 아래 목표 중에서 본 4장은 첫 번째에 집중한다. 클록 주기 7ns를 만족한 상황에서 기능적으로 RTL 코드를 검증한다. 참고로 두 번째 목표는 5장 합성에서 다룰 예정이다.

[표 4-1] 설계의 목표

• 동작 주파수 : 클럭 7ns • 공정이 제공하는 상황 중에서 Worst Case와 Best Case를 만족 • 위 2 가지를 만족하는 디자인의 완성

[표 4-2] 여기서 잠깐

우리가 시뮬레이션에서 사용하는 클록 주기는 단순한 숫자가 아니다.
실제 칩이 목표로 하는 동작 속도를 반영한 설계의 핵심적 요소이다.
이번 Function Simulation에서는 7ns 주기의 클록을 설정했다. 이는 원래의 목표보다 빠른 속도이다. 왜 이렇게 설정했을까?

목표 클록 주기	실제 목표 동작 주파수	설계 여유율
7ns (약143MHz)	10ns (100MHz)	30% 빠름

- **보수적인 설계 검증**
실제로는 온도, 전압, 공정 변동(PVT 조건)으로 인해 칩의 동작 속도가 낮아질 수 있으므로, 설계 초기부터 더 엄격한 조건에서 검증한다.

- **Timing Closure 대비**
앞으로 진행될 STA(Static Timing Analysis) 단계에서 이 클록 주기를 기준으로 설정하기 때문에 미리 여유를 확보하는 과정이다.

- **최종 설계 목표 명확화**
빠른 클록 주기에서 동작 확인을 성공적으로 마치면, 설계자는 안정적이고 견고한 설계를 확인한다.

따라서 본 장의 실습에서는 단순히 동작을 확인하는 데 그치지 않고, "목표 주파수에서의 정상 동작 여부"를 함께 검증하는 중요한 의미를 담고 있다. 실제 프로젝트에서도 이처럼 목표 동작 주파수를 시뮬레이션 조건에 그대로 반영하고, 이를 기반으로 분석하는 것이 필수이다.

4.1 Function Simulation

시뮬레이션이라는 단어는 반도체 설계 전반에 많이 사용되는 만큼 정확하게 이해해야 나중에 혼동하지 않으니 개념부터 정리하도록 하자.

4.1.1 Function Simulation의 개념과 목적

(1) Simulation의 필요성과 목적

① 설계 검증이란 무엇인가?

설계 검증은 우리가 작성한 RTL 코드가 의도한 대로 정확히 동작하는지 확인하는 과정이다.

마치 건축가가 실제 건물을 짓기 전에 모형으로 구조를 확인하는 것과 같다. 시뮬레이션으로 하는 일은 아래와 같다.

- RTL 코드의 논리적 정확성 확인
- 설계 사양서와의 일치성 검증
- 다양한 조건에서의 동작 테스트
- 예상치 못한 오류 상황 점검

② 오류 조기 발견의 중요성

반도체 설계에서 오류를 늦게 발견할수록 수정 비용이 기하급수적으로 증가한다. Function Simulation은 설계 초기 단계에서 오류를 찾아내는 가장 효과적인 방법이다. 시점별로 수정 비용은 아래와 같이 많은 차이가 있다.

- RTL 단계에서 발견하면 : 수정에 몇 시간-며칠
- 합성 후 발견하면 : 수정에 며칠-몇 주
- 칩 제작 후 발견하면 : 수정 불가능, 재설계 필요
- 시장 출시 후 발견하면 : 막대한 경제적 손실

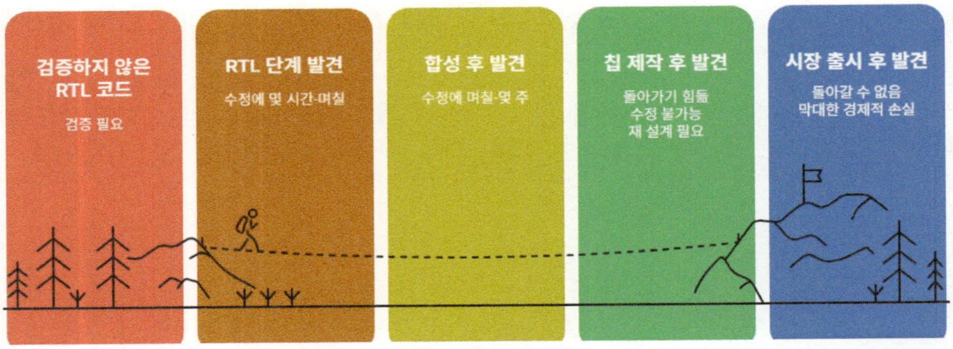

[그림 4-2] 시점별 수정 비용

4.1.2 Dynamic Simulation과 Static Simulation 비교

(1) Dynamic Simulation의 특징과 장점

Dynamic Simulation은 실제 시간의 흐름에 따라 신호의 변화를 추적하며 회로의 동작을 검증하는 방법이다. 주요 특징은 아래와 같다.

- 클록 사이클 단위로 신호 변화 추적
- 실제 데이터 흐름과 타이밍 확인
- 테스트벤치를 통한 다양한 시나리오 검증

- Waveform 을 통한 직관적 결과 확인
- 사용 툴 : Xcelium

Dynamic Simulation의 장점은 아래와 같다.

- 실제 동작과 가장 유사한 검증 환경
- 디버깅 시 신호 추적이 용이
- 소프트웨어와 하드웨어 연동 테스트 가능

(2) Static Simulation(정적 분석)의 특징과 차이점

Static Simulation(정적 분석)은 시간의 흐름 없이 회로를 논리적으로 분석하여 구조적 결함이나 설계 규칙 위반을 검출한다. 주요 특징은 아래와 같다.

- 모든 디자인을 Path 단위로 구분하여 setup, hold violation 검증
- 입력 벡터 없이 회로의 모든 경로에 대해 수학적으로 타이밍만 분석
- 복잡한 회로에 적합
- 사용툴 : Tempus

[표 4-3] 여기서 잠깐

상호 보완적 활용 Dynamic Simulation과 Static Simulation은 각각의 장점이 있으며 상호 보완적으로 사용된다. Dynamic Simulation은 동작 시나리오 검증에, Static Simulation은 구조적 결함과 오류 발견에 특화되어 있다. 따라서 배타적인 관계가 아니고 적재적소의 단계에서 수행되므로 결국 완벽한 디자인이 구현되고 검증되도록 하는 것이라고 보면 된다.

아래 표를 이용하여 두 가지 시뮬레이션의 차이점을 쉽게 이해할 수 있다.

[표 4-4] 두 시뮬레이션 비교

구분	Dynamic Simulation	Static Simulation
검증 방식	입력 벡터를 적용해 실제 동작을 시뮬레이션하며 타이밍과 기능을 함께 검증	입력 벡터 없이 회로의 모든 경로에 대해 수학적으로 타이밍만 분석
타이밍 커버리지	적용한 테스트 벡터에 따라 제한적 (테스트 벡터가 많을수록 커버리지 증가)	모든 타이밍 경로를 빠짐없이 분석 (이론상 100% 커버리지)
기능 검증 가능 여부	가능 (출력값까지 검증)	불가능 (타이밍만 검증, 기능 검증은 별도 필요)
분석 속도	상대적으로 느리고, 큰 시뮬레이션의 경우 한 달 이상 소요되는 경우도 많음	매우 빠름
복잡한 회로 적용성	제한적 (테스트 벡터 수 증가로 현실적으로 한계)	매우 우수 (대규모, 복잡한 회로에 적합)
주요 단점	검증 완전성은 테스트 벡터 품질에 의존, 시뮬레이션 시간 길어짐	False Path 자동 검출 불가, 기능 검증 불가, 비동기 회로 한계
설계 단계별 분류	Function Simulation Pre-layout Simulation Post-layout Simulation	Pre-layout STA Post-layout STA

4.1.3 세 가지 Simulation 단계 간의 비교

단계별 시뮬레이션의 설명은 1장에서도 언급한 바가 있지만, 한 번 더 강조하고 넘어가도록 하자.

(1) Function Simulation (RTL 단계)

- 목적 : 순수 RTL 코드의 논리적 정확성 검증
- 특징 : 딜레이 정보 없이 이상적인 환경에서 테스트
- 장점 : 빠른 시뮬레이션 속도, 논리 오류 조기 발견
- 한계 : 실제 타이밍 정보 부재

(2) Pre-layout Simulation (합성 후 진행, Cell Delay 반영)

- 목적 : RTL 코드가 아닌, 합성된 게이트 레벨에서 Cell Delay를 포함한 검증
- 특징 : 스탠다드 셀의 전파 지연 시간 반영

- 장점 : 실제 칩과 유사한 타이밍 특성 확인
- 한계 : 넷의 배선 지연(Net Delay) 미반영

(3) Post-layout Simulation (레이아웃 후 진행, Cell & Net Delay 반영)

- 목적 : 최종 레이아웃에서 모든 지연 요소를 포함한 검증
- 특징 : Cell Delay + Net Delay + 기생 성분 모두 반영
- 장점 : 실제 칩 동작과 거의 동일한 결과
- 한계 : 가장 긴 시뮬레이션 시간 소요

참고로, Post-layout Simulation은 본 책의 마지막 장에 소개될 예정이다.

4.1.4 Function Simulation 진행 절차

하드웨어와 소프트웨어를 통합적으로 시뮬레이션하기 위한 절차를 아래에 기재하였다.

(1) Testbench 작성

- DUT(Design Under Test)를 감싸는 테스트 환경 구성
- 클록 및 리셋 신호 생성
- DUT 에게 인가할 입력(stimulus) 패턴 정의 : 0, 1 값 형태의 WAVE
- 출력 결과를 확인하기 위한 모니터링 로직 또는 $display, $monitor 등의 system task 구문 작성
- ifdef, endif 등의 방법을 통하여 시뮬레이션별로 Enable 할 구문을 지정

(2) 소프트웨어 Hex 파일 준비

- Keil μVision 에서 C 코드 컴파일 및 Hex 포맷으로 파일 생성
- ROM 메모리 영역에 로딩하도록 시뮬레이션 폴더내에 내에 업로드
- ROM 메모리에서 Hex 파일을 읽어갈 수 있는 구문 확인

(3) Simulation 툴(Xcelium)을 활용한 검증

- RTL 코드와 테스트벤치 컴파일
- 시뮬레이션 실행 및 파형 생성
- 실시간 결과 모니터링
- 로그 메시지를 통한 동작 확인

(4) 결과 분석

- UART 메시지 출력으로의 확인
- 파형 분석을 통한 타이밍 검증 및 예상 결과와 실제 결과 비교
- 오류 발생 시 디버깅 및 수정

4.2 실습 : 시뮬레이션 환경 및 관련 파일의 이해

본 장의 실습에 대한 간략한 개요를 아래 표에 나타내었으니 확인 및 진행하자. 난이도는 상, 중, 하로 기재하였다.

[표 4-5] 실습 개요

정보) 각 LAB은 자기 주도형으로 결과까지 복기하면 각각 10~30분 내외 소요

1. 시뮬레이션 환경 및 관련 파일의 이해
   - 하) 리눅스 실습 폴더의 내용과 파일의 디테일 확인
   - 하) 테스트 벤치 파일의 내용 확인 및 의미 파악
   - 상) 소스 코드 파악을 통하여 전체 디자인을 실질적으로 구조 파악
   - 중) Hex 파일의 내용 파악과 리틀 엔디안 방식 이해
   - 중) 메모리 ROM 로딩 후 데이터 확인

2. 시뮬레이션 진행
   - 중) 시뮬레이션 실행 및 로그 메시지와 파형을 통한 UART 동작 분석
   - 상) CPU 의 Hex 코드의 Fetch 확인

지금부터는 리눅스 환경에서 실습을 진행하자. 터미널을 띄운 뒤 아래 명령을 통하여 이동하자.

```
$> cd ~/SoC
$> source CSHRC/digital.cshrc
$> cd SoC_make_G45
$> cd TOP/SIM
$> ls
```

```
[ex_poly2@npit SIM]$ ls
FUNCTION  POST  PRE  TESTBENCH
```

[그림 4-3] 시뮬레이션 관련 폴더들의 모습

```
$> cd TESTBENCH
$> ll
```

```
[ex_poly2@npit TESTBENCH]$ ll
total 20
-rw-r----- 1 ex_poly2 rnd  2566 Feb  5  2018 cmsdk_ahb_memory_models_defs.v
-rw-r----- 1 ex_poly2 rnd  2382 Feb  5  2018 cmsdk_mcu_defs.v
-rw-r----- 1 ex_poly2 rnd 10405 Apr 15 22:44 tb_cmsdk_mcu.v
```

[그림 4-4] Testbench 폴더내의 파일들

현재의 위치는 ~/SoC/SoC_make_G45/TOP/SIM/TESTBENCH 폴더이니 cd 명령으로 한 번에 이동해도 좋다. 테스트 벤치 파일은 tb_cmsdk_mcu.v로서 디자인의 시작부터 마지막까지 다른 테스트 벤치 파일을 사용하지 않고 일관적으로 동일한 파일을 사용하도록 한다. 파일 내부의 자세한 내용을 다음 챕터에서 알아보자.

4.2.1 Testbench

터미널에서 아래 명령을 통하여 테스트 벤치 파일을 open하고 행 번호가 나오도록 한 뒤, 인스턴스 하는 셀들을 파악하자.

```
$> vim tb_cmsdk_mcu.v
[vim] Esc → : → set nu [엔터]
[vim] Esc → : → vs [엔터]
```

아래와 같이 Vertical Split 즉, 세로로 분할하여 한 화면에서 긴 코드를 한 눈에 볼 수 있게 만들자. Ctrl + w 버튼을 두 번 누르면 커서를 왼쪽, 오른쪽 구역으로 반복 이동할 수 있다. 아래 그림과 같이 111행, 158행이 각각 보이도록 조절하자.

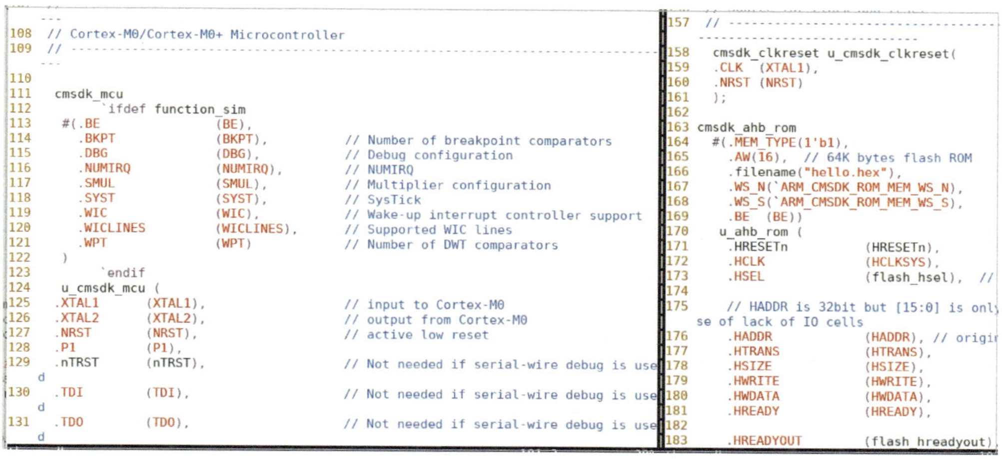

[그림 4-5] 테스트 벤치 파일이 포함하는 모듈들_0

이어서 양쪽 모두 page down 버튼 또는 Ctrl + F 버튼과 화살표 버튼을 이용하여 하단으로 내려가면 아래 그림과 같이 긴 소스를 좌, 우로 이어서 볼 수 있다.

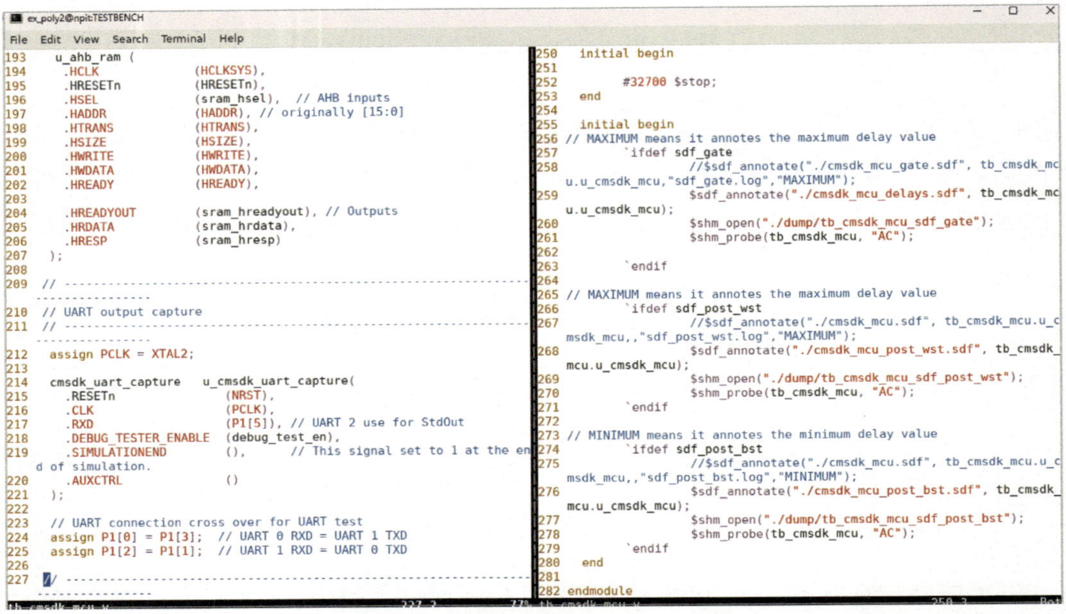

[그림 4-6] 테스트 벤치 파일이 포함하는 모듈들_1

참고로 Vertical Split 되어 있는 상태에서는 아래 명령으로 좌, 우의 크기를 동일하게 조절할 수 있다.

```
[vim] Ctrl + w → =
```

지금까지의 그림 2개를 통해 테스트 벤치 파일이 포함하는 모듈들의 이름을 알 수 있다. 아래와 같이 총 5개이다.

[표 4-6] 테스트 벤치 파일에 인스턴스 된 모듈

- cmsdk_mcu : Cortex-M0 시스템이면서, 칩으로 구현될 Top 모듈
- clkreset : 클록과 리셋을 SoC에 인가하는 모듈
- ahb_rom : 롬 메모리이면서, 소프트웨어인 Hex 파일을 포함
- ahb_ram : 램 메모리
- cmsdk_uart_capture : Cortex-M0 시스템 내의 UART 모듈과 연결되어 있으면서, 시뮬레이션을 진행하는 동안에 SoC 시스템이 출력하는 내용을 메시지로 보여줌

cmsdk_mcu 모듈은 칩으로 구현될 Top 모듈이고 합성과 Auto PnR 등을 모두 거치는 주 타겟 모듈이니 꼭 기억하자. 나머지 4개 모듈은 시뮬레이션에서만 사용하는 모듈이라는 것을 이해하고, 합성될 영역과 혼동하지 않도록 하자. 그리고 직전 그림의 오른쪽에서는 아래와 같은 내용을 확인할 수 있다.

[표 4-7] 테스트 벤치

- 252행 : 32700ns 후에 시뮬레이션 정지 ($stop)
- 255행부터 : initial begin을 통하여 덤프할 파일의 이름과 범위 지정
- 257-263행 : sdf_annotate, shm_open, shm_probe 등의 시스템 task 구문

[표 4-8] 여기서 잠깐

테스트 벤치 파일의 257행부터는 ifdef sdf_gate라는 구문으로 처리되어 있어서 시뮬레이션 명령에 대한 옵션으로 sdf_gate가 사용되면 endif를 만날 때까지의 내용들이 enable 되는 원리이다. 이번 Function simulation에서는 사용하지 않아서 257행부터 279행까지 모두 disable 되지만, 합성 이후와 PnR 이후에 사용하면 Cell Delay나 Net Delay를 포함한 시뮬레이션을 할 수 있다. 중요한 구문이니 추후 시뮬레이션에서 실제 사용할 때 다시 한번 강조할 예정이다.

여기까지 테스트 벤치 파일의 내용을 파악했다면 전체적인 모습이 아래 그림과 같다는 것을 이해할 수 있다. 인스턴스 된 5개의 모듈에 대한 코드를 아직 소개하지 않았는데, 다음 챕터에서 시뮬레이션을 위한 스크립트 파일을 소개하는 동안 같이 확인할 수 있을 것이다.

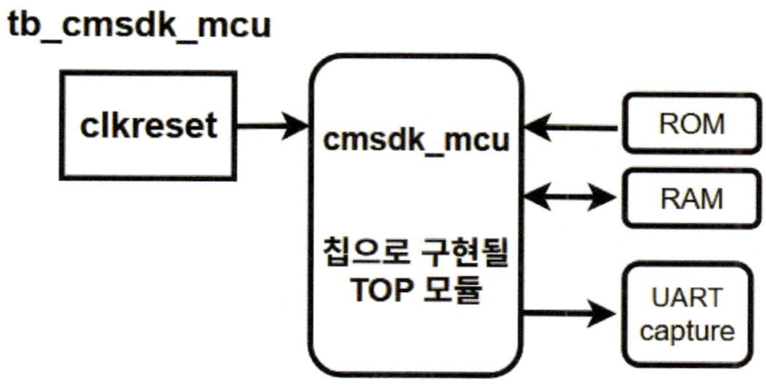

[그림 4-7] 테스트벤치의 모습

아직 vim을 켜두고 있는 독자가 있다면 아래 과정을 두 번 진행하여 종료하도록 하자. Vertical Split을 했으므로 칸이 두 개라서 두 번 진행한다.

```
[vim] Esc → : → q! [엔터]
```

[표 4-9] 여기까지의 체크리스트

아래 내용으로 자가 진단해보자.
□ 테스트 벤치의 구문을 보고 5개의 모듈과 연결 상태를 이해했다.
□ 테스트 벤치를 보고, ifdef - endif 구문을 파악해보았다.
□ vim를 이용하고, vs를 사용해보았다.

4.2.2 리눅스 스크립트

이제 스크립트를 확인하러 가자. 아래 명령을 이용하여 현재 위치를 확인하자.

```
$> pwd
```

Print Working Directory라는 뜻을 갖는 명령이다. 현재 위치를 보여주는 역할로서, 필자의 경우는 ~/SoC/SoC_make_G45/TOP/SIM/TESTBENCH 이다. 독자들도 같은 곳에 있다면 아래와 같이 상대 경로 방식으로 이동하자.

```
$> cd ..
$> ls
```

```
[ex_poly2@npit SIM]$ ls
FUNCTION  POST  PRE  TESTBENCH
[ex_poly2@npit SIM]$
```

[그림 4-8] 상대 경로 방식으로 이동

FUNCTION, POST, PRE 등의 디렉토리가 보이는데 FUNCTION으로 이동하자.

```
$> cd FUNCTION
$> ls
```

```
[ex_poly2@npit FUNCTION]$ ls
clean.tcl  dump  hello.hex  run_function.tcl
```

[그림 4-9] FUNCTION 폴더내의 모습

시뮬레이션 결과를 저장하는 덤프 폴더와 파일 3개가 확인된다. 다음 절들을 통해서 각 파일의 내용을 자세히 알아보자.

(1) 리눅스 스크립트 소개

리눅스에서는 스크립트 파일을 자주 사용한다. 옵션이 매우 긴 명령을 반복적으로 수행해야 하는 경우, 그 자체로 매우 힘들기 때문에 편의성을 높이기 위해서 고안된 것이다. 스크립트의 몇 가지 장점을 아래에서 확인하자.

[표 4-10] 스크립트 장점

– 반복 작업 자동화 – 일관된 시뮬레이션 환경 – 배치 모드 실행 지원 – 결과 재현성 보장

스크립트 파일을 만드는 방법은 아래와 같이 간단하다.

- vim 으로 파일 하나를 새롭게 open 한 뒤, 긴 명령을 기재 후 저장
- $〉 chmod 755 명령으로 스크립트 파일에 실행 권한을 부여
- $〉 ./파일명 방식으로 오타 걱정 없이 쉽게 반복 수행

이 방식은 리눅스의 자동화라고 생각하면 되는데, Cadence Xcelium 툴을 이용한 시뮬레이션은 반복적으로 자동 수행할 일이 많으므로 스크립트 파일을 만들어 사용하는 것이 편리하다. 스크립트 파일은 터미널에서 녹색으로 표시된다.

(2) run_function.tcl

① 파일 내용 분석

터미널에서 run_function.tcl 파일을 open 하여 자세하게 내용을 분석하자.

```
$〉 vim run_function.tcl
```

```
11 xrun -64bit \
12      +max_err_count+50 \
13      +define+function_sim \
14      -access +rwc \
15      -profile \
16      -profthread \
17      -gui \
18      +libext+.v \
19      -incdir ../../../../cortexm0_designstart/logical/cmsdk_apb_timer/verilog \
20      -incdir ../../../../cortexm0_designstart/logical/cmsdk_apb_dualtimers/verilog \
21      -incdir ../../../../cortexm0_designstart/logical/cmsdk_apb_uart/verilog \
22      -incdir ../../../../cortexm0_designstart/logical/cmsdk_apb_watchdog/verilog \
23      -incdir ../../../../cortexm0_designstart/logical/cmsdk_apb_slave_mux/verilog \
24      -incdir ../../../../cortexm0_designstart/logical/cmsdk_apb_subsystem/verilog \
25      -incdir ../../../../cortexm0_designstart/logical/cmsdk_ahb_slave_mux/verilog \
26      -incdir ../../../../cortexm0_designstart/logical/cmsdk_ahb_default_slave/verilog \
27      -incdir ../../../../cortexm0_designstart/logical/cmsdk_ahb_gpio/verilog \
28      -incdir ../../../../cortexm0_designstart/logical/cmsdk_ahb_to_apb/verilog \
29      -incdir ../../../../cortexm0_designstart/logical/models/clkgate \
30      -incdir ../../../../cortexm0_designstart/logical/cmsdk_iop_gpio/verilog \
31      -incdir ../../../../cortexm0_designstart/cores/cortexm0_designstart_r1p0/logical/cortexm0_integration/verilog \
32      -incdir ../../../../cortexm0_designstart/cores/cortexm0_designstart_r1p0/logical/cortexm0_dap/verilog \
33      -incdir ../../../../cortexm0_designstart/cores/cortexm0_designstart_r1p0/logical/models/cells \
34      -incdir ../../../../cortexm0_designstart/cores/cortexm0_designstart_r1p0/logical/cortexm0ds/verilog \
35      -incdir ../../../../SoC_make_G45/TOP/RTL/memories_smkcow_1 \
36      -incdir ../../../../SoC_make_G45/TOP/RTL/verilog_smkcow \
run_function.tcl                                                                                    36,6
44      -y ../../../../cortexm0_designstart/logical/cmsdk_apb_subsystem/verilog \
45      -y ../../../../cortexm0_designstart/logical/cmsdk_ahb_slave_mux/verilog \
46      -y ../../../../cortexm0_designstart/logical/cmsdk_ahb_default_slave/verilog \
47      -y ../../../../cortexm0_designstart/logical/cmsdk_ahb_gpio/verilog \
48      -y ../../../../cortexm0_designstart/logical/cmsdk_ahb_to_apb/verilog \
49      -y ../../../../cortexm0_designstart/logical/models/clkgate \
50      -y ../../../../cortexm0_designstart/logical/cmsdk_iop_gpio/verilog \
51      -y ../../../../cortexm0_designstart/cores/cortexm0_designstart_r1p0/logical/cortexm0ds/verilog \
52      -y ../../../../cortexm0_designstart/cores/cortexm0_designstart_r1p0/logical/cortexm0_integration/verilog \
53      -y ../../../../cortexm0_designstart/cores/cortexm0_designstart_r1p0/logical/cortexm0_dap/verilog \
54      -y ../../../../cortexm0_designstart/cores/cortexm0_designstart_r1p0/logical/models/cells \
55      -y ../../../../GPDK045/digital/giolib045_v3.5/vlog \
56      -y ../../../../GPDK045/digital//gsclib045_all_v4.4/gsclib045_svt_v4.4/gsclib045/verilog \
57      -y ../../../../GPDK045/digital \
58      -y ../../../../SoC_make_G45/TOP/RTL/verilog_smkcow \
59      -y ../../../../SoC_make_G45/TOP/RTL \
60      ../TESTBENCH/tb_cmsdk_mcu.v \
61      ../../../../SoC_make_G45/TOP/RTL/cmsdk_mcu.v \
62      ../../RTL/memories_smkcow_1/cmsdk_ahb_ram.v \
63      ../../RTL/memories_smkcow_1/cmsdk_ahb_ram_beh.v \
64      ../../RTL/memories_smkcow_1/cmsdk_ahb_rom.v \
65      ../../RTL/memories_smkcow_1/cmsdk_ahb_rom_beh.v \
66      ../../../../GPDK045/digital/giolib045_v3.5/vlog/pads_FF_s1vg.v \
67      ../../../../GPDK045/digital/gsclib045_all_v4.4/gsclib045_svt_v4.4/gsclib045/verilog/slow_vdd1v0_basicCells.v \
68      -l func_sim.log
```

[그림 4-10] 스크립트 파일 run_function.tcl

위 그림과 같이 단 하나의 명령이 정말 길고, 많은 옵션으로 이루어진다는 것을 알 수 있다. 이렇게 긴 내용을 터미널에서 매번 타이핑으로 명령을 내린다는 것은 불가능한 일이다. 그래서 파일에 저장한 뒤 이를 실행하는 것이다. 참고로 vim에서 아래 명령을 이용하여 가로 분할, 즉 split 하였다.

```
[vim] Esc → : → sp
```

11행에 시뮬레이션 명령인 xrun이 있고, 아래로는 옵션들이 길게 이어지고 있다. 위 내용을 아주 간단하게 표현하면 아래와 같다.

```
xrun (옵션) + (테스트벤치.v) + (소스코드.v) + (GPDK의 STD, IO의 .v파일) + 로그
```

이 중에서 가장 내용이 많은 옵션을 아래 표에 정리하였다.

[표 4-11] xrun 명령의 옵션

- timescale : time unit 기본 단위와 정확도를 설정
- access : 시뮬레이션 object 접근 권한 설정. 각각 read, write, connectivity
- gui : GUI 기반으로 시뮬레이션 진행
- mess : 시뮬레이션시 발생하는 모든 메시지를 나타냄
- define : 테스트 벤치 파일 내의 ifdef를 enable 하여 delay 적용 가능
- incdir : 코드내에 `include "aa.v" 등의 구문이 있는 경우 파일의 경로 지정

+libext : 시뮬레이션에 포함할 파일의 확장자 등록. + 로 이어나갈 수 있음
(*조합 옵션)
+libext+.v -y : -y 옵션으로 지정한 폴더내의 모든 .v 파일을 자동으로 포함

[표 4-12] 여기까지의 체크리스트

아래 내용으로 자가 진단해보자.

□ 스크립트 파일의 필요성을 인지하고, 파일을 open하여 내용 파악을 했다.
□ xrun 명령어 옵션을 파악해보았다.
□ vim를 이용하고, sp를 사용해보고, 행 번호가 보이도록 해보았다.
□ 분할되어 있는 상태에서 Ctrl + w를 두 번 진행하여 이동하는데 익숙하다.

② vim의 특수 기능을 이용한 전체 디자인 구조 파악

vim으로 파일을 open한 상태에서 디자인 구조를 쉽게 파악할 수 있는 방법을 소개하고자 한다. vim의 gf 단축명령이 핵심인데, 아래 내용을 살펴보자. 파일의 60행에는 tb_cmsdk_mcu.v가 폴더 경로와 함께 기재되어 있다. 커서를 움직여 경로 한 줄의 아무 곳이나 위치시키자.

```
59      -y ../../../../SoC_make_G45/TOP/RTL \
60      ./TESTBENCH/tb_cmsdk_mcu.v \
61      ../../../../SoC_make_G45/TOP/RTL/cmsdk_mcu.v \
62      ../../RTL/memories_smkcow_1/cmsdk_ahb_ram.v \
63      ../../RTL/memories_smkcow_1/cmsdk_ahb_ram_beh.v \
64      ../../RTL/memories_smkcow_1/cmsdk_ahb_rom.v \
65      ../../RTL/memories_smkcow_1/cmsdk_ahb_rom_beh.v \
66      ../../../../GPDK045/digital/giolib045_v3.5/vlog/pads_FF_s1vg.v \
67      ../../../../GPDK045/digital/gsclib045_all_v4.4/gsclib045_svt_v4.4/gsclib045/\
68      -l func_sim.log
```

[그림 4-11] run_function.tcl 파일의 60행에 커서 위치

현재 위치 기준으로 파일의 위치가 정확하다면 키보드의 g와 f키를 차례로 눌러보자. go to file이라는 의미로서, 그 파일이 open 된다는 것을 알 수 있다. 아래 그림과 같다.

```

// MAXIMUM means it annotes the maximum delay value
        `ifdef sdf_post_wst
                //$sdf_annotate("./cmsdk_mcu.sdf", tb_cmsdk_
                $sdf_annotate("./cmsdk_mcu_post_wst.sdf", tb
                $shm_open("./dump/tb_cmsdk_mcu_sdf_post_wst"
                $shm_probe(tb_cmsdk_mcu, "AC");
        `endif

// MINIMUM means it annotes the minimum delay value
        `ifdef sdf_post_bst
                //$sdf_annotate("./cmsdk_mcu.sdf", tb_cmsdk_
                $sdf_annotate("./cmsdk_mcu_post_bst.sdf", tb
"~/SoC/SoC_make_G45/TOP/SIM/FUNCTION/../TESTBENCH/tb_cmsdk_mcu.v"
```

[그림 4-12] g+f를 통해 open된 테스트벤치 파일

시뮬레이션 환경에서 가장 상위에 있는 파일을 open 했으니, 전체적인 구조 파악을 통해 그림을 그릴 수 있을 것이다. 앞서 나타낸 그림과 같다.

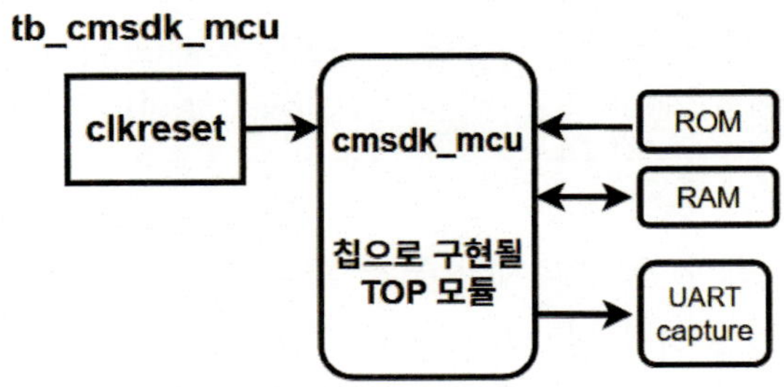

[그림 4-13] 테스트벤치의 모습

이제 원래 파일로 돌아가자. 아래 명령으로 가능하다.

```
[vim] Esc → Ctrl + o
```

위 그림에서 칩으로 구현될 TOP 모듈에 클록과 리셋을 보내주는 clkreset을 살펴보자. 클록과 리셋은 하드웨어의 동작에 대한 기초 신호이기 때문에 중요하다. 같이 찾아가 보자. 아래 그림과 같이 58행의 경로에 가서 g + f 버튼을 누르면 cmsdk_clkreset.v 파일을 찾을 수 있다. 빨간색 박스를 참고하도록 한다.

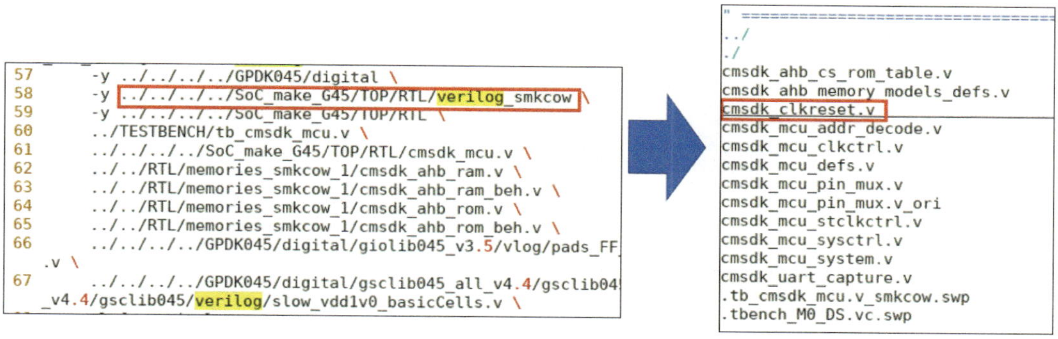

[그림 4-14] cmsdk_clkreset.v 파일 탐색

해당 파일을 오픈하면 아래 그림처럼 리셋과 클록을 처리했음을 알 수 있다. reset_n_q라는 리셋 신호가 49행에서 최초 0값으로 리셋을 걸다가 100ns에 1값이 되면서 모든 시스템의 시작을 알리고 있다. clock_q 라는 클록 신호는 46행에서 최초 0값으로 시작하는데 56행에서 always begin-end 구문으로 3.5ns마다 토글링되는 것을 확인할 수 있다. 클록의 주기는 7ns라는 것이다. Cortex-M0 SoC를 구현할 때 10ns, 100MHz를 동작 주파수로 지정했는데 조금 더 pessimistic(비관적, 타이트)하게 70%를 적용하여 7ns를 모든 EDA 툴에 적용하도록 하겠다.

```
44   initial
45     begin
46       clock_q <= 1'b0;
47       Rom_select_reset_n_q <= 1'b1;
48
49       reset_n_q <= 1'b0;
50       #100 reset_n_q <= 1'b1;
51     end
52
53
54 // 7ns
55   always begin
56       #3.5 clock_q <= ~clock_q;
57   end
```

[그림 4-15] 클록과 리셋의 처리

원래대로 돌아가기 위해서 Ctrl + o를 연속으로 눌러서 run_function.tcl로 돌아오자. 이번에는 61행으로 이동한 뒤 g+f를 순서대로 눌러서 칩으로 구현될 TOP 모듈인 cmsdk_mcu.v를 open 하자. 아래 그림처럼 274행부터 인스턴스 되어 있는 모듈이 확인된다.

```
  // Clock controller to generate reset and clock s
  cmsdk_mcu_clkctrl
   #(.CLKGATE_PRESENT(0))
   u_cmsdk_mcu_clkctrl(
     // inputs
    .XTAL1              (in_XTAL1),
    //.XTAL1              (GATED_in_XTAL1),
// 20241203 SMKCOW :: no use of Fifo Clocks
// BACK TO ORIGINAL
    //.IN_fifo_CLK_50    (in_IN_fifo_CLK_50),  // 50
    //.OUT_fifo_CLK_50   (out_OUT_fifo_CLK_50), // 5
    //.NRST              (ctrl_reset),
    .NRST               (in_NRST),

    .APBACTIVE          (APBACTIVE),
    .SLEEPING           (SLEEPING),
    .SLEEPDEEP          (SLEEPDEEP),
    .LOCKUP             (LOCKUP),
    .LOCKUPRESET        (LOCKUPRESET),
    .SYSRESETREQ        (clk_ctrl_sys_reset_req),
    .DBGRESETREQ        (PMUDBGRESETREQ),
    .CGBYPASS           (TESTMODE),
    .RSTBYPASS          (TESTMODE),
```

[그림 4-16] cmsdk_mcu.v의 일부분

파일을 차근차근 내려가면서 인스턴스된 모듈을 발견하면 사각형으로 표현한 뒤 다른 모듈간의 연결 관계를 그림으로 나타내보자. 현재 파일에 대한 그림을 그렸다면 Ctrl+o 명령으로 돌아간 뒤 39행부터 -y 옵션과 함께 기재되어 있는 폴더들도 찾아 들어가야 한다. 이쯤 되면 독자들이 직접 할 수 있는 큰 과제가 될 것이다. 이 과제는 몇 가지 내용이 있다.

- g+f 와 Ctrl + o를 반복적으로 수행하여 vim의 특수 기능 체득
- run_function.tcl 스크립트의 내용 및 구조 파악
- Verilog 코드 분석 능력 향상 및 전체 구조 파악

실무에서는 꼭 필요한 경험이며, 엔지니어가 갖추어야 할 능력 중 하나

아래 그림은 테스트벤치를 포함한 전체 모듈의 구성을 자세하게 나타낸 것으로서, 종이에 직접 펜으로 그려낼 수 있다면 필자가 축하의 의미로 박수를 보내주도록 하겠다. 정말 어려웠겠지만 처음으로 시스템을 그려낸 것이기 때문이다.

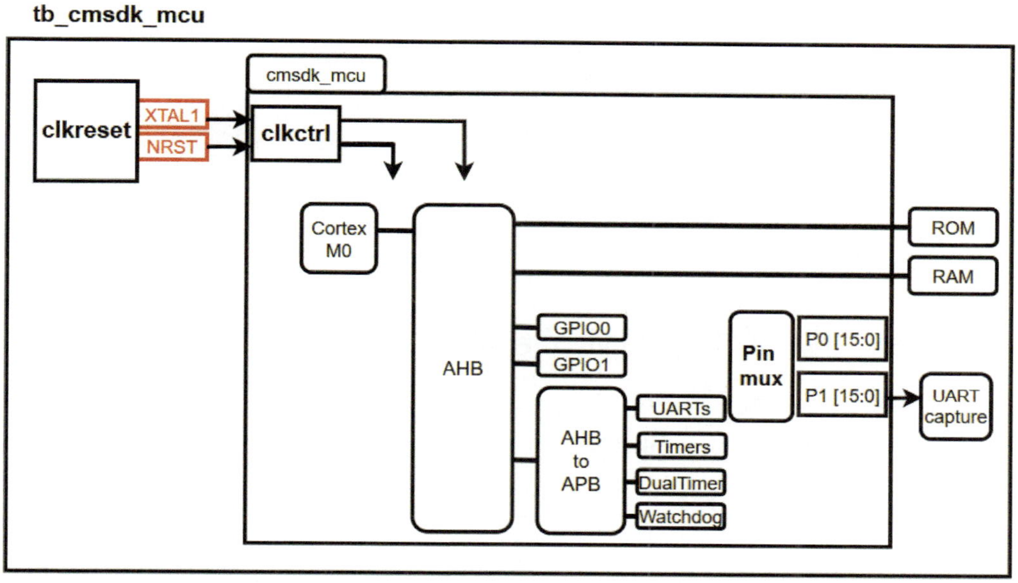

[그림 4-17] 전체 시뮬레이션 구조

[표 4-13] 여기서 잠깐

반드시 과제를 수행해야 하는 것은 아니다. 독자들의 수준과 수행 성취도를 고려하여 진행 여부를 결정하기 바란다. 이 챕터에서 가장 중요한 것은 run_function.tcl을 바라보는 시각에 있어서. 단순히 스크립트가 이렇게 생겼다는 것이 아니라 그 안에 정말 중요한 실무적인 내용이 들어있다는 것을 알아야만 한다는 것이다.

(3) clean.tcl

현재 폴더에 녹색으로 보이는 스크립트 파일이 하나 더 있다. 파일의 이름 그대로 폴더를 깨끗하게 지우는 일을 하는 파일이다. vim으로 open 해보면 아래 그림과 같다. work 폴더부터 xrun.log 까지 시뮬레이션 도중에 생길 수 있는 파일들을 지움으로써 새롭게 시뮬레이션을 하고자 하는 경우 유용하게 사용되는 파일이다.

```
rm -rf work func_sim.history func_sim.log xcelium.d xmprof.out xrun.key waves.shm xrun.history  xrun.log
~
```

[그림 4-18] remove 명령인 rm으로 많은 파일을 지움

[표 4-14] 여기까지의 체크리스트

아래 내용으로 자가 진단해보자.
□ vim의 g + f 와 Ctrl + o를 체험해보았다.
□ 테스트벤치와 SoC를 포함한 전체의 구조를 파악하고 그림으로 그려 보았다.
□ clkreset.v 코드 파악을 통해서 클록 주파수를 이해하였다.

4.2.3 Hex 파일 생성과 ROM 로딩 과정

현재 폴더 위치에 hello.hex 파일이 있다. 3장에서 다뤘던 대로 Keil μVision툴을 이용하여 코드를 컴파일한 결과이다. hex 파일을 시뮬레이션 폴더에 위치시켜 놓으면 문제없이 사용 가능하다. 참고로 컴파일 과정이 궁금한 독자들은 3장을 살펴본 뒤에 이곳으로 다시 돌아오면 되겠다.

```
현재 폴더 위치 : ~/SoC/SoC_make_G45/TOP/SIM/FUNCTION
```

hex 파일은 하드웨어를 운영하는 코드를 담고 있다. 롬에 들어가 있으면 CPU가 접근하여 차례대로 읽어가고, 그에 따라 CPU는 연산을 하고 주변 모듈이나 IP도 병행하여 동작하게 된다. 그 과정에서 사람이 정상 동작이라고 느끼려면 결국 IO의 입, 출력으로 확인할 수 밖에 없는 것이라서 가장 간단하게 활용하는 수단이 바로 메시지인 것이다. 그래서 펌웨어 프로그램이나 임베디드 프로그램에서 가장 처음 예제로 소개하는 것이 printf이다. 우리가 다룰 Cortex-M0 SoC도 기본 입, 출력 중에 UART가 있고, 필자가 준비한 Hex 파일도 UART를 이용한 printf 이다. 어에 더하여 주변 IP의 확장이 필요하다면 AHB, APB 버스에 Slave로서 추가하는 방향이 되어야 할 것이다.

위에서 언급한 대로 준비된 hex는 ROM에 들어가 있어야 한다. 우리가 사용하는 GPDK045 라이브러리는 물리적인 메모리 블록을 제공하지 않기 때문에 ROM에 대한 Verilog 코드 안에 2차원 배열 형태로 reg를 만든 뒤 넣어주는 방법이 필요하다.

(1) 생성된 Hex 파일의 구조와 리틀 엔디안 방식 소개

hex 파일의 구조를 파악하기 위하여 현재 위치에서 vim으로 hex파일을 오픈해보자.

```
$> vim hello.hex
```

내용은 아래 그림과 같다. 3장에 언급한 대로 리틀 엔디안 방식은 임베디드 프로세서들이 많이 채택하여 사용하는 방식이다. Arm Cortex-M0는 32비트 프로세서이기 때문에 한 번에 32비트를 읽어온 뒤 해독하여 처리하는 방식을 따른다. 아래 그림에서 68 03 00 20으로 생각하는 것이 아니라 반대로 20 00 03 68으로 생각해야 한다. Arm Cortex-M0가 그렇게 읽어가기 때문이다. 그렇다고 Hex 데이터를 반대로 재배치하거나 32비트가 되도록 재가공할 필요는 없으니 오해는 하지 말자. 순수한 이 모습 그대로 ROM에 넣으면 된다.

```
 1 68        37 00
 2 03        38 00
 3 00        39 00
 4 20        40 00
 5 65        41 00
 6 01        42 00
 7 00        43 00
 8 00        44 00
 9 6D        45 71
10 01        46 01
11 00        47 00
12 00        48 00
13 6F        49 00
14 01        50 00
15 00        51 00
16 00        52 00
17 00        53 00
18 00        54 00
19 00        55 00
20 00        56 00
21 00        57 73
22 00        58 01
23 00        59 00
24 00        60 00
25 00        61 75
26 00        62 01
27 00        63 00
28 00        64 00
29 00        65 77
30 00        66 01
31 00        67 00
32 00        68 00
33 00        69 77
34 00        70 01
35 00        71 00
36 00        72 00
```

[그림 4-19] Hex 파일의 내용. Vertical Split 사용

또한 아래 내용으로 마지막까지 이동해보자. 행 번호가 904라는 것을 알 수 있다.

[vim] Esc → : → $

```
897 00
898 00
899 00
900 00
901 00
902 E1
903 F5
904 05
"hello.hex" 904 lines --100%--
```

[그림 4-20] hex 코드의 마지막 행

Hex 코드를 열었을 때 꼭 확인해야 하는 것이 파일 용량이다. Hex는 결국 ROM 내부로 들어가서 존재하는 것이기 때문에 ROM 전체 용량을 초과해서는 안 될 것이다. 현재는 904행 × 8bit = 904Byte이고, 우리가 다룰 Cortex-M0 SoC는 롬과 램 각각 64KB이기 때문에 전혀 문제가 없다. 그리고 다른 시각으로 보면 Hex 코드의 4줄이 모여 하나의 명령을 이루기 때문에, 904행이라면 총 226개의 명령이 준비되어 있다는 것으로 이해하자. 여기까지 내용 파악이 끝났다면 아래 명령을 두 번 반복하여 종료하자.

```
[vim] Esc → : → q!
```

(2) Verilog의 $readmemh 명령어를 이용한 Hex 데이터의 ROM 로드

위에서 많이 언급했던 ROM을 확인하도록 하자. 가급적 현재 폴더 위치를 변경하지 않는 것이 좋으니, 아래 명령으로 시작하자.

```
$> vim run_function.tcl
```

```
64      ../../RTL/memories_smkcow_1/cmsdk_ahb_rom.v \
65      ../../RTL/memories_smkcow_1/cmsdk_ahb_rom_beh.v \
66      ../../../../GPDK045/digital/giolib045_v3.5/vlog/pads_FF_s1vg.v \
67      ../../../../GPDK045/digital/gsclib045_all_v4.4/gsclib045_svt_v4.4/gsclib045/verilog/slow_vdd1v0_basicCells.v \
68      -l func_sim.log
```

[그림 4-21] cmsdk_ahb_rom_beh.v

위 그림의 65행에 커서를 위치시킨 뒤 g + f를 순서대로 입력하자. 해당 파일이 열리게 될 것이고, 아래처럼 검색을 통해 47행으로 이동하자.

```
[vim] Esc → /ram_data [엔터]
```

/를 이용하여 단어로 검색을 한 뒤 n(next) 버튼을 통해서 47행까지 이동하자. 아래 그림과 같이 노란색으로 확인이 될 것이다. AW는 해당 파일의 28행에서 16으로 정의되어 있으므로 ram_data 라는 레지스터는 가로로 8비트, 세로로 16비트의 크기를 갖다.

```
// Internal signals
reg      [7:0]  ram_data[0:((1<<AW)-1)]; // 64k byte of RAM data
wire            read_valid;     // Address phase read valid
wire            write_valid;    // Address phase write valid
```

[그림 4-22] ROM 내부의 2차원 배열 reg

ram_data는 64K 바이트 크기의 reg를 선언한 것이다. 용량에 대한 자세한 계산은 아래와 같다.

[표 4-15] 용량 계산

$$2^{16} \times 8 = 2^{6} \times 2^{10} \times 8 = 64 \times 1024 \times 8 = 64K \times 8\ \text{bit} = 64K\ \text{바이트}$$

공간은 만들어져 있으니 초기화 부분을 살펴보자. vim에서 현재 ram_data로 검색이 되어 있는 상태이니 n(next)버튼을 몇 번 눌러서 74, 78행이 보이도록 이동하자. 아래 그림과 같다.

```
68  // Start of main code
69  // Initialize ROM
70  initial
71    begin
72    for (i=0;i<(1<<AW);i=i+1)
73      begin
74      ram_data[i] = 8'h00; //Initialize all data to 0
75      end
76      if (filename != "")
77        begin
78        $readmemh(filename, ram_data); // Then read in program code
79        end
80    end
81
```

[그림 4-23] initial begin, end 구문

initial begin-end로 되어 있는 구문은 시뮬레이션을 시작하는 최초의 순간에 진행할 일을 정의할 수 있다. 이 구문 내의 74행에서는 ram_data라는 레지스터의 모든 공간을 0으로 초기화한 뒤, 78행에서 readmemh 명령으로 ram_data 영역을 filename으로 채우고 있다. filename은 테스트 벤치 파일에서 정의하고 있는데, tb_cmsdk_mcu.v의 166행을 아래 그림에서 확인할 수 있다. 빨간색 박스에서 확인할 수 있는 것처럼 hello.hex인 것을 알 수 있다.

```
163 cmsdk_ahb_rom
164   #(.MEM_TYPE(1'b1),
165     .AW(16),  // 64K bytes flash ROM
166     .filename("hello.hex"),
167     .WS_N(`ARM_CMSDK_ROM_MEM_WS_N),
168     .WS_S(`ARM_CMSDK_ROM_MEM_WS_S),
169     .BE  (BE))
170    u_ahb_rom (
171     .HRESETn            (HRESETn),
172     .HCLK               (HCLKSYS),
173     .HSEL               (flash_hsel),
```

[그림 4-24] tb_cmsdk_mcu.v 내에서 filename을 hello.hex로 정의

독자들이 잘 이해해야 할 점이 있다. 위 그림에서는 "hello.hex"로 기재되어 있고, 다른 경로 정보가 없다. 즉 "../hello.hex"처럼 되어 있지 않다는 뜻이다. 필자가 혼동을 없애기 위해서 상대 경로나 절대 경로를 사용하지 않았다. 결과적으로 위 그림의 166행은 xrun 명령을 내리는 현재 폴더에 hello.hex가 있으니, 이것을 ram_data에 $readmemh로 읽어 넣으라는 뜻이 된다.

[표 4-16] $readmemh 명령어 특징

- 16진수 형태의 파일 읽기. 비슷하게 2진수를 위한 $readmemb도 있다.
- 메모리 배열에 순차적 할당
- 파일 경로는 상대 또는 절대 경로
- 초기화 블록($initial)에서만 사용

(3) ROM 로딩 후, 데이터 확인

Hex 파일의 내용을 알아보았고 initial begin-end 구문 내에서 초기값 설정 및 파일을 넣는 방법($readmemh)도 확인했으니, 메모리에 들어 있는 내용을 꺼내어 확인하는 방법을 소개한다. 우리에게 주어진 ROM의 코드에는 들어 있지 않지만 아래 그림처럼 $display를 사용하면 이후 챕터에서 시뮬레이션 결과를 확인했을 때 전, 후를 파악할 수 있을 것이다. 필자는 아래처럼 추가할 테니 독자들도 vim에서 i를 눌러 기입해 보자. 오타 없이 기입한 뒤, 아래 명령으로 저장 및 종료한다.

```
[vim] Esc → : → wq
```

```
// Start of main code
// Initialize ROM
initial
  begin
  for (i=0;i<(1<<AW);i=i+1)
    begin
    ram_data[i] = 8'h00; //Initialize all data to 0
    end
    if (filename != "")
      begin
      $readmemh(filename, ram_data); // Then read in program code
      end
      $display("Initial Code : 0x%08x", {ram_data[3], ram_data[2], ram_data[1], ram_data[0]});
      $display("Initial Code : 0x%08x", {ram_data[7], ram_data[6], ram_data[5], ram_data[4]});
  end
```

[그림 4-25] $display 활용하여 메모리의 내용을 확인

[표 4-17] 여기까지의 체크리스트

아래 내용으로 자가 진단해보자.
☐ vim의 g + f 와 Ctrl + o를 체험해보았다.
☐ 테스트벤치와 SoC를 포함한 전체의 구조를 파악하고 그림을 그려보았다.
☐ clkreset.v 코드 파악을 통해서 클록 주파수를 이해하였다.
☐ 롬 코드의 인식 방법과 확인 방법을 이해하였다. $readmemh, $display

4.3 실습 : 시뮬레이션 진행

시뮬레이션 관련 환경과 파일들, 각종 구문들에 대한 내용 설명은 끝났다. 이제 EDA 툴을 이용한 실습을 하자.

4.3.1 실습 : 시뮬레이션 실행 및 로그 메시지와 파형을 통한 UART 동작 분석

현재 폴더의 내용을 다시 살펴보자.

```
$> ls
```

```
[ex_poly2@npit FUNCTION]$ ls
clean.tcl  dump  hello.hex  run_function.tcl
[ex_poly2@npit FUNCTION]$
```

[그림 4-26] 폴더 내용 확인

녹색으로 보이는 스크립트를 순서대로 실행하자.

```
$> clean.tcl
$> run_function.tcl
```

xrun이 실행되고 자동으로 GUI가 떠오를 것이다. 계층적으로 가장 높은 테스트 벤치 모듈과 각종 object를 볼 수 있다.

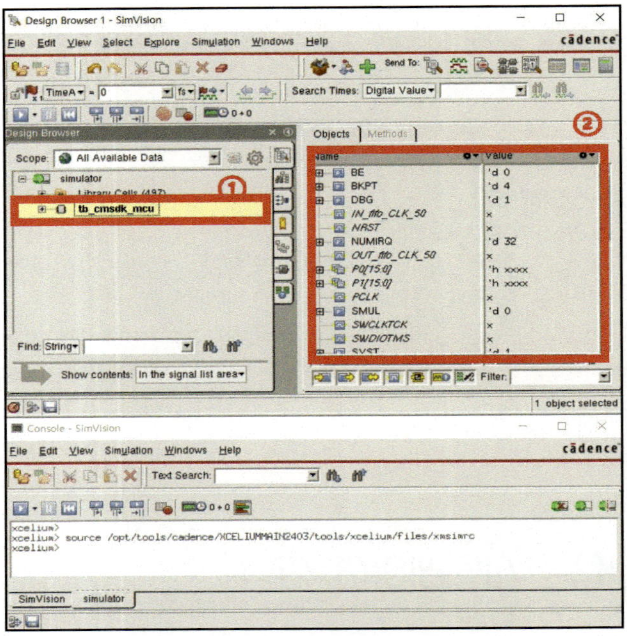

[그림 4-27] 스크립트 실행 후 GUI 확인

시뮬레이션에서 확인할 것들을 선택하자. 아래 그림처럼 Ctrl 키를 누른 상태에서 아래 명시한 5개의 신호들을 선택하고, Send to Wave를 누르자.

- XTAL1, NRST, P0, P1, P1[5]

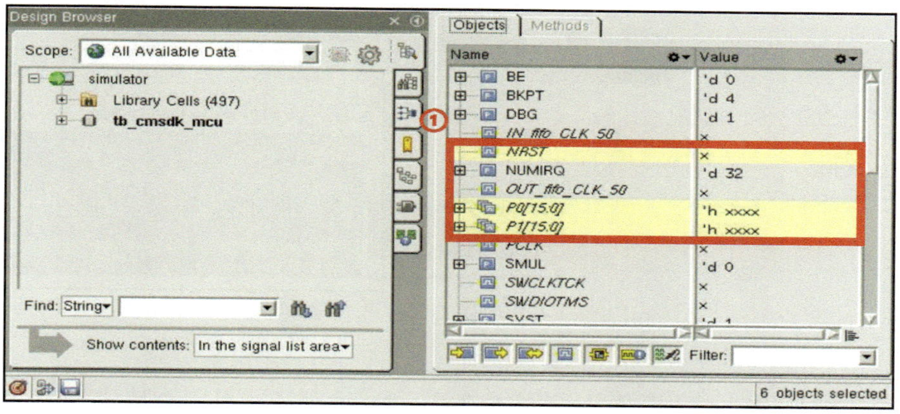

[그림 4-28] Ctrl 키를 누른 상태로 복수 선택(예시)

이후 Console 창에서 시뮬레이션 시작 버튼을 누르자.

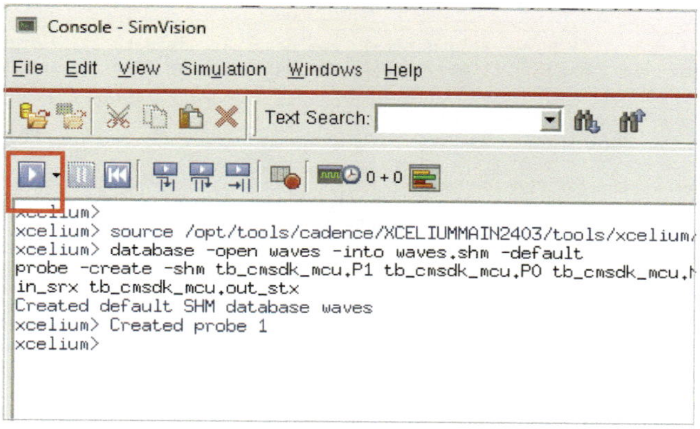

[그림 4-29] 시뮬레이션 시작

결과는 아래와 같다. 콘솔 창에서는 $display에 의한 hex 파일의 처음 2개 인스트럭션을 보여준 뒤, CPU의 동작 이후부터는 Hello World, smkcow, TEST PASSED 등의 메시지가 나오는 것을 알 수 있다. 소프트웨어는 완벽하게 동작한 것으로 판단되고, 그림의 오른쪽에서는 리셋과 클록, IO 시그널들이 동작함을 알 수 있다.

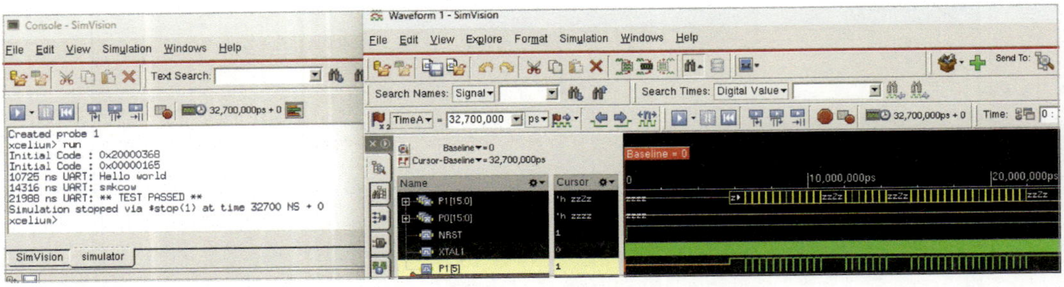

[그림 4-30] 시뮬레이션 결과 확인

메시지 출력에서 좀 더 살펴볼 점은, 앞서 소개한 $display 구문의 사용 여부이다. 아래 그림에 자세히 나타내었는데, 아래 그림의 왼쪽은 $display를 사용하지 않았을 때의 결과이고 오른쪽은 사용했을 때의 결과이다. $display 사용 여부가 로직의 동작에 전혀 영향을 주지는 않지만, 다음 실습에서 wave 파형으로 분석할 때 도움이 될 것이다.

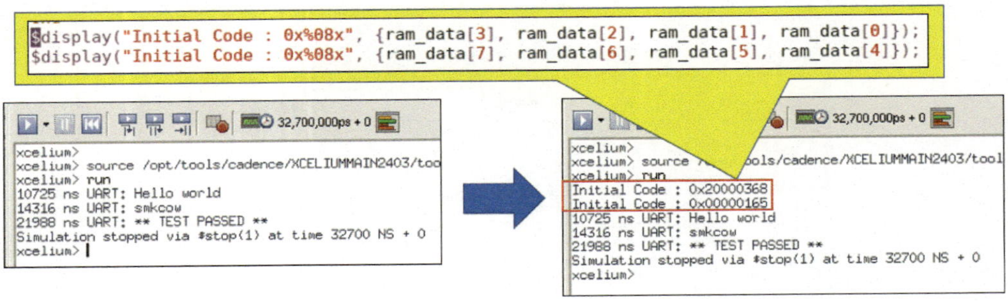

[그림 4-31] $display 사용 유무에 따른 콘솔 창에서의 결과 비교

이번에는 파형으로 문자를 살펴보자. 아래 그림은 NRST, XTAL1, P1[5]만 리스팅한 뒤 전체 파형을 캡처한 것이다. P1[5]는 전체 SoC의 UART 출력으로서 uart_capture 모듈로 직접 연결되기 때문에 위 콘솔 출력 메시지를 파형으로 볼 수 있다. wave에 0, 1 값이 규칙적으로 분포되는데 각각 어떤 문자를 뜻하는지 표시해보았으니 이해하기 편할 것이다. 스페이스 바를 눌렀을 때와 같은 사이 띄우기 빈 공간이 있고, 각 줄의 마지막에는 줄 바꿈이라는 뜻을 가지는 LineFeed(LF)가 존재한다.

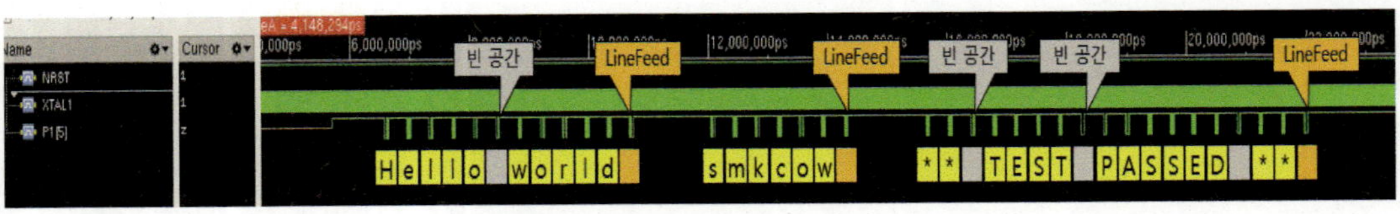

[그림 4-32] 메시지 출력에 대한 해석

독자들이 꼭 알아야 하는 것은, UART 메시지는 문자 그대로 H, e, l, l, o로 출력되는 것이 아니다. 2가지 법칙이 있다.

- 메시지는 아스키 코드를 사용
- UART는 2진수의 8비트 통신 + 추가 1 비트
- UART는 Pull Up에 의하여 기본값은 1

독자들도 간단히 인터넷 검색을 하면 알 수 있을 텐데 아스키코드로 H는 72, e는 101이다. 이를 2진수의 8비트를 변환하면 H는 0100_1000, e는 0110_0101이 된다. 파형을 확대해보자. 6,577ns 부근을 확대하면 H의 출력을 볼 수 있다. 아래 그림에 각 비트별 값을 표시했으니 이해하기 편할 것이다. 8비트는 역순으로 출력되는데 마지막 추가 1비트가 stop bit로 0 값이 확인된다.

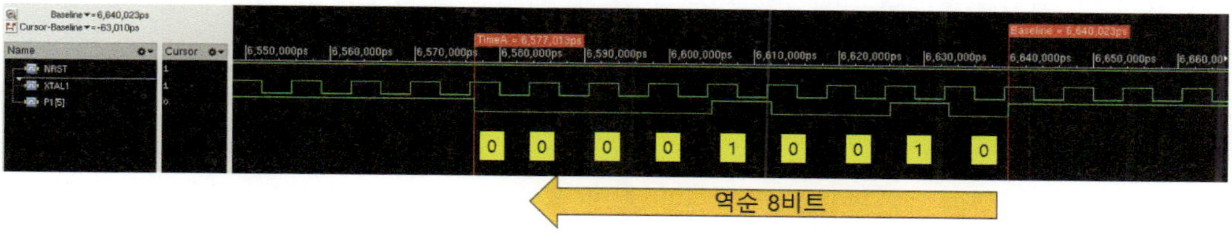

[그림 4-33] H의 출력(0100_1000)

다음으로 e의 출력을 살펴보자. 6948ns 부근을 확대하면 아래와 같다. 역순으로 0110_0101을 출력하고 마지막 추가 1비트가 stop bit로 0 값이 확인된다.

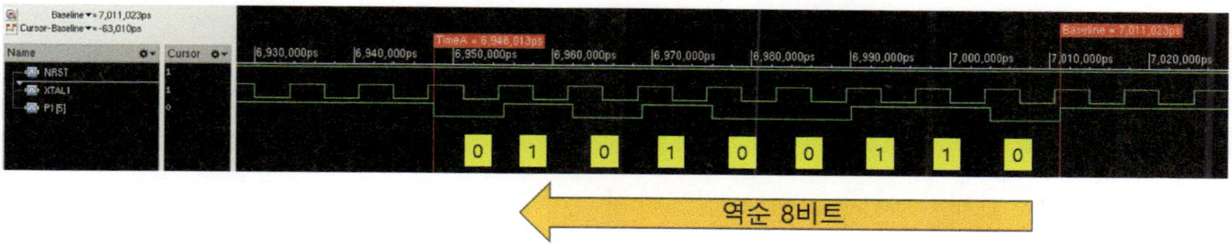

[그림 4-34] e의 출력(0110_0101)

그 외 다른 문자들도 독자들이 시간을 내어 살펴보면 흥미로울 것이다. 참고로 중간의 사이 띄우기용 스페이스는 아스키코드로 32이고, 개행을 위한 LineFeed는 10이다. 학습을 모두 마쳤다면 툴을 종료하자.

[표 4-18] 여기까지의 체크리스트

아래 내용으로 자가 진단해보자.
□ 시뮬레이션 진행 방법을 습득하였다.
□ $display 유무에 대한 메시지 내용의 차이를 확인하였고, ROM 내부의 내용과 Hex 파일 내용을 종합적으로 이해하였다.
□ Hello 메시지의 파형 분석을 해보았다.

4.3.2 실습 : CPU의 Hex 코드 Fetch 확인

본 실습을 통해 CPU가 ROM에서 Hex 코드를 정상적으로 가져오는지(Fetch) 확인하고자 한다. 간단하게 두 지점을 waveform 창에 리스팅 한 뒤 파형을 분석해보자. 아래 두 지점으로서, AHB 버스 기반으로 명명된 HRDATA이다.

- ROM 의 HRDATA
- CPU 의 HRDATA

단, 타이밍 정보도 같이 보는 것이 유리하므로 클록을 포함한 AHB 버스 신호 몇 개를 함께 리스팅 하고자 한다.

터미널에서 아래 명령을 내린다.

```
$> ./clean.tcl
$> ./run_function.tcl
```

GUI가 뜨면 Design Browser에서 아래 내용들을 선택하여 waveform에 추가하자. 복잡하게 쫓아가야 할 수 있지만 아래 그림을 참고하여 잘 수행하리라 생각한다.

[표 4-19] Waveform에 추가할 내용

- ROM 블록 (5 개) tb_cmsdk_mcu → u_ahb_rom : HADDR, HCLK, HRDATA, HRESETn, HSEL - CPU 블록 (1 개) tb_cmsdk_mcu →u_cmsdk_mcu → u_cmsdk_mcu_system → u_cortexm0 : HRDATA

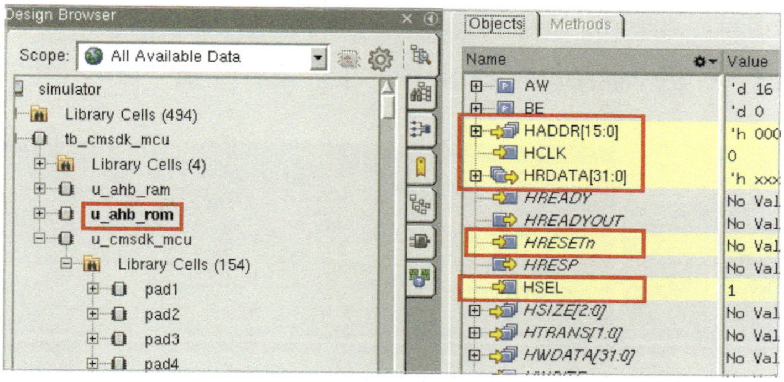

[그림 4-35] ROM 블록에서 총 5가지를 추가

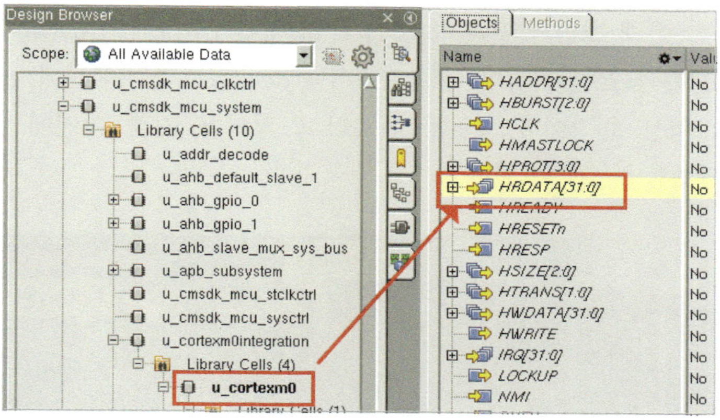

[그림 4-36] CPU에서 1가지 추가

리스팅이 모두 완료되면, 아래 그림과 같이 Divider를 추가하여 시각적으로 편히 구분되도록 만들자. 노란색으로 선택한 것 위에 Divider가 생긴다는 것을 참고하자.

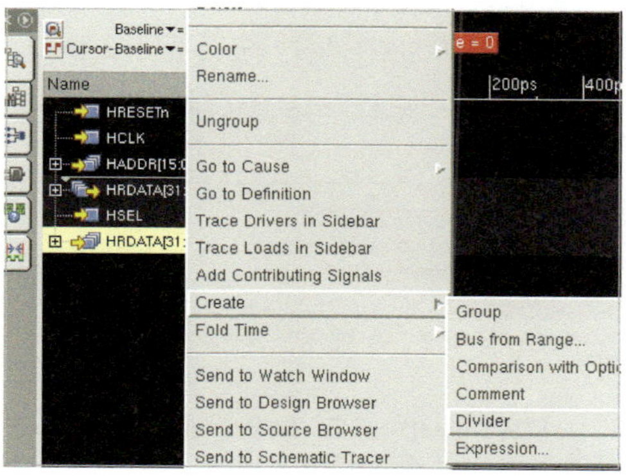

[그림 4-37] Divider 추가

시뮬레이션 Start 버튼을 누른 뒤 전체 파형이 보이도록 하면 아래 그림과 같을 것이다. 수많은 일들이 있음을 알 수 있는데 우리의 관심사는 가장 초반이니, 시작 시점을 확대하자.

[그림 4-38] 시뮬레이션 Full View

확대한 초반 지점은 아래 그림과 같다. 리셋이 풀린 직후 137ns에 HADDR가 0000으로 되는 시점이 CPU가 코드를 부르는 시점이다. 그림에서는 Read라고 명시했는데 이후 2 clock 안에 코드가 도달해야 정상 동작이다. Fetch 완료라고 명시한 지점 이전에 첫 번째 코드인 2000_0368이 도달했음을 알 수 있다.

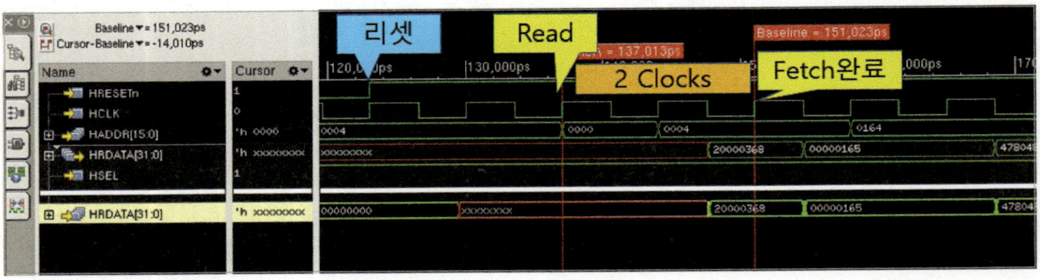

[그림 4-39] 첫 번째 Instruction의 Fetch 지점

이 파형 분석을 편히 하기 위하여 아래 그림처럼 콘솔에 나타내도록 한 것이다. 필자의 의도가 이해되었다면 위 그림에서 HADDR가 0004가 되는 순간부터 2 clock 후에 0000_0165가 CPU에 잘 전달되었음을 확인한 뒤 아래 그림으로 크로스 체크하기 바란다.

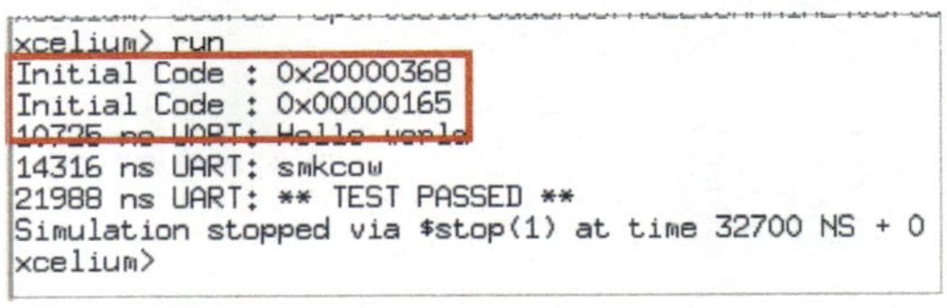

[그림 4-40] 코드 초반의 내용 확인

이제 준비한 실습은 모두 마무리되었다. 툴을 끄고 터미널 상태로 돌아온 뒤, 아래 명령을 내리자. 시뮬레이션을 진행하는 동안 생성된 파일들을 확인할 수 있다.

```
$> ls
```

```
[ex_poly2@npit FUNCTION]$ ls
clean.tcl   func_sim.history   hello.hex          simvision62831.diag   xmprof.out
dump        func_sim.log       run_function.tcl   xcelium.d             xrun.key
[ex_poly2@npit FUNCTION]$
```

[그림 4-41] 시뮬레이션으로 생성되는 파일들

마지막으로 살펴볼 것은 log 파일이다. 시뮬레이션의 모든 과정에서 발생하는 메시지를 담고 있으므로 디버깅과 데이터 히스토리 추적을 할 때 매우 유용하다. 아래 명령으로 open할 수 있으니 가장 상단부터 마지막까지 차근차근 살펴봐야 한다.

```
$> vim func_sim.log
```

```
xcelium> source /opt/tools/cadence/XCELIUMMAIN2403/tools/xcelium/files/xmsimrc
xcelium> run
Initial Code : 0x20000368
Initial Code : 0x00000165
10725 ns UART: Hello world
14316 ns UART: smkcow
21988 ns UART: ** TEST PASSED **
Simulation stopped via $stop(1) at time 32700 NS + 0
xcelium> ^C
xcelium> exit
TOOL:   xrun(64)        24.03-s005: Exiting on Jun 06, 2025 at 01:46:27 KST  (total: 00:06:47)
```

[그림 4-42] log의 마지막 부분

위 그림은 log 파일의 마지막 부분을 보여주는데, 시뮬레이션 메시지에 더하여 툴 버전과 툴 종료 시각도 보여주기 때문에 매우 유용하다.

[표 4-20] 여기까지의 체크리스트

아래 내용으로 자가 진단해보자.
□ 시뮬레이션 진행 방법을 습득하였다.
□ 디자인 계층적으로 하위 모듈을 찾아가서 Waveform에 추가해보았다.
□ $display 구문을 통하여 메시지 확인, ROM 내부의 내용과 Hex 파일 내용을 종합적으로 이해하였다.
□ Log 파일을 확인해보았다.

4.4 요약 및 본 장을 통한 기대 효과

본 장에서 Simulation에 사용한 파일들을 아래 그림에 나타내었다. 입력과 출력 파일들을 표시한 것이다.

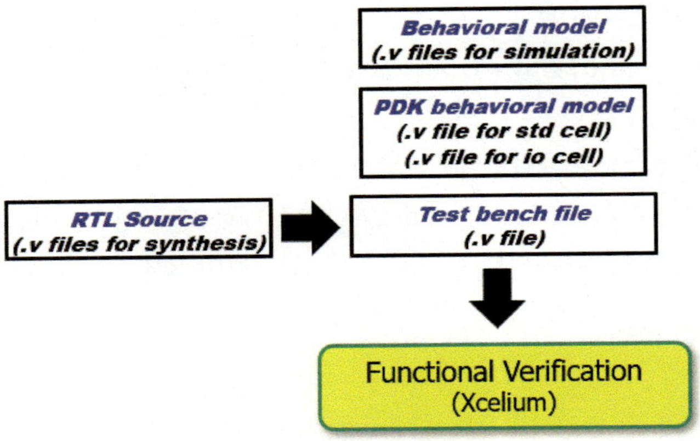

[그림 4-43] 시뮬레이션에 사용되는 파일들

중요한 것은 .v파일만 사용된다는 것이다. GPDK에는 많은 종류의 파일들을 포함하고 있지만 Function 시뮬레이션에서는 오직 .v만 사용한다는 것을 잊지 않도록 하자. 최근에는 확장성과 검증에 큰 장점이 있는 System Verilog가 많이 사용되기 때문에 .v에 더하여 .sv 까지만 사용할 수 있다는 것을 참고하자.

Function Simulation은 반도체 설계의 첫 번째 관문이자 가장 중요한 검증 단계다. 이 장에서 익힌 시뮬레이션 방법론과 분석 기법은 독자들의 설계 역량을 크게 업그레이드 시킬 것이다. 본 장의 내용을 통해 독자들은 아래와 같은 결론에 도달할 수 있다.

- Function Simulation 을 통해 RTL 코드의 동작에 문제가 없음을 확인
- 실제 하드웨어로 구현하기 위하여 다음 단계 진행이 가능

다음 장에서는 검증된 RTL 코드를 실제 하드웨어로 변환하는 합성 과정을 다룰 것이다.

요점 정리

01. Function Simulation 은 RTL-to-GDS 과정의 첫 번째 단계로, 순수 RTL 코드의 논리적 정확성을 검증하는 과정이다.
02. **설계 초기 단계에서 오류를 발견할수록 수정 비용이 크게 절약**되며, 칩 제작 후 발견 시에는 재설계가 불가피하다.
03. Dynamic Simulation 은 실제 시간 흐름에 따라 신호 변화를 추적하며 회로 동작을 검증하는 방법으로, Function Simulation **이 이에 해당**한다.
04. Static Simulation 은 시간 흐름 없이 회로를 논리적으로 분석하여 구조적 결함을 검출하는 방법으로, STA(Static Timing Analysis)가 대표적이다.
05. Function Simulation 에서는 Cell Delay 나 Net Delay **정보가 없이 이상적인 환경에서 RTL 코드의 기능만을 검증**한다.
06. 시뮬레이션에서는 **실제 목표보다 빠른 클럭 주기를 설정**하여 PVT **조건**(Process, Voltage, Temperature)을 고려한 보수적인 설계 검증을 수행한다.
07. Testbench 는 DUT(Design Under Test)**를 감싸는 테스트 환경**으로, 클록/리셋 생성, 입력 패턴 정의, 출력 모니터링을 담당한다.
08. 시뮬레이션 스크립트 파일은 **복잡한** xrun **명령어와 옵션들을 자동화**하여 일관된 시뮬레이션 환경을 제공한다.
09. Hex 파일은 Keil μ Vision **에서 컴파일된 소프트웨어 코드로**, ROM 메모리에 로딩되어 CPU 가 차례대로 실행한다.
10. Arm Cortex-M0 는 Little Endian **방식을 사용하여 낮은 바이트부터 저장**하는 메모리 구조를 갖는다.
11. $readmemh **명령어**는 16 진수 형태의 파일을 메모리 배열에 순차적으로 할당하는 Verilog **시스템 태스크**이다.
12. $display 구문을 사용하여 시뮬레이션 중 **메모리 내용이나 신호 값을 콘솔에 출력하여 디버깅**할 수 있다.
13. UART **통신**은 **아스키 코드를 2 진수 8 비트로 변환하여 직렬 통신**하며, **각 바이트마다 추가 1 비트** (Stop bit)**가 포함**된다.
14. CPU 의 Instruction Fetch **과정**은 AHB 버스를 통해 ROM **에서 코드를 읽어오는 과정**으로, HADDR 와 HRDATA 신호를 통해 확인할 수 있다.
15. Function Simulation 에서는 .v **파일만 사용**되며, GPDK 의 다른 파일 형식(.lib, .db 등)은 사용되지 않는다.

연습문제 객관식 문제 (10개)

01 Function Simulation의 주요 특징이 아닌 것은?

① 순수 RTL 코드의 논리적 정확성 검증
② Cell Delay와 Net Delay를 모두 포함
③ 이상적인 환경에서의 테스트
④ 설계 초기 단계의 검증

02 Dynamic Simulation과 Static Simulation의 차이점으로 옳지 않은 것은?

① Dynamic Simulation은 입력 벡터를 적용해 실제 동작을 시뮬레이션한다.
② Static Simulation은 모든 타이밍 경로를 빠짐없이 분석한다.
③ Dynamic Simulation은 기능 검증이 불가능하다.
④ Static Simulation은 입력 벡터 없이 수학적으로 타이밍만 분석한다.

03 목표 클럭 주기를 7ns로 설정한 이유는?

① 실제 목표보다 느린 속도로 안전하게 검증
② 보수적인 설계 검증과 Timing Closure 대비
③ GPDK045 라이브러리의 제약 때문
④ Function Simulation과 Pre-layout Simulation의 차이점 이해

04 Testbench에서 인스턴스되는 모듈이 아닌 것은?

① cmsdk_mcu (칩으로 구현될 TOP 모듈)
② clkreset (클록과 리셋 생성)
③ ahb_rom (ROM 메모리)
④ cmsdk_ahb_gpio (GPIO 컨트롤러)

05 xrun 명령어의 옵션 설명으로 틀린 것은?

① -timescale: time unit 기본 단위와 정확도 설정
② -gui: GUI 기반 시뮬레이션 진행
③ -access: 시뮬레이션 object 접근 권한 설정
④ +libext: 소프트웨어 컴파일러 경로 지정

06 Little Endian 방식에 대한 설명으로 옳은 것은?

① 높은 바이트부터 저장하는 방식
② Arm Cortex-M 시리즈에서 널리 사용
③ 68 03 00 20을 20 00 03 68 순서로 읽지 않음
④ Big Endian보다 메모리 효율이 낮음

07 $readmemh 명령어의 특징이 아닌 것은?

① 16진수 형태의 파일을 읽어들임
② 메모리 배열에 순차적으로 할당
③ always 블록에서만 사용 가능
④ 초기화 블록($initial)에서 사용

08 UART 통신에서 'H' 문자를 전송할 때의 특징은?

① 아스키 코드 72를 2진수 8비트로 변환
② 0100_1000을 정순으로 전송
③ 추가 Start bit만 포함
④ Pull Down에 의해 기본값이 0

09 CPU의 Instruction Fetch 과정에서 확인할 수 있는 신호는?

① HADDR와 HRDATA를 통한 주소와 데이터
② APB 버스를 통한 주변장치 접근
③ GPIO를 통한 외부 신호 입출력
④ UART를 통한 메시지 전송

10 Function Simulation에서 사용되는 파일 형식은?

① .lib와 .db 파일만 ② .v와 .sv 파일만
③ .sdf와 .spef 파일만 ④ 모든 GPDK 파일 형식

연습문제 주관식 문제 (5개)

11 Function Simulation이 반도체 설계에서 중요한 이유를 설계 비용과 오류 발견 시점의 관점에서 설명하시오.

12 Dynamic Simulation과 Static Simulation의 차이점을 검증 방식, 타이밍 커버리지, 기능 검증 가능 여부 측면에서 비교 설명하시오.

13 Testbench의 역할과 구성 요소를 설명하고, 본 장에서 사용된 testbench에 인스턴스된 5개 모듈의 기능을 각각 서술하시오.

14 Hex 파일이 ROM에 로딩되는 과정을 $readmemh 명령어와 함께 설명하고, Little Endian 방식의 특징을 예시를 들어 설명하시오.

15 UART를 통한 메시지 출력 과정을 아스키 코드 변환부터 파형 분석까지 단계별로 설명하시오.

정답

[객관식]

1 ② Cell Delay와 Net Delay를 모두 포함 **2** ③ Dynamic Simulation은 기능 검증이 불가능하다 **3** ② 보수적인 설계 검증과 Timing Closure 대비 **4** ④ cmsdk_ahb_gpio (GPIO 컨트롤러) **5** ④ +libext: 소프트웨어 컴파일러 경로 지정 **6** ② Arm Cortex-M 시리즈에서 널리 사용 **7** ③ always 블록에서만 사용 가능 **8** ① 아스키 코드 72를 2진수 8비트로 변환 **9** ① HADDR와 HRDATA를 통한 주소와 데이터 **10** ② .v와 .sv 파일만

[주관식]

11 Function Simulation은 설계 초기 단계에서 RTL 코드의 오류를 발견할 수 있어 수정 비용을 최소화한다. RTL 단계에서 발견 시 몇 시간-며칠이 소요되지만, 합성 후에는 며칠-몇 주, 칩 제작 후에는 재설계가 필요하며, 시장 출시 후 발견 시에는 막대한 경제적 손실을 초래한다.

12 Dynamic Simulation은 입력 벡터를 적용해 실제 동작을 시뮬레이션하며 기능과 타이밍을 함께 검증하지만, 테스트 벡터에 따라 커버리지가 제한적이다. Static Simulation은 입력 벡터 없이 모든 타이밍 경로를 수학적으로 분석하여 이론상 100% 커버리지를 제공하지만 기능 검증은 불가능하다.

13 Testbench는 DUT를 감싸는 테스트 환경으로 클록/리셋 생성, 입력 패턴 정의, 출력 모니터링을 담당한다. 5개 모듈: ①cmsdk_mcu(칩 구현 TOP 모듈), ②clkreset(클록/리셋 생성), ③ahb_rom(ROM 메모리), ④ahb_ram(RAM 메모리), ⑤cmsdk_uart_capture(UART 메시지 출력 캡처)

14 Hex 파일은 initial begin-end 구문에서 $readmemh(filename, ram_data) 명령으로 ROM의 2차원 배열에 순차적으로 로딩된다. Little Endian은 낮은 바이트부터 저장하는 방식으로, 68 03 00 20이 20 00 03 68 순서로 CPU에 전달되어 Arm Cortex-M에서 널리 사용된다.

15 문자는 아스키 코드로 변환(H=72, e=101)되어 2진수 8비트(H=0100_1000, e=0110_0101)로 변환된다. UART는 이를 역순으로 직렬 전송하며 각 바이트마다 추가 1비트가 포함되어, 파형에서 0과 1의 패턴으로 확인할 수 있다.

용어설명

용어	설명
Function SimulationRTL	코드의 논리적 정확성을 검증하는 시뮬레이션으로, Cell/Net Delay 없이 이상적 환경에서 수행
Dynamic Simulation	실제 시간 흐름에 따라 신호 변화를 추적하며 회로 동작을 검증하는 방법
Static Simulation	시간 흐름 없이 회로를 논리적으로 분석하여 구조적 결함을 검출하는 방법
Testbench	DUT(Design Under Test)를 감싸는 테스트 환경으로 검증을 위한 자극과 모니터링 제공
DUT	Design Under Test, 검증 대상이 되는 설계
xrun	Cadence Xcelium 시뮬레이터의 실행 명령어
Little Endian	낮은 바이트부터 저장하는 바이트 순서 방식, Arm Cortex-M에서 사용
Big Endian	높은 바이트부터 저장하는 바이트 순서 방식, 인텔 x86 계열 CPU와 네트워크 통신에서 주로 사용
Hex 파일	컴파일된 소프트웨어 코드를 16진수 형태로 저장한 파일
$readmemh	Verilog에서 16진수 파일을 메모리 배열에 로딩하는 시스템 태스크
$display	Verilog에서 시뮬레이션 중 값을 콘솔에 출력하는 시스템 태스크
ROM	Read-Only Memory, 프로그램 코드가 저장되는 읽기 전용 메모리
RAM	Random Access Memory, 데이터 저장용 읽기/쓰기 가능 메모리
UART	Universal Asynchronous Receiver/Transmitter, 직렬 통신 인터페이스
아스키 코드	American Standard Code for Information Interchange, 문자를 숫자로 표현하는 표준
Instruction Fetch	CPU가 메모리에서 명령어를 읽어오는 과정
AHB 버스	Advanced High-performance Bus, 고성능 시스템 버스
HADDR	AHB 버스의 주소 신호
HRDATA	AHB 버스의 읽기 데이터 신호
스크립트 파일	복잡한 명령어들을 자동화하여 일관된 실행 환경을 제공하는 파일

Chapter 5

합성

5.1 합성 과정 개요

이번 장은 Function 시뮬레이션으로 검증한 SoC의 합성을 다룬다. 구현이라는 관점에서 보면 Front-End 전반부의 가장 핵심적인 단계이다. 이번 장을 통하여 합성의 기본 개념부터 실습을 통한 실제 적용 방법까지 단계별로 살펴보며, 초보자들도 쉽게 따라할 수 있게 될 것이다.

5.1.1 RTL-to-GDS 플로우에서의 위치

반도체 설계에서 합성(Synthesis)은 RTL(Register Transfer Level)로 작성된 설계를 게이트 레벨의 넷리스트로 변환하는 중요한 과정이다. 이 과정을 통해 복잡한 설계를 보다 최적화하고, 실제 하드웨어로 구현하기에 적합한 형태로 변환한다. 또한 다양한 최적화 기법을 적용하여 설계의 성능, 전력 효율, 면적 등을 개선할 수 있다. 합성(Synthesis)은 RTL-to-GDS 과정에서 세 번째 과정으로서 Cadence사의 Genus라는 툴을 사용한다.

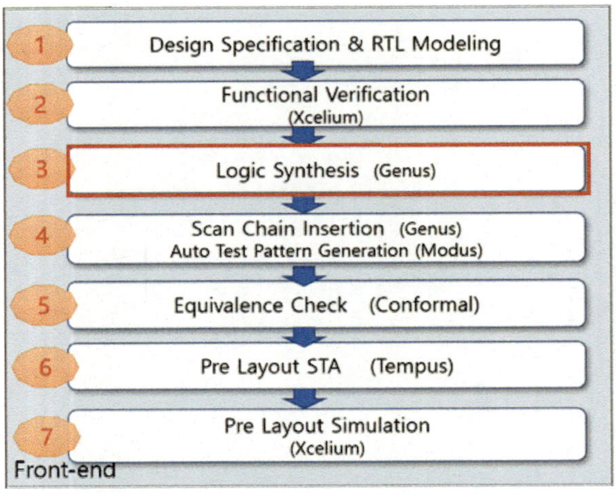

[그림 5-1] Front-End 단계 중 본 장의 위치

5.1.2 합성의 개념 및 필요성

합성(Synthesis)은 설계자가 작성한 RTL 코드를 공정사에서 제공하는 표준 셀(Standard Cell) 라이브러리를 사용하여 게이트 레벨의 회로로 변환하는 과정이다. 이는 단순한 변환이 아니라 설계 목표를 달성하기 위한 최적화 과정을 포함한다.

(1) 합성이 필요한 이유

아래와 같이 3가지 목적을 가지고 있다.

- 구현 가능한 형태로 변환 : RTL 코드는 동작을 기술하는 언어적 표현이므로, 실제 하드웨어로 제조하기 위해서는 물리적 게이트로 변환이 필요하다.
- 최적화 : 면적, 타이밍, 전력을 줄이기 위한 최적화가 수행된다.
- 제약 조건 만족 : 클록 주기, 면적 제한 등 설계 요구사항을 만족하는 회로를 생성한다.

[표 5-1] 합성을 쉽게 표현하면

RTL 코드를 여러 제약 조건을 만족하는 그림으로 바꾼다. 그림은 디지털 게이트로 되어 있고, 여러 최적화를 통해 제일 좋은 그림을 얻어낸다.

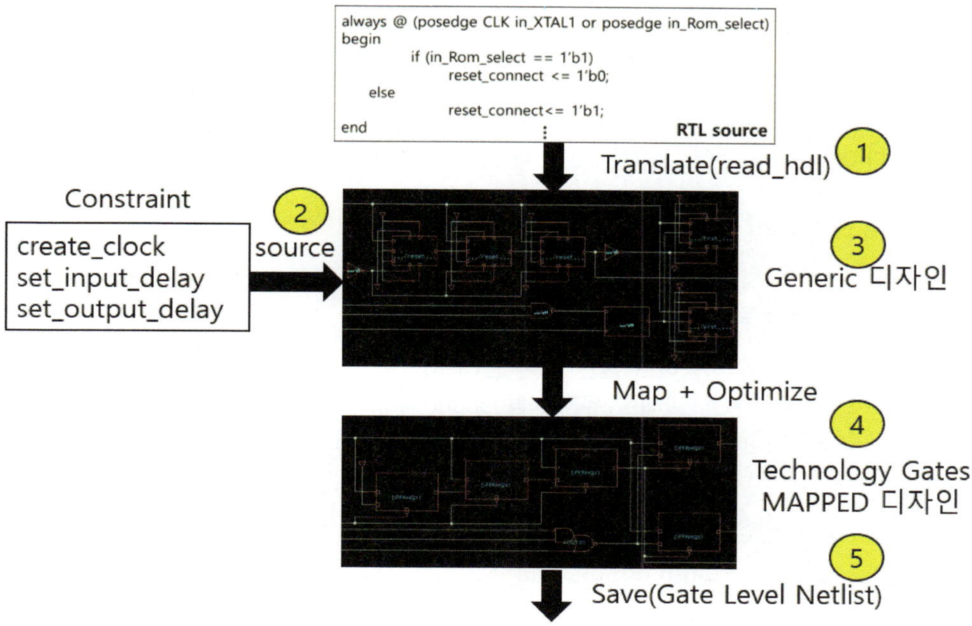

[그림 5-2] 합성 과정

5.1.3 합성 진행 단계

(1) 1단계 : Translation(번역)

- RTL 코드를 툴이 인식할 수 있는 내부 표현으로 변환
- 계층적 구조(Hierarchical Structure)를 자동으로 인식
- Generic Boolean Gates 형태로 초기 변환

(2) 2단계 : Constraint 적용(제약 조건 설정)

- 설계 목표인 면적, 타이밍, 환경 조건 등을 구체적으로 정의
- 합성 툴이 이 제약 조건을 기준으로 최적화 수행
- 설계 방향성을 명확히 설정하는 핵심 단계

(3) 3단계 : Map & Optimize(최적화 및 매핑)

- 기존 디지털 로직을 효율적인 구조로 재구성
- 공정사 제공 Standard Cell 라이브러리와 매핑
- 출력 강도 조정 (4x, 3x, 2x, 8x 등) 및 셀 간 연결 최적화

(4) 4단계 : Save(저장)

- 최적화된 설계를 게이트 레벨 넷리스트(Gate-Level Netlist)로 저장
- 다음 단계 툴에서 사용할 수 있는 형태로 결과물 생성

5.1.4 RTL에서 게이트 레벨로의 변환과 최적화

Cadence Genus 툴에서 RTL 코드는 세 번의 주요 변환을 거친다.

(1) syn_generic(제너릭 합성)

- 공정사 라이브러리를 사용하지 않는 기본 논리 최적화
- RTL 의 인스턴스 이름을 그대로 유지 (예: Count_reg[0])
- 논리적 구조 최적화에 집중

(2) syn_map(매핑 합성)

- 공정사 Standard Cell 라이브러리와 매핑
- 인스턴스 이름이 셀 이름으로 변경 (예: Count_reg[0] → DFFRHQX1)
- 실제 제조 가능한 게이트로 변환

(3) syn_opt(최적화 합성)

- 매핑된 디자인의 추가 최적화
- 타이밍, 면적, 전력 관점에서 최종 조정 (예: DFFRHQX1 → DFFRX1)
- 제약 조건을 만족하는 최적 솔루션 도출

5.1.5 Setup/Hold Time과 Path의 기본 개념

디지털 설계의 구현에서 꼭 알아야 하는 2가지 개념에 대하여 설명한다. 최대한 종합적으로 이해하고, 본 절의 마지막에서 통합 정리할 때 이해가 되기를 바란다.

(1) Setup Time과 Hold Time

- Setup Time: 클록 상승 에지 이전에 데이터가 안정적으로 도착해야 하는 시간
- Hold Time: 클록 상승 에지 이후에도 데이터가 유지되어야 하는 시간

이 두 가지는 플립플롭이 정상적으로 데이터를 주고받기 위하여 필요한 시간이다. 특히 Setup Time 위반 여부는 합성이 메인인 Front-End 단계에서 가장 중요한 관심사이다. 아래 그림은 클록을 기준으로 Setup에 대한 요구 시간과 Hold에 대한 요구 시간이 있음을 보여주고, Setup Time과 Hold Time 위반이 없는 정상적인 신호의 형태가 어떠해야 하는지를 나타내고 있다.

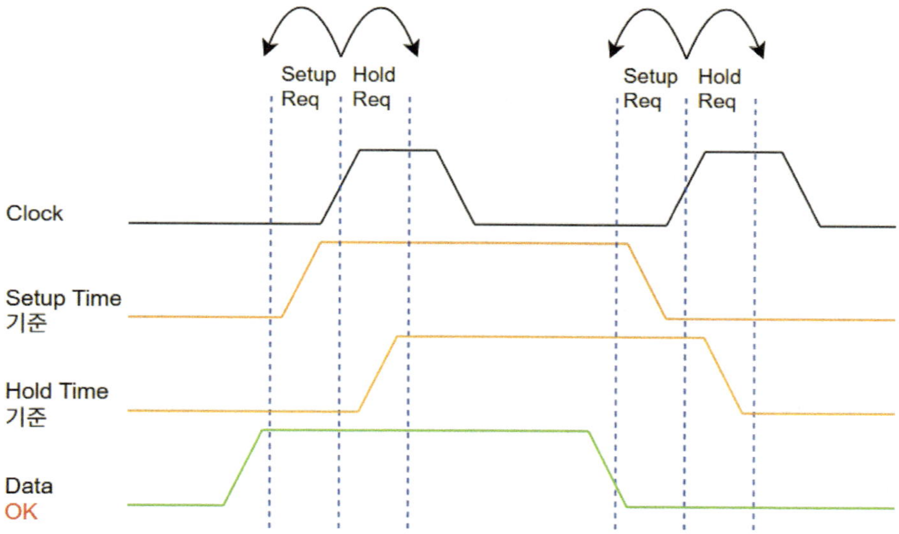

[그림 5-3] Setup Time과 Hold Time

(2) Path(경로)의 개념

디지털 로직은 Verilog 언어로 기술할 수 있고, 언어를 사용한다는 것은 계산 로직을 만들어낼 수 있다는 뜻이다. 계산 로직은 신호의 연결이 매우 복잡할 수 있으므로 많은 EDA 툴에 공통적으로 적용할 기준이 필요하다. 우리는 그 기준을 Path라는 단어로 부르는데, 디지털 구현 툴과 타이밍 검증 툴은 모두 이 개념이 탑재되어 있다. 경로라는 것은 당연하지만, 시작점인 Start Point와 종착점인 End Point가 있다. 이에 대한 간단한 정의는 아래와 같다.

- Start Point: 입력 포트 또는 레지스터의 클록 핀
- End Point: 출력 포트 또는 다음 레지스터의 데이터 입력 핀

아래 그림은 Path를 나타낸다. 왼쪽 그림은 툴이 디자인을 읽어 들이면, 모든 Path에 대해서 빠짐없이 분석할 수 있다는 것을 나타낸다. 오른쪽 그림은 툴이 Path를 인지하는 원리를 나타내는데, Register 간의 연결에서 Start Point는 앞선 플립플롭의 클록 핀이 되고 End Point는 다음 플립플롭의 D가 된다.

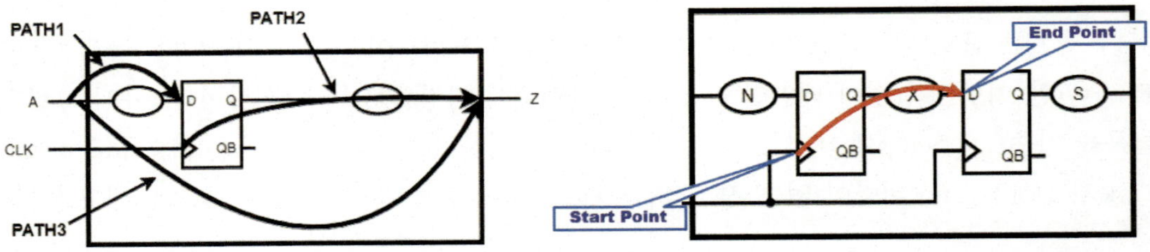

[그림 5-4] Path에 대한 설명

이렇게 Path는 사람의 손가락 마디처럼, 길게 이어져 있는 신호의 길을 플립플롭 단위로 끊고 이해 및 분석할 수 있도록 하는 중요한 단위이다. 그래서 처음 합성을 접하는 독자들은 디지털 디자인이 아래와 같은 세 종류의 Path로 구분된다는 것을 이해해야 한다.

- Internal Path: 레지스터 간 경로 (Reg-to-Reg)
- Input Path: 외부 입력에서 내부 레지스터로의 경로
- Output Path: 내부 레지스터에서 외부 출력으로의 경로

예제를 통해 이해하자. 아래 그림의 MY_DESIGN 모듈은 Input Path와 Output Path, Internal Path로 구성되어 있다.

- Input Path : 입력포트부터 N 으로 표시된 조합회로를 거쳐 플립플롭의 D 까지
- Internal Path : 빨간색 화살표처럼, 첫째 플립플롭의 클록 핀부터 두 번째 플립플롭의 D 까지
- Output Path : 두 번째 플립플롭의 클록 핀부터 S 로 표시된 조합회로를 거쳐 출력포트까지

참고로, MY_DESIGN이 더 복잡해도 Internal Path(Reg-to-Reg)가 추가될 뿐이다.

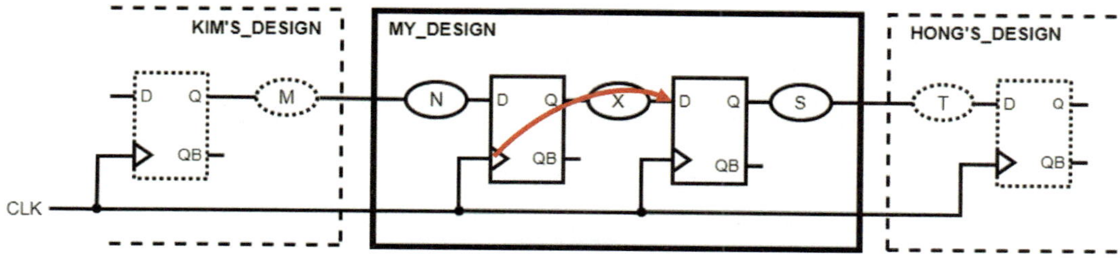

[그림 5-5] MY DESIGN과 전, 후 모듈의 연결

위의 그림을 좀 더 넓은 시야로 살펴보자. MY_DESIGN 모듈은 Path가 모여 만들어지고, 만들어진 모듈은 전, 후 모듈과의 연결을 통해 더 큰 디자인이 될 수 있다. 실무에서는 내가 만든 모듈이 Top 모듈이 아닌, 작은 서브 모듈일 가능성이 매우 크므로 KIM의 디자인과 HONG의 디자인이 앞, 뒤로 연결될 수 있다고 이해해야 한다. 위 그림처럼 연결이 되고 나면, MY_DESIGN의 Path에 아래와 같은 변화가 생긴다.

- Input Path : KIM 디자인의 플립플롭 클록 핀부터 M, N 조합회로를 거쳐 첫 번째 플립플롭의 D 까지
- Output Path : 두 번째 플립플롭의 클록 핀부터 S, T 조합회로를 거쳐 HONG 디자인 플립플롭의 D 까지

[표 5-2] 시간적 의미 추가

위 그림에서 빨간색 화살표로 정의하고 있는 Internal Path(Reg-to-Reg)는 시간적인 의미도 담고 있다. Start Point부터 End Point까지 얼마의 시간이 걸렸는지에 대한 것인데, 기본적으로 Cell Delay와 Net Delay의 합으로 정의한다. **– Cell Delay : 쉽게 말해 셀에서 걸린 시간** 플립플롭이 클록의 Rising Edge를 인지한 시점부터 데이터가 Q핀으로 출력되는데까지 걸리는 CLK-to-Q 시간과 AND, OR 게이트로 이루어진 조합회로의 동작 시간을 포함한다. **– Net Delay : 쉽게 말해 선(Wire)에서 걸린 시간** 셀과 셀은 Net(Wire)로 연결되는데, 디지털 로직처럼 Verilog로 회로를 기술하면 자연스럽게 Net 연결이 방대해질 것이므로 무시할 수 없는 값이 될 것이다.

아래 그림을 통해 본 절의 내용을 종합적으로 이해하자. 최종적으로 독자들이 이해해야 하는 것은, 모든 Path는 플립플롭을 기준으로 구분되기 때문에 Path의 시간적 거리는 클록 펄스 한 주기라는 것이다. 아래 그림처럼 클록의 주기가 4ns라고 하면, 앞선 플립플롭 클록 핀부터 다음 플립플롭의 D까지로 정의되는 Path는 4ns 이내에 신호가 도착해야 한다. 다시 말해,

Path 내의 모든 Cell Delay와 Net Delay를 모두 합한 시간이 4ns보다 적어야만 한다는 것이다. 또한 여기에는 Setup과 Hold Time에 대한 내용이 들어 있어서, Setup Time Requirement가 0.3ns라면 3.7ns가 되기 전에 0 또는 1값이 다음 플립플롭의 D에 도착해야 한다.

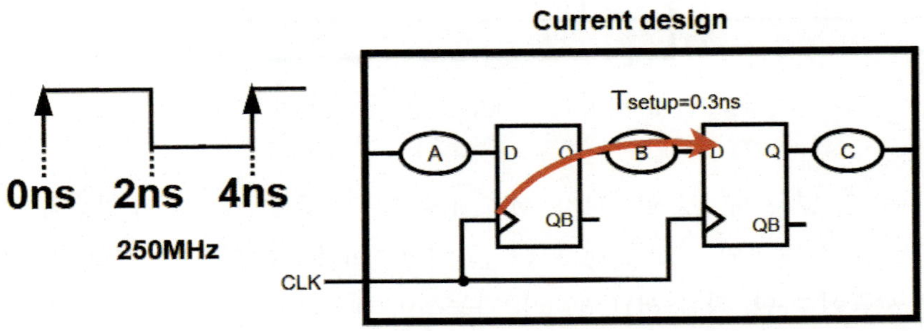

[그림 5-6] Path와 Setup Time의 이해를 위한 예

어려웠을텐데 매우 중요한 내용을 이해했음에 대하여 필자가 박수를 보낸다. 이 내용만 사람이 이해하고 있으면 툴이 보여주는 메시지를 해석할 수 있다. 이제 여러분은 각자 이해한 내용을 바탕으로, 디자인 처음부터 마지막까지 일관된 시각을 유지할 수 있다. 왜냐하면, 이 내용은 합성과 PnR 그리고 Static Timing 분석 툴에서 가장 중요하게 다루는 내용이기 때문이다.

[표 5-3] 여기까지의 체크 리스트

아래 내용을 이해하고 있는지 자가 진단해보자. □ RTL-to-GDS에서 합성 단계의 중요성 이해하기 □ 합성 과정의 4단계(Translation, Constraint 적용, 최적화, 저장) 기억하기 □ Setup/Hold Time, Path 개념 정확히 이해하기

5.2 Constraint의 핵심 개념

Constraint는 제약 조건이라는 뜻이다. 다른 말로 스펙이라고 부른다. 칩이 동작할 때 만족해야 하는 사항들을 모두 적어서 EDA 툴에게 알려주면, 툴은 해당 내용들을 모두 만족하는 칩이 될 수 있도록 도와주는 역할을 한다. 예를 들어 칩이 상온에서 1MHz로 동작하게 해달라고 툴에게 말하면 그에 맞는 칩이 결과물로 나올 것이고, 영하 40도에서 1GHz로 동작해야 한다고 Constraint 파일에 적은 뒤 툴에게 주면 신기하게도 정말 그렇게 동작하는 칩이 나올 것이다. 하지만 너무 과도한 목표를 잡으면 오버 스펙이 되어 시간만 허비한 채 구현할 수 없는 상황이 될 수 있으니 Constraint의 적절한 설정은 설계의 목표를 달성하고 안정적으로 동작하는 결과물을 얻는 데 매우 중요하다.

아래 그림처럼 Constraint는 크게 3가지로 구분된다. Timing, Area, 환경적 요인을 차례대로 살펴보자.

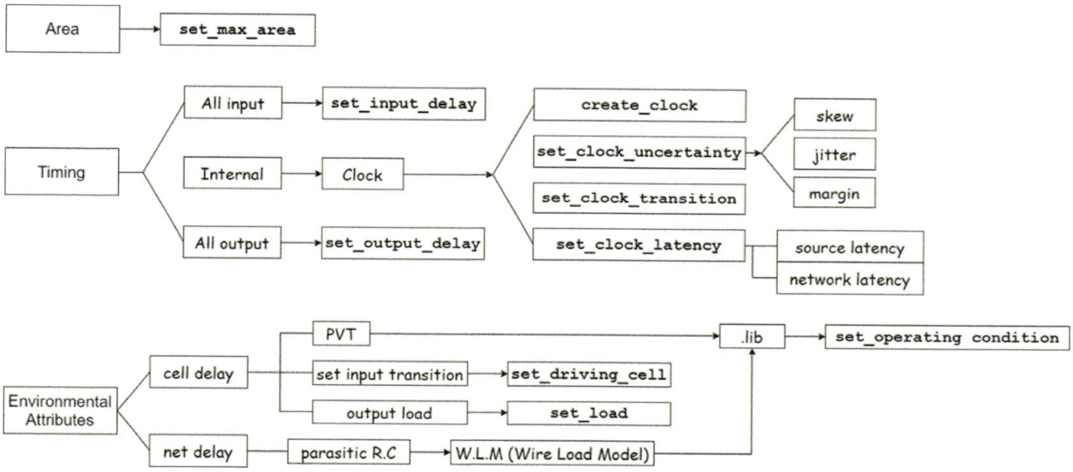

[그림 5-7] 기본 Constraint의 분류와 명령

5.2.1 Timing Constraint 개요

Timing Constraint는 칩 설계에서 시간적 지연에 관한 제약 조건을 설정하는 것으로, 설계의 타이밍 요구사항을 충족하기 위해 반드시 고려해야 한다. 아래 기본전제는 독자들 모두 숙지하자.

[표 5-4] 기본 전제

- 설계는 기본적으로 Single 클록(한 주기 클록) 단위로 동작
- 상승 에지(Positive Edge)를 기준으로 신호 처리
- 모든 디자인은 동기화된 같은 클록 사용

(1) Internal Paths(Reg-to-Reg)

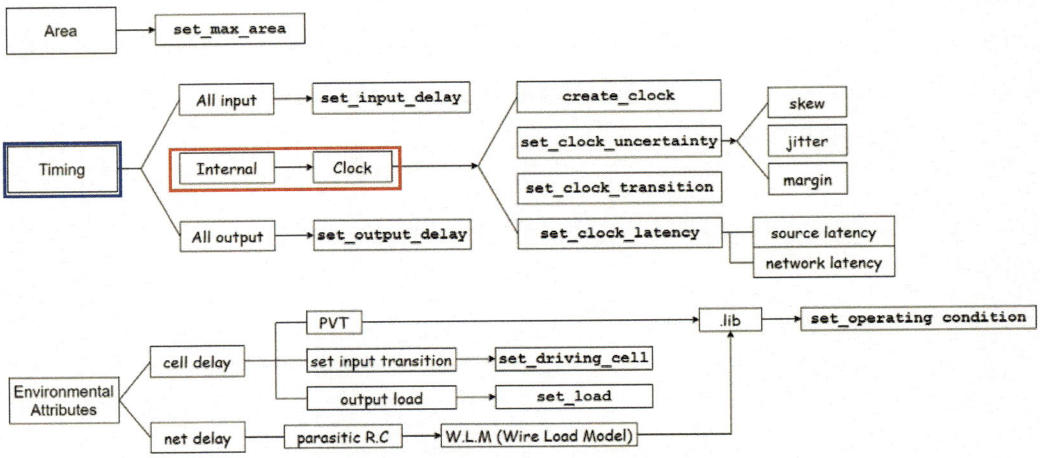

[그림 5-8] Timing ⇨ Internal Paths

위 그림에서 우리의 현재 위치를 확인할 수 있다. 디자인을 생선처럼 3등분하여 머리, 몸통, 꼬리로 구분해보자. 몸통에 해당하는 것이 내부 즉 Internal이다. 디자인의 내부는 레지스터들로 마디 구분이 가능한데, 레지스터들간의 시간적 거리는 클록 한 주기에 해당하므로 클록에 대한 설정부터 알아보자.

① 클록 주기 설정

쉽게 Positive Edge 클록으로 구동되는 디자인이라고 가정하고, 0ns부터 첫 번째 Rising까지의 시간적 거리를 표현한다. Duty Cycle은 조절할 수 있지만 50%로 하는 것이 쉽겠다. 기본 단위는 공정에 따라 다르지만 대부분 ns인데 .lib파일의 상단에 기본 단위가 적혀있으니 독자들이 직접 확인하면 정확할 것이다.

```
Genus> current_design Mydesign_name
Genus> create_clock -period 4 [get_ports clk]  # 4ns(250Mhz) 주기
```

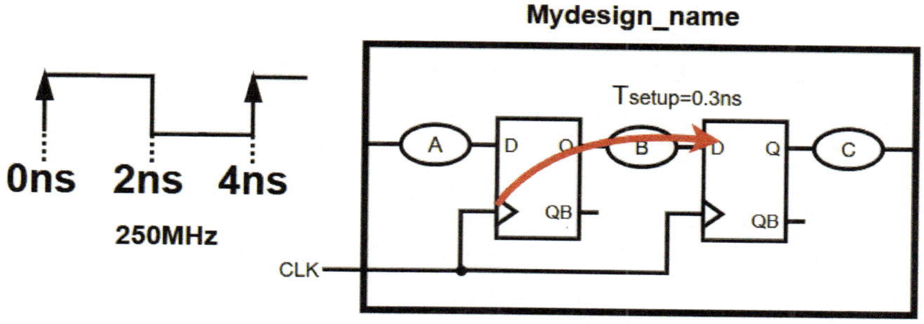

[그림 5-9] 클록 주기 설정 = Internal Path(Reg-to-Reg)의 시간적 거리 부여

② Uncertainty(불확실성)

물리적으로 만들어진 칩 내에서 동작하는 클록은 네모반듯한 파형이 아니다. Rising과 Falling에 기울기가 있고, 노이즈도 심하며 좌우로 흔들린다. 우리가 어렴풋이 긍정하고 있을 이 개념은 지금부터 얘기할 Clock의 Uncertainty, Latency, Transition으로 정리할 수 있다. 이상과 현실이 얼마나 다른지 3가지 항목으로 EDA 툴에게 알려주면, 이를 감안한 디자인을 만들어준다고 생각하면 된다. 가장 먼저, 여러 가지 불확실성을 나타내는 Uncertainty를 소개한다. 아래 3가지 요소들의 합이다.

- **Skew**: 각 Reg 가 클록을 인식하는 시점간의 차이로, 세 요소 중 가장 높은 비중을 차지. 아래 그림에서 확인
- **Jitter**: 클록 신호 위상의 미세한 변동. 이상적인 클록 신호 대비 실제 신호가 시간축상으로 빠르고 늦게 도착하여 좌우로 흔들려 보임
- **Margin**: 설계/제조 오차 대비 추가 여유 시간으로서, 쉽게 말해 마진

```
Genus> set_clock_uncertainty -setup 0.14 [get_clocks CLK]
Skew : 0.07ns
jitter : 0.01ns(+0.005ns, -0.005ns)
margin : 0.06ns
```

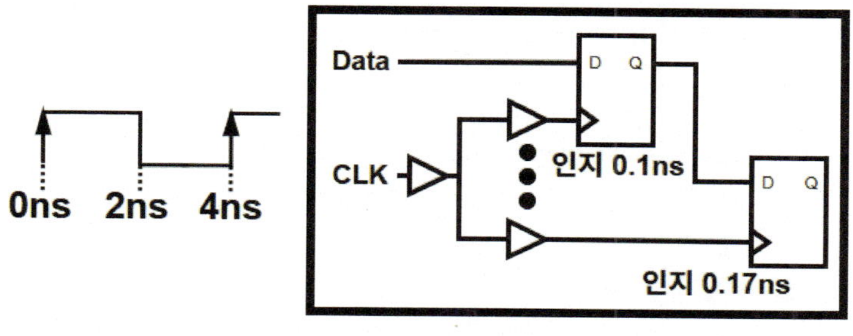

[그림 5-10] Clock Skew : 플립플롭이 클록을 인지하는 시점의 차이

③ Latency(지연)

Latency는 클록 신호가 전달되는 과정에서 발생하는 시간적 지연(delay)을 의미한다. 오실레이터(Oscillator)와 같은 클록 소스에서 시작하여 내부의 레지스터까지 신호가 도달하는 동안 발생하는 모든 지연시간을 포함한다.

- **Source Latency** : PCB 상의 클록 소스에서 칩까지의 지연
- **Network Latency** : 칩 내부로서, 입력 포트부터 첫 번째 플립플롭까지의 지연

```
Genus> set_clock_latency -source -max 3 [get_clocks CLK]
Genus> set_clock_latency -max 1 [get_clocks CLK]
```

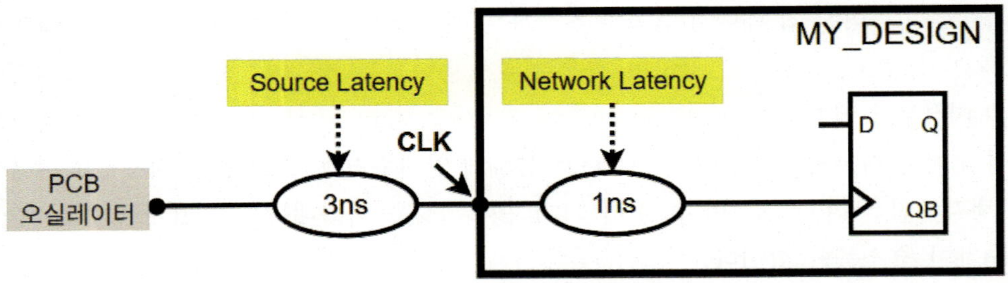

[그림 5-11] Clock Latency : 클록의 지연

④ Transition

Transition은 신호가 0에서 1로 상승하거나 1에서 0으로 하강할 때 걸리는 시간을 의미한다. 쉽게 말하면 기울기이고, 어렵게 말하면 신호가 바뀌는 임계(Threshold)까지 걸리는 시간이다. Transition이 너무 길면 신호가 왜곡되거나 타이밍에 오류가 발생할 수 있으므로 Transition이 짧은 것이 상대적으로 유리하다. 아래 그림의 왼쪽 하단 클록이 실제 기울기가 있는 클록을 뜻하고, 임계까지 걸리는 시간을 빨간색으로 표현하였다. 보이지 않는 임계까지 걸리는 시간을 ns단위로 아래 명령으로 표현한다.

```
Genus> set_clock_transition 0.08 [get_clock CLK]
```

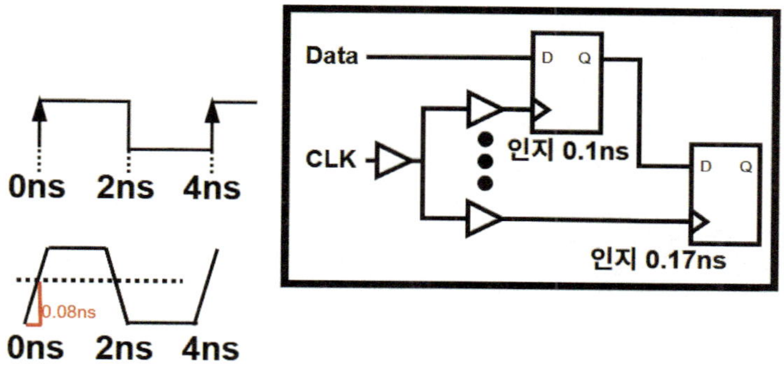

[그림 5-12] Clock Transition : 임계점 도달까지의 소요 시간

지금까지 클록에 대한 세 가지를 모두 살펴보았다. 아래 그림으로 정리하자. 먼저 Uncertainty는 불확실성으로서 Skew를 비롯한 세 가지 요소를 담고 있다. Transition은 클록의 기울기로, 임계까지 걸리는 시간이다. 마지막으로 Latency는 Original 클록 대비 얼마의 지연이 발생했는지를 다룬다. 툴은 이 항목들을 설계자가 입력해주지 않으면 0으로 생각하고 일을 하는데, 지금의 우리는 숫자를 부여할 수 있으니 신뢰성이 높은 디자인을 만들어낼 수 있게 되었다.

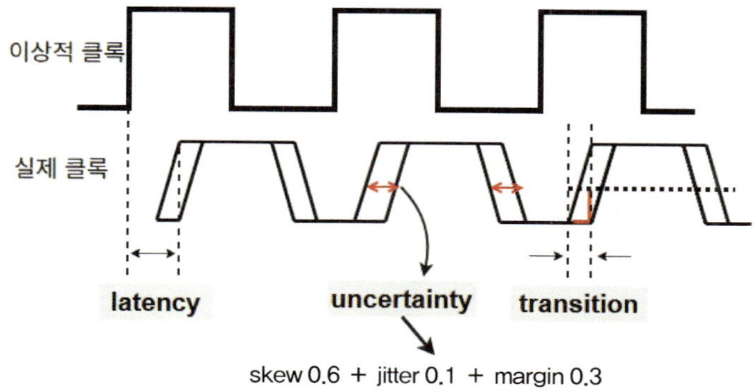

[그림 5-13] 클록의 3가지 Constraint 정리

[표 5-5] 여기서 잠깐

> 독자들이 매우 답답할 것이다. 사실 Verilog도 간신히 코딩했던 우리가 아닌가? 그런데 갑자기 클록의 불확실성, 지연, 기울기 같은 정보를 우리가 어떻게 알고 툴에게 수치로 줄 수가 있단 말인가? 심지어 만들어지지도 않은 칩 안의 정보이기 때문에 처음 이 내용을 접하는 독자들은 막연하기만 할 것이다. 그래서 기존의 예제를 참고하면 좋겠다. 학교나 개인이라면 이 책과 함께 제공되는 실습 환경 내의 Constraint 파일을 열어서 확인하면 좋을 것이고, 기업에 있는 사람이라면 앞선 프로젝트를 살펴보면 될 것이다. 성공한 이전 프로젝트의 Constraint에는 기업의 칩 설계 방식과 철학, 노하우가 들어있으니 빨리 파악하는 사람은 기업의 핵심 엔지니어가 되는 지름길에 들어서게 될 것이다.

(2) Input/Output Paths

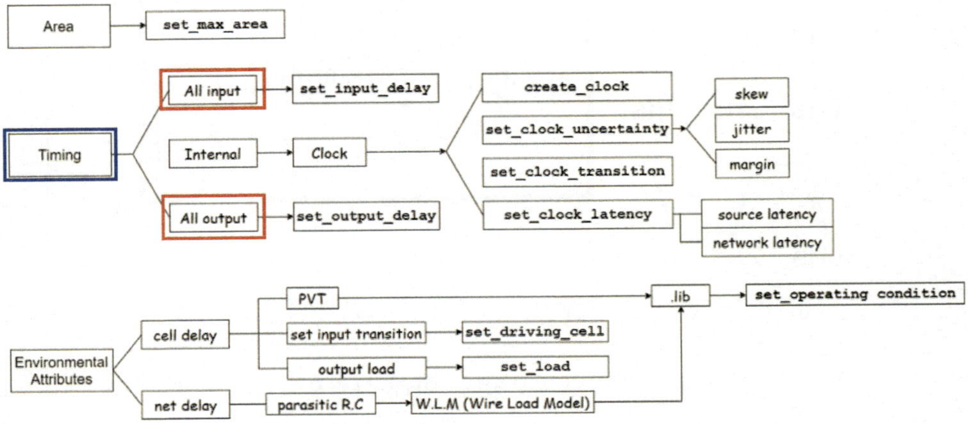

[그림 5-14] Timing Constraint 중 Input, Output

위 그림을 통해 현재 우리의 위치를 확인할 수 있다. 클록에 대해서는 끝났고, 지금부터는 시그널을 다룰 것이다. Input Path와 Output Path는 칩 입장에서의 입, 출력에 해당한다. 중요한 것은, Constraint는 칩을 거시적으로 위에서 바라보았을 때 부여하는 것이다. 내가 만들고 있는 디자인의 내부 회로나 Net에 관한 것이 아니므로 혼동하지 않도록 하자.

① Input Paths

아래 그림에서 화살표에 해당한다. 외부 신호가 칩 내부 레지스터로 전달되는 경로로서, 내 칩 바깥이라는 뜻이다. 아래 명령은 내 칩 바깥에서 0.3ns가 걸린다는 뜻이다.

```
Genus> set_input_delay -max 0.3 -clock CLK [get_ports A]
```

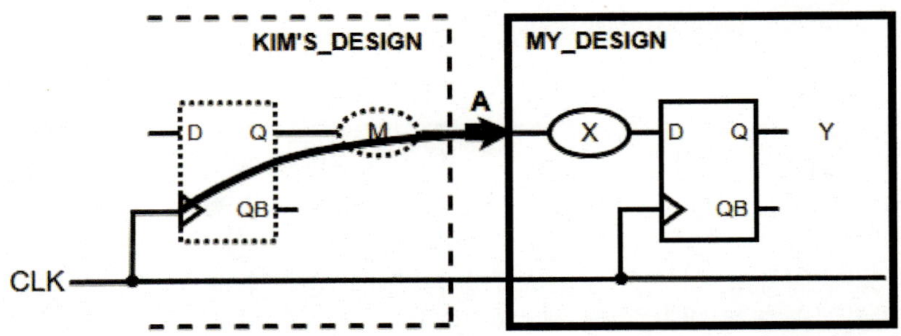

[그림 5-15] 내 칩의 바깥이다. 내 칩 외부에서 소요되는 시간 설정

② Output Paths

역시 내 칩 바깥인데, 이번에는 출력에 관한 것으로서 내부 레지스터에서 외부로 신호가 전달되는 경로이다. 아래 그림을 참고하자. Y라는 조합회로를 거치는 시간과 레지스터의 Setup 시간을 더하여 1ns를 부여한다. 만약 클록 주기가 2ns라면, 칩 내부에서 2−1=최대 1ns까지 신호가 머무르고 나가는 X 디자인을 툴이 자동으로 생각하여 구현해준다. 나는 아래처럼 명령 한 줄로 1ns를 말했을 뿐인데 나머지 모두를 툴이 알아서 계산해주는 것이다.

```
Genus> set_output_delay -max 1 -clock CLK [get_ports B]
```

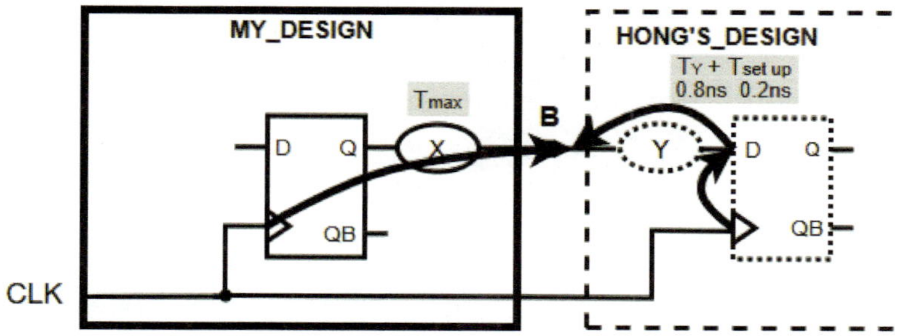

[그림 5-16] 내 칩의 바깥이다. 내 칩 외부에서 소요되는 시간 설정

[표 5-6] 여기서 잠깐

Timing Constraint가 끝났다. 클록과 입, 출력 신호에 대한 내용이었다. 그런데 독자 입장에서는 답답할 것이다. 물리적으로 칩이 만들어진 후의 진짜 입, 출력에 관한 수치들은 알 수가 없기 때문이다. 그래서 Timing Budget이라는 개념을 소개한다. Input delay와 Output delay는 클록 주기의 60%를 주면 된다는 내용이다. 클록 주기가 1ns라면, 0.6ns를 부여하는 것이다. 굉장히 높은 퍼센트를 부여함으로써 어떠한 디자인이 연결되더라도 해당 Path 내의 타이밍에 문제가 없도록 하는 것이다. 필자의 경험상 세 자리수 공정(350, 180, 130, 110nm등)에서 잘 적용했고, 두 자리수 공정에서는 60%보다는 더 느슨하게 했던 것 같다.

5.2.2 Area Constraint

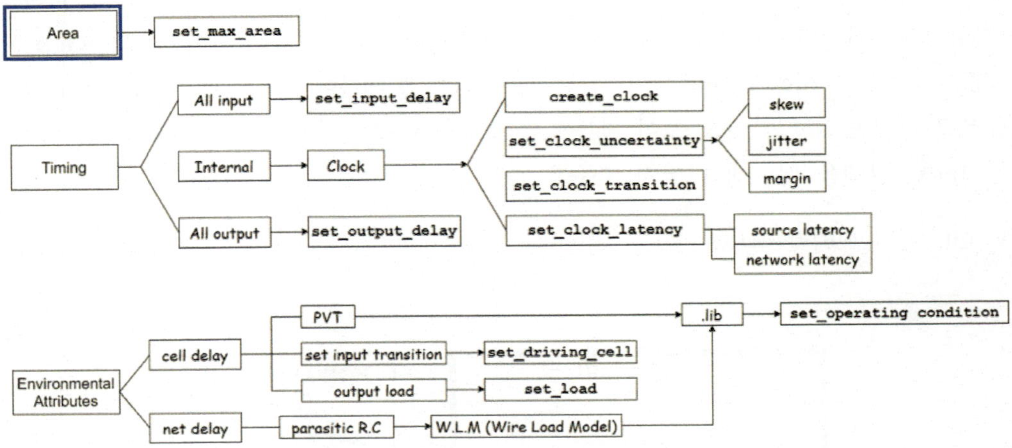

[그림 5-17] Area Constraint

Area Constraint는 설계된 회로가 특정 크기 내에서 구현되도록 제한하는 조건이다. 면적이 제한된 환경에서 설계할 때 사용되며, 칩의 크기와 비용을 최적화하는 데 중요한 역할을 한다.

아래 명령과 같은데, 숫자는 가로와 세로의 곱인 μm^2 단위이다. 2 input NAND 게이트의 크기를 문서를 통해 알아내면 아래의 1000이라는 면적을 해당 크기로 나누어 몇 게이트인지 계산할 수 있다. 예를 들어 2 input NAND 게이트 크기가 10μm^2라면, 1000/10=100 게이트 규모라는 것을 계산해낼 수 있는 것이다.

```
Genus> set_max_area 1000  # 설계 면적을 1000μm²로 제한
```

학교에서 MPW(Multi Project Wafer)를 참여하는 경우라면 필드보다는 Area 측면에서 제약이 크지 않을 것이니 set_max_area를 0으로 부여해서 최대한 작게, 0에 가깝게 만들 수 있다.

5.2.3 환경적 특성(Environmental Attributes)

이번 절에서는 칩이 물리적으로 만들어지고, PCB 보드에 실장된 뒤 어떤 환경에 놓이느냐를 생각한다. 가장 먼저 온도가 생각날 것이고, 전압이 생각날 것이다. 사람도 여름과 겨울에 운동 능력이 다르고, 밥을 많이 먹은 경우와 적게 먹은 경우에 낼 수 있는 퍼포먼스가 다르다. 반도체도 온도와 전압에 따라 크게 영향을 받기 때문에 공정사 Foundry는 수많은 상황을

사전에 기본 소자들에 적용하고, 그로 인하여 얻어낸 결과를 라이브러리 .lib 파일로 제공하고 있다. 이번 절의 내용을 통해서 독자들은 환경적인 요인뿐만 아니라 자세한 공정 정보를 담고 있는 .lib 파일의 본질을 이해하게 될 것이다.

(1) PVT Corner(Process, Voltage, Temperature)

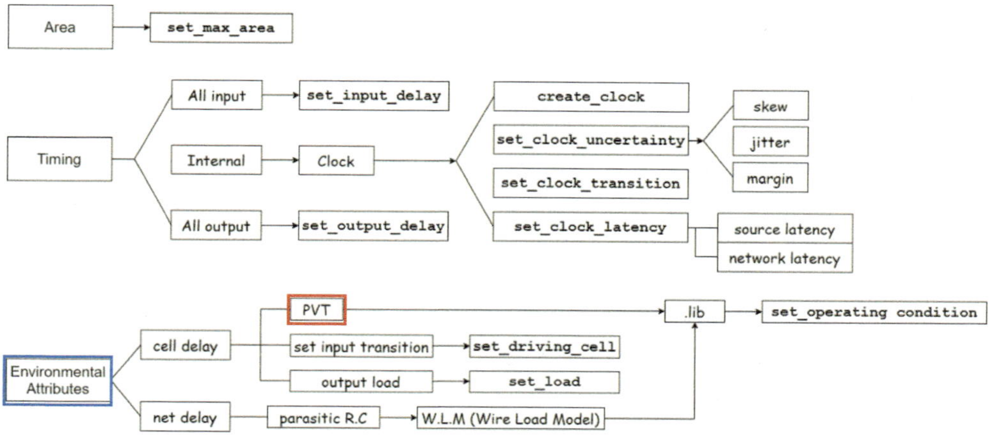

[그림 5-18] 환경적 요소

위 그림을 통해 현재 위치를 확인할 수 있다. 빨간색으로 되어 있는 PVT부터 알아보자. 아래 그림은 디자인의 타이밍에 영향을 주는 요소들을 표현하고 있다. 크게 2가지 색으로 구분할 수 있다. 주황색은 디자인 밖의 요소로서 환경적인 요소라고 생각하면 되겠다. 하나씩 살펴보면, Process 공정, Voltage 전압, Temperature 온도이다.

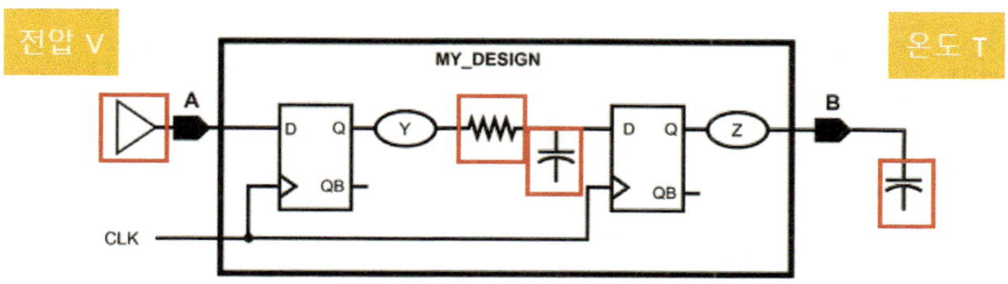

Process Option	
NMOS	PMOS
Fast	Fast
Typical	Typical
Slow	Slow

[그림 5-19] 타이밍에 영향을 주는 요인들

- Process: 공정 변동 (Fast-Fast, Slow-Slow, Typical-Typical)
- Voltage: 동작 전압 조건 (일반적으로 기준 전압의 ±10%)
- Temperature: 동작 온도 조건 (-40° C ~ 125° C)

먼저 온도부터 살펴보자. 반도체는 저온에서 빠르게 동작하는 특성이 있다. 반대로 고온에서 느리게 동작한다. 그래서 같은 칩이더라도 남극과 북극지방에서는 빠른 동작이 가능하고, 화산 지역과 사막 같은 곳에서는 느리게 동작한다.

다음으로 전압이다. 사람이 밥을 먹는 것과 비슷하게, 배고프면 힘을 못 내서 느리게 동작한다. 밥을 많이 먹으면 힘을 많이 내서 퍼포먼스가 좋아진다. 대신 배 터지게 먹거나 아예 굶어 버리면 게이트와 기본 소자들이 견딜 수 없다. 공정별로 정해져 있는 기준 전압을 문서에서 파악한 뒤 ±10%를 적용한다. 예를 들어 1V가 기준 전압이면 최소 0.9V부터 1.1V까지 인가하는데, 0.9V는 밥을 적게 줘서 느리게 동작하고, 1.1V는 밥을 많이 줘서 빨리 동작하는 것이다. 참고로 그보다 더 낮게 주거나 높게 주면 영양실조나 과식으로 동작을 할 수 없다.

마지막으로 공정이다. 디지털 게이트는 주로 CMOS로 이루어진다. NMOS와 PMOS로 만들어진다는 것인데, 셀을 빠르게 동작시킬 수 있는 공정을 FF(Fast-Fast)라고 부르고 느린 공정을 SS(Slow-Slow)라고 부른다. 아날로그 설계의 경우 더 많은 코너들을 고려하지만, 디지털 설계에서는 SS, TT, FF 총 3가지 코너를 기본으로 고려한다.

지금까지 얘기한 PVT 코너(Corner), 즉 칩이 동작하는 상황에 대한 정보는 공정사가 제공하는 .lib 파일에 저장되어 있으며 CADENCE GPDK045의 경우 아래와 같은 .lib 파일들이 있다.

```
fast_vdd1v0_basicCells.lib      report
fast_vdd1v0_extvdd1v0.lib       slow_vdd1v0_basicCells.lib
fast_vdd1v0_extvdd1v2.lib       slow_vdd1v0_extvdd1v0.lib
fast_vdd1v0_multibitsDFF.lib    slow_vdd1v0_extvdd1v2.lib
fast_vdd1v2_basicCells.lib      slow_vdd1v0_multibitsDFF.lib
fast_vdd1v2_extvdd1v0.lib       slow_vdd1v2_basicCells.lib
fast_vdd1v2_extvdd1v2.lib       slow_vdd1v2_extvdd1v0.lib
fast_vdd1v2_multibitsDFF.lib    slow_vdd1v2_extvdd1v2.lib
README.txt                      slow_vdd1v2_multibitsDFF.lib
```

[그림 5-20] 다양한 PVT Corner가 .lib파일로 제공됨

위 파일 중 basicCells만 정리하면 아래 그림과 같다. 파일 이름에 [공정_기준전압]이 사용되어 있음을 알 수 있는데, 필자가 직접 각각의 .lib 파일을 open하여 온도까지 파악한 내용을 정리한 것이다.

```
=============================================
SUMMARY OF basicCells
##fast_vdd1v0_basicCells.lib : PVT_1P1V_0C
##fast_vdd1v2_basicCells.lib : PVT_1P32V_0C
##slow_vdd1v0_basicCells.lib : PVT_0P9V_125C
##slow_vdd1v2_basicCells.lib : PVT_1P08V_125C
=============================================
```

[그림 5-21] 기본 셀들을 포함하고 있는 .lib 파일들

이 중에서 설계자가 원하는 .lib 파일을 선택한 뒤 Genus 합성 툴에게 알려주면 물리적으로 만들어진 칩이 해당 PVT 조건에서 동작하게 될 것을 감안하고 합성을 진행할 수 있다. 아래는 예시 명령이다.

```
Genus> set_operating_condition PVT_0P9V_125C -library [get_libs $STD_LIB]
```

(2) Cell Delay

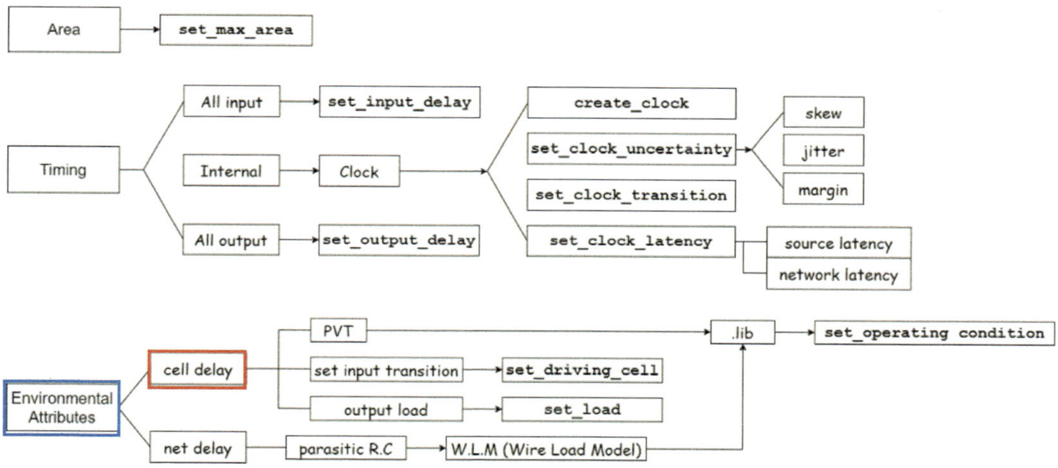

[그림 5-22] Delay = Cell Delay + Net Delay

우리의 위치를 위의 그림에서 확인하자. 여러 PVT 중에 원하는 것을 설계자가 고르면 상황의 지정은 완료된 것이니, 이제는 고정된 상황 내에서 Delay라는 측면을 알아보자. Delay는 말 그대로 얼마나 시간이 걸렸는지를 뜻하는 용어로서, Cell Delay와 Net Delay의 합으로 생각할 수 있다. 이번 절부터 다룰 내용으로, 아래 그림의 빨간색에 관한 것이다.

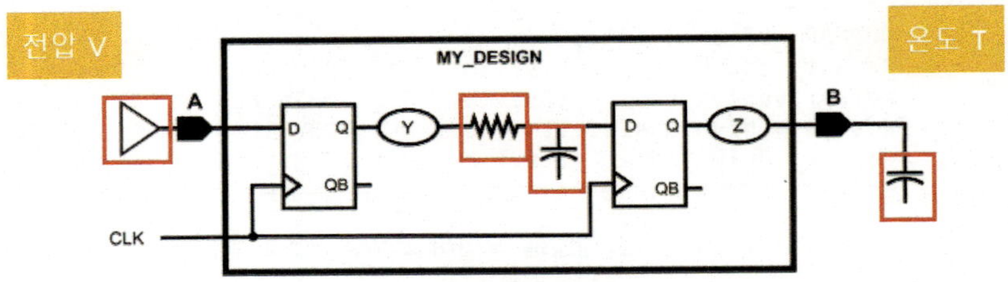

Process Option

NMOS	PMOS
Fast	Fast
Typical	Typical
Slow	Slow

[그림 5-23] 타이밍에 영향을 주는 요인(빨간색 박스 주목)

① Input Transition

위 그림의 빨간색을 주목하자. MY_DESIGN을 기준으로 보면 입력포트에는 어떤 셀 또는 회로가 신호를 보내주고 있고, 출력에는 Cap이 연결되어 있다. 내가 만든 모듈의 앞, 뒤로 연결 관계가 있다면 일반적인 모습이라고 이해하면 되겠다. 이 모습을 아래 그림으로 단순하게 표현할 수 있다. 내 디자인을 AND 게이트라고 생각해보자. 입력으로 들어오는 신호는 실제로는 네모반듯하지 않고, 기울기(Slew Rate)가 있다. 그리고 출력에는 눈에 보이지 않는 타이어가 있는 것처럼 Cap이 매달려 있다. 셀의 동작 시간은 이 두 가지에 영향을 받는다는 것을 독자들이 이해해야 한다.

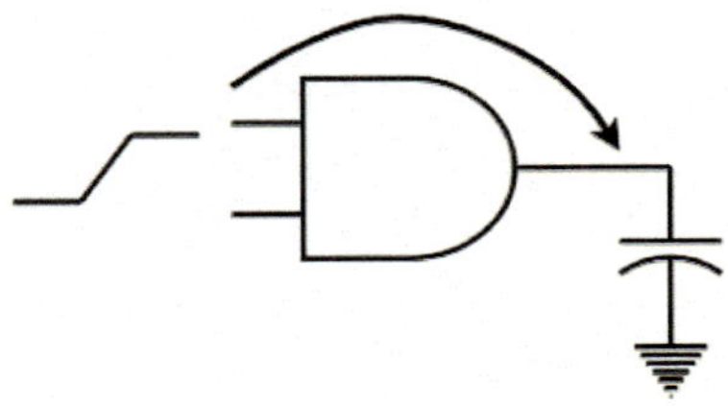

[그림 5-24] 셀 Delay에 영향을 주는 요소

Cell Delay는 다음과 같은 공식이 있다. Input Transition과 Output Load에 의해 결정된다는 내용의 공식이다. 자세히는 아래와 같다.

[표 5-7] Cell Delay 공식

> – **셀의 빠른 동작** : 입력으로 들어오는 신호의 기울기가 빠르고, 출력에 가벼운 타이어(Cap)가 있는 경우
> – **셀의 느린 동작** : 입력으로 들어오는 신호의 기울기가 느리고, 출력에 무거운 타이어(Cap)가 있는 경우

Input Transition 즉, 신호의 기울기 Slew Rate를 툴에게 알려주는 방법은 2가지다. Transition 수치를 직접 설정하거나 라이브러리 내의 특정 셀이 신호를 보내주고 있다고 말해주는 방법이 있다. 우리는 Transition 수치를 사실상 가늠할 수 없기 때문에 필자는 후자를 추천한다. 나의 디자인 앞에서 신호를 보내주는 셀을 Driving Cell이라고 한다. 아래의 명령은 IO 셀이 있는 디자인의 경우 RTL 코드상에서 instance하여 사용하는 입력셀이 PADDI인 경우를 보여준다.

```
Genus> set_driving_cell PADDI -pin Y -library [get_libs $STD_LIB]
```

② Output Load

디자인의 출력에 있는 Cap을 뜻한다. 운동선수로 치면 훈련용 타이어에 해당한다. 이 부하(Load)가 가벼울수록 신호 출력 속도가 빨라지고, 클수록 신호 출력 속도가 느려진다. 부하는 설계 환경에서 항상 존재하는 물리적 특성이니 무시하고 지나갈 수 없고, 최대한 정확히 툴에게 알려주면 회로 구현에 있어 신뢰성을 높일 수 있다.

Output load는 직접 부하 용량을 수치로 지정하거나, 출력 포트에 로드용 셀이 있다고 가정하는 방식을 통해 설정할 수 있다. 우리는 정확한 부하 용량을 사실상 가늠할 수 없기 때문에 필자는 후자를 추천한다. 아래의 명령은 IO 셀이 있는 디자인의 경우 RTL 코드상에서 instance하여 사용하는 출력셀이 PADDO인 경우를 보여준다.

```
Genus> set_load [load_of PADDO/A] [all_outputs]
```

여기까지 Cell Delay에 관한 내용이 끝났다. 그런데 독자들은 여기에서도 답답할 것이다. 아래의 이유 때문일 것이다.

- Input Transition과 Output Load를 수치로 가늠할 수 없음
- 대안으로 셀을 사용하라고 했지만 어떤 셀을 선택해야 하는지 막막함

그래서 필자는 2가지를 제안한다. 첫째로, 가늠하기 힘든 수치보다는 셀을 사용하는 것을 추천한다. 합성 시 사용하는 라이브러리 내의 셀을 입력 Driving 셀과 출력 Load(Cap)로 선언하

면 설계자는 셀이라는 대상을 정확히 느낄 수 있고, 툴도 셀의 정보를 수치로 인지할 수 있기 때문에 더 이상 모호하지 않게 된다. 이는 매우 큰 차이이다.

두 번째로, 어떤 셀을 사용할지 고민이 될 때 큰 도움이 될 Load Budget이라는 개념을 소개한다. 핵심은 Constraint를 비관적(Pessimistic)으로 부여하는 것이다. 입력에 약한(weak) 셀이 신호를 보내고 있어서 신호의 기울기가 매우 느리고, 출력에는 매우 무거운 타이어가 달려있다고 가정하자는 것이다. 굉장히 힘든 Constraint를 부여하면 합성 툴은 그 힘든 상황에서도 동작해내는 디자인을 만들어 줄 것이니, 나의 칩이 실제 상황에서 안정적인 동작을 하게 될 것이다. 아래 그림은 MY_DESIGN이 작은 서브 모듈인 상황을 보여준다. 필자의 경우에는 합성에 사용하는 라이브러리 내에서 가장 작은 버퍼와 가장 큰 버퍼를 지정하는 편이다.

[그림 5-25] Load Budgeting Example

(3) Net Delay

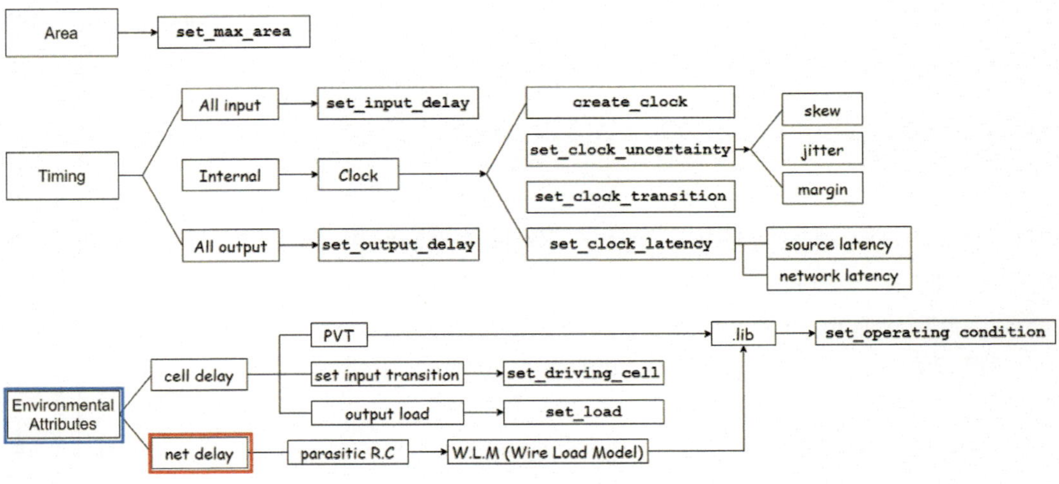

[그림 5-26] Net Delay

위 그림을 통해 현재 위치를 확인할 수 있다. Net Delay는 회로 내의 신호가 Net을 통해 전파되는 데 걸리는 시간이다. Net Delay는 배선에 존재하는 저항(Resistance)과 커패시턴스(Capacitance)에 의해 발생하며, 이를 기생 RC(Parasitic RC)라고 한다. 모든 Net에는 기생 RC 요소가 보이지 않지만 분명히 존재하며 RC 값이 클수록 신호 전달 속도가 느려지므로 이는 성능에 부정적인 영향을 미친다. RC 값은 배선 길이나 구조에 따라 달라질 수 있으며, 긴 경로에서는 더 큰 Net Delay가 발생한다. 아래 그림에서는 모든 Net에 기생하고 있는 RC를 나타내고 있다.

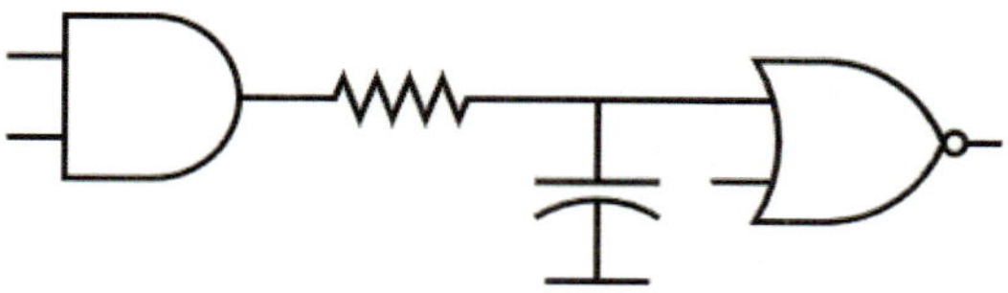

[그림 5-27] Net Delay 모델링

그렇다면 공정사에서는 Net Delay 정보를 어떻게 제공할까? 많은 시뮬레이션을 거친 뒤 결과를 통계치로 제공한다. 통계치의 이름은 Wire Load Model(WLM)이라고 하는데 공정사에서 제공하는 .lib 파일에 저장되어 있다. 디자인의 크기에 따라서 Wire의 길이가 다르고, 결국 Wire에 걸리는 Load가 다르다는 것을 공정사가 잘 녹여내어 .lib 파일에 저장 및 제공하는 것이다. 합성 툴이 우리 디자인의 크기를 가늠할 수 있기 때문에 .lib 파일에 들어 있는 여러 Wire Load Model 중에 적절한 것을 자동선정하고, 그에 따라 기생 R,C 값과 최종 Net 딜레이까지 최종 선정하여 Path 내의 타이밍 계산에 이용하는 것이다.

위에 기술한 대로 Wire Load Model은 내 디자인의 크기에 따라서 자동 선정되지만 특별하게 설계자가 지정하고 싶다면 아래 명령으로 진행할 수 있다.

```
Genus> set_wire_load_model -name <model_name> -library <library>
```

여기까지 기본 Constraint를 다루어 보았다. 사실 Constraint는 매우 방대하다. 책에서 다룬 Constraint는 빙산의 일각과 같이 기본적인 수준이다. 현업에서는 Constraint 파일의 행이 백 단위로 구성되어 있을 정도이다. 또한 Constraint는 툴 버전이 올라가면서 명령이 새롭게 추가되는 경향성을 갖고 있다. 시대 흐름에 따라 고객사의 요구가 늘어나므로, 이를 만족하기 위하여 새로운 버전의 툴이 나올 때 명령을 추가한다. 따라서 Constraint에 대한 추가적인 사항들은 독자들이 Cadence의 Support 홈페이지를 통해 스터디를 해야 한다.

[표 5-8] 여기까지의 체크리스트

아래 내용을 이해하고 있는지 자가 진단해보자.
□ Constraint = 설계스펙이라는 점을 이해한다.
□ Timing Constraint의 Internal/Input/Output Path를 명확히 구분할 수 있는가?
□ Area Constraint와 환경적 제약(PVT)의 기본 개념 이해하기

5.3 합성 환경 준비

합성은 RTL 소스 코드를 Constraint에 맞게 공정사에서 제공하는 디지털 라이브러리로 구현하는 것을 말한다. 그런데 Genus 툴이 RTL 소스, constraint, 디지털 라이브러리를 불러들이고 이용하려면 미리 환경을 준비해야 한다. 이를 합성 환경 설정이라고 하며 주로 합성에 이용할 라이브러리들과 파일의 경로를 지정하고 합성 과정 중 데이터를 저장하는 것을 말한다.

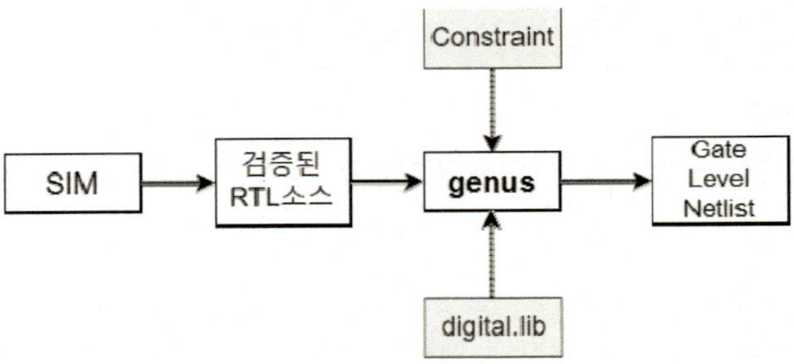

[그림 5-28] 합성 과정

지금부터는 위에서 소개한 환경을 살펴보자. 리눅스 서버에 접속한 뒤 터미널을 띄우고 아래 명령으로 이동하자.

```
$> cd ~/SoC
$> source CSHRC/digital.cshrc
$> cd SoC_make_G45
$> cd TOP/SYN
$> ls
```

```
clean.tcl  cons  fv  log  mapped  report  run_synthesis  script  unmapped
```

[그림 5-29] 합성 디렉토리 내의 모습

위 그림에서 폴더는 파란색으로 표시되고, 실행 가능한 스크립트 파일은 녹색으로 표시되고 있다.

5.3.1 디렉토리 구조 및 파일 구성

(1) 합성 디렉토리 구조

합성 디렉토리 내의 파일과 폴더에 대한 간단한 설명은 아래와 같다.

```
SYN/                                      # 합성 작업 루트 디렉토리
 ├── run_synthesis                        # 자동 실행 스크립트
 ├── clean.tcl                            # 정리 스크립트
 ├── script/                              # TCL 스크립트 저장 폴더
 │    └── cortexm0_45nm.tcl               # 메인 합성 스크립트
 ├── cons/                                # Constraint 파일 폴더
 │    ├── cmsdk_mcu.sdc                   # 메인 constraint 파일
 │    └── dont_use_45nm.tcl               # 사용 금지 셀 목록
 ├── log/                                 # 실행 로그 저장 폴더
 ├── report/                              # 분석 리포트 저장 폴더
 ├── unmapped/                            # syn_generic 결과 저장
 └── mapped/                              # syn_map, syn_opt 결과 저장
```

(2) 주요 파일별 역할

- run_synthesis: 전체 합성 과정을 자동으로 실행하는 배치 스크립트
- cortexm0_45nm.tcl: 합성의 모든 단계를 포함하는 메인 TCL 스크립트
- cmsdk_mcu.sdc: 타이밍 및 환경 제약 조건을 정의하는 SDC 파일
- dont_use_45nm.tcl: 백엔드 전용 셀 등 합성에서 제외할 셀 목록

소개된 4개의 파일들은 run_synthesis 파일로부터 필요한 때에 호출되거나 적용되는 파일들이다. 각각에 대하여 아래 절에서 다루게 될 것이다.

5.3.2 합성용 스크립트(TCL) 핵심 구성

script 폴더 내에 있는 cortexm0_45nm.tcl 파일에 대하여 세부적으로 다룰 것이다. 터미널에서 아래 명령으로 이동 및 파일 open을 진행하자.

```
pwd : TOP/SYN 폴더
$> cd script
$> vim cortexm0_45nm.tcl
[vim] Esc → : → set nu [엔터]
```

(1) 환경 설정

아래 그림의 1행부터 9행은 시스템 정보를 출력하고 작업 환경을 확인하는 내용이다. 사용하는 서버의 CPU 사양(모델명, 클록 속도)과 호스트 이름을 출력하여 전체적인 개발 환경을 명확히 파악할 수 있도록 한다.

```
1
2 if {[file exists /proc/cpuinfo]} {
3   sh grep "model name" /proc/cpuinfo
4   sh grep "cpu MHz"    /proc/cpuinfo
5 }
6
7 puts "Hostname : [info hostname]"
```

[그림 5-30] 서버의 사양 확인

환경 설정(Preset global variables and attributes)은 합성을 수행하기 위한 기본적인 환경을 정의하는 단계이다. 합성 과정에서 사용할 디렉토리 구조, 라이브러리 경로, 설계 파일, 합성 옵션 등을 설정한다.

- 13 행 : 설계의 최상의 모듈 이름을 정의
- 15-18 행 : 로그, report, unmapped(합성전), mapped(합성후) 폴더를 지정
- 21-25 행 : 합성 과정에서 필요한 라이브러리 및 물리적 정보 파일(LEF, QRC 등)의 경로를 정의하는 부분이다.
- 29 행 : 합성에 사용하는 .lib 파일을 선언. best case를 제외한 worst case로만 설정
- 30 행 : 스텐다드 셀 및 IO 셀의 물리적 정보(LEF 파일) 경로를 설정
- 31 행 : RC 추출(Quantus QRC) 데이터 파일의 경로를 설정
- 33 행 : 합성 과정에서 사용할 RTL 소스 파일들의 경로들을 지정

```
##################################################################
# Preset global variables and attributes
##################################################################

set TOP_DESIGN  cmsdk_mcu

set LOG_DIR      "./log"
set RPT_DIR      "./report"
set UNMAPPED_DIR   "./unmapped"
set MAPPED_DIR     "./mapped"

#GPDK 045 SVT
set STD_LIB_PATH "../../../GPDK045/digital/gsclib045_all_v4.4/gsclib045/timing"
set IO_LIB_PATH "../../../GPDK045/digital/giolib045_v3.5/timing"
set LEF_LIB_PATH "../../../GPDK045/digital/gsclib045_all_v4.4/gsclib045/lef ../../../GPDK045/digital/giolib045_v3.5/lef"
set RTL_PATH     "../RTL"
set QRC_FILE_PATH "../../../GPDK045/digital/gsclib045_all_v4.4/gsclib045_tech/qrc/qx"

#GPDK 045 SVT
set LIB_LIST {fast_vdd1v0_basicCells.lib slow_vdd1v0_basicCells.lib pads_SS_s1vg.lib}
#set LIB_LIST {slow_vdd1v0_basicCells.lib slow_vdd1v0_multibitsDFF.lib pads_SS_s1vg.lib}
set LEF_LIST {gsclib045_tech.lef gsclib045_macro.lef giolib045.lef}
set QRC_LIST {gpdk045.tch}

set RTL_SOURCES "../RTL/cmsdk_mcu.v \
                ../RTL/verilog_smkcow/cmsdk_mcu_clkctrl.v \
                ../RTL/verilog_smkcow/cmsdk_mcu_pin_mux.v \
                ../../../cortexm0_designstart/implementation/cortex_m0_mcu_system_cadence_8ns/mapped/cmsdk_mcu_system_syn_final.v \
"
```

[그림 5-31] cortexm0_45nm.tcl 내의 환경 설정

참고로, IO 라이브러리는 STD 셀 라이브러리처럼 2개로 선택이 가능하지만, 1개만 선언할 수 밖에 없는 상황이다. 아래 그림을 살펴보자. Genus 툴에서 pads_로 시작하는 .lib파일을 2개 모두 읽으면 충돌 이슈가 발생한다. GPDK045 라이브러리의 결함으로서, .lib 파일내의 라이브러리 이름이 동일한 것이 문제이다. 필자 마음대로 변경하거나 수정할 수 없어서, 고민 끝에 하나만 사용하기로 했다.

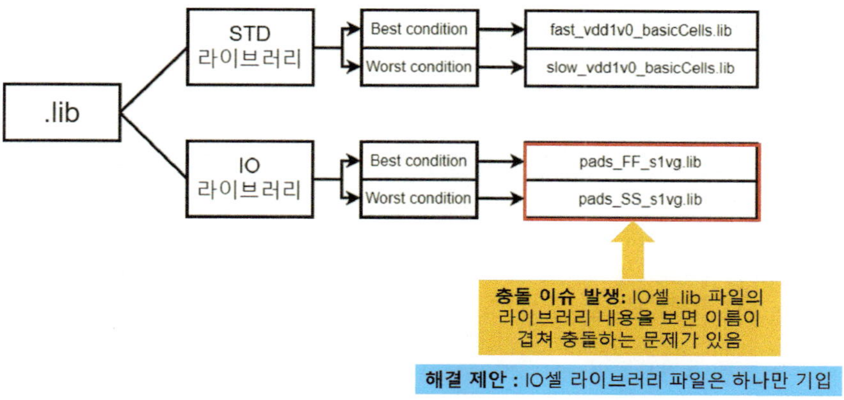

[그림 5-32] IO 셀 라이브러리 파일을 하나만 기입

33행에 대한 추가내용으로, 합성에 사용될 RTL 소스의 구조를 아래 그림에서 확인할 수 있다. 4장에서 시뮬레이션이 완료된 디자인을 그대로 표현하고 있다. 눈여겨 볼 점은 파란색으로 되어 있는 영역으로서, cmsdk_mcu_system_syn_final.v 파일이 담고 있는 모듈들이다. 합성을 간단하게 진행하기 위하여 필자가 미리 합성해놓은 것으로 이해하면 되겠다.

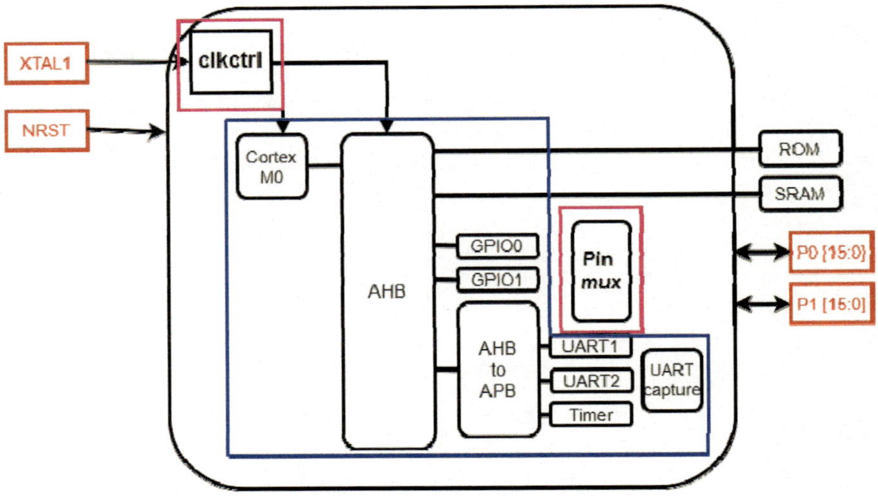

[그림 5-33] RTL 소스 파일 구조 도식화

(2) 툴 설정 및 라이브러리 로드

계속해서 cortexm0_45nm.tcl 파일의 이어지는 내용이다.

- 42-44 행 : 3 가지 합성별 effort 설정
- 46-47 행 : Search Path 변수에 파일들의 위치 정보를 모두 기억하도록 설정
- 49 행 : 스탠다드 셀 라이브러리를 read
- 50 행 : LEF 파일 리스트를 read
- 51 행 : QRC(기생 RC)를 위한 파일을 read

```
41 ##Set synthesizing effort for each synthesis stage
42 set_db syn_generic_effort high; # Default medium
43 set_db syn_map_effort high;     # Default medium
44 set_db syn_opt_effort high;     # Default medium
45
46 set_db init_lib_search_path [concat $STD_LIB_PATH $IO_LIB_PATH $LEF_LIB_PATH $QRC_FILE_PATH]
47 set_db init_hdl_search_path [concat $RTL_PATH]
48
49 read_libs ${LIB_LIST}
50 read_physical -lef ${LEF_LIST}
51 read_qrc ${QRC_LIST}
```

[그림 5-34] cortexm0_45nm.tcl 내의 툴 설정 및 라이브러리 로드

위의 과정에서 49행의 명령으로 .lib 파일을 읽어들이는 것이 합성의 전체적인 운영에서 중요하다. 아래 그림에서 확인할 수 있다. .lib 파일을 선정한다는 것은 공정에 대한 전반적인 이해를 한 뒤 어떤 코너를 대상으로 칩을 만들 것이라는 계획까지 세웠다는 것으로 해석이 가능하다.

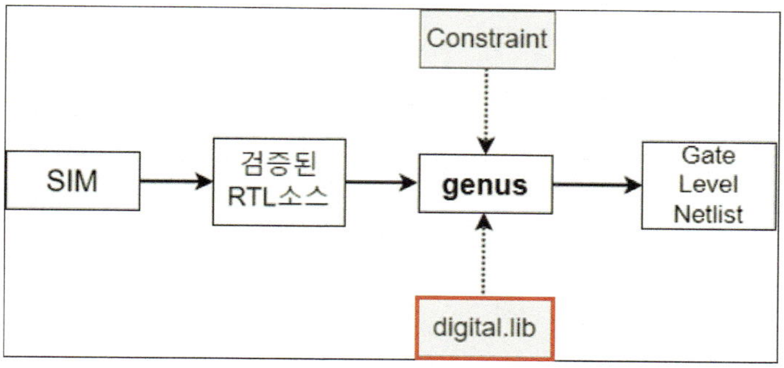

[그림 5-35] 합성 과정 중 .lib 파일을 읽어 들임

(3) 디자인 로드

계속 이어지는 내용 중에 핵심만 나열한다.

- 63, 65 행 : 디자인 로드 및 Elaborate
- 69 행 : 미리 합성된 디자인에 대한 preserve 속성을 true 로 설정.
  Top 레벨 합성시 u_cmsdk_mcu_system 모듈은 수정하지 않음을 보장
- 70, 71 행 : 추후 Conformal 툴을 이용한 Equivalence Check 를 위한 설정
- 73 행 : 동일한 instance 가 있다면 이름을 다르게 자동 부여하여 혼선을 제거
- 75, 76 행 : 디자인의 계층 구조, 연결구조 등을 파악하여 설계자에게 도움

```
57 ######################################################################
58 ## Load Design
59 ######################################################################
60
61 #read_hdl -f $RTL_SOURCES -define Func_mode -define cadence_045nm
62 # -f option is for the case that all files are defined in a specific file
63 read_hdl $RTL_SOURCES
64
65 elaborate ${TOP_DESIGN}
66 puts "Runtime & Memory after 'read_hdl'"
67 time_info Elaboration
68
69 set_db hinst:u_cmsdk_mcu_system .preserve true
70 set_db optimize_merge_flops false
71 set_db optimize_merge_latches false
72
73 uniquify -verbose ${TOP_DESIGN}
74
75 check_design > ${RPT_DIR}/00_check_design.rpt
76 check_design -unresolved >> ${RPT_DIR}/00_check_design.rpt
77
```

[그림 5-36] cortexm0 45nm.tcl 내의 Design 로드 및 Check design

위의 과정에서 63행의 명령으로 RTL 코드를 읽어들이는 것이 아래 그림에 나타나있다.

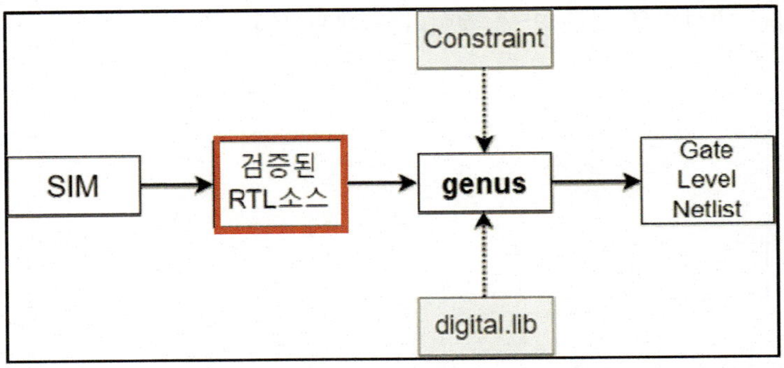

[그림 5-37] 합성 과정 중 verilog 파일을 읽어 들임

(4) constraint 로드

계속 이어지는 내용 중에 핵심만 나열한다.

- 84 행 : 준비된 constraint 파일을 source 함. 83 행의 명령으로도 진행이 가능
- 85 행 : 특정 셀을 합성 과정에서 사용하지 않도록 제한. TCL 스크립트를 로드
- 89 행 : 디자인과 constraint 를 비교, constraint 항목 중 빠진 부분 점검
- 91 행 : 모든 입력 포트의 드라이버 지연을 확인
- 92 행 : 모든 출력 포트의 부하(load) 지연을 확인

```
79 ####################################################################
80 ## Constraints Setup
81 ####################################################################
82
83 #read_sdc  ./cons/cmsdk_mcu.sdc
84 source -verbose  ./cons/cmsdk_mcu.sdc     ; #This command can't write report by using the mark '>'
85 source -verbose  ./cons/dont_use_45nm.tcl ; #This command can't write report by using the mark '>'
86 puts "The number of exceptions is [llength [vfind "design:$TOP_DESIGN" -exception *]]"
87 #set_db "design:$DESIGN" .force_wireload <wireload name>
88
89 check_timing_intent -verbose > ${RPT_DIR}/01_check_timing.rpt
90
91 report_port -delay -driver [all_inputs] > ${RPT_DIR}/02_report_port.rpt
92 report_port -delay -load [all_outputs] >> ${RPT_DIR}/02_report_port.rpt
93
```

[그림 5-38] cortexm0 45nm.tcl 내의 Constraint 적용 및 디자인과의 비교, 스펙 확인

위의 과정에서 63행의 명령으로 RTL코드를 읽어들이는 것이 합성의 전체적인 운영에서 중요하다. 아래 그림에서 확인할 수 있다. 여기까지 했다면 칩에 대한 스펙을 완성했다는 것으로 이해를 할 수 있다. 그래서 89행의 check_timing_intent 명령의 결과가 혹시 좋지 않으면, 설계자로서 대처를 할 수 있다. RTL 코드를 수정하거나 Constraint의 타협 및 수정을 통하는 방법으로 말이다.

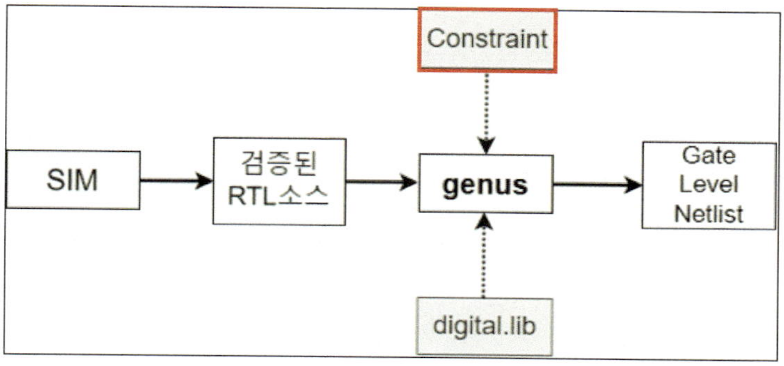

[그림 5-39] 합성 과정 중 constraint 파일을 읽어 들임

(5) 합성 실행

계속 이어지는 내용 중에 핵심만 나열한다. Genus 합성은 3단계로 진행한다. syn_generic, syn_map, syn_opt 순서로 진행하며, 각 단계별 진행과정을 소개한다.

– syn_generic

101행을 통해서 진행하며 스탠다드 셀에 매핑되지 않은 논리 게이트 수준의 구조를 생성한다. 아래 그림의 나머지 명령들은 합성 결과에 대한 report와 데이터베이스 파일을 출력하고 있다.

```
    ############
 98 ## Synthesizing to generic
 99 ########################################################################
    ############
100
101 syn_generic ; #This command can't write report by using the mark '>'
102 #syn_generic -physical
103 puts "Runtime & Memory after 'syn_generic'"
104 time_info GENERIC
105 report_datapath > ${RPT_DIR}/03_report_datapath_generic.rpt
106
107 write_snapshot -outdir ${RPT_DIR} -tag syn_generic
108 # Below 2 lines are the same with the above command :: write_snapshot
109 #report_summary -directory $_REPORTS_PATH
110 #summary_table -directory ${RPT_DIR}
111
112 write_db -to_file  ${UNMAPPED_DIR}/syn_generic.db
```

[그림 5-40] cortexm0 45nm.tcl 내의 합성 명령 syn generic

– syn_map

118행을 통해서 진행하며 스탠다드 셀에 매핑된 논리 게이트 수준의 구조를 생성한다. 아래 그림의 나머지 명령들은 합성 결과에 대한 report와 데이터베이스 파일을 출력하고 있다.

```
    ############
115 ## Synthesizing to gates
116 ########################################################################################
    ############
117
118 syn_map ; #This command can't write report by using the mark '>'
119 #syn_map -physical
120 puts "Runtime & Memory after 'syn_map'"
121 time_info MAPPED
122
123 report_datapath > ${RPT_DIR}/04_report_datapath_map.rpt
124
125 foreach cg [vfind / -cost_group *] {
126   report timing -cost_group [list $cg] > ${RPT_DIR}/05_[basename $cg]_post_syn_map.rpt
127   }
128
129 write_snapshot -outdir ${RPT_DIR} -tag syn_map
130 # Below line is the same with the above command :: write_snapshot
131 #summary_table -directory ${RPT_DIR}
132
133 write_db -to_file ${MAPPED_DIR}/syn_map.db
```

[그림 5-41] cortexm0_45nm.tcl 내의 합성 명령 syn_map

– syn_opt

139행을 통해서 진행하며 논리 게이트 구조를 최적화하는 결과를 얻어낸다. 아래 그림의 나머지 명령들은 합성 결과에 대한 report와 데이터베이스 파일을 출력하고 있다.

```
    ################
136 ## Optimize Netlist + Incremental
137 ########################################################################################
    ################
138
139 syn_opt ; #This command can't write report by using the mark '>'
140 #syn_opt -incremental
141 #syn_opt -physical
142
143 report_constraint -all_violators > ${RPT_DIR}/06_report_constraint.rpt
144
145 write_snapshot -outdir ${RPT_DIR} -tag syn_opt
146 # Below line is the same with the above command :: write_snapshot
147 #summary_table -directory ${RPT_DIR}
148
149 puts "Runtime & Memory after syn_opt"
150 time_info OPT
151
152 foreach cg [vfind / -cost_group *] {
153   report timing -cost_group [list $cg] > ${RPT_DIR}/07_[basename $cg]_post_syn_opt.rpt
154   }
155
156 write_db -to_file ${MAPPED_DIR}/syn_opt.db
```

[그림 5-42] cortexm0_45nm.tcl 내의 합성 명령 syn_opt

(6) 합성 결과 점검 및 보완

– 합성 결과 vs constraint

위 그림의 143행 명령으로서, optimize된 합성 결과 즉 스탠다드 셀 기반의 디자인이 스펙을 만족하였는지 검사한다. 옵션으로 -all_violators 라는 것을 사용하는데 말 그대로 위반 사항을 모두 report 하는 명령이다. 위반 사항은 여러 가지가 있지만 가장 먼저 생각해야 할 두 가지가 있다. Internal, Input, Output Path에 대하여 Setup Time 위반이 발생하였는지 살피고, DRC(Transition, Fanout, Capacitance) 측면에서 위반이 발생하였는지 살핀다.

Setup/Hold Time에 대하여 살펴보면, Front-End 단계는 Setup Time을 필수로 통과해야 하므로 Violation이 0개로 나와야 하며, Hold Time은 살펴보지 않는다. Setup Time에 대하여 Front-End 단계에서 해결하면 Back-End 단계에서 Hold Time만 해결하면 되기 때문에 편리할 수 있다.

– 추가 합성 진행

만약 Setup Time 에러가 나왔다면 어떻게 해결해야 할까? 에러를 해결하도록 합성해야 한다. 합성 툴을 사용하는 목적은 기능을 유지하면서 타이밍과 constraint를 만족하는 스탠다드 셀 기반의 디자인을 뽑는 것이기 때문이다. 만약 타이밍 에러가 나왔다면 가장 먼저, 어느 정도의 Violation이 나왔는지 확인한다. Timing Report를 확인하면 설계자가 부여한 Constraint도 알 수 있으므로 과도하게 부여했다면 수치를 과도하지 않게 타협 및 수정한 뒤 재합성하면 될 것이다. 하지만 스펙에 있어서 더 이상의 타협이 되지 않는다면 RTL 코드를 수정하는 방법으로 진행한다. Combination 로직이 길게 존재하는 Critical Path가 주요 원인이므로 Combination 로직이 되는 원천 소스의 assign 구문을 수정하는 방향으로 진행하는 것이 좋은 방법이 될 것이다. 알고리즘 개선을 통해 긴 Combination 로직을 간단하게 만들거나 Combination 로직 사이에 레지스터를 1개 이상 삽입하는 방법으로 큰 개선을 할 수 있다. 이 긴 내용을 정리하면 아래와 같다.

[표 5-9] 추가 합성 진행을 위한 의식의 흐름

타이밍 에러가 나왔다면 – Constraint를 과도하지 않도록 느슨하게 타협 → 다시 합성 – RTL 코드 수정 → 알고리즘 간단히 개선 or 레지스터 삽입 → 다시 합성

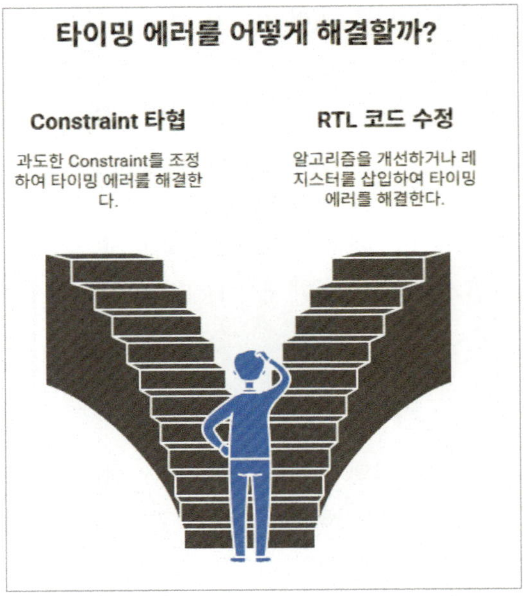

[그림 5-43] 타이밍 에러를 해결하기 위한 고민

지금까지는 '다시 합성'이라는 것이 합성 툴을 종료하고 처음부터 다시 구동한다는 의미였다. 하지만 지금부터는 다른 방법을 소개한다. 위 그림의 140행에 syn_opt -incremental 명령이 각주 처리되어 있다. 이 옵션의 사전적 의미는 추가적으로 진행한다는 것이므로 최초 시점에 syn_opt 명령을 아무런 옵션 없이 진행한 뒤, 아주 근소한 차이로 작은 Setup Time 위반이 생긴 경우라면 -incremental 옵션 적용을 고려해볼 수 있다. RTL 코드 수정이나 Constraint 타협 없이, 그리고 툴 종료 없이 -incremental 옵션을 이용하여 재합성을 시도한다는 의미이다. 쉽게 말해 툴 안 끄고 여러 번 합성한다는 뜻이다. 하지만 재합성 전에 뭔가 새로운 것을 적용해야 조금이라도 다른 결과를 확인할 수 있으니, 아주 좋은 Combinational IP가 있으면 적용하여 사용할 수 있고 추가적인 User defined 그룹 설정도 할 수 있다.

(7) report 출력

이어서 166행부터는 각종 report 명령이 소개되고 있다. 〉 또는 〉〉을 통해서 메시지를 RPT_DIR 폴더에 저장하고 있다. 〉는 새롭게 만들거나 Overwrite 한다는 것이고, 〉〉는 기존 파일의 내용 하단에 이어서 메시지를 이어 나간다는 뜻이다.

```
################################################################################################
## REPORTS
################################################################################################

report_analysis_views -type all              > ${RPT_DIR}/08_${TOP_DESIGN}_SYN_analysis_view.rpt
report_area                                  > ${RPT_DIR}/09_${TOP_DESIGN}_SYN_area.rpt
report_clocks                                > ${RPT_DIR}/10_${TOP_DESIGN}_SYN_clock.rpt
report_clocks -generated                    >> ${RPT_DIR}/10_${TOP_DESIGN}_SYN_clock.rpt
report_datapath                              > ${RPT_DIR}/11_${TOP_DESIGN}_SYN_datapath.rpt
report_design_rules                          > ${RPT_DIR}/12_${TOP_DESIGN}_SYN_design_rules.rpt
report_gates                                 > ${RPT_DIR}/13_${TOP_DESIGN}_SYN_gate.rpt
report_gates -power                         >> ${RPT_DIR}/13_${TOP_DESIGN}_SYN_gate.rpt
report_hierarchy                             > ${RPT_DIR}/14_${TOP_DESIGN}_SYN_hier.rpt
report_memory_cells                          > ${RPT_DIR}/15_${TOP_DESIGN}_SYN_mem_cell.rpt
report_messages -all                         > ${RPT_DIR}/16_${TOP_DESIGN}_SYN_message.rpt
report_nets -hierarchical                    > ${RPT_DIR}/17_${TOP_DESIGN}_SYN_net.rpt
report_power                                 > ${RPT_DIR}/18_${TOP_DESIGN}_SYN_pwr.rpt
report_qor                                   > ${RPT_DIR}/19_${TOP_DESIGN}_SYN_qor.rpt
report_timing -nworst 100 -net               > ${RPT_DIR}/20_${TOP_DESIGN}_SYN_timing.rpt
report_summary
```

[그림 5-44] cortexm0_45nm.tcl 내의 각종 report 출력 명령

(8) 최종 결과 파일 출력

이어서 스크립트의 가장 하단의 모습이다.

- 189 행 : mapped 폴더에 TOP 디자인의 이름을 활용한 디자인 폴더를 생성
- 190 행 : mapped 폴더에 게이트 레벨 넷리스트를 출력
- 191 행 : mapped 폴더에 sdc 파일을 출력
- 192 행 : mapped 폴더에 cell delay 정보를 sdf 파일로 출력

```
184 ################################################################################################
185 ## write Innovus file set (verilog, SDC, config, etc.)
186 ################################################################################################
187
188 #source -echo ./script/report_syn.tcl
189 write_design -basename ${MAPPED_DIR}/${TOP_DESIGN}_mapped
190 write_hdl  > ${MAPPED_DIR}/${TOP_DESIGN}_syn_final.v
191 write_sdc  > ${MAPPED_DIR}/${TOP_DESIGN}_syn_final.sdc
192 write_sdf -timescale ns -nonegchecks -recrem split -edges check_edge  -setuphold split > ${MAPPED_DIR}/${TOP
    _DESIGN}_delays.sdf
193 #write_db -common cmsdk_mcu_tempus.db ;# for Tempus
```

[그림 5-45] cortexm0_45nm.tcl 내의 최종 결과 파일 출력

위 그림에서 190행의 내용은 아래 그림을 뜻한다. 이렇게 생성된 Verilog 형식의 게이트 레벨 넷리스트는 다음 단계 툴에서 사용된다. Equivalence Check라면 Conformal 툴에서, Static Timing Analysis라면 Tempus 툴에서, Auto PnR이라면 Innovus 툴에서 사용된다.

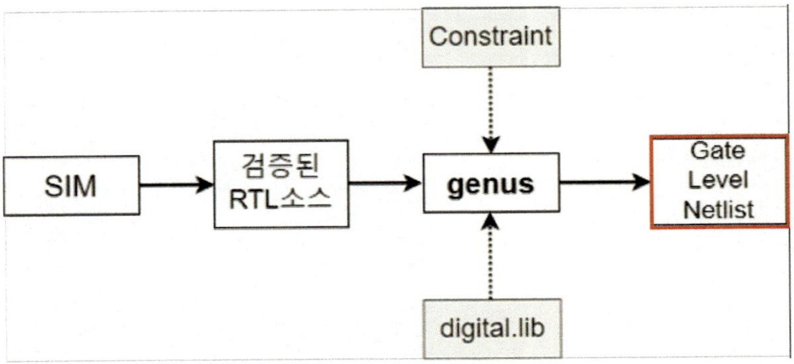

[그림 5-46] 합성 과정 중 게이트 레벨 넷리스트의 출력

지금까지 cortexm0_45nm.tcl 파일의 내용이었다. vim 에디터로 open했으니 종료하도록 하자.

```
[vim] Esc → q! [엔터]
$> cd ..
pwd : TOP/SYN폴더
```

다음 절부터는 constraint의 모습을 담은 파일을 살펴볼 예정이다.

[표 5-10] 우리 디자인을 위해 정의한 스펙

하기 내용을 바탕으로 Constraint를 작성할 예정

구분	항목	Value
Timing	Internal	클록 8ns 주기
	Input Delay	0.01 - 0.1
	Output Delay	0.01 - 0.1
PVT코너	Slow	PVT_0P9V_125C
	Fast	PVT_1P1V_0C
Cell Delay	Driving	PADDI
	Load	PADDO

5.3.3 SDC 파일 핵심 구성

cons 폴더 내에 있는 cmsdk_mcu.sdc 파일에 대하여 세부적으로 다룰 것이다. 터미널에서 아래 명령으로 이동 및 파일 open을 진행하자.

```
pwd : TOP/SYN 폴더
$> cd cons
$> vim cmsdk_mcu.sdc
[vim] Esc → : → set nu [엔터]
```

(1) 필수 기본 설정

- 13 행 : 합성에 사용할 라이브러리와 PVT 조건을 정의
- 17, 18 행 : 로드 Capacitance 와 타이밍에 대한 기본 단위 설정
- 21 행 : 읽어 들인 서브 디자인에 constraint(또는 sdc)가 들어있다면 없애는 명령. 계층적 설계 Hierarchical Design 에 필수 명령

```
14 set STD_LIB_slow  slow_vdd1v0_basicCells.lib:slow_vdd1v0
15 set STD_LIB_fast  fast_vdd1v0_basicCells.lib:fast_vdd1v0
16
17 set_units -capacitance 1000.0fF
18 set_units -time 1000.0ps
19
20 ################################
21 reset_design
```

[그림 5-47] cmsdk_mcu.sdc 파일 내의 기본 설정

위 그림의 21행의 명령에 대하여 세부적인 내용은 다음과 같다. 우리 디자인은 필자가 미리 합성하여 만든 게이트 레벨 넷리스트를 읽어 들이고 있다. 즉 서브 모듈을 위해서 미리 준비된 Constraint가 있었다는 것이다. 그 Constraint를 만족하는 게이트 레벨 넷리스트를 TOP 모듈에서 instance로 불러들인다면 어떻게 해야 할까? 라는 물음이다.

답은 심플하다. 무시하는 것이다. 구조적으로 생각해보자. 서브 모듈의 입, 출력은 TOP 모듈에서 보면 내부의 핀일 뿐이고, 그 핀들에는 단순 net으로 연결할 뿐이다. Constraint 작성 시 디자인 내부는 고려하지 않으므로, 서브 모듈에 대한 게이트 레벨 넷리스트를 읽어 들이면서 자동으로 읽혀질 수도 있는 Constraint를 reset_design 명령으로 지운다. 이제 간단히 정리한다. TOP 모듈을 합성할 때는 TOP 모듈의 Constraint만 적용하면 된다. 하위 모듈의 sdc 파일은 생각하지 말자.

(2) 클록 제약 조건

여전히 cmsdk_mcu.sdc 파일의 내용이 이어지고 있다.

- 25 행 : 클록 주기 설정. 원래 10ns 이지만 Pessimistic 하게 80% 적용
- 28, 29 행 : 클록 Latency 설정
- 35 행 : 클록 Uncertainty 설정
- 38 행 : 클록 Transition 설정

```
25 create_clock -period 8 -name MAIN_CLOCK [get_ports XTAL1]
26
27 # External clock source and network latency is 0.2ns
28 set_clock_latency -source -max 0.2 [get_clocks MAIN_CLOCK]
29 set_clock_latency -max 0.2 [get_clocks MAIN_CLOCK]
30
31 # 60ps skew (+300ps and -300ps)
32 # 20ps jitter
33 # 20ps setup margin;
34 # This equals 0.1 ns of total uncertainty.
35 set_clock_uncertainty -setup 0.1 [get_clocks MAIN_CLOCK]
36
37 # The maximum clock transition is 0.1ns
38 set_clock_transition 0.1 [get_clocks MAIN_CLOCK]
39
```

[그림 5-48] cmsdk_mcu.sdc 파일 내의 클록 제약 조건

(3) 입출력 제약 조건

TOP 디자인의 입, 출력 포트에 걸리는 입, 출력 제약 조건이다.

- 54, 55 행 : 전체 입력 포트에 대한 딜레이 설정
- 57 행 : 전체 입력 포트 중 메인 클록은 제외
- 59, 60 행 : 전체 출력 포트에 대한 딜레이 설정

```
51 ################################
52 ##### input, output delay ####
53 ################################
54 set_input_delay -max 0.1 -clock MAIN_CLOCK [all_inputs]
55 set_input_delay -min 0.01 -clock MAIN_CLOCK [all_inputs]
56
57 remove_input_delay [get_ports "XTAL1"]
58
59 set_output_delay -max 0.1 -clock MAIN_CLOCK [all_outputs]
60 set_output_delay -min -0.01 -clock MAIN_CLOCK [all_outputs]
61
```

[그림 5-49] cmsdk_mcu.sdc 파일 내의 입출력 제약 조건

(4) 환경 제약 조건

TOP 디자인에 적용되는 환경 제약 조건이다.

- 74 행 : Input Transition 에 대한 것으로서, TOP 디자인은 IO 를 instance 하여 사용하므로 해당 셀을 driving cell 로 선언
- 77 행 : TOP 디자인에서 사용하는 출력 IO 셀을 사용하여 load 선언
- 83 행 : set_operating_conditions 명령을 사용해야 하지만 각주 처리

```
68 ##############################
69 ##### Select this point! ####
70 ##############################
71 #set_driving_cell -lib_cell DFFHQX1 -pin Q [remove_from_collection [all_inputs] [get
   _ports clk]]
72
73 #set_driving_cell -lib_cell PADDI -pin Y -library [get_libs $STD_LIB_slow] [remove_f
   rom_collection [all_inputs] [get_ports XTAL1]]
74 set_driving_cell -lib_cell PADDI -pin Y -library [get_libs $STD_LIB] [remove_from_co
   llection [all_inputs] [get_ports XTAL1]]
75
76 #set_load [load_of $STD_LIB/PADDO/A] [get_ports {TDO XTAL2}]
77 set_load [load_of PADDO/A] [all_outputs]
78
```

[그림 5-50] cmsdk_mcu.sdc 파일 내의 환경 제약 조건

반도체 설계에 중요한 PVT 코너 설정은 set_operating_condition 명령으로 하고 있다. 합성에 사용하는 .lib 라이브러리가 다수의 코너 정보를 포함하고 있다면 정확히 어떤 코너를 사용할지 정해야 마땅하다. 아래는 준비된 명령으로, 95행에서 확인할 수 있다. 딜레이가 max인 환경은 Worst 코너로 지정하고, 딜레이가 min인 환경은 Best 코너로 지정하고 있다.

```
95 set_operating_conditions  -max_library [get_libs slow_vdd1v0_basicCells.lib:slow_v
   dd1v0] -max PVT_0P9V_125C -min_library [get_libs fast_vdd1v0_basicCells.lib:fast_v
   dd1v0] -min PVT_1P1V_0C
96
```

[그림 5-51] cmsdk_mcu.sdc 파일 내의 PVT 조건 지정

(5) 그 외 특수 설정

TOP 디자인에 적용되는 그 외 특수 설정이다.

- 104-109 행 : set_dont_touch 명령은 합성 시에 해당 모듈을 수정하거나 최적화 하지 말고 그 모습 그대로 사용하라는 뜻
- 114 행 : 클록과 리셋은 Fanout 이 엄청난 Net 이므로 수많은 버퍼를 넣어야 하지만 실제로는 Auto PnR 을 하면서 진행하므로 지금은 넣지 않기로 한다는 명령임

```
 98 ######################################
 99 #                                    #
100 #   ETC ATTRIBUTES                   #
101 #                                    #
102 ######################################
103
104 set_dont_touch u_cmsdk_mcu_system
105 set_dont_touch pad1
106 set_dont_touch pad2
107 set_dont_touch pad3
108 set_dont_touch pad4
109 set_dont_touch pad75
110
111 # Below is no use in Genus tool
112 #set_isolate_ports [all_outputs]
113
114 set_ideal_network [get_ports "XTAL1 NRST"]
```

[그림 5-52] cmsdk_mcu.sdc 파일 내의 특수 설정

위 그림에서 set_dont_touch 명령은 단어 뜻 그대로 건드리지 말라는 것이다. 해당 명령을 사용하지 않으면 pad1부터 pad75까지 없애버리는 현상이 발생한다. 사실 특별히 RTL 코드에서 쓰임이 없다는 것을 Genus 툴이 인식하고 자동으로 지우는 것이라서 필자가 툴에게 지우지 말라고 얘기하는 것이다. 104행은 cmsdk_mcu_system 모듈에 대한 것인데, 필자가 미리 합성한 뒤 읽어 들인 서브 모듈이니 모듈 내의 합성 결과를 그대로 유지하자는 차원의 명령이다. 보통 Hierarchical Design을 할 때 기본적으로 적용한다.

지금까지 cmsdk_mcu.sdc 파일의 내용이었다. vim 에디터로 open했으니 종료하도록 하자.

```
[vim] Esc → q! [엔터]
$> cd ..
pwd : TOP/SYN폴더
```

[표 5-11] 합성 환경 준비에 대한 명령어 정리

명령어	설명
read_lib	표준 셀 라이브러리(.lib) 로드
read_hdl	RTL 소스 파일 읽기
elaborate	디자인 계층 구조 파악 및 RTL 로드
read_sdc	제약 조건(SDC) 파일 로드
check_timing_intent	Constraint 적합성 검토
syn_generic	일반 논리 회로로 초기 합성
syn_map	표준 셀과 매핑된 게이트 합성
syn_opt	최종 최적화 합성
write_hdl	합성 후 게이트 레벨 넷리스트 출력

[표 5-12] 여기까지의 체크리스트

아래 내용을 이해하고 있는지 자가 진단해보자.
□ 스크립트(TCL)의 역할을 이해했는가?
□ 제약조건(SDC)의 역할을 이해했는가?

5.4 실습 : 합성 수동 실행

본 절부터는 실습을 진행한다. 명령의 양이 많고, 반복 수행해야 하는 툴은 스크립트를 준비해야 한다. 초보자의 경우는 명령을 하나하나 툴에 넣어보면서 툴의 동작과 반응을 익혀서 친숙도를 높이는 것이 중요하다. 추후 익숙해지면 스크립트를 배치모드로 구동하여 자동 실행하는 것이 순서가 될 것이다.

5.4.1 Cadence Genus 툴 실행 및 GUI 창 열기

리눅스에 접속한 상황으로 가정하고, 아래 위치로 이동하여 현황을 파악하자.

```
$> cd SoC
$> source CSHRC/digital.cshrc
$> cd SoC_make_G45
$> cd TOP/SYN
$> ls
```

```
[ex_poly2@npit SYN]$ ls
clean.tcl  cons  fv  log  mapped  report  run_synthesis  script  unmapped
[ex_poly2@npit SYN]$
```

[그림 5-53] 합성 폴더 현황

실습을 위하여 터미널을 2개 띄우도록 한다. 한쪽에서는 툴을 띄우고, 다른 한쪽에서는 vim으로 스크립트를 open 하도록 한다. 아래 그림처럼 만드는 것이다.

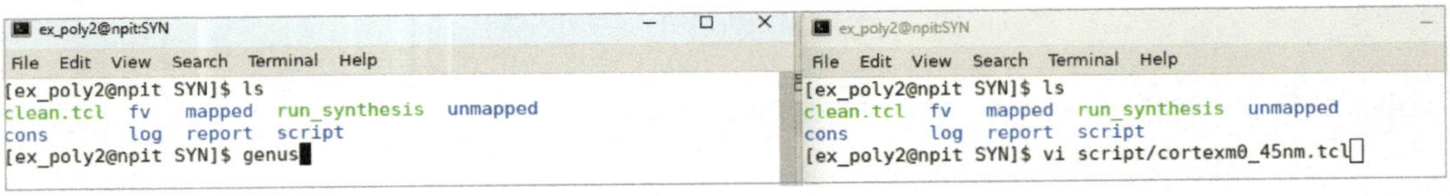

[그림 5-54] 실습 환경 조성

한쪽 터미널에서는 아래 명령을 수행한다.

```
$> genus
@genus:root: 1> gui_show
```

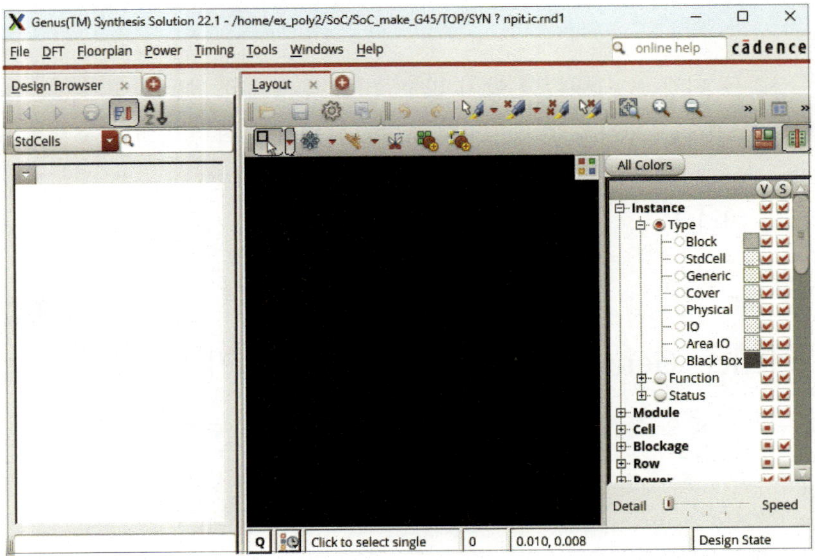

[그림 5-55] Genus 실행 및 GUI 실행

다른 한쪽에서는 아래 명령을 수행한다.

```
$> vim script/cortexm0_45nm.tcl
```

첫 줄로 이동하자.

```
[vim] :1 [엔터]
```

만약 행 번호가 보인다면, 아래 명령으로 보이지 않게 처리하자.

```
[vim] Esc → :set nonumber [엔터]
```

```
set LOG_DIR      "./log"
set RPT_DIR      "./report"
set UNMAPPED_DIR    "./unmapped"
set MAPPED_DIR      "./mapped"

#GPDK 045 SVT
set STD_LIB_PATH "../../../GPDK045/digital/gsclib045_all_v4.4/gscl
ib045/timing"
set IO_LIB_PATH "../../../GPDK045/digital/giolib045_v3.5/timing"
set LEF_LIB_PATH "../../../GPDK045/digital/gsclib045_all_v4.4/gscl
ib045/lef ../../../GPDK045/digital/giolib045_v3.5/lef"
set RTL_PATH      "../RTL"
set QRC_FILE_PATH "../../../GPDK045/digital/gsclib045_all_v4.4/gsc
```

[그림 5-56] 행 번호가 없도록 만듦

한쪽에서는 툴이 떠 있고, 다른 한쪽은 스크립트가 있으니 명령 한 줄씩 드래그하여 복사, 붙이기를 할 것이다. 아래 그림은 오른쪽의 터미널에서 스크립트의 일부분을 드래그한 뒤 왼쪽 터미널을 클릭하고 마우스 가운데 휠 버튼을 눌러서 genus 쉘 안에 넣는 방법을 보여준다. 리눅스에서 정말 많이 사용하는 방법이다. 본 절에서는 이 방법을 계속 사용하도록 한다.

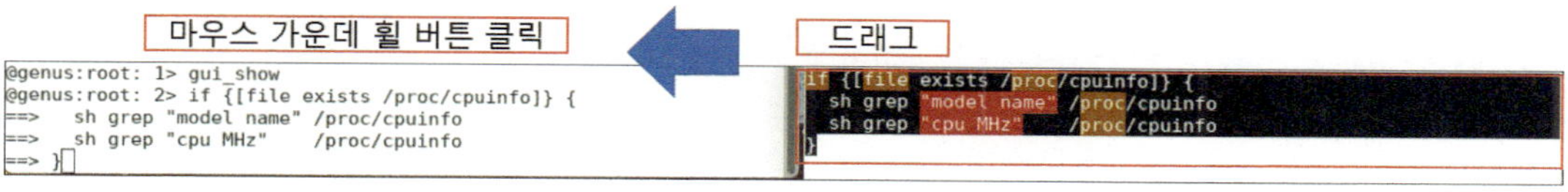

[그림 5-57] 많은 명령을 한 번에 툴에 넣는 방법

```
@genus:root: 1> if {[file exists /proc/cpuinfo]} {
==>    sh grep "model name" /proc/cpuinfo
==>    sh grep "cpu MHz"    /proc/cpuinfo
==> }
model name      : Intel(R) Xeon(R) Silver 4316 CPU @ 2.30GHz
model name      : Intel(R) Xeon(R) Silver 4316 CPU @ 2.30GHz
cpu MHz         : 2300.000
cpu MHz         : 2300.000
```

[그림 5-58] 위 명령에 대한 Genus 툴 실행 결과

5.4.2 단계별 진행 및 결과 확인

툴에 명령을 전달하는 방법은 알았으나, 초심자들은 실습할 때 문제없이 되고 있는지를 계속 확인하고 싶을 것이다. 그래서 지금부터는 툴 실행 결과를 순차적으로 보여줄 것이다. 대조해 가며 진행하기 바란다.

(1) 환경 설정 및 라이브러리 로드

환경 설정(Preset global variables and attributes)은 합성을 수행하기 위한 기본적인 환경을 정의하는 단계이다. cortexm0_45nm.tcl 파일의 13-39행까지는 대부분 set 명령이기 때문에 아래 그림과 같이 오류 없이 설정되는 모습이다.

```
@genus:root: 5> set TOP_DESIGN  cmsdk_mcu
cmsdk_mcu
@genus:root: 6>
@genus:root: 6> set LOG_DIR     "./log"
./log
@genus:root: 7> set RPT_DIR     "./report"
./report
@genus:root: 8> set UNMAPPED_DIR   "./unmapped"
./unmapped
@genus:root: 9> set MAPPED_DIR     "./mapped"
./mapped
@genus:root: 10>
@genus:root: 10> #GPDK 045 SVT
@genus:root: 11> set STD_LIB_PATH "../../../GPDK045/digital/gsclib045_all_v4.4/gsclib045/t
iming"
../../../GPDK045/digital/gsclib045_all_v4.4/gsclib045/timing
@genus:root: 12> set IO_LIB_PATH "../../../GPDK045/digital/giolib045_v3.5/timing"
../../../GPDK045/digital/giolib045_v3.5/timing
@genus:root: 13> set LEF_LIB_PATH "../../../GPDK045/digital/gsclib045_all_v4.4/gsclib045/l
ef ../../../GPDK045/digital/giolib045_v3.5/lef"
../../../GPDK045/digital/gsclib045_all_v4.4/gsclib045/lef ../../../GPDK045/digital/giolib0
45_v3.5/lef
@genus:root: 14> set RTL_PATH     "../RTL"
../RTL
@genus:root: 15> set QRC_FILE_PATH "../../../GPDK045/digital/gsclib045_all_v4.4/gsclib045_
tech/qrc/qx"
../../../GPDK045/digital/gsclib045_all_v4.4/gsclib045_tech/qrc/qx
```

[그림 5-59] 환경 설정에 대한 Genus 툴 실행 결과

다음으로 cortexm0_45nm.tcl 파일의 42-44행까지 합성 effort 설정을 한다.

```
@genus:root: 24> set_db syn_generic_effort high; # Default medium
  Setting attribute of root '/': 'syn_generic_effort' = high
1 high
@genus:root: 25> set_db syn_map_effort high;     # Default medium
  Setting attribute of root '/': 'syn_map_effort' = high
1 high
@genus:root: 26> set_db syn_opt_effort high;     # Default medium
  Setting attribute of root '/': 'syn_opt_effort' = high
1 high
```

[그림 5-60] 합성 Effort 설정에 대한 Genus 툴 실행 결과

46-51행까지는 search path를 등록하고 라이브러리를 읽어 들인다. read_libs 명령으로 많은 warning이 발생하지만, skip이 가능하다.

```
@genus:root: 27> set_db init_lib_search_path [concat $STD_LIB_PATH $IO_LIB_PATH $LEF_LIB_P
ATH $QRC_FILE_PATH]
  Setting attribute of root '/': 'init_lib_search_path' = ../../../GPDK045/digital/gsclib0
45_all_v4.4/gsclib045/timing ../../../GPDK045/digital/giolib045_v3.5/timing ../../../GPDK0
45/digital/gsclib045_all_v4.4/gsclib045/lef ../../../GPDK045/digital/giolib045_v3.5/lef ..
/../../GPDK045/digital/gsclib045_all_v4.4/gsclib045_tech/qrc/qx
1 {../../../GPDK045/digital/gsclib045_all_v4.4/gsclib045/timing ../../../GPDK045/digital/g
iolib045_v3.5/timing ../../../GPDK045/digital/gsclib045_all_v4.4/gsclib045/lef ../../../GP
DK045/digital/giolib045_v3.5/lef ../../../GPDK045/digital/gsclib045_all_v4.4/gsclib045_tec
h/qrc/qx}
@genus:root: 28> set_db init_hdl_search_path [concat $RTL_PATH]
  Setting attribute of root '/': 'init_hdl_search_path' = ../RTL
1 ../RTL
@genus:root: 29>
@genus:root: 29> read_libs ${LIB_LIST}

  Message Summary for Library all 3 libraries:
  ********************************************
  Missing a function attribute in the output pin definition. [LBR-518]: 2
  Missing library level attribute. [LBR-516]: 1
  An unsupported construct was detected in this library. [LBR-40]: 16
  ********************************************

Warning : Libraries have inconsistent nominal operating conditions. In the Liberty library
, there are attributes called nom_voltage, nom_process and nom_temperature. Genus reports
the message, if the respective values of the 2 given .libs differ. [LBR-38]
        : The libraries are 'fast_vdd1v0' and 'slow_vdd1v0'.
        : This is a common source of delay calculation confusion and should be avoided.
```

[그림 5-61] search path 등록 및 라이브러리 읽어 들임

이어지는 read_physical 명령으로 .lef 파일을 읽어 들이지만 우리는 기본적인 합성을 진행하므로 크게 작용하는 부분은 아니다.

```
@genus:root: 30> read_physical -lef ${LEF_LIST}
Info    : Via with no resistance will have a value of '0.0' assigned for resistance value
 [PHYS-129]
        : Via 'M2_M1_HV' has no resistance value.
        : If this is the expected behavior, this message can be ignored.
Info    : Via with no resistance will have a value of '0.0' assigned for resistance value
 [PHYS-129]
        : Via 'M2_M1_VV' has no resistance value.
Info    : Via with no resistance will have a value of '0.0' assigned for resistance value
 [PHYS-129]
        : Via 'M2_M1_VH' has no resistance value.
Info    : Via with no resistance will have a value of '0.0' assigned for resistance value
 [PHYS-129]
```

[그림 5-62] physical lef 읽어 들임

read_qrc 명령은 net의 기생성분에 대한 정보인 gpdk045.tch 파일을 읽어 들임. 우리는 기본적인 합성을 진행하므로 크게 작용하는 부분은 아니다.

```
@genus:root: 31> read_qrc ${QRC_LIST}

  According to qrc_tech_file, there are total 11 routing layers [ V(5) / H(6) ]

Done reading qrc_tech_file
@genus:root: 32>
```

[그림 5-63] read_qrc 명령

이어지는 명령에서는 이름을 부여하는 스타일을 지정한다. 〈signal이름〉_reg[〈bit 수〉] 스타일로 지정하고 있다.

```
@genus:root: 32> set_db hdl_array_naming_style %s_%d
  Setting attribute of root '/': 'hdl_array_naming_style' = %s_%d
1 %s_%d
@genus:root: 33> set_db / .uniquify_naming_style ${TOP_DESIGN}_%s_%d
  Setting attribute of root '/': 'uniquify_naming_style' = cmsdk_mcu_%s_%d
1 cmsdk_mcu_%s_%d
```

[그림 5-64] 이름 부여 스타일 지정

(2) RTL 디자인 로드

이어서 63행의 read_hdl 명령으로 verilog 코드를 읽어 들인 뒤, elaborate까지 진행한다. 소스를 읽고 elaborate로 라이브러리와 디자인을 한꺼번에 인식할 때 Error가 나오게 되면 뭔가 파일과 라이브러리 경로에 문제가 있는 것이다. unresolved라는 메시지가 나오는 에러를 만났다면 각종 변수가 정의하는 파일명과 확장자, 경로를 확인한 뒤 재시도하면 되겠다. 문제가 없는 경우 아래의 그림과 같을 것이다.

```
@genus:root: 34> read_hdl $RTL_SOURCES
@genus:root: 35>
@genus:root: 35> elaborate ${TOP_DESIGN}
  Libraries have 324 usable logic and 128 usable sequential lib-cells.
Info    : Elaborating Design. [ELAB-1]
        : Elaborating top-level block 'cmsdk_mcu' from file '../RTL/../RTL/cmsdk_mcu.v'.
Warning : Using default parameter value for module elaboration. [CDFG-818]
        : Elaborating block 'cmsdk_mcu' with default parameters value.
Warning : Removing unused register. [CDFG-508]
        : Removing unused flip-flop register 'dbgrst_reg' in module 'cmsdk_mcu_clkctrl_CLK
GATE_PRESENT0' in file '../RTL/../RTL/verilog_smkcow/cmsdk_mcu_clkctrl.v' on line 115.
```

[그림 5-65] read_hdl과 elaborate

여기까지 진행하면 GUI를 확인할 수 있다. 아래 그림처럼 디자인에 대한 정보를 확인할 수 있다.

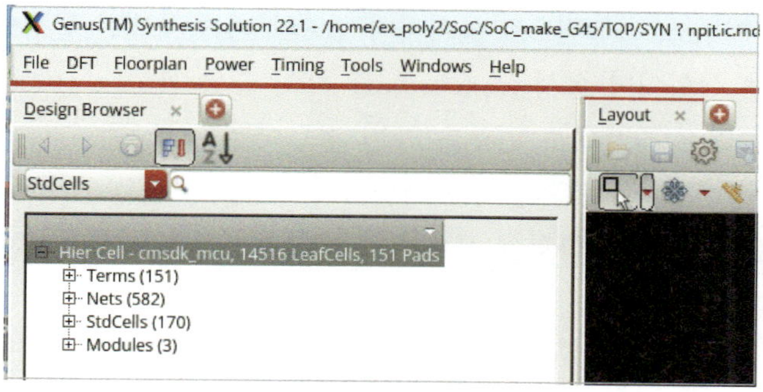

[그림 5-66] GUI에서 디자인 정보를 확인

+ 버튼을 눌러서 Schematic을 선택하자.

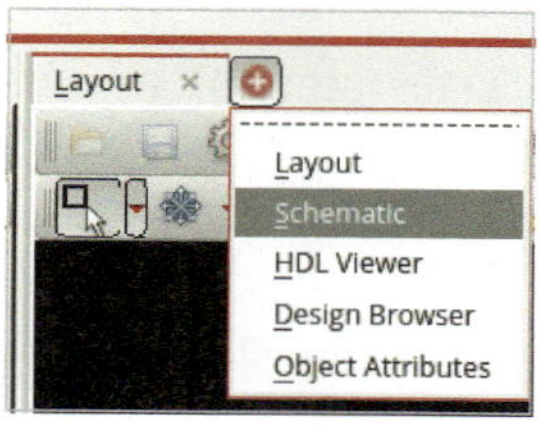

[그림 5-67] Schematic을 Open

아래 그림과 같이 스키매틱을 확인할 수 있다. Verilog 소스를 읽어 들이면 그림으로 보여주는 기능을 Genus 툴이 갖고 있다. 사각형의 모듈을 더블클릭하여 점차 들어가면 게이트 모양의 로직을 확인할 수 있다. 아직 합성은 하지 않았으므로 unmapped 상태, Boolean Gate 상태로 이해하면 된다.

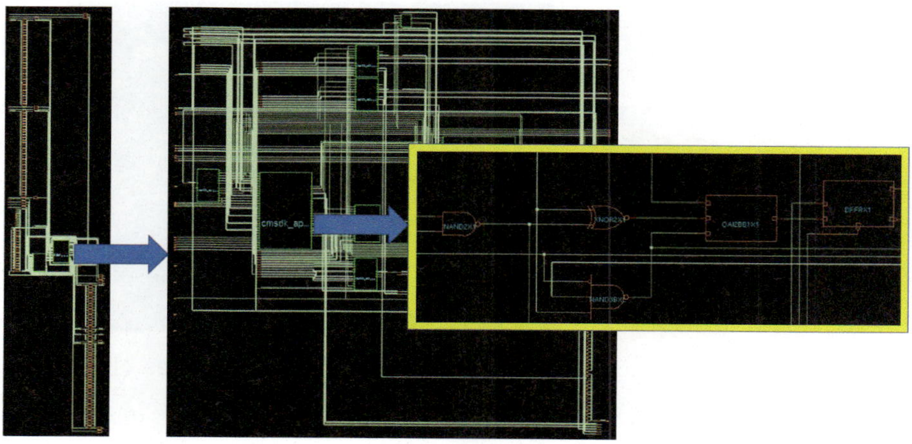

[그림 5-68] 디자인 내부의 모습

이제 GUI는 잠시 내려두고, 스크립트로 돌아가자. 69행부터는 특별한 설정으로서, 미리 합성한 모듈을 instance 하는 상황이니 속성을 preserve로 하여 합성 시 don't_touch 하려는 의도라고 생각하면 되겠다. 그리고 optimize_merge 라는 접두어로 시작하는 것은 합성 단계 이후인 Equivalence Check 진행 시에 도움이 되는 명령이다. uniquify 명령은 동일한 instance가 여러 개 있는 경우, 자동으로 이름을 다르게 부여하는 일을 한다. 위에서 선언한 naming style대로 자동 부여를 해준다.

```
@genus:root: 38> set_db hinst:u_cmsdk_mcu_system .preserve true
  Setting attribute of hinst 'u_cmsdk_mcu_system': 'preserve' = true
1 true
@genus:root: 39> set_db optimize_merge_flops false
  Setting attribute of root '/': 'optimize_merge_flops' = false
1 false
@genus:root: 40> set_db optimize_merge_latches false
  Setting attribute of root '/': 'optimize_merge_latches' = false
1 false
@genus:root: 41>
@genus:root: 41> uniquify -verbose ${TOP_DESIGN}
  Uniquified instance: u_pin_mux/mux_119_30, and its subdesign name is: cmsdk_mcu_cmsdk_mc
u_bmux_1_10
  Uniquified instance: u_pin_mux/mux_117_30, and its subdesign name is: cmsdk_mcu_cmsdk_mc
u_bmux_1_9
```

[그림 5-69] 하위 계층의 preserve를 true로 설정하고 uniquify를 진행

특이사항으로, 위 Preserve에 대한 결과를 GUI에서 확인해보자. 아래 그림처럼 모듈을 선택한 뒤 Object Attributes로 들어가자.

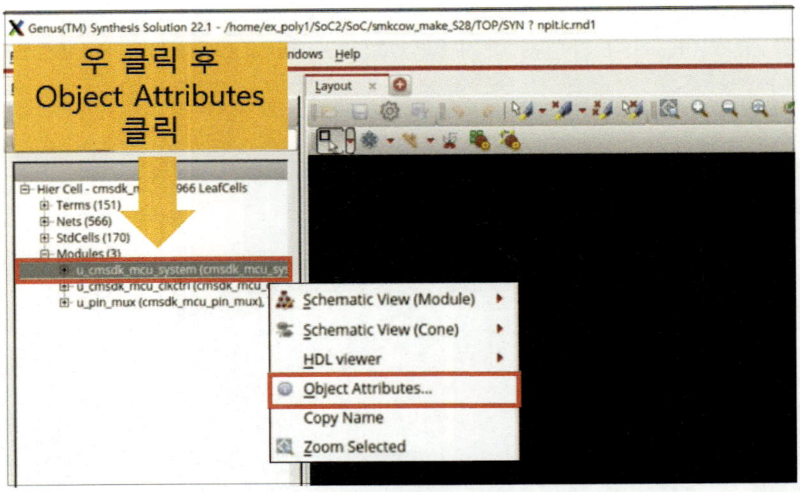

[그림 5-70] u cmsdk mcu system 모듈 선택 후 Object Attributes 선택

미리 합성했던 디자인이므로 Preserve를 한다는 계획으로 이해하면 되겠다.

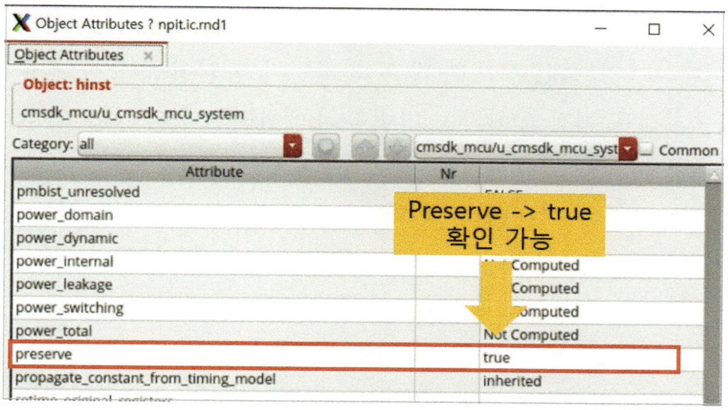

[그림 5-71] Preserve 항목 True로 확인

(3) check_design

지금까지 툴에 대한 각종 파일과 변수, 툴 설정을 마쳤으며 Verilog 코드까지 읽어 들였다. 이 시점의 check_design 명령은 RTL 코드상에서 모듈과 핀, Net 등의 연결 관계를 점검하는 역할을 한다. 한 마디로 소스 코드의 무결성을 체크 하는 것이다. RTL 소스에서 모듈 간의 연결성과 Pin과 Net의 연결 상태를 툴을 통해 확인한다. 75, 76행은 〉, 〉〉을 사용해서 Report 파일로 결과를 출력하도록 하는 것이지만 명령을 단독적으로 내려보면 아래 그림과 같이 표 형태로 나오게 된다. 상단에 있는 내용들이 가장 Critical 한 것으로서 아래와 같이 0이어야 한다.

Name	Total
Unresolved References	0
Empty Modules	0
Unloaded Port(s)	0
Unloaded Sequential Pin(s)	0
Unloaded Combinational Pin(s)	16
Assigns	137
Undriven Port(s)	0
Undriven Leaf Pin(s)	0
Undriven hierarchical pin(s)	1241
Multidriven Port(s)	0
Multidriven Leaf Pin(s)	0
Multidriven hierarchical Pin(s)	0
Multidriven unloaded net(s)	0
Constant Port(s)	0
Constant Leaf Pin(s)	880
Constant hierarchical Pin(s)	56
Preserved leaf instance(s)	14324
Preserved hierarchical instance(s)	30
Feedthrough Modules(s)	0

[그림 5-72] check_design 명령 결과

위 메시지에서 심각한 문제가 될 수 있는 항목들이 모두 0이어야만 다음 챕터인 '(4) Constraint 적용' 단계로 넘어갈 수 있는데, 실제로 많은 디자인이 확인이 필요한 경우가 많다. 그래서 에러라고 알려주는 지점을 직접 찾아가는 방법을 소개하려고 한다. Genus 툴의 명령만으로도 찾아갈 수 있고, 현황 파악도 가능하지만 초보자들에게는 GUI가 좋을 것이니 차근차근 같이 진행해보자. 혹시 독자 중에 이 방법을 이미 알고 있거나 지금 하고 있는 프로젝트에 이런 일이 없다면 다음 (4) 번으로 진행해도 좋다. 추후 필요할 때 아래 내용을 참고하면 되겠다.

위 그림에서 빨간색 박스의 바로 아래에 Unloaded Combinational Pins가 16개 있음을 알 수 있다. Load가 없다는 것인데 어떤 핀이 있을 때 Source는 연결되어 있지만 Destination이 없는, 끊긴 상황으로 예상할 수 있다. 이에 대한 자세한 내용을 알아보기 위하여 아래와 같이 툴에서 직접 명령을 내려보자.

```
Genus> check_dsign -unloaded_comb
```

```
design 'cmsdk_mcu' has the following unloaded combinational elements
pin:cmsdk_mcu/u_cmsdk_mcu_system/u_apb_subsystem/u_ahb_to_apb/g1153/Y
pin:cmsdk_mcu/u_cmsdk_mcu_system/u_cortexm0integration/u_cortexm0/u_logic/g203967/Y
pin:cmsdk_mcu/u_cmsdk_mcu_system/u_cortexm0integration/u_cortexm0/u_logic/mul_2252_20_cd
nfadd_031_0/CO
pin:cmsdk_mcu/u_cmsdk_mcu_system/u_cortexm0integration/u_cortexm0/u_logic/mul_2252_20_cd
nfadd_031_1/CO
pin:cmsdk_mcu/u_cmsdk_mcu_system/u_cortexm0integration/u_cortexm0/u_logic/mul_2252_20_cd
nfadd_031_2/CO
pin:cmsdk_mcu/u_cmsdk_mcu_system/u_cortexm0integration/u_cortexm0/u_logic/mul_2252_20_cd
nfadd_031_3/CO
```

[그림 5-73] check_design -unloaded_comb 명령 결과

위 그림처럼 16개의 지점이 자세하게 나온다. 해당 지점을 GUI를 이용하여 쫓아가자. 우선, 찾아갈 지점은 아래와 같다.

[표 5-12] 찾아가 볼 지점

cmsdk_mcu/u_cmsdk_mcu_system/u_apb_subsystem/u_ahb_to_apb/g1153/Y

GUI의 좌측에 있는 Design Browser에서 Top 모듈부터 +를 눌러가며 하위 모듈까지 따라가면 u_ahb_apb까지 진행할 수 있다. 해당 모듈을 선택 후 우클릭하여 Schematic View(Module)를 Open 하자.

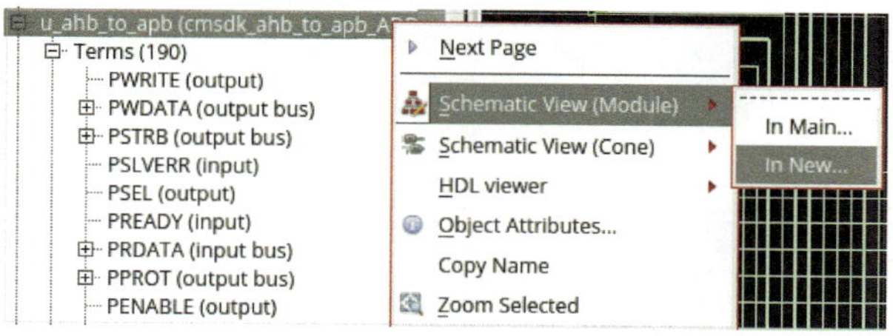

[그림 5-74] 해당 지점 찾아가기

팝업된 화면에서 Find 버튼 또는 Ctrl+F를 누른 뒤 g1153으로 검색하면 해당 셀이 리스트업 되니, 선택한 뒤 HighLight in Schematic을 누르면 된다.

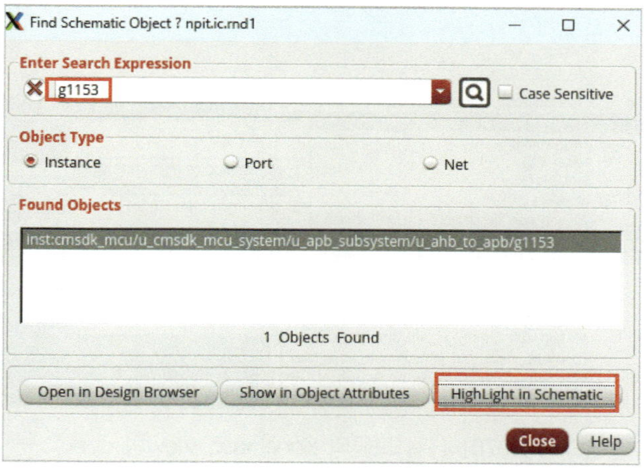

[그림 5-75] 특정 셀 찾기

찾은 셀은 아래와 같다. NAND 게이트의 출력 Y는 APBACTIVE라는 출력 포트로 연결되어 있다. 그렇다면 이 APBACTIVE가 왜 Unloaded 인지 파악해야 하므로 반대편으로 쫓아가 보자.

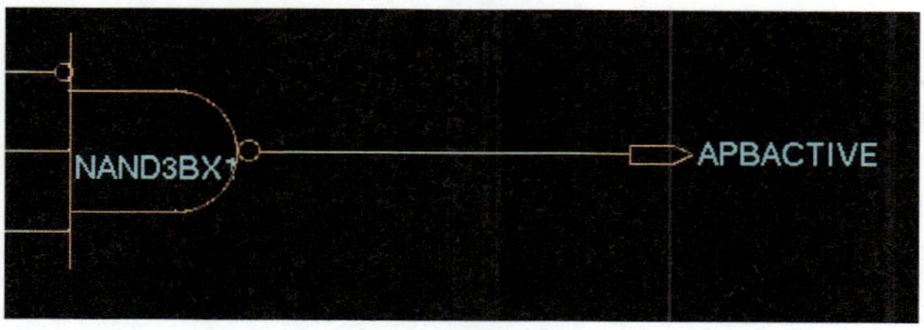

[그림 5-76] g1153 = NAND3BX1

APBACTIVE라는 포트를 알고 있는 상태에서, 현재 모듈의 위로 올라가야만 연결 관계를 알 수 있다. 아래 그림처럼 상위 버튼을 눌러보자.

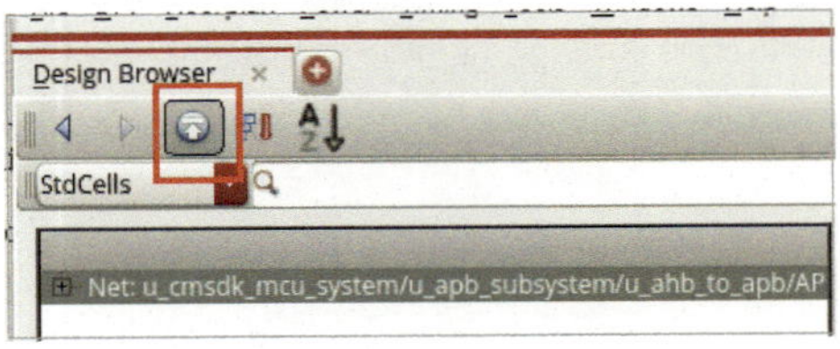

[그림 5-77] 상위 버튼 클릭

u_ahb_to_apb모듈의 상위 모듈은 u_apb_system이다. 우클릭한 뒤 Schematic View를 open 하자.

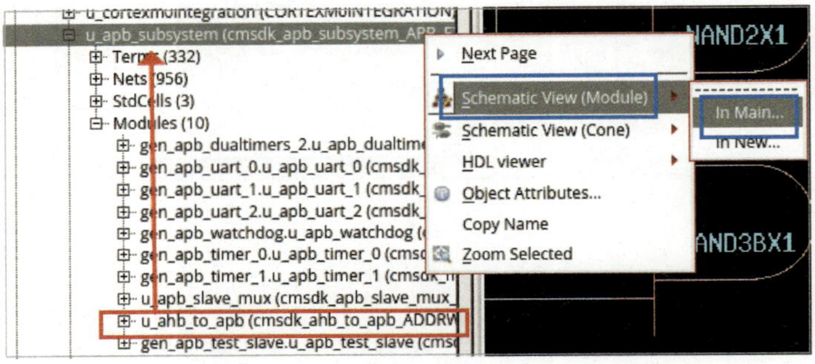

[그림 5-78] 상위 모듈의 Schematic View의 open

오픈된 View에서 APBACTIVE를 아래 그림처럼 검색하자. 포트를 선택하고 찾아보면 출력 포트에 연결되어 있음을 알 수 있다.

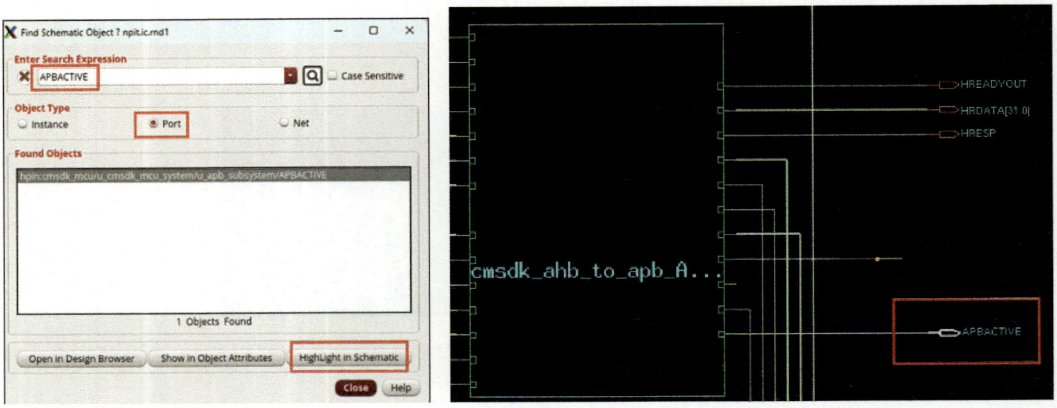

[그림 5-79] APBACTIVE는 상위 모듈에서도 출력 포트로 연결되어 있음

아직 반대편에 연결된 것을 찾지 못했으니 계속 진행하자. 아래 그림처럼 상위 버튼을 클릭하여 이동한 뒤 u_cmsdk_mcu_system 모듈의 Schematic View를 Open하자.

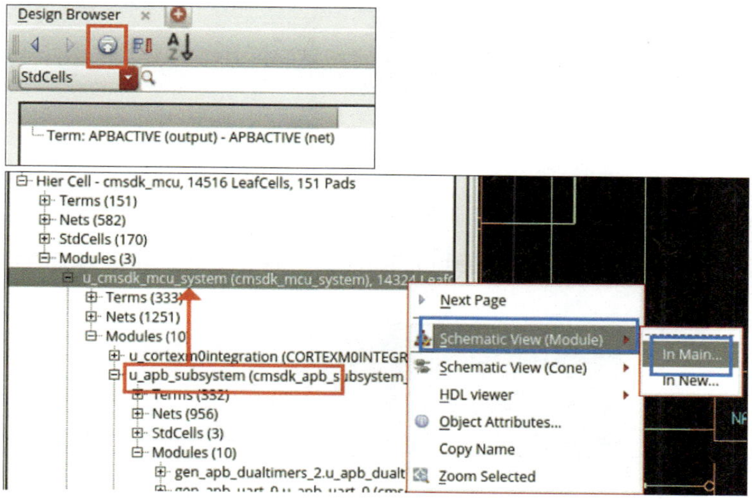

[그림 5-80] 상위 모듈로 이동

u_cmsdk_mcu_system에 대한 view가 오픈되었을 것이다. 여기에서 APBACTIVE를 찾아보자. Find 버튼 또는 Ctrl+F를 입력해서 아래와 같이 진행하자.

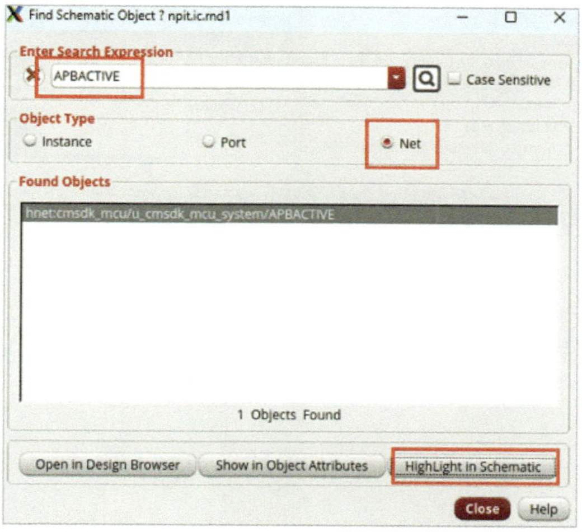

[그림 5-81] Net 타입으로 Search

Net 타입으로 검색한 결과 아래 그림의 빨간색 화살표처럼 오른쪽 포트로 연결되고 있음을 알 수 있다.

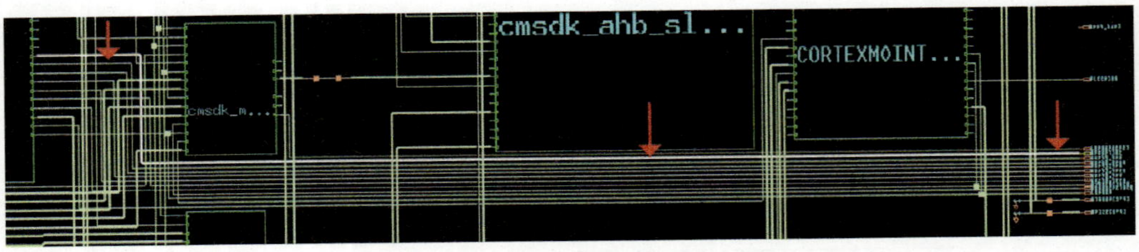

[그림 5-82] 검색된 net : APBACTIVE

포트를 확대한 모습은 아래와 같다. 현재 cmsdk_mcu/u_cmsdk_mcu_system 모듈의 출력포트인 APBACTIVE까지 진행했다. 아직 Destination을 만나지 못했으니 좀 더 진행하도록 하자.

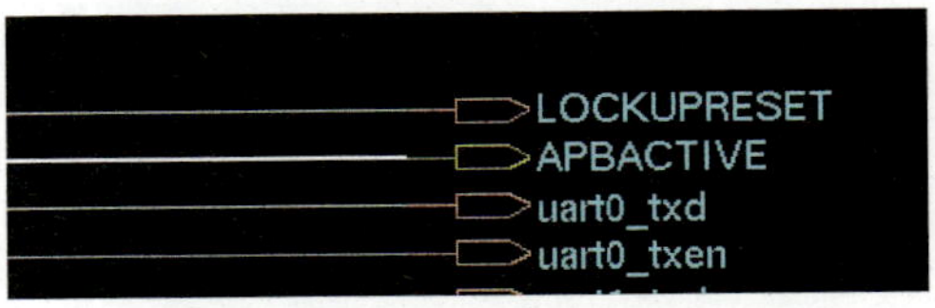

[그림 5-83] APBACTIVE 포트로 연결됨

상위 모듈로 이동한다. cmsdk_mcu 클릭 후 Schematic View를 오픈하자.

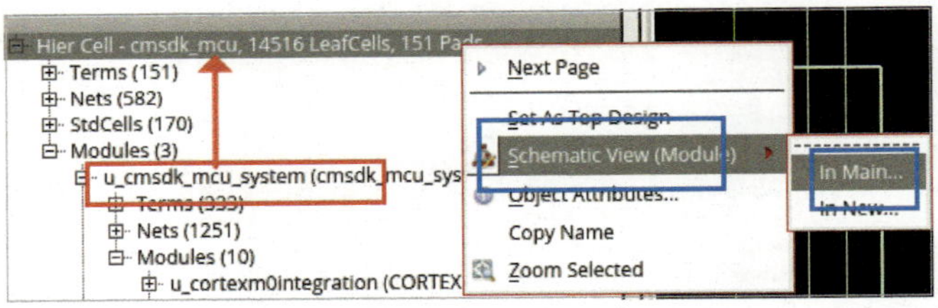

[그림 5-84] 상위 모듈로 이동

이제는 가장 Top 모듈인 cmsdk_mcu가 오픈되었을 것이다. 아래 그림처럼 APBACTIVE를 찾아보자. Find 버튼 또는 Ctrl+F를 입력해서 Net 타입으로 검색한다.

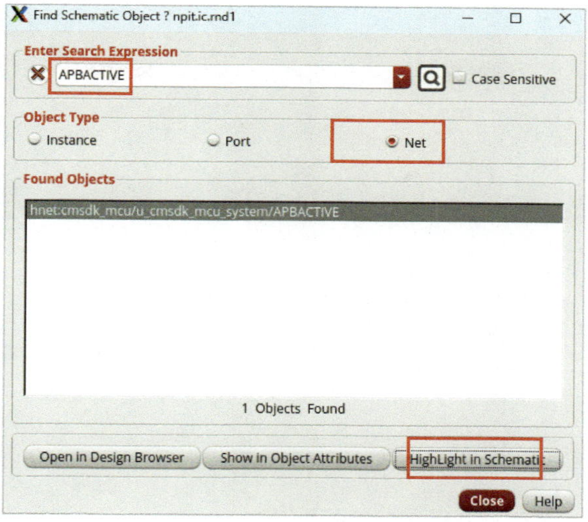

[그림 5-85] Net 타입으로 검색

이후 현재 활성화된 창에서 Preferences를 누르고 아래와 같이 설정하여 많은 정보가 보일 수 있도록 하자.

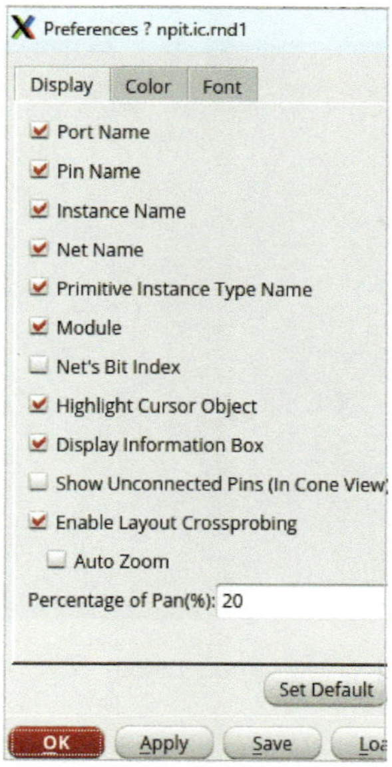

[그림 5-86] 환경 설정

아래 그림과 같은 연결상태를 볼 수 있다. APBACTIVE는 클록의 컨트롤을 하는 cmsdk_mcu_clkctrl 모듈의 입력으로 인가되고 있다. 해당 모듈을 더블클릭해보자.

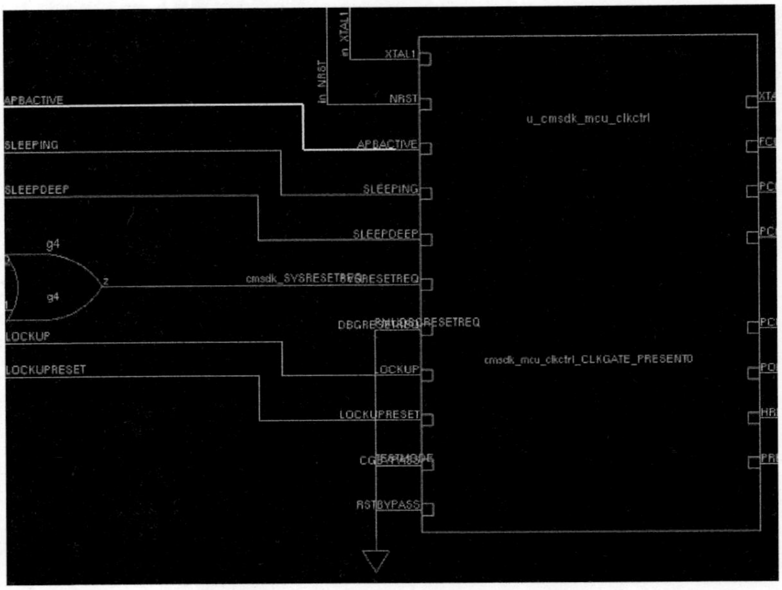

[그림 5-87] 드디어 만난 Destination 모듈

더블클릭하여 모듈 안으로 진입한 결과를 아래 그림에서 확인할 수 있다.

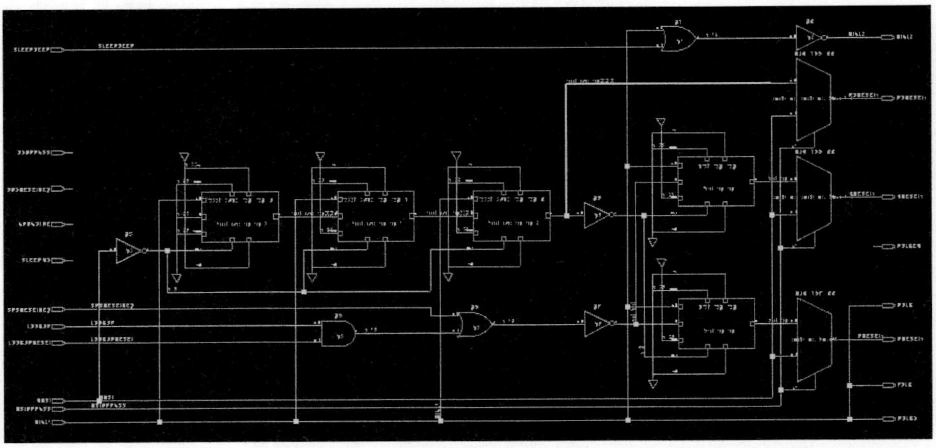

[그림 5-88] cmsdk_mcu_clkctrl 모듈 내부의 모습

이제 입력 포트 중에 APBACTIVE를 찾아보자. 아래와 같이 아무런 연결이 없음을 알 수 있다. 내가 코딩한 소스에서도 이런 일은 얼마든지 흔하게 발생할 수 있으니 지금까지 같이 진행한 GUI 방식의 신호 Tracking 방법을 통해 독자들 스스로 소스의 무결성을 확인하기 바란다. 이 단계에서 하지 않고 나중에 신호를 쫓아가게 되면 시간과 돈 낭비는 이루 말할 수 없을지도 모른다.

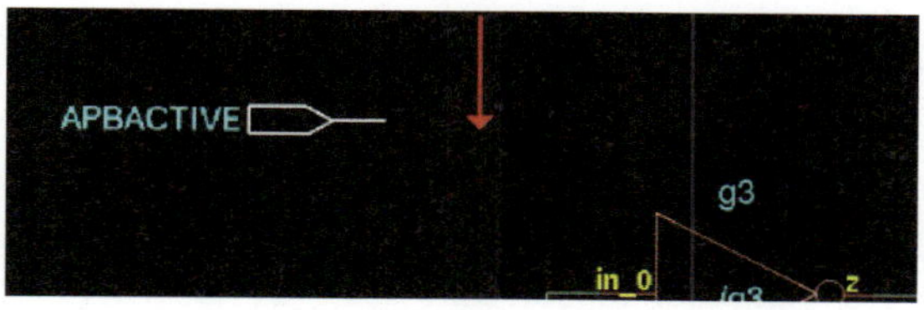

[그림 5-89] 찾아낸 unloaded 이유. Not Connect

지금까지의 방법으로 unloaded로 나온 이유를 알아냈는데, 실제로는 별도의 수정 없이 다음 단계로 진행하고자 한다. 필자가 코딩한 IP가 아니라는 점이 가장 큰 이유인데, 독자 중에서 큰 IP를 다루는 상황에 있고 직접 소스 코딩을 하지 않아서 내부의 매커니즘을 정확하게 파악하고 있지 않다면 소스 코드 수정을 하는데 있어서 부담감을 느낄 것이다. 팀원들과 상의하여 신중히 접근하기 바란다.

여기까지 정리하자. 현재는 (3) check_design 단계이다. 지금까지는 환경 설정과 .lib 파일 및 RTL 코드를 읽어 들인 상황이다. 합성을 본격적으로 하지 않은 현재 상황에서 가장 중요한 일은 디자인의 무결성을 확인하는 것이다. 합성 툴 Genus에서는 check_design 명령을 적극적으로 사용하도록 하자.

(4) Constraint 적용

다음으로 cortexm0_45nm.tcl 파일의 84행의 source를 통한 Constraint의 적용이다. Constraint 파일을 미리 작성한 뒤, 합성 툴에서 read_sdc 명령을 내리거나 source명령으로 읽어 들인다. 필자는 본 책에서 source를 소개할 테니, 관심이 있는 독자들은 read_sdc 명령도 사용해서 비교해 보기 바란다. 툴이 스펙을 인지하는 결과는 동일하다. 아래와 같은 결과가 나온다.

```
@file(cmsdk_mcu.sdc) 77: set_load [load_of PADDO/A] [all_outputs]
@file(cmsdk_mcu.sdc) 104: set_dont_touch u_cmsdk_mcu_system
@file(cmsdk_mcu.sdc) 105: set_dont_touch pad1
@file(cmsdk_mcu.sdc) 106: set_dont_touch pad2
@file(cmsdk_mcu.sdc) 107: set_dont_touch pad3
@file(cmsdk_mcu.sdc) 108: set_dont_touch pad4
@file(cmsdk_mcu.sdc) 109: set_dont_touch pad75
@file(cmsdk_mcu.sdc) 114: set_ideal_network [get_ports "XTAL1 NRST"]
#@ End verbose source ./cons/cmsdk_mcu.sdc
@genus:root: 53>
```

[그림 5-90] Constraint 적용 결과

85행에서는 공정상에서 사용하지 않는 셀을 정하고 있다. 합성에 사용하면 오동작을 유발하는 셀과 PnR 단계에서만 사용하는 Physical 셀, 그리고 특정 목적용 셀을 합성에 이용하지 않도록 한다. 아래는 source 명령의 결과이다.

```
@genus:root: 53> source -verbose  ./cons/dont_use_45nm.tcl
Sourcing './cons/dont_use_45nm.tcl' (Sat Jul 12 13:34:45 KST 2025).
#@ Begin verbose source ./cons/dont_use_45nm.tcl
@file(dont_use_45nm.tcl) 1: set_dont_use [get_lib_cells */ANTENNA*]
@file(dont_use_45nm.tcl) 2: set_dont_use [get_lib_cells */DLY*]
@file(dont_use_45nm.tcl) 4: set_dont_use [get_lib_cells */HOLD*]
@file(dont_use_45nm.tcl) 5: set_dont_use [get_lib_cells */TIE*]
@file(dont_use_45nm.tcl) 6: set_dont_use [get_lib_cells */TLA*]
@file(dont_use_45nm.tcl) 7: set_dont_use [get_lib_cells */DFFS*]
@file(dont_use_45nm.tcl) 9: set_dont_use [get_lib_cells */SDFF*]
#@ End verbose source ./cons/dont_use_45nm.tcl
```

[그림 5-91] don't_use 수행 결과

(5) check_timing_intent

드디어 이 명령에 다다랐다. 합성을 하기 전에 디자인과 Constraint를 종합적으로 분석 및 비교 판단하여 Constraint의 보강 여부를 알려주는 명령이다. 초보자는 Constraint 작성에 대하여 스스로에 대한 확신이 없기 때문에 누군가에게 도움을 받고 싶을 것이다. 그때 이 명령이 절대적인 도움을 줄 것이다. 다만, 도움도 주지만 굉장한 피로감을 줄 수도 있다. 호락호락한 명령이 아니기 때문이다. 이 명령을 에러 없이 넘어가야만 합성을 할 수 있다. 필자는 합성의 내부 진행 단계 중 첫 번째 큰 산이라고 생각한다. 넘어가야 한다.

아래 그림은 cortexm0_45nm.tcl 파일의 84행, source를 통한 Constraint의 적용 결과이다. report 파일로 메시지가 저장되는 방식이라서, 아래 명령처럼 직접 툴에게 내려보자.

```
Genus > check_timing_intent -verbose
```

```
Lint summary
 Unconnected/logic driven clocks                                                      0
 Sequential data pins driven by a clock signal                                        0
 Sequential clock pins without clock waveform                                         0
 Sequential clock pins with multiple clock waveforms                                  0
 Generated clocks without clock waveform                                              0
 Generated clocks with incompatible options                                           0
 Generated clocks with multi-master clock                                             0
 Generated clocks with master clock not reaching the generated clock target           0
 Paths constrained with different clocks                                              0
 Loop-breaking cells for combinational feedback                                       0
 Nets with multiple drivers                                                           0
 Timing exceptions with no effect                                                     0
 Suspicious multi_cycle exceptions                                                    0
 Pins/ports with conflicting case constants                                           0
 Inputs without clocked external delays                                               0
 Outputs without clocked external delays                                              0
 Inputs without external driver/transition                                            0
 Outputs without external load                                                        0
 Exceptions with invalid timing start-/endpoints                                      0

                                                                   Total:             0
```

[그림 5-92] check_timing_intent 명령 수행 결과

TOTAL 숫자가 0이 아니라면, 0이 될 때까지 Constraint를 수정 및 보강해야 한다. Genus에게 계속 반복적으로, 0이 될 때까지 명령을 내려보라. 분명 이유가 있고, 해결할 수 있다. 디자인마다 이슈가 있고 챌린지가 다르기 때문에, 이 부분 만큼은 필자도 간결하게 다룰 수가 없으니 회사나 연구실의 앞선 프로젝트를 참고하고, support.cadence.com 홈페이지를 이용하고, 많은 공부를 하기 바란다. 첫 시도에 위 그림처럼 0이 나오는 것은 거의 일어나지 않는다. 당연히 많은 숫자가 나오기 때문에 이를 0으로 만드는 것이 엔지니어가 할 일이라고 생각한다. 다시 한번 강조한다. 이것이 0이 아니면 합성은 시작조차 할 수 없다.

Constraint를 적용한 결과를 확인할 수 있는 명령 몇 가지 중에 클록과 관련한 명령을 소개한다.

```
Genus〉 report_clocks
```

명령 수행 결과는 아래와 같다. 8ns의 주기에 Latency, Uncertainty, Transition이 차례로 수치화되어 있다. 그림의 우측 상단에 constraint도 같이 나타내었으니 하나하나 좇아가면 이해가 될 것이다.

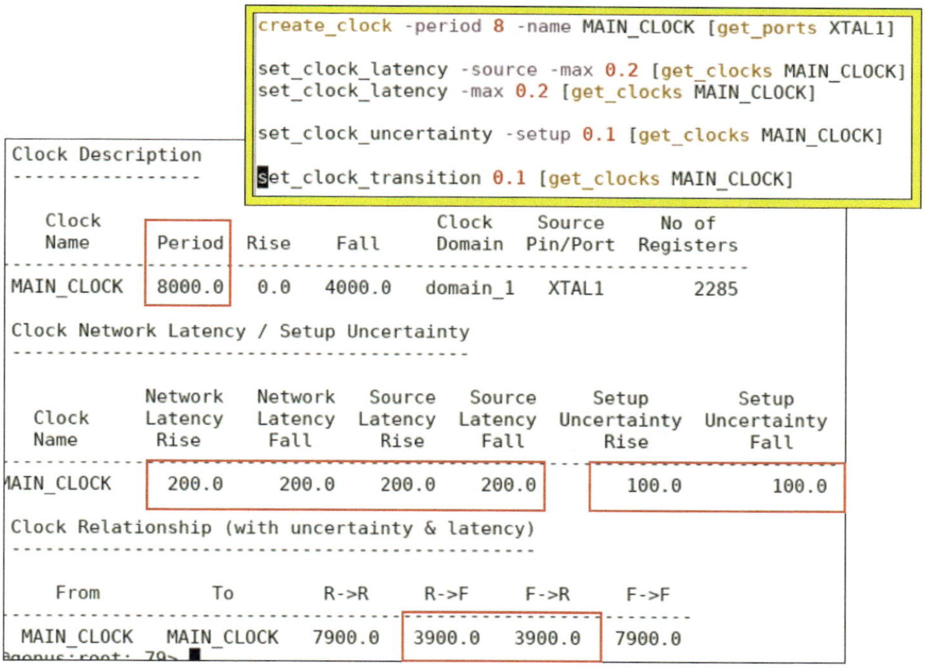

[그림 5-93] report_clocks 결과와 Constraint와의 연결 관계

Constraint를 적용한 결과를 확인할 수 있는 또 다른 명령 중에 report_port를 소개한다. 이전에 설명한 바가 있는데, Constraint는 내가 합성할 디자인을 내려놓고 위에서 바라보는 상태에서 입, 출력 포트에 부여하는 성질의 스펙이다. 따라서 report_port 명령을 내리면 내가 부여한 Constraint가 적용된 현황을 직관적으로 확인할 수 있다. 91, 92행은 report 파일로 메시지가 저장되는 방식이라서, Genus 쉘에 아래처럼 직접 명령을 내려보자. 입력과 출력 포트에 걸린 Constraint를 숫자로 확인할 수 있다.

```
Genus> report_port -delay -driver [all_inputs]
```

메시지가 길게 나와서 초반과 후반을 하나씩 살펴보자. 아래 그림과 같다. 각 입력 포트 현황인데, constraint에서 0.1ns로 설정했던 것과 XTAL1에 대하여 input delay를 제외했던 현황이 잘 적용되어 있음을 알 수 있다.

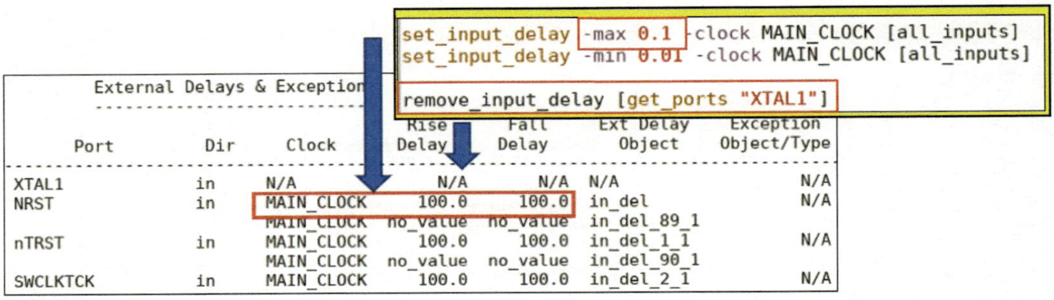

[그림 5-94] Input Delay에 대한 적용 결과 확인

Input Driving Cell은 RTL 코드에서 instance한 셀이 적용되어 있음을 확인할 수 있다.

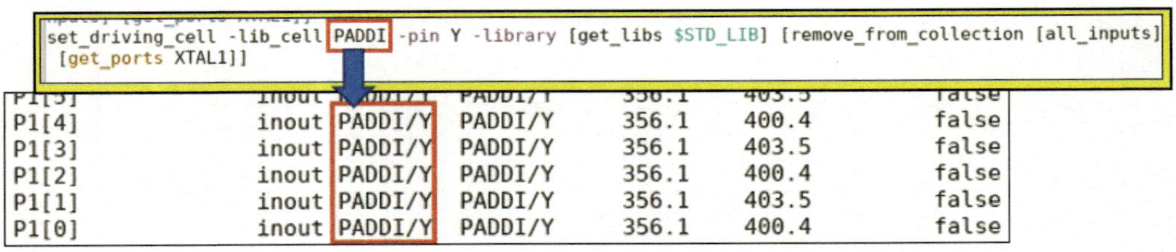

[그림 5-95] Input Driving Cell에 대한 적용 결과 확인

```
Genus> report_port -delay -load [all_outputs]
```

역시 메시지가 길게 나와서 초반과 후반을 하나씩 살펴보자. 아래와 같다.
각 출력 포트 현황인데, constraint에서 0.1ns로 설정했던 것이 잘 적용되어 있음을 알 수 있다.

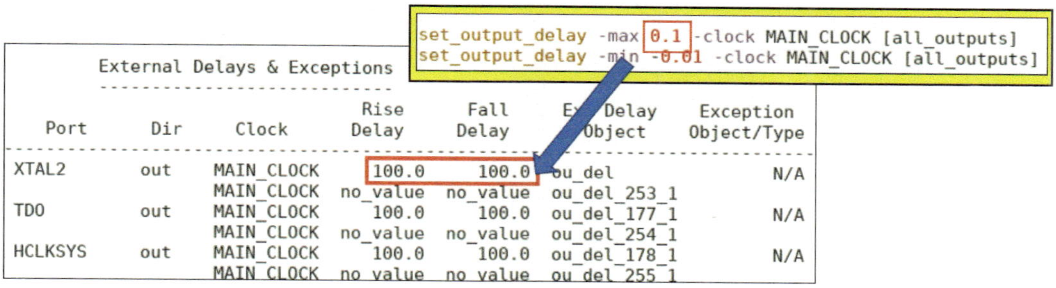

```
set_output_delay -max 0.1 -clock MAIN_CLOCK [all_outputs]
set_output_delay -min -0.01 -clock MAIN_CLOCK [all_outputs]

        External Delays & Exceptions
        ----------------------------
                              Rise      Fall      Ext Delay    Exception
  Port     Dir    Clock       Delay     Delay     Object       Object/Type
---------------------------------------------------------------------------
XTAL2      out    MAIN_CLOCK  100.0     100.0     ou_del               N/A
                  MAIN_CLOCK  no_value  no_value  ou_del_253_1
TDO        out    MAIN_CLOCK  100.0     100.0     ou_del_177_1         N/A
                  MAIN_CLOCK  no_value  no_value  ou_del_254_1
HCLKSYS    out    MAIN_CLOCK  100.0     100.0     ou_del_178_1         N/A
                  MAIN_CLOCK  no_value  no_value  ou_del_255_1
```

[그림 5-96] Output Delay에 대한 적용 결과 확인

그리고 Output Load에 대해서 RTL 코드에서 instance한 셀의 A핀이 적용되어 있음을 확인할 수 있다. 아래 숫자 3.0은 단위가 fF, 펨토 패럿으로 확인된다.

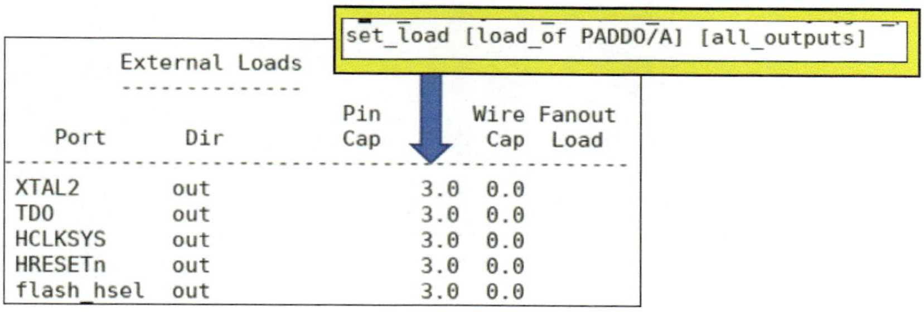

```
set_load [load_of PADDO/A] [all_outputs]

          External Loads
          --------------
                            Pin    Wire  Fanout
   Port        Dir          Cap    Cap   Load
------------------------------------------------
XTAL2         out           3.0    0.0
TDO           out           3.0    0.0
HCLKSYS       out           3.0    0.0
HRESETn       out           3.0    0.0
flash_hsel    out           3.0    0.0
```

[그림 5-97] Output Load에 대한 적용 결과 확인

이번 절에서는 check_timing_intent와 report_clocks, report_port 명령을 알아보았다. 이제 합성으로 진행할 준비가 되었다.

(6) 합성

앞 절의 check_timing_intent라는 산을 넘었다면 합성할 수 있다. syn_generic, syn_map, syn_opt 총 3개의 명령이 진행되는 동안의 변화를 확인하면서 같이 진행하자. 합성은 아래 그림과 같이 TOP 디자인 입장에서 진행한다. GUI를 통해서 현재 상태를 확인하자. Layout 뷰 바로 옆에 있는 +버튼으로 Schematic을 오픈하자.

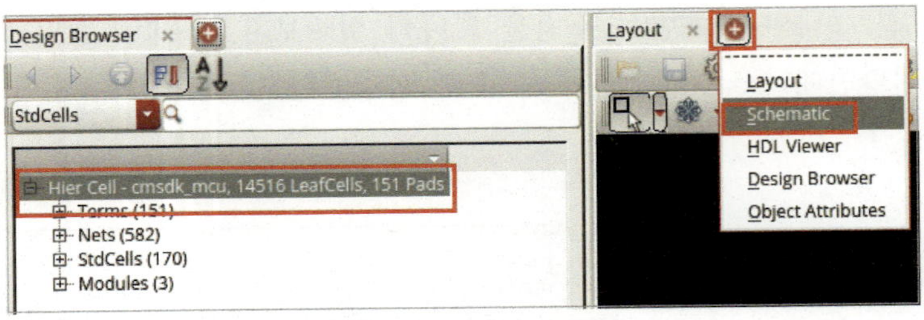

[그림 5-98] Schematic 뷰 open

마우스 오른쪽 버튼으로 드래그를 하면 확대가 가능하다.

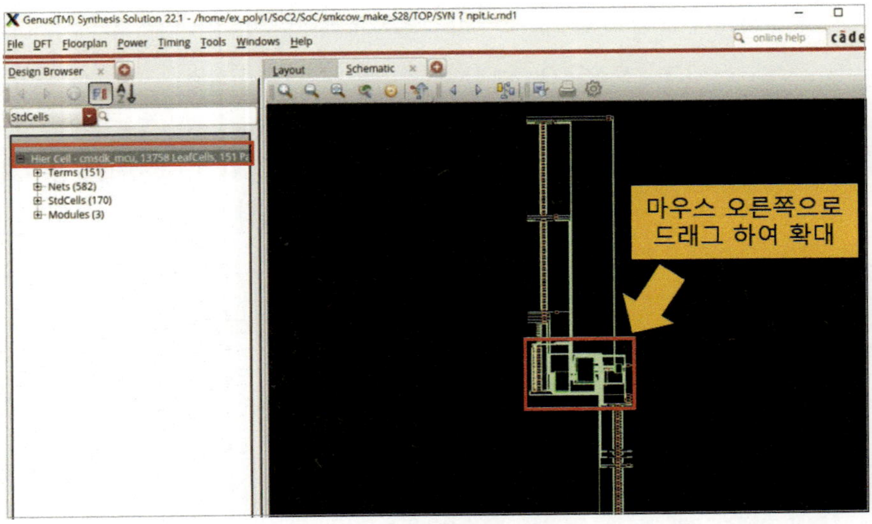

[그림 5-99] TOP 모듈 선택 상태에서 Schematic 오픈

총 3개의 모듈이 instance 되어 있고 서로 긴밀하게 연결되어 있다. 이 중 미리 합성한 모듈은 가운데에 있는데, 이미 합성된 상황이므로 합성을 진행하면서 변화를 보기에는 적합하지 않다.

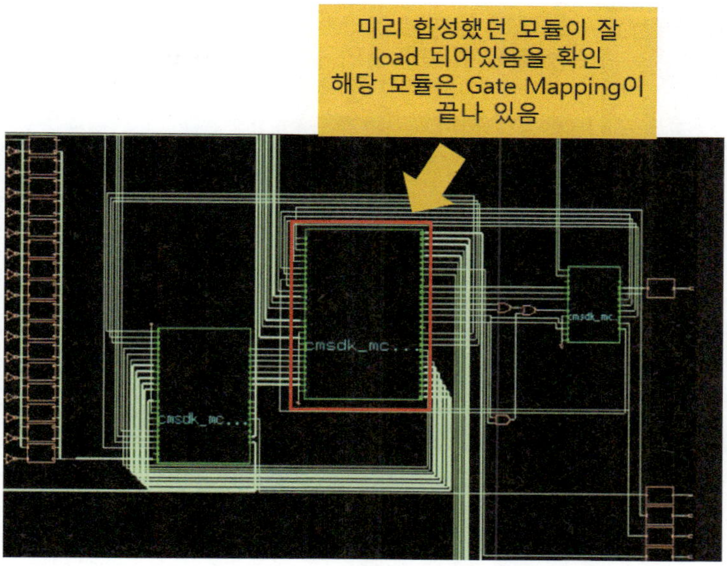

[그림 5-100] 3개의 모듈 중 미리 합성한 모듈이 존재함

그래서 아래와 같이 오른쪽에 있는 모듈을 계속 살펴보기로 한다. 우선, 더블클릭하여 내부 모습을 확인하자.

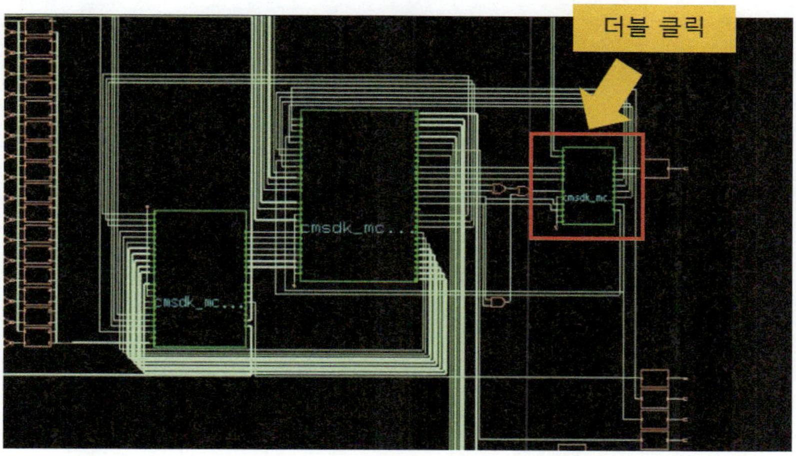

[그림 5-101] 합성을 진행하면서 살펴볼 모듈 내부 확인. 더블 클릭

아래 그림은 해당 모듈의 내부이다. 확대해보면 reset_sync_reg_reg_0이라는 이름으로 확인된다. 아직 합성이 시작되기 전이므로 RTL 코드에서 선언된 이름이 활용되어 있음을 알 수 있고, 우리가 알고 있는 레지스터의 심볼도 아닌 상황이다.

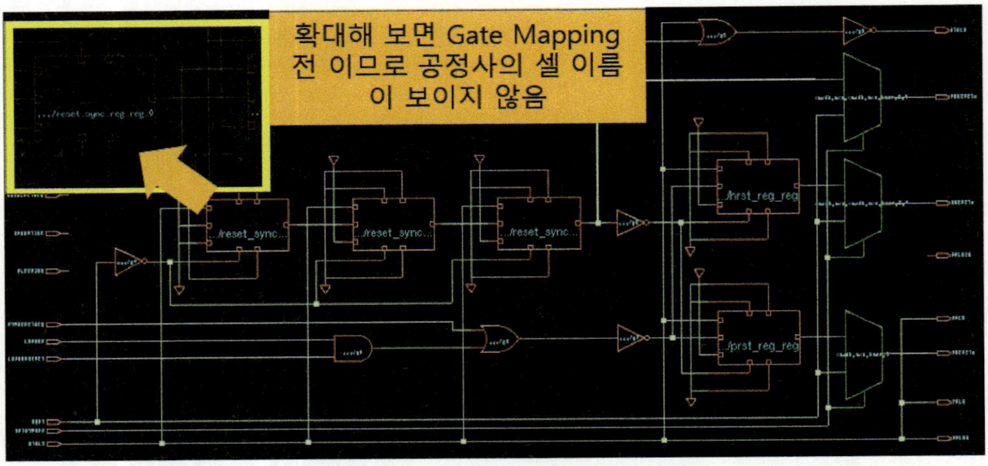

[그림 5-102] 합성 전의 모듈 내부 모습

이제 합성해보자. 먼저 syn_generic 명령이다. cortexm0_45nm.tcl 파일의 101-112행까지 한 번에 Genus에 입력하자. 결과는 간단히 GUI로 살펴보자. 아래 그림과 같이 해당 모듈이 약간 달라졌다. MUX와 몇 개의 게이트가 정리된 모습이다. 참고로 이렇게 합성된 회로를 db 파일 형식으로 unmapped 폴더에 저장하고 있다.

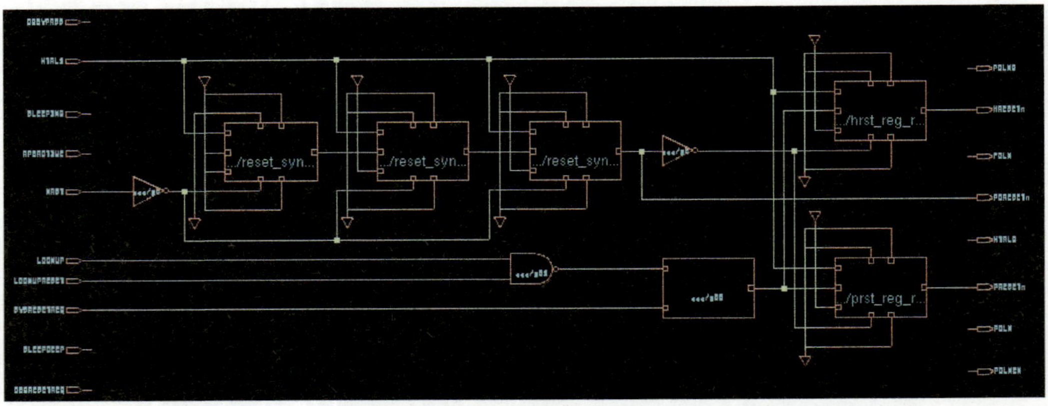

[그림 5-103] syn_generic 결과

다음으로 syn_map 명령이다. cortexm0_45nm.tcl 파일의 118-133행까지 한 번에 Genus에 입력하자. 결과적으로 아래 그림과 같이 해당 모듈이 많이 달라진 것을 확인할 수 있다. 확실히 레지스터 같은 느낌의 심볼로 바뀌고, 이름도 DFFRHQX1 이 되었다. 말 그대로 공정사 라이브러리에 map을 한 결과이다.

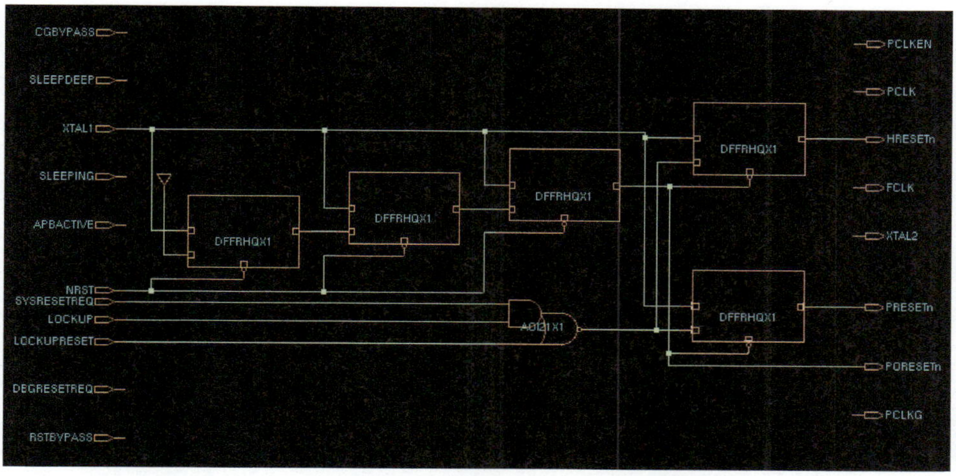

[그림 5-104] syn_map 명령 수행 결과

다음으로 syn_opt 명령이다. cortexm0_45nm.tcl 파일의 139행을 Genus에 입력하자. 완료 직후의 GUI는 이전과는 다르게 모듈이 퍼트러진 모습이다. 여기서 u_cmsdk_mcu_clkctrl 모듈을 찾아서 더블클릭으로 입장해 보자.

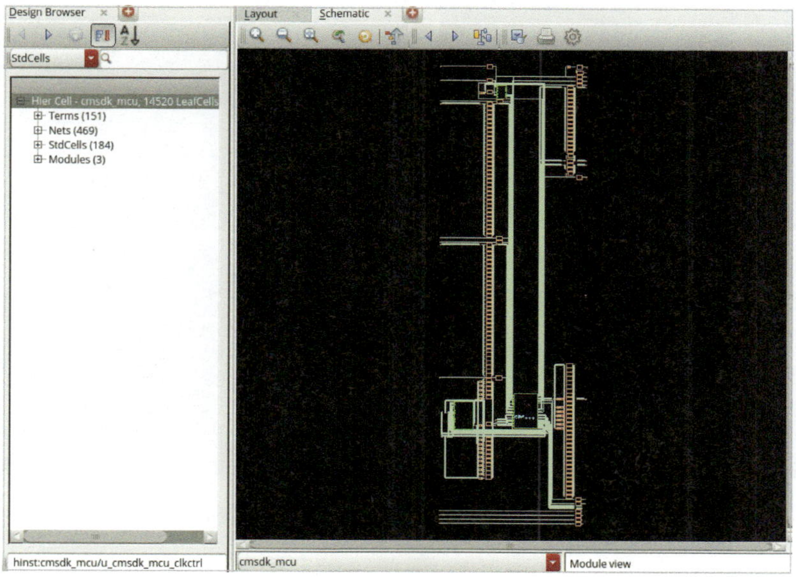

[그림 5-105] syn_opt 수행결과. Top 모듈

모듈 내부의 모습은 이전 syn_map 명령 때와 달라진 것이 없다. 작은 모듈이고 최적화될 내용이 없기 때문이다.

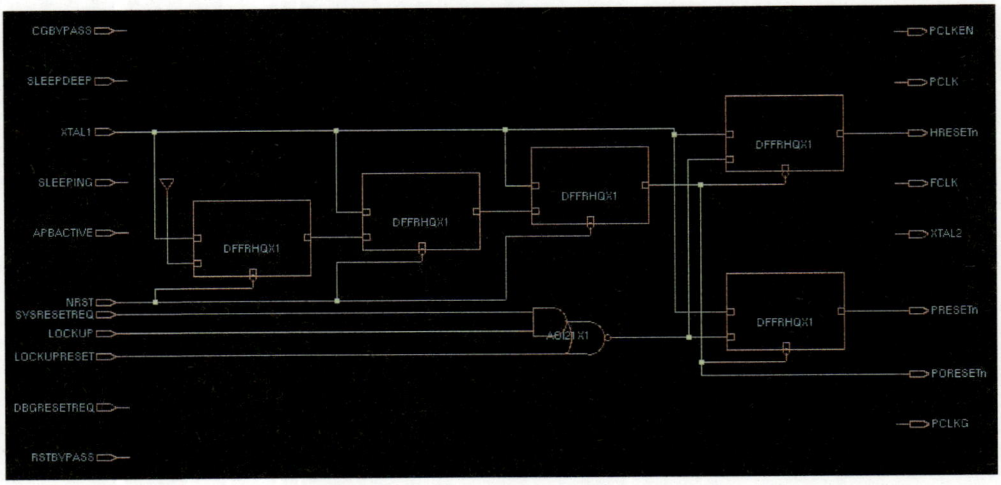

[그림 5-106] syn_opt 수행결과. 서브 모듈

합성된 모습만 한눈에 알기 쉽게 정리해보면 아래 그림과 같다. 합성 전부터 진행하면서 변화가 느껴질 것이다. syn_opt 명령의 결과는 우리가 알고 있는 게이트 레벨이다.

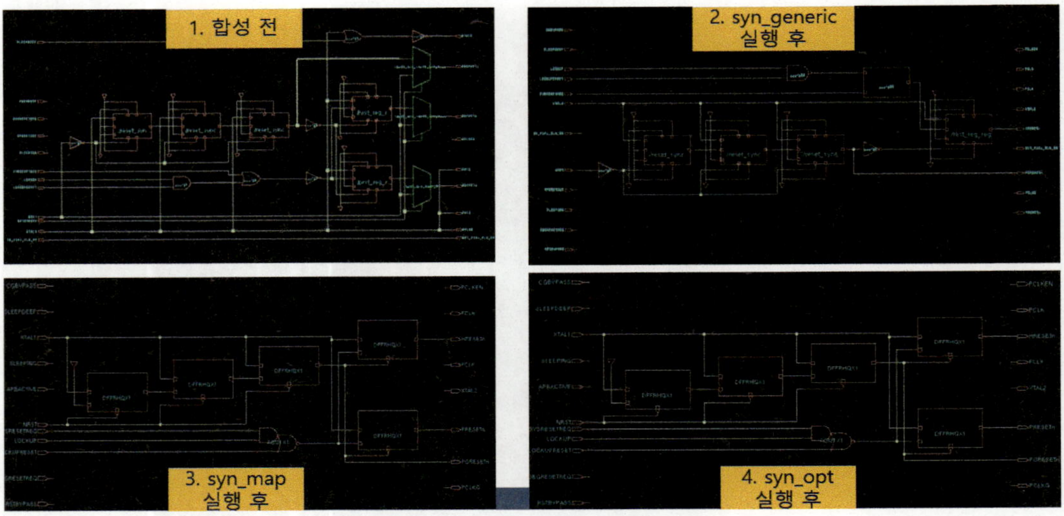

[그림 5-107] 합성의 진행에 따른 변화

이렇게 진행되는 동안 Genus 툴에서는 정말 많은 메시지가 지나갔을 것이다. 현재 상태에서는 가장 마지막은 아래와 같고, 이렇게 독자들도 나왔다면 이상 없이 진행된 것으로 이해하자.

```
@genus:root: 99>
@genus:root: 99> write_db -to_file ${MAPPED_DIR}/syn_opt.db
Finished exporting design database to file './mapped/syn_opt.db' for 'cmsdk_mcu' (
00:02).
@genus:root: 100>
@genus:root: 100>
@genus:root: 100> echo -n "\n TIMEX > Compile is completed :            ";

 TIMEX > Compile is completed :            @genus:root: 101> sh date
Sat Jul 12 23:59:54 KST 2025
@genus:root: 102>
```

[그림 5-108] 툴 동작 종료

(7) 스펙 위반 사항 점검

우리는 이제 중요한 시점에 도착했다. 합성은 끝났는데 과연 잘 끝난 것일까? 무엇을 확인해야 알 수 있을까? 에 대한 물음이 크게 생길 것이다. 그래서 이번 절부터 크게 3가지 흐름으로 진행해보자. 본 절은 이 중에 첫 번째 내용을 다룬다.

- 스펙 위반 사항 점검
- 타이밍 분석
- 각종 report 를 통한 분석

다시 한번 생각해보자. 합성은 왜 하는 것인가? RTL 코드로부터 스펙을 만족하는 게이트 레벨 넷리스트를 얻어내고자 하는 것이다. 그렇다면 스펙을 Constraint로 만들어 Genus 툴에게 알려주고 합성을 방금 끝냈으니 스펙을 모두 만족하는지를 알아보면 되는 것이다. 그렇다면 스펙을 만족하는지 한 번에 알려주는 명령이 있을까? cortexm0_45nm.tcl 파일의 143행에 있는 report_constraint –all_violators 명령이 그것이다. 툴에 직접 명령을 내려보자.

```
Genus〉 report_constraint –all_violators
```

꽤 많은 양의 메시지가 나올 것이다. 휠 업을 많이 해서 명령을 내렸던 지점으로 오면 아래와 같을 것이다. 지금부터는 메시지의 헤더부터 같이 확인하는 습관을 들이도록 하자. 명령을 내린 당시의 상황과 더불어 유용한 정보를 알려주기 때문이다. 현재의 Operating Condition은 PVT_0P9V_125C이다. 0.9V와 125도이기 때문에 밥도 적게 주고 온도도 높은 Worst Corner를 가정하고 진행한다.

헤더의 내용은 간단히 살펴보았고, 이제는 내용이다. Checking for로 시작하는 항목들이 순서대로 나오는데 전부 No found라는 내용이 나와야만 한다. 그것이 이상적인 합성 결과이다. No found로 나오도록 구현하는 것이 엔지니어의 역할이므로, 이 명령이 두 번째 큰 산이라고 생각한다. 넘어야 한다.

초반의 검사항목들은 타이밍과 관련이 있다. Setup Timing Slack, clock_period, pulse_width 들이다. 이 항목들에 에러가 나오지 않았으니 아래처럼 생각하면 된다.

[표 5-13] 아래 그림이 나타내는 결과에 대한 해석

– 합성 툴 Genus가 클록 주기와 Uncertainty, Transition, Latency를 이해 – Input Delay, Output Delay를 이해 – Input, Internal, Output에 관한 모든 Path에 대하여 오류 없음

그야말로 타이밍 관점으로 최고의 합성 결과이다. 물론 적절한 Constraint를 적용했기 때문에 첫 시도부터 좋은 결과가 나온 것이지만 말이다. 독자들이 자신만의 프로젝트를 처음 시도할 때는 나쁜 결과가 나올 것이다. 그래서 많은 반복을 통해 적절한 Constraint를 완성해 나가게 될 것이다.

이제 타이밍 말고 다른 얘기를 해보자. 아래 그림에서 빨간색으로 표시된 곳은 No paths found라는 메시지 대신 표가 시작되는 것을 알 수 있다. 표에는 위반한 내용들이 표시되고, 기준 대비 얼마나 스펙을 위반했는지 알려주는 것으로 이해하자.

```
@genus:root: 147> report_constraint -all_violators
============================================================
  Generated by:            Genus(TM) Synthesis Solution 22.16-s078_1
  Generated on:            Jul 13 2025  12:36:50 am
  Module:                  cmsdk_mcu
  Operating conditions:    PVT_0P9V_125C
  Interconnect mode:       global
  Area mode:               physical library
============================================================

-----------------------
Checking for violation type : Setup Timing Slack
-----------------------
No timing slack violation found.
-----------------------
Checking for violation type : clock_period
-----------------------
No paths found.
-----------------------
Checking for violation type : pulse_width
-----------------------
No paths found.
-----------------------
Checking for violation type : max_capacitance

------------------------------------------------------------------------------
|             Pin             |Required Load (ff)|Actual Load (ff)|Slack
------------------------------------------------------------------------------
|port:cmsdk_mcu/P1[0]         |            888.30|         2388.40|
|port:cmsdk_mcu/P1[14]        |            888.30|         2388.40|
```

[그림 5-109] 스펙 위반 사항을 점검

사실 합성 툴은 DRC(Design Rule Check)라는 체크 항목이 있다. 모든 툴마다 DRC라는 것이 있는데 합성 툴은 Capacitance, Transition, Fanout 이 3가지를 통칭하여 부르고 있다. 스탠다드

셀로 이루어지는 디자인이기 때문에 스탠다드 셀의 물리적인 체력을 넘어가면 안된다는 것으로 이해하면 되겠다. Capacitance, Transition, Fanout의 한계를 넘어버리면 그 자체가 곧 셀의 체력적인 한계를 넘는 것이고, 결국 디자인이 동작하지 않을 수 있기 때문에 합성 툴에서는 타이밍과 Area, 환경적인 스펙보다 높은 우선순위로 다루고 있다.

아래 그림은 방금 설명한 max_capacitance 항목이다. 위반을 1500 ff(펨토 패럿) 정도 한 모습이다. 심각하게 여길 수 있지만 리스팅 되어 있는 항목들을 보면서 우리의 디자인을 생각해 보자. 리스팅 되어 있는 항목들은 포트인데, 요구된 Load보다 실제 걸린 Load가 크다는 것이다. 그런데 우리 디자인의 포트에는 모두 IO 셀이 사용되고 있고, 라이브러리 내에 현재의 이슈를 해결할 수 있는 다른 IO 셀이 없다. 그래서 지금의 이슈는 스킵을 제안할 수밖에 없고, 추후 PnR 작업 후에 다시 한번 살펴보기로 하자.

Checking for violation type : max_capacitance

Pin	Required Load (ff)	Actual Load (ff)	Slack Load (ff)	Mode
port:cmsdk_mcu/P1[0]	888.30	2388.40	-1500.10	default
port:cmsdk_mcu/P1[1]	888.30	2388.40	-1500.10	default
port:cmsdk_mcu/P1[2]	888.30	2388.40	-1500.10	default
port:cmsdk_mcu/P1[3]	888.30	2388.40	-1500.10	default
port:cmsdk_mcu/P1[4]	888.30	2388.40	-1500.10	default
port:cmsdk_mcu/P1[5]	888.30	2388.40	-1500.10	default
port:cmsdk_mcu/P1[6]	888.30	2388.40	-1500.10	default
port:cmsdk_mcu/P1[7]	888.30	2388.40	-1500.10	default

[그림 5-110] max capacitance. IO셀을 사용하므로 지금은 스킵을 제안

다음 DRC 항목으로 Transition이다. 아래 그림과 같다. Transition은 임계를 넘어 가는데까지 걸리는 시간으로서, Slew라는 이름으로 사용되기도 한다. 아래 표에서는 아주 작은 수치인 87ps 정도의 위반 상황을 보여준다. 해결하고 싶다면 g1867/B 핀에 신호를 보내는 셀을 찾아서 Driving Strength가 높은 셀로 교체하거나 힘이 센 버퍼를 해당 지점에 새롭게 추가하면 된다. 다만, 이 경우 셀이 바뀌거나 새로운 셀이 들어오는 것이니 Path 관점에서 Setup Time의 오류가 발생하지 않는지 확인하면서 진행하는 것이 좋다.

하지만 필자는 이 부분은 스킵을 제안하고 싶다. 혼자만 진행하는 디자인이라면 쉽게 진행할 수 있지만 개발은 많은 사람과 동시에 같이 진행하기 때문에, 조직 내에서 관리 측면과 사람 간의 관계를 무시할 수 없다고 생각한다.

```
------------------------
Checking for violation type : max_transition
------------------------
----------------------------------------------------------------------------------------------------------------
|                    Pin                                     |Required Slew (ps)|Actual Slew (ps)|Slack Slew (ps)| Mode   |
----------------------------------------------------------------------------------------------------------------
|pin:cmsdk_mcu/u_cmsdk_mcu_system/u_apb_subsystem/gen_apb_test_s|               280|             367|            -87|default|
| lave.u_apb_test_slave/g1867/B                               |                  |                |               |       |
|pin:cmsdk_mcu/u_cmsdk_mcu_system/u_apb_subsystem/gen_apb_test_s|               280|             367|            -87|default|
| lave.u_apb_test_slave/g1868/B                               |                  |                |               |       |
|pin:cmsdk_mcu/u_cmsdk_mcu_system/u_apb_subsystem/gen_apb_test_s|               280|             367|            -87|default|
| lave.u_apb_test_slave/g1869/B                               |                  |                |               |       |
|pin:cmsdk_mcu/u_cmsdk_mcu_system/u_apb_subsystem/gen_apb_test_s|               280|             367|            -87|default|
| lave.u_apb_test_slave/g1870/B                               |                  |                |               |       |
```

[그림 5-111] max transition. 미리 합성된 모듈 내부이므로 지금은 스킵을 제안

[표 5-14] 여기서 잠깐

기술적으로만 얘기하는 이 책에서 갑자기 사람과의 관계를 언급해서 당황스러울 것이다. 하지만 기업 내에서 많이 발생하는 문제가 이런 것이다. 디자인이 크면 클수록 많은 사람이 나누어 개발하고, 많은 단계를 거치는 동안 그만큼의 사람이 연결되어 있다. 그래서 툴의 기능이 있다고 해서 독단적으로 혼자 진행해버리면 큰일이 생기는 경우가 많다.

위 표에 리스팅 되어 있는 항목들은 미리 합성된 모듈의 내부라서 상위 모듈 입장에서는 조금이라도 바꾸기 어렵다. Hierarchical Design이기 때문인데, TOP 모듈을 맡고 있는 엔지니어가 하위 모듈을 마음대로 바꾸게 되면 조직 내에서의 디자인 일관성을 해치고 해당 모듈을 열심히 작업한 엔지니어의 시간과 노력, 그리고 책임감까지 해를 끼칠 수 있으니 신중하게 접근해야 한다. 회의를 해서 서로 충분히 대화해야 하고, 수정을 하게 된다면 해당 모듈을 담당한 엔지니어가 직접 하는 것이 가장 좋은 방법이다. 지금까지 소개한 철학에 따라 필자는 이 문제를 스킵할 것을 제안한다. 현재 위반한 정도가 크지 않고 추후 PnR 작업 후에 개선될 여지가 많기 때문이다.

스킵을 하지만, 해결할 수 있는 방법과 명령을 소개하니 참고하기 바란다. 미리 합성한 모듈의 변경을 하지 말라는 뜻의 preserve 속성을 false로 변경하자.

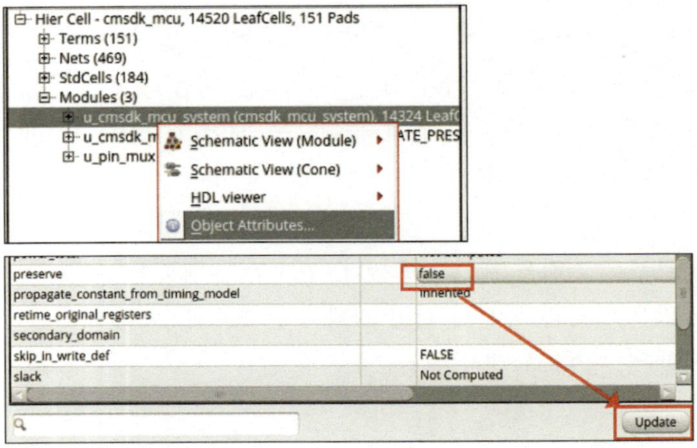

[그림 5-112] 해당 모듈의 preserve 속성 변경

이후에 버퍼를 넣자. 아래 명령을 진행한다.

```
@genus:root: 184> insert_buffer -pin u_cmsdk_mcu_system/u_apb_subsystem/gen_apb_test_slave.u_apb_test_slave/g2/Y -buffer BUFX12 -na
me test buffer
```

[그림 5-113] insert buffer 명령

좀 더 자세한 설명을 하자면, g1867/B 핀에 신호를 보내는 셀은 아래에 보이는 g2이다. 이 셀이 출력을 약하게 하는 것이 원인이므로 버퍼를 붙여준다. 0값, 1값의 변경 없이 그대로 신호를 출력하면서도 Driving Strength가 가장 높은 BUFX12를 사용한다. 위 명령의 적용 전후를 아래 그림에서 확인할 수 있다.

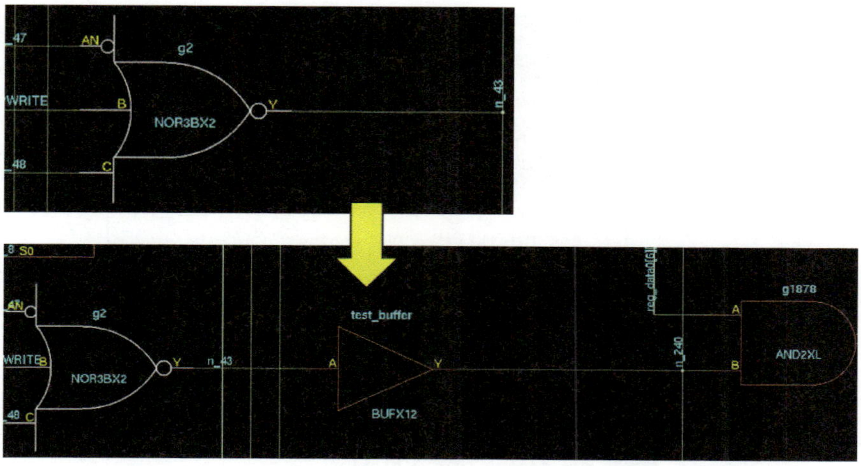

[그림 5-114] 버퍼 삽입 전후 비교

직후에 report_constraint –all_violators 명령을 다시 내려보면 이전 결과와 확연히 달라진 것을 확인할 수 있다. -87ps들은 모두 사라지고 –26ps부터 리스팅 된다. 버퍼 하나만 삽입했을 뿐인데 크게 달라질 수 있다는 것을 알 수 있다.

```
Checking for violation type : max_transition
-----------------------
-------------------------------------------------------------------------------------------------------------------
|                         Pin                            |Required Slew (ps)|Actual Slew (ps)|Slack Slew (ps)| Mode  |
-------------------------------------------------------------------------------------------------------------------
|pin:cmsdk_mcu/drc_bufs104/A                             |               280|             306|            -26|default|
|pin:cmsdk_mcu/u_cmsdk_mcu_system/u_ahb_gpio_0/u_iop_gpio/g11665|         280|             306|            -26|default|
|  __1881/A0N                                            |                  |                |               |       |
|pin:cmsdk_mcu/u_cmsdk_mcu_system/u_ahb_gpio_0/u_iop_gpio/g11681|         280|             306|            -26|default|
|  __4319/A0N                                            |                  |                |               |       |
|pin:cmsdk_mcu/u_cmsdk_mcu_system/u_ahb_gpio_0/u_iop_gpio/g11702|         280|             306|            -26|default|
```

[그림 5-115] max_transition 항목의 변화

여기까지 Transition을 꽤 길게 설명했는데 사실 DRC 항목 중에 두 번째였다. 마지막 DRC는 Fanout으로, 우리 합성 결과에서는 다행히 아무런 에러가 없다. 이는 곧 버스 시그널이나 많은 셀에 드라이브하는 시그널과 같이 넓게 퍼지는 시그널의 전파에 대해서 문제가 되는 셀이 없다는 것이다.

이제 본 절을 정리하고자 한다. report_constraint 명령은 아래 항목들의 위반 여부를 보여주는 좋은 명령이다. 모두 해결한 게이트 레벨 넷리스트를 얻는 것이 합성 툴의 목적이므로 독자들도 지금 진행하고 있는 프로젝트가 아래와 같이 나오기를 바란다.

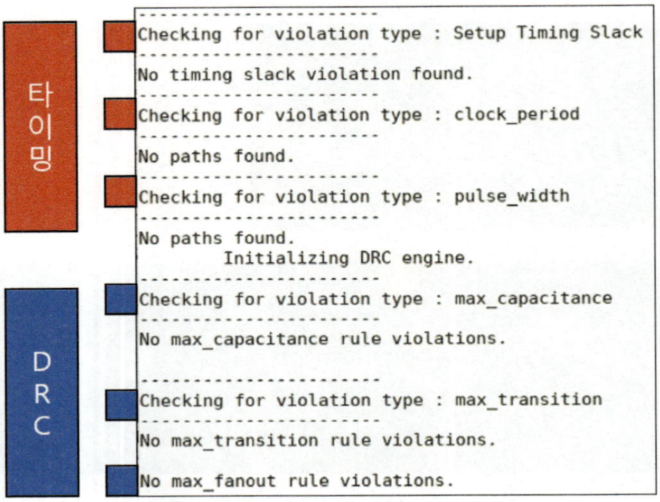

[그림 5-116] 크게 2종류, 세부적으로 6항목에 이상 없음

[표 5-15] Constraint 위반 사항을 모두 해결하면 결과로 남는 것 2가지

본 절은 Constraint 위반 사항을 확인하고 해결하자는 것이 핵심 내용이다. 위반 사항을 모두 해결하면 결과로 남는 것이 2가지이다. 적절하게 정제된 Constraint 파일과 RTL 코드이다. 위에서 언급한 것처럼 처음에 프로젝트를 시작할 때는 말도 안 되는 숫자의 Violation이 튀어나온다. 간단하게 1000개를 훌쩍 넘어갈 것이다. **만약 Setup Time Violation이 1000개 넘게 나오면 어떻게 해야 할까?** – 어떤 Path가 가장 심각한지 찾고, 자세히 내부를 들여다봐야 한다. – 무엇이 가장 많은 시간을 잡아먹었는지 살펴봐야 한다. **경우의 수** – 만약 클록 주기가 너무 짧아서 Setup Time Violation이 나오는 것이라면? 주기를 타협하자. 8ns 였다면 10ns로 수정하여 합성해보라. – 만약 내가 부여한 Input Delay나 Output Delay가 너무 과도했다면? 숫자를 줄여봐라. 느슨하게 하여 툴에 적용하고 다시 합성해보라. **그랬는데도 해결되지 않고, 더 이상 클록 주기에 대한 타협이 되지 않는다면?** – 어쩔 수 없다. RTL 코드를 수정해야 한다. – Combination 로직에서 소요하는 시간을 줄여야만 하는 것이다. 이를 위해, 연산 코드를 단순하게 줄이거나 알고리즘 수정으로 코드를 개선하는 방법이 있다. 결국, 해당 프로젝트에 알맞은 정제된 Constraint와 RTL 코드가 완성될 것이다. 이 결론을 위하여 여기까지 여러분이 학습한 것이다. 합성의 세계에 온 것을 환영한다.

(8) 타이밍 분석

이전 절의 서두에서는 아래 3가지 흐름으로 합성 결과를 분석하자고 소개하였다.

- 스펙 위반 사항 점검
- 타이밍 분석
- 각종 report를 통한 분석

본 절은 두 번째인 타이밍 분석이다. 흐름과 시점을 붙여서 설명하자면, 합성을 수행한 직후에 Constraint 위반 사항을 확인했더니 타이밍 관련하여 에러가 나왔다고 가정하자. 문제가 발생한 Path가 있다면 자세한 내부 상황을 봐야 하는데, 그때 활용하는 명령이 report_timing이다.

[표 5-16] 명령의 순차적 사용

합성 후 검증을 위하여 report_constraint 명령을 내리고, 결과로 나온 정보 중에서 타이밍 정보만 자세하게 보기 위한 명령이 report_timing이다. 필자가 느끼기에 두 명령은 한 세트와 다름이 없다.

cortexm0_45nm.tcl 파일의 152-154행은 report_timing 명령을 나타내고 있다. 그룹별로 가장 안 좋은 결과를 하나씩 얻어내는 옵션이 사용되고 있다. 우리는 우선 Genus 툴에 옵션 없이 간단하게 명령을 넣어보자.

```
Genus〉 report_timing
```

긴 메시지가 나왔을 것이다. 그 중에서 상단은 아래 그림과 같다. 먼저 헤더부터 살펴보면, 툴 버전과 명령 수행 일시를 알 수 있고, 모듈명과 Operating Condition을 알 수 있다. 0.9V와 125도의 PVT 상황으로 툴이 계산하여 출력해준 결과이다. MAIN_CLOCK이 들어가는 플립플롭들의 그룹이 있다고 가정하고, 그 중에서 가장 안 좋은 결과가 나온 Path를 보여준 것이다. Start Point는 외부 포트인 sram_hrdata[7]이고 Endpoint는 Cortex-m0의 코어 어딘가의 레지스터로 보인다.

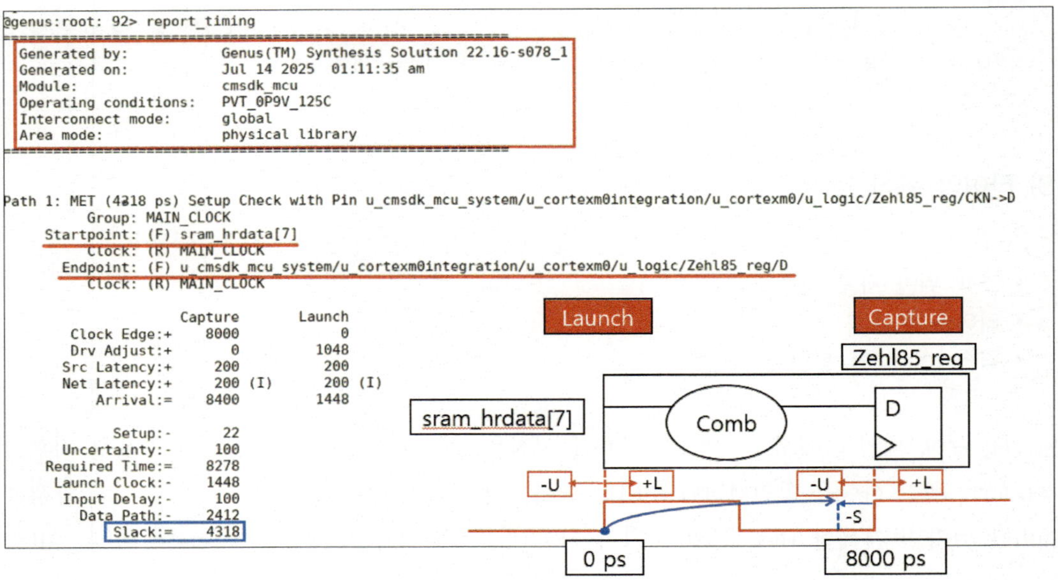

[그림 5-117] report_timing 분석-1

위 내용을 클록부터 확인하자. Launch가 있고 Capture가 있다. 0ps에서 8000ps로 한 주기가 설정되어 있고, Latency, Uncertainty가 적용되어 있다. 빨간색으로 클록을 표현해놓았는데 Latency는 지연이라서 클록 에지가 오른쪽으로 밀리는 것으로, Uncertainty는 불확실성이라서 왼쪽으로 당겨지는 것으로 해석이 가능하다.

이제 데이터를 생각해보자. Launch에서 출발하여 Capture까지 가는 동안에 실제로 걸리는 시간을 생각하는 것이다. Input Delay 100ps를 거쳐서 목적지로 가는데, 입력 포트에 존재할 IO셀을 거치고, Combination 로직을 거쳐 목적지까지 도착하는데 걸리는 시간(Data Path)은 총합 2412ps로 확인된다. 레지스터에는 Setup Time이 22ps로 확인되는데, 툴이 결정한 Capture 클록의 시점에서 Setup Time을 뺀 시간보다 데이터가 일찍 도착하면 타이밍을 만족한 것이다. 그림 좌측 하단에 파란색 박스로 표현한 Slack 값은 +4318ps으로, 정해진 Requirement 보다 그만큼 미리 도착했다는 것이다.

가장 안 좋은 Path였음에도 + 값이기 때문에 다른 Path는 확인할 필요도 없을 것이다. 사실 report_constraint 명령에서 Setup Time Violation이 아무것도 없었기 때문에 지금 이런 결과는 당연한 것이다.

Timing Point	Flags	Arc	Edge	Cell	Fanout	Load (fF)	Trans (ps)	Delay (ps)	Arrival (ps)	Instance Location
sram_hrdata[7]	-	-	F	(arrival)	1	2384.3	1443	0	1548	(-,-)
pad172/Y	-	PAD->Y	F	PADDI	1	2.0	62	1301	2850	(-,-)
u_cmsdk_mcu_system/u_ahb_slave_mux_sys_bus/g1119__7098/Y	(P)	A1->Y	R	AOI22X1	1	2.1	60	53	2903	(-,-)
u_cmsdk_mcu_system/u_ahb_slave_mux_sys_bus/g1080__6260/Y	(P)	D->Y	F	NAND4X1	4	5.4	150	106	3010	(-,-)
u_cmsdk_mcu_system/u_cortexm0integration/u_cortexm0/u_logic/g272485/Y	(P)	A1->Y	R	OAI211X1	1	2.1	60	79	3088	(-,-)
u_cmsdk_mcu_system/u_cortexm0integration/u_cortexm0/u_logic/g272427/Y	(P)	B0->Y	F	OAI2BB1X1	4	5.6	79	65	3154	(-,-)
u_cmsdk_mcu_system/u_cortexm0integration/u_cortexm0/u_logic/g272390/Y	(P)	B0->Y	R	OAI2BB1X1	1	2.1	32	38	3191	(-,-)
u_cmsdk_mcu_system/u_cortexm0integration/u_cortexm0/u_logic/g271997/Y	(P)	C0->Y	F	OAI211X1	1	2.0	60	48	3239	(-,-)
u_cmsdk_mcu_system/u_cortexm0integration/u_cortexm0/u_logic/g271977/Y	(P)	C0->Y	R	AOI221X1	4	6.0	144	100	3339	(-,-)
u_cmsdk_mcu_system/u_cortexm0integration/u_cortexm0/u_logic/g271947/Y	(P)	A2->Y	F	OAI31X1	2	3.2	61	76	3415	(-,-)
u_cmsdk_mcu_system/u_cortexm0integration/u_cortexm0/u_logic/g271937/Y	(P)	A->Y	R	INVX1	8	10.9	85	62	3477	(-,-)
u_cmsdk_mcu_system/u_cortexm0integration/u_cortexm0/u_logic/g271925/Y	(P)	B->Y	F	NAND2X1	8	10.3	140	104	3582	(-,-)
u_cmsdk_mcu_system/u_cortexm0integration/u_cortexm0/u_logic/g271891/Y	(P)	B0->Y	R	OAI2BB1X1	1	2.1	43	56	3638	(-,-)
u_cmsdk_mcu_system/u_cortexm0integration/u_cortexm0/u_logic/g271838/Y	(P)	C0->Y	F	OAI211X1	2	3.1	80	62	3700	(-,-)
u_cmsdk_mcu_system/u_cortexm0integration/u_cortexm0/u_logic/g271832/Y	(P)	A->Y	R	INVX1	2	3.4	39	40	3740	(-,-)
u_cmsdk_mcu_system/u_cortexm0integration/u_cortexm0/u_logic/g271790/Y	(P)	B->Y	F	NAND2X1	16	18.2	233	142	3883	(-,-)
u_cmsdk_mcu_system/u_cortexm0integration/u_cortexm0/u_logic/g271288/Y	(P)	B->Y	F	MX2XL	1	1.9	24	78	3960	(-,-)
u_cmsdk_mcu_system/u_cortexm0integration/u_cortexm0/u_logic/Zehl85_reg/D <<<	(P)	-	F	DFFNSRX1	1	-	-	0	3960	(-,-)

[그림 5-118] report_timing 분석-2

위 그림은 메시지의 하단을 보여준다. Row 축으로 위에서 아래 방향으로 파악하면 되겠다. sram_hrdata[7]부터 목적지까지의 자세한 내용을 보여주는 것으로, PADDI부터 DFFNSRX1셀까지 많은 셀들이 이어지고 있다. 이것이 또한, 이전 그림에서 Combination으로 표현된 동그라미의 자세한 내부의 모습이다. 위 그림의 빨간색 박스를 보면, 각 셀을 거칠 때마다 어느 정도의 시간이 걸렸는지를 알 수 있다. Delay(ps) 항목에 표시된 숫자들이 계속 누적되어 가는 방식으로 표현된다. 마지막 숫자인 3960에서 첫 번째 숫자인 1548을 빼면 이전 그림에 표현된 (Datapath : 2412) 인 것을 알 수 있다.

참고로, 위 그림의 표에서 볼 수 있는 컬럼 중 Arc는 어떤 경로가 타이밍 계산에 활용되었는지를 나타내고, 그때의 신호가 Rising이었는지 Falling이었는지는 컬럼 Edge에서 나타낸다.

이 내용을 GUI에서도 확인해보자. 아래 명령을 통해 GUI를 띄운 뒤 타이밍 Report까지 실행하자.

```
Genus〉 gui_show
```

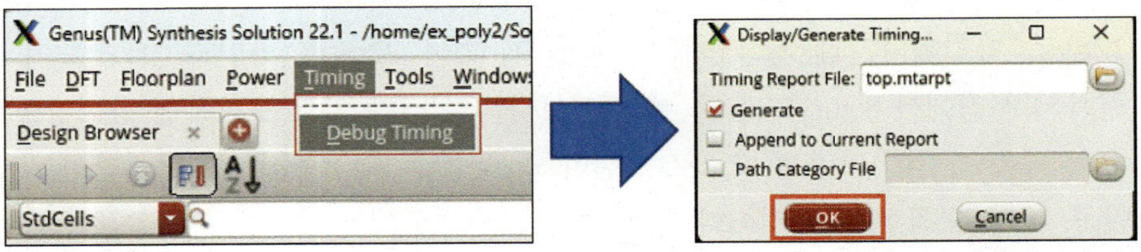

[그림 5-119] Timing → Debug Timing 후에 Timing Report 실행

아래 그림처럼 Timing Debug 창이 팝업된다. 타이밍에 대한 정보를 한눈에 볼 수 있도록 하는 창으로서, 좌측 상단에 있는 Path Histogram은 우리 디자인의 모든 Path에 대한 Timing report를 수행한 뒤 결과값을 가지고 만든 그래프라고 생각하면 되겠다. Genus 툴로 Report Timing 명령을 수행한 결과, Timing 기준 대비 Data가 빨리 들어와서 결과 Slack 값이 +4.3ns 정도 되는 Path가 60개 정도 된다는 뜻이다. 반대편을 보면 결과가 +6.82ns 정도 되는 포인트들의 개수가 80개 정도 된다는 뜻이다. 이렇게 히스토그램은 분포라고 생각하면 되고, 녹색으로 나오면 + 값이라는 뜻이므로 우리 디자인은 타이밍에 문제가 없다는 것을 이해할 수 있다. 만약 Slack이 - 값으로 나온다면 빨간색으로 히스토그램에 표시될 것이다. 참고로 유저마다 녹색 막대그래프의 모양은 다를 수 있다.

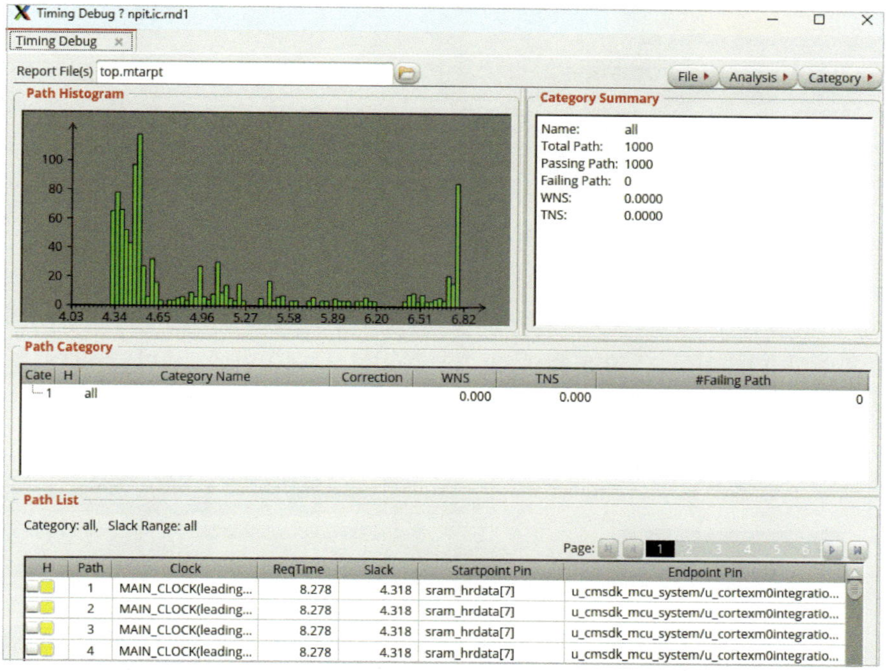

[그림 5-120] Timing Report in GUI

조금 더 자세히 알아보자. 아래는 가장 왼쪽 막대를 선택하여 파란색으로 만든 모습이다. Data Requirement 대비 +4.3ns 정도 일찍 도착한 Path가 60개를 넘는다.

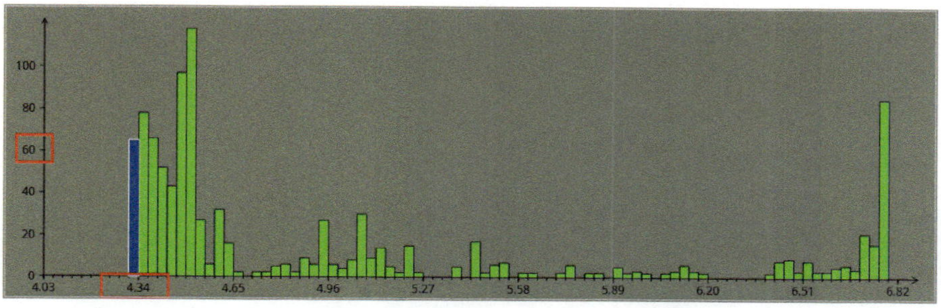

[그림 5-121] Path 히스토그램

더블 클릭을 하면, 파란색으로 표시되는 Path에 대한 디테일을 하단에서 볼 수 있다. 아래 그림에서 선택된 첫 번째 항목은 히스토그램에서 가장 왼쪽 막대이면서도 가장 첫 번째 Path이므로 방금 전 report_timing 명령을 통해 확인한 가장 안 좋은 결과에 해당한다. 아래 그림처럼 첫 번째 Path를 우클릭하여 Path Analyzer를 구동해보자.

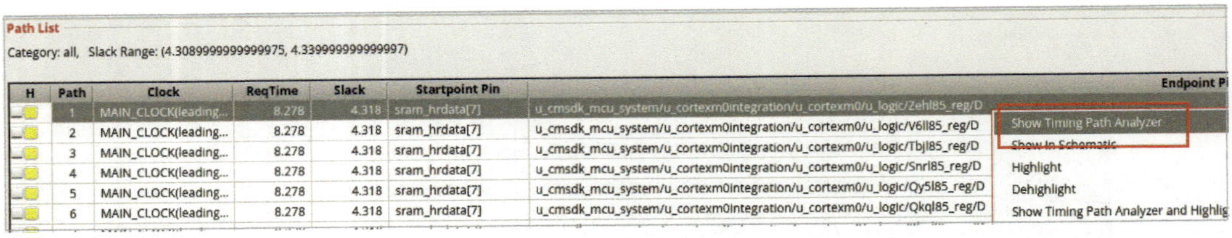

[그림 5-122] Path List

Path Analyzer가 팝업되고 Path의 타이밍 정보를 자세하게 확인할 수 있다. 아래 그림의 왼쪽은 명령으로 확인한 디테일이고, 오른쪽은 GUI로 확인한 디테일인데, 셀의 출력 핀을 위주로 확인하면 같은 정보라는 것을 알 수 있다.

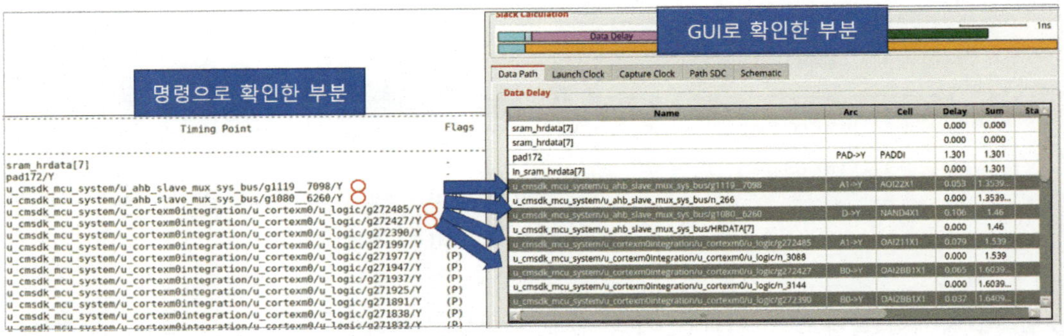

[그림 5-123] 동일한 지점을 다른 뷰로 확인할 수 있음

같은 창에서 Schematic탭을 선택하면 해당 Path를 그림으로 확인할 수 있다. 초보자에게는 유용한 정보가 될 것이다.

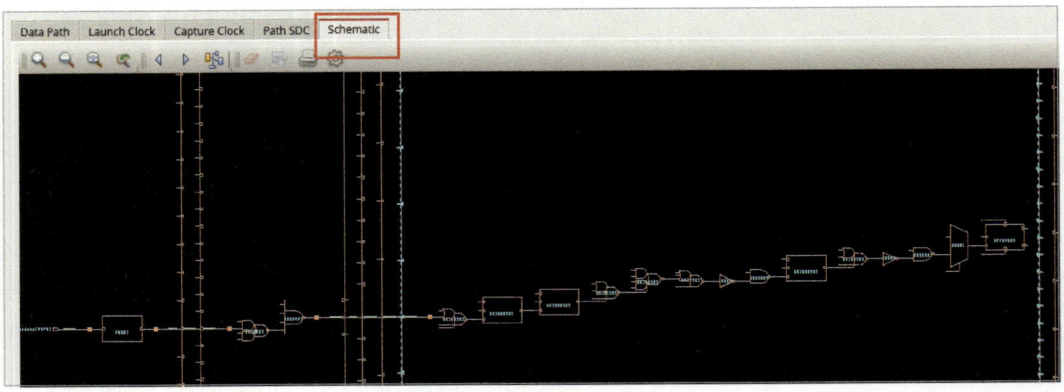

[그림 5-124] Schematic View

(9) report 명령

(7), (8)에 이어지는 마지막 검증 단계로서, 여러 report 명령을 사용하는 것이다. cortexm0_45nm.tcl 파일의 166행부터 각종 report 명령이 소개되고 있다. 아래와 같고, 하나씩 명령을 내려보자. 모두 좋은 명령들이니 가급적 독자들도 그대로 사용했으면 하고, 이 중에서 간단히 몇 가지만 소개하도록 하겠다.

```
## REPORTS
##########################################################################################
######

report_analysis_views -type all          > ${RPT_DIR}/08_${TOP_DESIGN}_SYN_analysis_view.rpt
report_area                              > ${RPT_DIR}/09_${TOP_DESIGN}_SYN_area.rpt
report_clocks                            > ${RPT_DIR}/10_${TOP_DESIGN}_SYN_clock.rpt
report_clocks -generated                >> ${RPT_DIR}/10_${TOP_DESIGN}_SYN_clock.rpt
report_datapath                          > ${RPT_DIR}/11_${TOP_DESIGN}_SYN_datapath.rpt
report_design_rules                      > ${RPT_DIR}/12_${TOP_DESIGN}_SYN_design_rules.rpt
report_gates                             > ${RPT_DIR}/13_${TOP_DESIGN}_SYN_gate.rpt
report_gates -power                     >> ${RPT_DIR}/13_${TOP_DESIGN}_SYN_gate.rpt
report_hierarchy                         > ${RPT_DIR}/14_${TOP_DESIGN}_SYN_hier.rpt
report_memory_cells                      > ${RPT_DIR}/15_${TOP_DESIGN}_SYN_mem_cell.rpt
report_messages -all                     > ${RPT_DIR}/16_${TOP_DESIGN}_SYN_message.rpt
report_nets -hierarchical                > ${RPT_DIR}/17_${TOP_DESIGN}_SYN_net.rpt
report_power                             > ${RPT_DIR}/18_${TOP_DESIGN}_SYN_pwr.rpt
report_qor                               > ${RPT_DIR}/19_${TOP_DESIGN}_SYN_qor.rpt
report_timing -nworst 100 -net           > ${RPT_DIR}/20_${TOP_DESIGN}_SYN_timing.rpt
report_summary
```

[그림 5-125] cortexm0_45nm.tcl 파일의 report 명령들

```
Genus> report_analysis_views
```

```
@genus:root: 91> report_analysis_views -type all
Multi-Mode Analysis View Report
________________________________

+ ALL Views
   |
   + Analysis View:  default_emulate_view
     |
     + Delay Calc Corner: default_emulate_delay_corner
     |   |
     |   + timing_condition: default_emulate_timing_cond_max
     |   |    |
     |   |    + library_sets: default_emulate_libset_max
     |   |        |
     |   |        + timing: /home/ex_poly2/SoC/SoC_make_G45/TOP
gital/gsclib045_all_v4.4/gsclib045/timing/fast_vdd1v0_basicCell
                          /home/ex_poly2/SoC/SoC_make_G45/TO
igital/gsclib045_all_v4.4/gsclib045/timing/slow_vdd1v0_basicCel
                          /home/ex_poly2/SoC/SoC_make_G45/TO
igital/giolib045_v3.5/timing/pads_SS_s1vg.lib
     |   |
```

[그림 5-126] 툴이 인식한 정보들을 확인 가능

```
Genus> report_area
```

```
                 Instance                                      Module
   Cell Count   Cell Area   Net Area   Total Area
-------------------------------------------------------------------------------
---------------------------------------------------
cmsdk_mcu
          14520 2212838.406 19492.693  2232331.099
  u_cmsdk_mcu_clkctrl                       cmsdk_mcu_clkctrl_CLKGATE_PRESENT0
              6      32.490      2.585       35.075
  u_cmsdk_mcu_system                        cmsdk_mcu_system
```

[그림 5-127] 첫 줄에 TOP 모듈의 크기 정보 확인

```
Genus> report_clocks
```

```
Clock Description
-----------------

  Clock                               Clock    Source     No of
  Name        Period  Rise    Fall    Domain   Pin/Port   Registers
-------------------------------------------------------------------
MAIN_CLOCK    8000.0   0.0   4000.0  domain_1   XTAL1       2285

Clock Network Latency / Setup Uncertainty
-----------------------------------------

           Network  Network  Source   Source    Setup        Setup
 Clock     Latency  Latency  Latency  Latency  Uncertainty  Uncertainty
 Name       Rise     Fall     Rise     Fall      Rise         Fall
--------------------------------------------------------------------------
AIN_CLOCK   200.0    200.0    200.0    200.0      100.0        100.0

Clock Relationship (with uncertainty & latency)
-----------------------------------------------

   From          To          R->R     R->F     F->R     F->F
-------------------------------------------------------------
 MAIN_CLOCK   MAIN_CLOCK    7900.0   3900.0   3900.0   7900.0
```

[그림 5-128] 클록에 대한 자세한 내용 확인 가능

```
Genus> report_clocks -generated
```

```
@genus:root: 94> report_clocks -generated
============================================================
  Generated by:           Genus(TM) Synthesis Solution 22.16-s078_1
  Generated on:           Jul 15 2025  02:21:33 am
  Module:                 cmsdk_mcu
  Operating conditions:   PVT_0P9V_125C
  Interconnect mode:      global
  Area mode:              physical library
============================================================

No clocks to report
```

[그림 5-129] 디자인에 Generated clock이 없으므로 No clocks 메시지 출력

```
Genus> report_datapath
```

```
       Type          CellArea  Percentage
-----------------------------------------
datapath modules         0.00        0.00
external muxes           0.00        0.00
others             2212838.41      100.00
-----------------------------------------
total              2212838.41      100.00
```

[그림 5-130] DataPath 현황

```
Genus> report_design_rules
```

DRC(Design Rule) 에러가 나왔을 때 세부적으로 보여주는 명령이다. 앞서서 report_constraint 명령으로 이미 확인했지만, DRC 내용들만 확인하는 명령으로 이해하자.

```
Max_transition design rule (violation total = 9824)
Pin
                     Slew            Max      Violation
-------------------------------------------------------------------------------
-------------------------------------------------------
u_cmsdk_mcu_system/u_apb_subsystem/gen_apb_test_slave.u_apb_test_slave/g1867/B
                      367            280             87
  --> Other violations on net
```

[그림 5-131] DRC 룰에 대한 세부 내용 확인

```
Genus> report_power
```

합성한 디자인에 대한 파워 소모를 예상하여 알려주는 명령이다. 수도꼭지가 새는 것처럼 늘 새어 나가는 Leakage부터 셀에 기본으로 들어가는 Internal 파워와 스위칭을 할 때 소요되는 Switching 파워까지 명시되고, 최종적으로 토탈 파워가 명시된다.

```
---------------------------------------------------------------------------
  Category         Leakage     Internal    Switching        Total    Row%
---------------------------------------------------------------------------
    memory     0.00000e+00  0.00000e+00  0.00000e+00  0.00000e+00   0.00%
  register     9.48000e-07  1.33177e-03  2.79941e-04  1.61265e-03   1.75%
     latch     0.00000e+00  0.00000e+00  0.00000e+00  0.00000e+00   0.00%
     logic     1.33487e-06  4.56621e-04  9.68880e-04  1.42684e-03   1.55%
      bbox     0.00000e+00  0.00000e+00  0.00000e+00  0.00000e+00   0.00%
     clock     4.37853e-10  6.41707e-07  2.80771e-04  2.81413e-04   0.31%
       pad     5.89214e-03  8.07624e-02  2.10036e-03  8.87549e-02  96.39%
        pm     0.00000e+00  0.00000e+00  0.00000e+00  0.00000e+00   0.00%
---------------------------------------------------------------------------
  Subtotal     5.89442e-03  8.25514e-02  3.62995e-03  9.20758e-02 100.00%
Percentage           6.40%       89.66%        3.94%      100.00% 100.00%
---------------------------------------------------------------------------
```

[그림 5-132] 파워 소모 확인

```
Genus> report_qor
```

합성의 최종 결과를 전반적으로 보여준다. 최종적인 수치들만 정리하여 한눈에 볼 수 있다.

```
Timing
--------

   Clock   Period
------------------
MAIN_CLOCK 8000.0


   Cost       Critical          Violating
   Group     Path Slack   TNS     Paths
-----------------------------------------
default        No paths   0.0
MAIN_CLOCK       4317.7   0.0           0
-----------------------------------------
Total                     0.0           0
```

[그림 5-133] Quality of Result

(10) 최종 결과 저장

(7), (8), (9)를 거쳐서 아무 이상이 없는 상황으로 인지되면 정말로 툴 사용이 끝난 것이다. 결과를 뽑아내자. cortexm0_45nm.tcl 파일에서 189행부터 write_ 로 시작하는 명령들이다.

```
write_design -basename ${MAPPED_DIR}/${TOP_DESIGN}_mapped
write_hdl  > ${MAPPED_DIR}/${TOP_DESIGN}_syn_final.v
write_sdc  > ${MAPPED_DIR}/${TOP_DESIGN}_syn_final.sdc
write_sdf -timescale ns -nonegchecks -recrem split -edges check_edge  -setuphold split > ${MAP
PED_DIR}/${TOP_DESIGN}_delays.sdf
#write_db -common cmsdk_mcu_tempus.db ;# for Tempus
```

[그림 5-134] 결과 파일들을 출력

```
Genus> write_design
```

-basename 옵션을 가지고 접두사를 이용하여 mapped 폴더에 아래 그림과 같이 많은 파일을 출력한다.

```
write_design -basename ${MAPPED_DIR}/${TOP_DESIGN}_mapped
(write_design): Writing Genus content. Constraint interface is 'smsc'
Exporting design data for 'cmsdk_mcu' to ./mapped/cmsdk_mcu_mapped...
%# Begin write_design (07/15 17:01:22, mem=1886.66M)
     flow.cputime  flow.realtime  timing.setup.tns  timing.setup.wns  snapshot
UM:*                                                                   write_design
  Setting attribute of root '/': 'set_boundary_change' =
No scan chains were found.
File ./mapped/cmsdk_mcu_mapped.mmmc.tcl has been written.
Finished SDC export (command execution time mm:ss (real) = 00:01).
Info: file ./mapped/cmsdk_mcu_mapped.default_emulate_constraint_mode.sdc has been written
Info: file ./mapped/cmsdk_mcu_mapped.default_emulate_constraint_mode.sdc has been written
** To load the database source ./mapped/cmsdk_mcu_mapped.genus_setup.tcl in an Genus(TM) S
ynthesis Solution session.
Finished exporting design data for 'cmsdk_mcu' (command execution time mm:ss cpu = 00:01,
real = 00:04).
.
%# End write_design (07/15 17:01:26, total cpu=17:00:01, real=17:00:04, peak res=1223.10M,
 current mem=1887.66M)
@genus:root: 126> write_hdl  > ${MAPPED_DIR}/${TOP_DESIGN}_syn_final.v
@genus:root: 127> write_sdc  > ${MAPPED_DIR}/${TOP_DESIGN}_syn_final.sdc
Finished SDC export (command execution time mm:ss (real) = 00:00).
```

[그림 5-135] write_design 실행 모습

```
cmsdk_mcu_mapped.default_emulate_constraint_mod

cmsdk_mcu_mapped.dont_touch.sdc
cmsdk_mcu_mapped.g
cmsdk_mcu_mapped.genus_init.tcl
cmsdk_mcu_mapped.genus_setup.tcl
cmsdk_mcu_mapped.lec.taf.gz
cmsdk_mcu_mapped.metrics.json
cmsdk_mcu_mapped.mmmc.tcl
cmsdk_mcu_mapped.preserve.tcl
cmsdk_mcu_mapped.root.g
cmsdk_mcu_mapped.safety.taf.gz
cmsdk_mcu_mapped.v
```

[그림 5-136] write_design 명령 수행 결과

```
Genus〉 write_hdl
```

게이트레벨 넷리스트를 출력하는 명령이다.

```
@genus:root: 126> write_hdl  > ${MAPPED_DIR}/${TOP_DESIGN}_syn_final.v
```

[그림 5-137] 넷리스트 출력. 특별한 메시지 없음

```
Genus〉 write_sdc
```

Synopsys Design Constraint의 약자로, 사람에게 친숙한 Constraint 파일을 입력받은 뒤, EDA 툴에 친숙한 sdc 파일로 변경 및 출력한다. 내용을 바꾸는 것이 아니기 때문에 걱정 없이 다음 툴에서 사용하면 된다.

```
@genus:root: 127> write_sdc  > ${MAPPED_DIR}/${TOP_DESIGN}_syn_final.sdc
Finished SDC export (command execution time mm:ss (real) = 00:00).
```

[그림 5-138] write_sdc 명령 수행 결과

```
Genus> write_sdf
```

Standard Delay Format의 약자로, Front-End에서는 셀 딜레이를 주로 저장하고, Back-End 단계에서는 Net Delay까지 추가로 포함한다.

```
@genus:root: 128> write_sdf -timescale ns -nonegchecks -recrem split -edges check_edge  -s
etuphold split > ${MAPPED_DIR}/${TOP_DESIGN}_delays.sdf
Warning : No delay description exists for an instance. [WSDF-201]
        : Cell pad5.
Warning : No delay description exists for an instance. [WSDF-201]
        : Cell pad71.
Warning : No delay description exists for an instance. [WSDF-201]
        : Cell pad75.
@genus:root: 129>
```

[그림 5-139] write sdf 명령 수행 결과

이제 스크립트 진행이 모두 끝났으니 아래 명령으로 툴과 vim을 종료한다.

```
Genus> exit
[vim] Esc → :q! [엔터]
```

exit 명령이나 quit 명령을 내리면 종료한 시각을 보여주는데, 툴을 구동할 때의 시각과 비교하면 툴을 사용한 전체 시간을 알 수 있다.

툴 시작

```
Checking out license: Genus_Synthesis
[17:58:49.326907] Periodic Lic check successful
[17:58:49.326915] Feature usage summary:
[17:58:49.326915] Genus_Synthesis
```

툴 종료

```
@genus:root: 1> exit

Lic Summary:
[17:59:05.357112] Cdslmd servers: npitserver
[17:59:05.357123] Feature usage summary:
[17:59:05.357123] Genus_Synthesis
```

[그림 5-140] 툴의 구동 시간 계산

긴 실습을 통해서 프로젝트 초기에 스크립트와 RTL 코드, SDC 파일을 점검 및 보완할 수 있었다. 그리고 Genus 툴 사용법으로 쉘 입력과 GUI를 사용하는 방법을 알게 되었다. 궁금할 것이다. 이런 과정을 매번 해야 하는가? 페이지 수가 정말 많은데 이걸 해야 하는가? 답은 '그렇다'이다. 아니, '매우 그렇다'이다. 이 과정을 거쳐야만 이상 없는 스크립트와 RTL 코드, SDC 파일이 얻어지기 때문이다.

[표 5-17] 여기서 잠깐

위 내용에 첨언하겠다. 반도체 설계를 실제 상업용 라인에서 진행하게 되면, 지금과는 비교할 수 없이 수많은 반복과 엄청난 양의 스크립트와 sdc를 가지고 진행한다. 반도체를 찍어낼 때는 천문학적인 예산이 들어간다. 엄청난 돈을 들여서 칩을 만드는 상황이라, 조그만 실수 하나에도 회사가 파산할 수 있다. 그래서 하드웨어를 만드는 여러분은 마음가짐을 단단히 해야할 필요가 있다. 책에서 소개한 내용은 기본 of 기본이라 여기고, 한 줄, 한 줄, 한 코드, 한 코드를 살피는 꼼꼼한 사람이 되어야 한다. 지금 여러분은 왜 이렇게 양이 많지? 라는 생각 대신, 많이 내렸던 명령 중에 하나라도 잘못된 메시지가 나오지 않았는지 살펴봐야 하겠다는 생각을 하기 바란다. 그런 여러분이 되기를 바란다. 여러분은 좋은 엔지니어가 될 것이다.

[표 5-18] 여기까지의 체크리스트

아래 내용을 이해하고 있는지 자가 진단해보자. ☐ 스크립트(TCL)의 역할을 이해했는가? ☐ 제약조건(SDC)의 역할을 이해했는가? ☐ 첫 번째 큰 산과 두 번째 큰 산이 있다고 했는데 이해하고 있는가? ☐ report_constraint 명령으로 확인하는 항목중에 DRC에 대하여 이해했는가?

5.5 실습 : 합성 자동 실행

이제는 자동 실행을 해보자. 스크립트 파일이 담는 명령의 양이 많고, 반복 수행해야 하는 툴은 필수적으로 스크립트가 만들어진다. 앞 절의 실습으로 검증된 스크립트를 배치 모드로 구동하여 자동 실행하자.

리눅스에 접속한 상황으로 가정하고, 아래 위치로 이동하여 현황을 파악하자.

```
리눅스 접속
$> cd SoC
$> source CSHRC/digital.cshrc
$> cd SoC_make_G45
$> cd TOP/SYN
$> ls
```

```
[ex_poly2@npit SYN]$ ls
clean.tcl  cons  fv  log  mapped  report  run_synthesis  script  unmapped
[ex_poly2@npit SYN]$
```

[그림 5-141] 합성 폴더 현황

5.5.1 스크립트 구성 및 실행

위 그림에서 녹색으로 보이는 파일들을 실행하면 자동 실행이 가능하다. clean.tcl 파일을 실행하여 기존의 합성 결과물을 모두 지우고, run_synthesis 파일을 실행하여 합성을 처음부터 끝까지 진행한다.

(1) 스크립트 파일 소개

– clean.tcl 파일

```
[ex_poly2@npit SYN]$ cat clean.tcl
rm -rf ./log_* outputs_* reports_* genus.* *.db  cds_syn_runtime top.mtarpt
rm -rf ./fv/*
rm -rf ./log/*
rm -rf ./report/*
rm -rf ./unmapped/*
rm -rf ./mapped/*
```

[그림 5-142] rm 명령으로 기존의 많은 파일을 정리하는 내용

– run_synthesis 파일

```
[ex_poly2@npit SYN]$ cat run_synthesis
#!/bin/csh -f
## Start Time
echo -n "Syn Start : " > cds_syn_runtime
date >> cds_syn_runtime

genus -f ./script/cortexm0_45nm.tcl -log ./log/all.log

## End Time
echo -n "Syn End   : " >> cds_syn_runtime
date >> cds_syn_runtime
```

[그림 5-143] genus -f 옵션으로 자동 배치 모드 실행

위 그림의 빨간색 박스는 이전 절에서 우리가 점검하여 완성한 스크립트 파일이다. -f 옵션과 함께 실행하면 파일에 적혀있는 명령들이 순서대로 끝까지 진행된다. 합성 시 메시지가 정말 많이 나오는데, -log 옵션으로 지정한 log/all.log 파일에 모두 저장한 뒤 추후 디버깅을 수행하면 된다. 또한, 툴의 수행 시간이 중요한 정보가 되므로 합성 시작 직전과 종료 직후의 시각을 cds_syn_runtime 파일에 저장하도록 한다. date 명령이 개발 환경에서는 이렇게 사용된다.

(2) 스크립트 실습을 위한 간단한 수정

위에서 언급한 2개 파일을 단순 실행하면 된다. 그런데 단순 실행은 너무나 간단한 일이고, 교육적 효과도 없을 것 같다. 그래서 오류를 일부러 만들고, 그에 따른 에러 메시지를 확인한 뒤 해결되는 과정으로 진행하고자 한다. 아래와 같다.

[표 5-19] 실습 진행 시나리오

- 스크립트 파일을 수정하여 오류를 의도적으로 주입 - 합성 스크립트 실행 - 발생하는 오류 확인

아래와 같이 스크립트를 열고 오류를 만들어보자.

```
$> pwd => TOP/SYN 폴더
$> vim script/cortexm0_45nm.tcl
[vim] Esc → : 84 [Enter]
```

84행의 모습은 아래와 같다.

```
83 #read_sdc  ./cons/cmsdk_mcu.sdc
84 source -verbose  ./cons/cmsdk_mcu.sdc     ; #This command can't write report by
   using the mark '>'
85 source -verbose  ./cons/dont_use_45nm.tcl ; #This command can't write report by
   using the mark '>'
```

[그림 5-144] 변경 전

84행에 #을 붙여 각주 처리한 뒤, 85행에 클록 주기만 1줄로 설정하자.

```
#read_sdc  ./cons/cmsdk_mcu.sdc
#source -verbose  ./cons/cmsdk_mcu.sdc      ; #This command can't
v using the mark '>'
create_clock -period 8 -name MAIN_CLOCK [get_ports XTAL1]
source -verbose  ./cons/dont_use_45nm.tcl ; #This command can't w
using the mark '>'
```

[그림 5-145] 변경 후

위 내용처럼 저장 후 빠져나오자.

```
[vim] Esc → :wq [엔터]
```

(3) 스크립트 실행

바로 이어 나간다. 정상적인 sdc를 적용하지 않고 클록 주기만 설정하면 어떻게 합성이 될까? 라는 생각으로 진행해보자.

```
$> pwd => TOP/SYN 폴더
$> ./clean
$> ./run_synthesis
```

```
[ex_poly2@npit SYN]$ ./clean.tcl
[ex_poly2@npit SYN]$ ./run_synthesis
TMPDIR is being set to /tmp/genus_temp_9940_npit.ic.rnd1_ex_poly2_nuymov
Cadence Genus(TM) Synthesis Solution.
Copyright 2024 Cadence Design Systems, Inc. All rights reserved worldwide.
Cadence and the Cadence logo are registered trademarks and Genus is a trademark
of Cadence Design Systems, Inc. in the United States and other countries.

[00:35:19.440209] Configured Lic search path (22.01-s003): 35266@npit-service1.ip

Version: 22.16-s078_1, built Sun Jun 09 22:32:57 PDT 2024
Options: -files ./script/cortexm0_45nm.tcl -log ./log/all.log
Date:    Fri Jul 18 00:35:19 2025
Host:    npit.ic.rnd1 (x86_64 w/Linux 3.10.0-1160.119.1.el7.x86_64) (20cores*80cp
s*Intel(R) Xeon(R) Silver 4316 CPU @ 2.30GHz 30720KB) (395262912KB)
PID:     9940
OS:      Red Hat Enterprise Linux Server release 7.9 (Maipo)

Checking out license: Genus_Synthesis
[00:35:19.000248] Periodic Lic check successful
```

[그림 5-146] 자동 스크립트 실행

많은 메시지가 흘러간 뒤, 프롬프트가 아래처럼 명령을 기다리고 있을 것이다. 아직 툴이 꺼진 상태가 아니다.

```
Number of threads: 2 * 1   (id: default, time_info v1.57)
Info: (*N*) indicates data that was populated from previously saved ti
Info: CPU time includes time of parent + longest thread
@file(cortexm0_45nm.tcl) 207: puts "============================"
============================
@file(cortexm0_45nm.tcl) 208: puts "Synthesis Finished ........."
Synthesis Finished .........
@file(cortexm0_45nm.tcl) 209: puts "============================"
============================
#@ End verbose source ./script/cortexm0_45nm.tcl
WARNING: This version of the tool is 402 days old.
@genus:root: 2>
```

[그림 5-147] Synthesis Finished

(4) 오류 발생 확인

스크립트 상으로 끝까지 흘러가 버린 상태이고, 아직 툴이 꺼진 상태가 아니므로 몇 가지 명령을 우리가 직접 내려야 한다. 핵심 명령어 몇 개로 합성의 결과 및 상태를 파악하자.

– TOP 모듈 이름 파악

가장 근본적인 전제는 TOP 모듈이다. 제일 먼저 확인하여 명확히 하자.

```
Genus> current_design
```

```
@genus:root: 6> current_design
design:cmsdk_mcu
```

[그림 5-148] 가장 먼저 내려야 할 명령

– 소스의 무결성 파악

아래 그림과 같다. 세 번째 항목인 Unloaded Port(s)가 4, Assigns가 1215로 보이는데, 문제없는 sdc 파일을 적용했을 때는 각각 0, 137이었다. 매우 큰 차이가 발생하고 있다.

```
Genus> check_design
```

```
@genus:root: 7> check_design


        Check Design Report (c)
        ------------------
 Summary
 -------

              Name                          Total
--------------------------------------------------
Unresolved References                          0
Empty Modules                                  0
Unloaded Port(s)                               4
Unloaded Sequential Pin(s)                     0
Unloaded Combinational Pin(s)                 16
Assigns                                     1215
Undriven Port(s)                               0
Undriven Leaf Pin(s)                           0
Undriven hierarchical pin(s)                 133
Multidriven Port(s)                            0
```

[그림 5-149] check_design 명령

– Constraint의 완벽성 확인

클록 주기만 부여했으므로 Timing에 관한 Constraint에서 Internal을 제외한 Input, Output이 부족한 것을 우리는 인지하고 있다. 그리고 PVT 조건이나 Input Driving Cell, Output Load 등의 조건도 부족하다. 아래와 같이 check_timing_intent 명령의 결과가 나왔을 때, 이제는 여러분이 이론적인 내용을 이해하고 있으니 대응이 가능할 것이다.

```
Genus> check_timing_intent
```

```
Pins/ports with conflicting case constants                              0
Inputs without clocked external delays                                 89
Outputs without clocked external delays                                77
Inputs without external driver/transition                              89
Outputs without external load                                          77
Exceptions with invalid timing start-/endpoints                         0

                                                      Total:          332
```

[그림 5-150] check_timing_intent 명령

위 명령어가 첫 번째 큰 산이라고 필자가 언급한 바가 있다. 이 산을 넘지 못하면 합성은 할 수가 없으므로, 두 번째 큰 산에 해당하는 report_constraint 명령은 지금으로서는 의미가 없다. exit 명령으로 툴 끄고 바로 스크립트를 수정하러 가자.

5.5.2 Constraint 수정 및 재실행

아래와 같이 스크립트를 열고 원래대로 복원하자.

```
$> pwd => TOP/SYN 폴더
$> vim script/cortexm0_45nm.tcl
[vim] Esc → :85 [Enter]
```

85행에 커서를 위치하고, 해당 줄을 지우자.

```
[vim] dd
```

```
83 #read_sdc  ./cons/cmsdk_mcu.sdc
84 #source -verbose  ./cons/cmsdk_mcu.sdc     ; #This command can't
   y using the mark '>'
85 create_clock -period 8 -name MAIN_CLOCK [get_ports XTAL1]
86 source -verbose  ./cons/dont_use_45nm.tcl ; #This command can't w
   using the mark '>'
```

[그림 5-151] 변경 전

이후 84행의 각주도 풀어서 아래처럼 원래의 모습으로 복원하자.

```
83 #read_sdc  ./cons/cmsdk_mcu.sdc
84 source -verbose  ./cons/cmsdk_mcu.sdc     ; #This command can't write report by
   using the mark '>'
85 source -verbose  ./cons/dont_use_45nm.tcl ; #This command can't write report by
   using the mark '>'
```

[그림 5-152] 변경 후

마지막으로, 스크립트의 가장 아래에 있는 quit 명령을 Enable 하자.

```
[vim] Esc → : $ [Enter]
```

```
206 puts "============================"
207 puts "Synthesis Finished ........."
208 puts "============================"
209
210 quit
```

[그림 5-153] 210행의 각주를 해제, 그림과 같이 수정

위 내용처럼 저장 후 빠져나오자.

```
[vim] Esc → :wq [엔터]
```

원래대로 복원했으니 바로 스크립트 실행하자. 마지막에 quit 명령의 추가로 자동으로 툴의 시작과 끝이 될 것이다.

```
$〉 pwd =〉 TOP/SYN 폴더
$〉 ./clean
$〉 ./run_synthesis
```

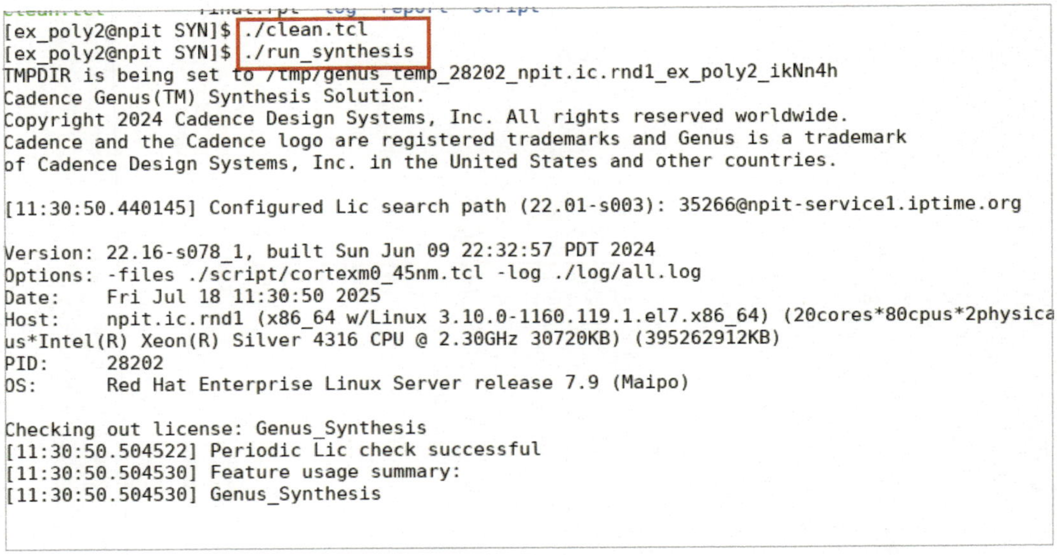

```
[ex_poly2@npit SYN]$ ./clean.tcl
[ex_poly2@npit SYN]$ ./run_synthesis
TMPDIR is being set to /tmp/genus_temp_28202_npit.ic.rnd1_ex_poly2_ikNn4h
Cadence Genus(TM) Synthesis Solution.
Copyright 2024 Cadence Design Systems, Inc. All rights reserved worldwide.
Cadence and the Cadence logo are registered trademarks and Genus is a trademark
of Cadence Design Systems, Inc. in the United States and other countries.

[11:30:50.440145] Configured Lic search path (22.01-s003): 35266@npit-service1.iptime.org

Version: 22.16-s078_1, built Sun Jun 09 22:32:57 PDT 2024
Options: -files ./script/cortexm0_45nm.tcl -log ./log/all.log
Date:    Fri Jul 18 11:30:50 2025
Host:    npit.ic.rnd1 (x86_64 w/Linux 3.10.0-1160.119.1.el7.x86_64) (20cores*80cpus*2physica
us*Intel(R) Xeon(R) Silver 4316 CPU @ 2.30GHz 30720KB) (395262912KB)
PID:     28202
OS:      Red Hat Enterprise Linux Server release 7.9 (Maipo)

Checking out license: Genus_Synthesis
[11:30:50.504522] Periodic Lic check successful
[11:30:50.504530] Feature usage summary:
[11:30:50.504530] Genus_Synthesis
```

[그림 5-154] 합성 재시작

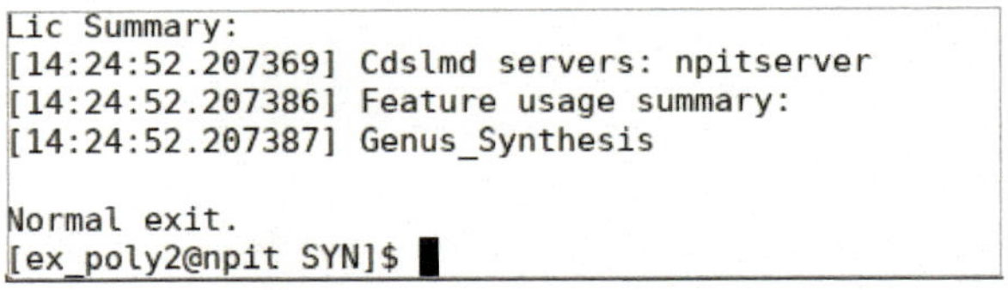

```
Lic Summary:
[14:24:52.207369] Cdslmd servers: npitserver
[14:24:52.207386] Feature usage summary:
[14:24:52.207387] Genus_Synthesis

Normal exit.
[ex_poly2@npit SYN]$
```

[그림 5-155] 합성 자동 종료

5.5.3 log 확인

개발자들은 보통 자리를 비울 때 스크립트를 많이 구동하는 것 같다. 주로 퇴근, 식사 시간, 미팅 직전에 스크립트를 실행하는 엔터를 치고 자리를 비우는 일이 많다. 툴이 도느라 시간이 걸리는 동안 개발자들은 다른 일을 하거나 툴이 서버에서 돌아가는 동안 다른 업무를 하기도 한다. 얼마 후 개발자가 다시 돌아오면 툴이 구동되는 동안 무슨 일이 있었는지 알고 싶을 텐데, 그때 로그 파일을 확인하는 것이 가장 좋다.

```
$> pwd => TOP/SYN 폴더
$> vim log/all.log
```

아래 그림처럼 vim이 오픈된 직후 우측 하단을 보면 이 파일이 몇 행인지 알 수 있다. 필자의 경우는 2691행으로 확인되는데 이것을 모두 다 읽어볼 수 있을까? 아마 쉽지는 않을 것이다. 그래서 아래 내용을 살펴보자.

[그림 5-156] 우측 하단에서 행 정보 확인

우선, 로그는 아래 종류의 메시지를 포함하고 있다.

- 툴이 각 명령을 수행할 때의 Information 메시지
- Warning 메시지
- Error 메시지

그래서 독자들은 지금 확인하고 싶은 것이 Info인지, Warning인지, Error인지를 먼저 정하는 것이 좋겠다. 만약 내가 Error를 보고 싶다면 아래처럼 수행하자.

```
[vim] Esc → :1 [엔터]
[vim] Esc → /Error [엔터]
[vim] Esc → / [엔터]
[vim] n을 계속 누름
```

위처럼 진행하면 1행으로 이동한 뒤 Error 단어로 검색하고, n을 누를 때마다 아래 방향으로 진행할 수 있다. n을 계속 눌러서 가장 마지막을 터치하고 상단으로 다시 올라오는 것까지를 경험하면서 Error : 라는 단어로 시작하는 행이 없었다면 툴 전반적으로 진행하는 동안에는 에러가 없었던 것이니 안심할 수 있다. 아래 그림에서 빨간색으로 처리된 위치에 Error : 가 없으면 안심하라는 뜻이다. 노란색처럼 행 중간에 검색되는 것은 문제가 없다. 추가적으로 Error와 다르게 Warning은 아주 많이 나오기 때문에 하나하나 독자들이 확인해야 할 것이다.

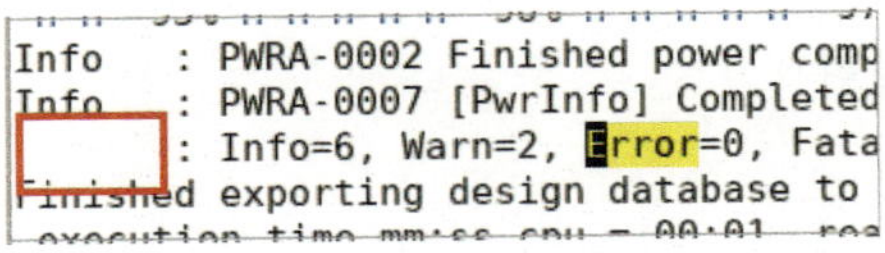

[그림 5-157] Error: 가 발생할 수 있는 자리

우리의 경우 log 파일에서 특이사항이 없으니 툴 구동의 전반에는 문제가 없다. 이제 합성이 잘 되었는지 궁금하다. 아래 명령을 수행하고 다음 절로 이동하자.

```
[vim] Esc → :q [엔터]
```

5.5.4 report 확인

스크립트를 실행한 터라, 툴이 자동으로 종료되었으니 생성된 합성 결과를 확인할 때는 다음의 2가지 옵션 중 하나를 선택할 수 있다.

– GUI로 확인하는 방법

아래 표에서 소개하는 read_db 명령으로 합성 결과를 불러들인 뒤 GUI를 통해 여러 가지를 확인할 수 있다.

[표 5-20] GUI를 위한 간단한 조작

```
툴이 자동 종료된 이후, 다시 디자인을 불러올리고 싶은 경우

$> genus
Genus> read_db ./mapped/syn_opt.db
Genus> current_design   => design:cmsdk_mcu 으로 확인
Genus> gui_show
```

– Report로 확인하는 방법

초심자의 경우 GUI를 선호할 것이다. 하지만 툴이 능숙해지면 report 파일의 확인만으로 충분할 것이다. 아래 명령으로 report 폴더로 간다. 각 명령을 파일명에 그대로 반영하였고, 각 명령을 내릴 때 나오는 메시지를 모두 저장하였다. 번호가 00부터 20까지 차례대로 이어지는데, 합성할 때 진행되는 일이 많고 중요한 report도 추가로 저장해야 하기 때문이다.

```
$> cd report
$> ls
```

```
[ex_poly2@npit report]$ ls
00_check_design.rpt                    11_cmsdk_mcu_SYN_datapath.rpt      syn_generic_time.rpt
01_check_timing_intent.rpt             12_cmsdk_mcu_SYN_design_rules.rpt  syn_map_area.rpt
02_report_port.rpt                     13_cmsdk_mcu_SYN_gate.rpt          syn_map_cmsdk_mcu.db
03_report_datapath_generic.rpt         14_cmsdk_mcu_SYN_hier.rpt          syn_map_gates.rpt
04_report_datapath_map.rpt             15_cmsdk_mcu_SYN_mem_cell.rpt      syn_map_qor.rpt
05_MAIN_CLOCK_post_syn_map.rpt         16_cmsdk_mcu_SYN_message.rpt       syn_map_time.rpt
05_default_post_syn_map.rpt            17_cmsdk_mcu_SYN_net.rpt           syn_opt_area.rpt
06_report_constraint.rpt               18_cmsdk_mcu_SYN_pwr.rpt           syn_opt_cmsdk_mcu.db
07_MAIN_CLOCK_post_syn_opt.rpt         19_cmsdk_mcu_SYN_qor.rpt           syn_opt_gates.rpt
07_default_post_syn_opt.rpt            20_cmsdk_mcu_SYN_timing.rpt        syn_opt_qor.rpt
08_cmsdk_mcu_SYN_analysis_view.rpt     final.rpt                          syn_opt_time.rpt
09_cmsdk_mcu_SYN_area.rpt              syn_generic_cmsdk_mcu.db
10_cmsdk_mcu_SYN_clock.rpt             syn_generic_qor.rpt
[ex_poly2@npit report]$
```

[그림 5-158] 생성된 각종 report 파일들

각 파일의 내용은 이미 본 5장의 앞에서 대부분 다루었으므로 반복하지 않겠다. 하지만 필자가 아래에 추천하는 report 파일은 귀찮아도 매번 열어서 에러 유무를 꼭 확인하기 바란다. 내용 파악이 끝났다면 $> cd .. 명령으로 SYN 폴더로 위치하자.

[표 5-21] 확인 필수 report

00_check_design.rpt	→ 소스 코드 무결성 확인
01_check_timing_intent.rpt	→ Constraint 완성도 확인 : 첫 번째 큰 산
02_report_port.rpt	→ 입, 출력 포트에 적용된 Constraint 현황
06_report_constraint.rpt	→ 합성 후 스펙 만족도 검사 : 두 번째 큰 산
19_cmsdk_mcu_SYN_qor.rpt	→ 최종 합성 결과 확인(Quality of Result)

5.6 결과물 생성 및 관리

5.6.1 결과물 확인

합성이 원하는 대로 잘 진행되고, 위에서 소개한 report 파일들을 확인했을 때 이상이 없다면 mapped 결과물을 확인하자. 네 가지를 소개한다.

```
[ex_poly2@npit mapped]$ ls
cmsdk_mcu_delays.sdf
cmsdk_mcu_mapped.default_emulate_constraint_mode.sdc
cmsdk_mcu_mapped.dont_touch.sdc
cmsdk_mcu_mapped.g
cmsdk_mcu_mapped.genus_init.tcl
cmsdk_mcu_mapped.genus_setup.tcl
cmsdk_mcu_mapped.lec.taf.gz
cmsdk_mcu_mapped.metrics.json
cmsdk_mcu_mapped.mmmc.tcl
cmsdk_mcu_mapped.preserve.tcl
cmsdk_mcu_mapped.root.g
cmsdk_mcu_mapped.safety.taf.gz
cmsdk_mcu_mapped.v
cmsdk_mcu_syn_final.sdc
cmsdk_mcu_syn_final.v
syn_map.db
syn_opt.db
```

[그림 5-159] mapped 폴더

[표 5-22] 다음 툴에서 주로 사용되는 파일들

– 게이트 레벨 넷리스트 – 합성된 Constraint 파일(.sdc) – 지연 정보 파일(.sdf) – 데이터베이스 파일	cmsdk_mcu_syn_final.v cmsdk_mcu_syn_final.sdc cmsdk_mcu_delays.sdf 최종 합성결과 syn_opt.db

(1) 게이트레벨 넷리스트

cmsdk_mcu_syn_final.v 파일의 일부 내용을 아래 그림에서 볼 수 있다.

```
wire n_2;
DFFRHQX1 hrst_reg_reg(.RN (PORESETn), .CK (X
     (HRESETn));
DFFRHQX1 prst_reg_reg(.RN (PORESETn), .CK (X
     (PRESETn));
DFFRHQX1 reset_sync_reg_reg_2(.RN (NRST), .C
     (reset_sync_reg[1]), .Q (PORESETn));
DFFRHQX1 reset_sync_reg_reg_1(.RN (NRST), .C
     (reset_sync_reg[0]), .Q (reset_sync_reg
AOI21X1 g69__2398(.A0 (LOCKUPRESET), .A1 (LC
     .Y (n_2));
DFFRHQX1 reset_sync_reg_reg_0(.RN (NRST), .C
     (reset_sync_reg[0]));
```

[그림 5-160] 게이트로 이루어진 넷리스트

(2) 합성된 Constraint 파일(.sdc)

cmsdk_mcu_syn_final.sdc 파일의 일부 내용을 아래 그림에서 확인할 수 있다. 우리가 알고 있는 명령들이지만 조금 더 툴에 친숙한 모습으로 변환된 것이다.

```
set sdc_version 2.0

set_units -capacitance 1000fF
set_units -time 1000ps

# Set the current design
current_design cmsdk_mcu

create_clock -name "MAIN_CLOCK" -period 8.0 -waveform {0.0 4.0} [get_ports XTAL1]
set_clock_transition 0.1 [get_clocks MAIN_CLOCK]
set_load -pin_load 0.003 [get_ports XTAL2]
set_load -pin_load 0.003 [get_ports TDO]
set_load -pin_load 0.003 [get_ports HCLKSYS]
set_load -pin_load 0.003 [get_ports HRESETn]
set_load -pin_load 0.003 [get_ports flash_hsel]
set_load -pin_load 0.003 [get_ports {HADDR[15]}]
```

[그림 5-161] sdc 파일

(3) 지연 정보 파일(.sdf)

cmsdk_mcu_delays.sdf 파일의 일부 내용을 아래 그림에서 확인할 수 있다. Cell Delay만 들어 있는 상황이다.

```
(CELL
   (CELLTYPE "DFFRHQX1")
   (INSTANCE u_cmsdk_mcu_clkctrl.hrst_reg_reg)
   (DELAY
      (ABSOLUTE
        (PORT RN (::0.000))
        (PORT CK (::0.000))
        (PORT D (::0.000))
        (IOPATH RN Q () (::0.036))
        (IOPATH CK Q (::0.089) (::0.084))
      )
   )
   (TIMINGCHECK
      (REMOVAL (posedge RN) (posedge CK) (::0.046))
      (RECOVERY (posedge RN) (posedge CK) (::0.000))
      (HOLD (negedge D) (posedge CK) (::0.008))
      (HOLD (posedge D) (posedge CK) (::0.000))
      (SETUP (negedge D) (posedge CK) (::0.006))
      (SETUP (posedge D) (posedge CK) (::0.023))
   )
)
(CELL
   (CELLTYPE "DFFRHQX1")
   (INSTANCE u_cmsdk_mcu_clkctrl.prst_reg_reg)
   (DELAY
      (ABSOLUTE
        (PORT RN (::0.000))
        (PORT CK (::0.000))
        (PORT D (::0.000))
        (IOPATH RN Q () (::0.019))
        (IOPATH CK Q (::0.071) (::0.067))
      )
```

[그림 5-162] sdf 파일

(4) 데이터베이스 파일

syn_opt.db 파일은 아스키 형태로 되어 있어서 vim으로 오픈되지 않는다. 앞에서 소개한 대로, genus 툴을 켜고 read_db 명령으로 읽어 들일 수 있다.

5.6.2 다음 단계로의 연결성

방금 소개한 4가지 파일은 다음 툴에서 사용된다.

[표 5-23] 다음 툴과의 연결성

단계	필요 파일
Equivalence Check : Conformal툴	RTL 소스 파일들과 게이트레벨 넷리스트
Pre-Layout STA : Tempus 툴	sdc 파일과 게이트레벨 넷리스트
Pre-Layout Simulation : Xcelium 툴	sdf 파일과 게이트레벨 넷리스트 그리고 테스트 벤치 파일
Auto PnR : Innovus 툴	sdc 파일과 게이트레벨 넷리스트

5.7 요약 및 본 장을 통한 기대 효과

굉장히 긴 5장이었다. 길 수 밖에 없었던 것은 Front-End 단계에서 구현을 담당하는 핵심 툴이기 때문이다. 공부한 내용을 간단히 정리해보면 아래와 같다.

– 합성의 정의
- 합성의 내부 진행 단계
- 컴파일 명령 3 가지

– Setup/Hold Time의 기본 개념
- Path 의 개념
- Constraint (Timing, Area, Environmental Attribute)
- 합성 환경의 이해

– 스크립트 파일의 이해

- SDC 파일의 이해
- 합성 실습 : 2 개의 터미널로 시작, 스크립트의 내용을 툴 GUI 에 입력
- 합성 실습 : 자동 실행
- Log 와 Report 확인
- 결과물 확인

Genus 툴이 입력받아야 하는 파일들은 아래와 같다. 공정사에서 제공한 파일들과 RTL 소스 코드들이다.

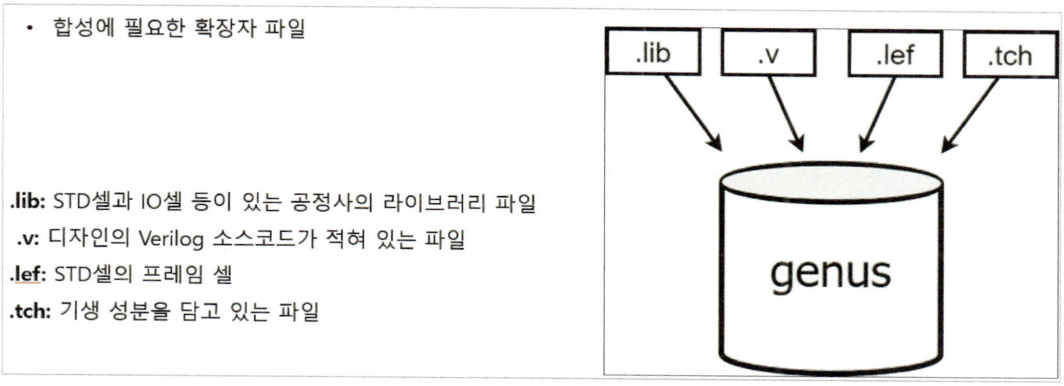

[그림 5-163] Genus 툴의 File Input

Genus 툴의 역할을 보여주는 그림이다. Simulation을 통해 검증된 RTL 소스 코드를 툴에 넣은 뒤 미리 설정한 스펙을 툴에게 전달한다. Genus 툴은 공정사가 제공하는 스탠다드 셀과 IO셀의 정보를 .lib 파일을 통해 확인한 뒤 스펙을 만족하는 최적화된 게이트 레벨의 넷리스트를 만들어낸다.

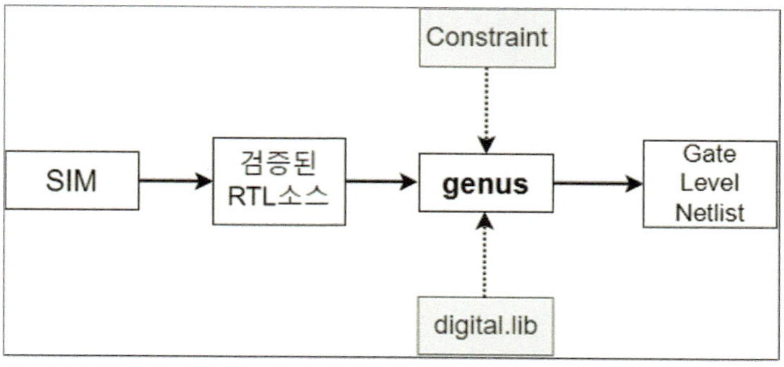

[그림 5-164] 툴의 운영 순서

[표 5-24] 실습 핵심 명령어 및 옵션

명령어	설명	주요 옵션
create_clock	클록 생성 및 주기 설정	-period
set_clock_uncertainty	클록 불확실성 설정	-setup, -hold
set_input_delay	외부 입력 지연 설정	-max, -clock
set_output_delay	외부 출력 지연 설정	-max, -clock
set_driving_cell	입력 신호의 Driving Cell 지정	-library, -pin
set_load	출력 부하 용량 설정	값 지정 (예: 0.02)
set_operating_conditions	동작 환경 조건 설정	라이브러리 및 코너 지정
set_wire_load_model	배선 부하 모델 지정	-name, -library
report_constraint	합성 후 스펙 위반 사항 점검	–all_violators
report_timing	타이밍 리포트 출력	-all_violators
syn_opt -incremental	추가 최적화 합성 (문제 해결용)	-incremental

[표 5-25] 여기까지의 체크리스트

아래 내용을 이해하고 있는지 자가 진단해보자.

□ 수동 합성과 자동 합성의 차이를 명확히 이해했는가?
□ Genus 툴의 핵심 명령어를 기억하고 있는가?
□ Genus 툴의 입력과 출력 파일에 대하여 알고 있는가?

요점 정리

01. 합성(Synthesis)은 RTL 코드를 공정사의 Standard Cell 을 사용하여 게이트 레벨 회로로 변환하는 과정으로, RTL-to-GDS 플로우에서 실제 하드웨어 구현을 위한 첫 번째 변환 단계이다.
02. 합성 과정은 4 단계로 구성된다: Translation(RTL 을 Generic Boolean Gates 로 변환) → Constraint 적용(설계 스펙 정의) → Optimization & Mapping(Standard Cell 과 매핑 및 최적화) → Save(게이트 레벨 넷리스트 저장).
03. 실제 합성은 3 단계 세부 과정으로 진행된다: syn_generic(공정사 라이브러리 미사용 기본 최적화), syn_map(Standard Cell 라이브러리와 매핑), syn_opt(최종 최적화 및 조정).
04. Constraint 는 설계 스펙과 동일한 개념으로, 합성 툴이 만족해야 할 목표를 정의한다. 주요 구성 요소는 Timing Constraint, Area Constraint, Environmental Attributes 이다.
05. Timing Constraint 는 Internal Path(레지스터 간 경로), Input Path(외부에서 내부 레지스터로), Output Path(내부 레지스터에서 외부로)의 세 가지 경로에 대한 시간적 제약 조건을 설정한다.
06. Setup Time 은 클럭 상승 엣지 이전에 데이터가 안정적으로 도착해야 하는 시간이며, Path 는 Start Point(입력 포트 또는 레지스터 클럭 핀)에서 End Point(출력 포트 또는 레지스터 데이터 핀)까지의 신호 경로이다.
07. 클럭 특성 반영을 위해 Uncertainty(Skew + Jitter + Margin), Latency(Source + Network 지연), Transition(신호 전환 시간)을 설정한다.
08. Environmental Attributes 는 PVT Corner(Process, Voltage, Temperature), Input Transition(입력 구동 능력), Output Load(출력 부하 용량)을 포함하며, 실제 동작 환경을 반영한다.
09. 합성 환경 준비를 위해 체계적인 디렉토리 구조(script, cons, log, report, mapped 등)와 TCL 스크립트, SDC 파일을 구성한다.
10. 자동 실행은 run_synthesis 스크립트를 통해 전체 과정을 일괄 처리하며, 20 여 개의 분석 리포트를 자동 생성한다.
11. 합성 성공의 핵심 지표는 WNS(Worst Negative Slack) ≥ 0, TNS(Total Negative Slack) = 0, DRC 위반 최소화이다.
12. 주요 리포트 분석: check_design(설계 무결성), check_timing_intent(Constraint 적용), report_constraint(제약 위반), report_timing(최종 타이밍)을 통해 합성 품질을 검증한다.
13. 합성 결과물은 Gate-Level Netlist(.v), SDC 파일, SDF 파일로 구성되며, 각각 다음 단계인 Equivalence Check, Pre-layout Simulation, Auto PnR 에서 활용된다.
14. 실제 프로젝트에서는 목표 클록 주기보다 보수적으로 설정(10ns 목표 → 8ns 설정)하고, SS corner(125° C, 0.9V)를 사용하여 안정성을 확보한다.
15. 합성 품질이 최종 칩의 성능을 결정하므로, WNS, DRC, 면적 모든 조건을 만족한 후 다음 단계로 진행해야 한다.

연습문제 객관식 문제 (10개)

01 합성(Synthesis)의 주된 목적이 아닌 것은?

① 게이트 수준의 넷리스트 생성
② 설계의 최적화(Optimization)
③ 설계 검증(Function Simulation)
④ Constraint 만족

02 합성 과정에서 RTL 코드를 표준 셀 라이브러리와 매핑하는 단계는?

① Translation
② Constraint 설정
③ Mapping
④ Save

03 타이밍 제약(Timing Constraint) 조건 설정에 해당하지 않는 항목은?

① 클록 주기(period)
② 면적(Area)
③ Input delay
④ Clock uncertainty

04 Area Constraint를 설정하는 명령어는 무엇인가?

① set_input_delay
② set_max_area
③ set_clock_transition
④ set_output_delay

05 다음 중 Input Path의 정확한 정의는?

① 내부 레지스터에서 출력 포트까지의 경로
② 입력 포트에서 내부 레지스터까지의 경로
③ 내부 레지스터 간 경로
④ 내부 레지스터에서 외부 입력까지의 경로

06 Setup Time의 올바른 정의는?

① 클록 에지 이후 데이터 유지 시간
② 클록 주기의 절반 시간
③ 클록 에지 이전 데이터 안정화 최소 시간
④ 클록의 전체 주기 시간

07 다음 중 Timing Constraint에서 신호의 기울기를 나타내는 항목은?

① Latency ② Transition
③ Uncertainty ④ Clock period

08 Genus 툴에서 기본 논리 구조로 초기 합성을 하는 명령어는?

① syn_generic ② syn_map
③ syn_opt ④ elaborate

09 환경적 특성(PVT)에서 고려하는 요소가 아닌 것은?

① Process ② Voltage
③ Temperature ④ Area

10 다음 중 Net Delay에 대한 설명으로 가장 적절한 것은?

① 셀 내부의 지연
② 배선의 기생 RC 성분에 의한 지연
③ 설계 코드의 복잡성에 의한 지연
④ 입력 신호의 지연

연습문제 주관식 문제 (5개)

11 Constraint의 세 가지 주요 분류를 쓰고, 각각에 대해 간단히 설명하시오.

12 다음 상황에서 문제점을 분석하고 해결 방법을 3단계로 제시하시오.

```
합성 결과: WNS = −1.5ns, TNS = −45.2ns
목표 클럭 주기: 5ns
현재 설정: create_clock −period 5 [get_ports clk]
```

13 Input Path와 Output Path에서 각각 설정하는 delay의 목적과 의미를 설명하고, 관련 TCL 명령어를 작성하시오.

14 다음 리포트 결과를 분석하고, 각 항목이 의미하는 바와 문제 여부를 판단하시오.

```
check_design 결과:
– Unconnected ports: 0
– Undriven nets: 3
– Multiple drivers: 1

report_timing 결과:
– WNS: +0.8ns
– TNS: 0.0ns
```

15 합성의 3단계 세부 과정(syn_generic, syn_map, syn_opt)에서 각 단계의 특징과 인스턴스 이름의 변화를 예시와 함께 설명하시오.

정답

[객관식]

1 ③ 2 ③ 3 ② 4 ② 5 ② 6 ③ 7 ② 8 ① 9 ④ 10 ②

[주관식]

1번 정답:

- Timing Constraint: 클럭 주기, Setup/Hold Time, Input/Output Delay 등 시간적 제약 조건
- Area Constraint: 칩의 면적 제한 조건 (선택적 적용)
- Environmental Attributes: PVT Corner, Input Transition, Output Load 등 동작 환경 조건

2번 정답: 문제 분석: Setup Timing 위반 (WNS 〈 0)
해결 방법:

- 1차 (Constraint 조정): 클럭 주기를 5ns → 7ns로 완화
- 2차 (툴 옵션 변경): syn_opt_effort를 high → ultra로 변경, 고성능 라이브러리 사용
- 3차 (RTL 수정): 복잡한 조합 논리에 Pipeline 단계 추가

3번 정답:

- Input Delay: 외부에서 소요되는 시간을 알 수 없으므로 시간적 여유 설정
  set_input_delay -max 0.1 -clock CLK [all_inputs]
- Output Delay: 외부 부하 특성을 제어할 수 없으므로 시간적 여유 설정
  set_output_delay -max 0.1 -clock CLK [all_outputs]

4번 정답:

- Unconnected ports: 0 → 정상 (연결되지 않은 포트 없음)
- Undriven nets: 3 → 문제 (구동되지 않는 신호 3개 존재, 설계 오류)
- Multiple drivers: 1 → 심각한 문제 (다중 드라이버, 즉시 수정 필요)
- WNS: +0.8ns → 정상 (Setup Timing 만족)
- TNS: 0.0ns → 정상 (모든 경로 타이밍 만족)

5번 정답:

- syn_generic: 공정사 라이브러리 미사용, RTL 인스턴스 이름 유지
  예시: Count_reg[0] → Count_reg[0] (변화 없음)
- syn_map: Standard Cell 라이브러리와 매핑, 셀 이름으로 변경
  예시: Count_reg[0] → DFFRHQX1
- syn_opt: 최종 최적화, 더 효율적인 셀로 변경
  예시: DFFRHQX1 → DFFRX1

용어설명

용어	설명
합성	RTL 코드를 공정사의 Standard Cell 라이브러리를 사용하여 게이트 레벨 회로로 변환하는 과정. 설계 목표(Constraint)를 만족하도록 최적화를 수행한다.
제약 조건	합성 툴이 만족해야 할 설계 스펙으로, 타이밍, 면적, 환경 조건 등을 포함한다. 설계 목표와 동일한 개념이다.
셋업 타임	클럭 상승 엣지 이전에 데이터가 안정적으로 도착해야 하는 시간. 디지털 설계에서 가장 중요한 타이밍 제약 조건이다.
홀드 타임	클럭 상승 엣지 이후에도 데이터가 유지되어야 하는 시간. Setup Time과 함께 레지스터의 안정적 동작을 보장한다.
경로	신호가 회로 내에서 전달되는 경로로, Start Point에서 End Point까지를 의미한다. Internal, Input, Output Path로 구분된다.
내부 경로	레지스터에서 레지스터까지의 신호 경로(Reg-to-Reg). 디지털 설계에서 가장 기본적이고 중요한 타이밍 경로이다.
WNS	설계 내에서 가장 나쁜 타이밍 위반 값. 양수이면 타이밍 만족, 음수이면 Setup Time 위반을 의미한다. WNS로 줄여 부른다.
TNS	모든 타이밍 위반의 총합. 0이면 모든 경로가 타이밍을 만족함을 의미한다. TNS로 줄여 부른다.
표준 셀	공정사에서 제공하는 기본 논리 게이트들의 라이브러리. AND, OR, 플립플롭 등의 검증된 셀들로 구성된다.
PVT 코너	Process(공정), Voltage(전압), Temperature(온도) 조건의 조합. SS(Slow-Slow), FF(Fast-Fast), TT(Typical-Typical) 등이 있다.
Uncertainty	클럭 신호의 Skew, Jitter, Margin을 모두 합한 값. 실제 클럭의 불안정성을 반영하기 위해 설정한다.
Latency	클럭 신호가 전달되는 과정에서 발생하는 지연 시간. Source Latency와 Network Latency로 구분된다.
Transition	신호가 0에서 1로 또는 1에서 0으로 변할 때 걸리는 시간. 신호의 기울기(Slew Rate)와 관련된다.
게이트레벨 넷리스트	합성 결과물로, RTL 코드가 실제 Standard Cell로 변환된 회로도. 다음 단계인 PnR의 입력으로 사용된다.
Genus	Cadence에서 제공하는 논리 합성 툴. RTL 코드를 입력받아 Constraint를 만족하는 게이트 레벨 회로를 생성한다.

Chapter 6

Equivalence Check

초보자의 경우, 합성 직후에 수행해야 할 Scan Insertion은 또 하나의 큰 장벽이 될 수 있다. 차후에 고급 스킬을 다루는 책을 발간하게 되면 소개하기로 하고, 지금은 합성 직후에 수행하는 Equivalence Check를 진행하기로 한다.

합성을 완료한 독자라면 이제 중요한 검증의 순간에 왔다. 5장에서 RTL 코드를 Gate Level Netlist로 변환했지만, 과연 기능이 원래와 동일할까? 바로 이것이 Equivalence Check가 필요한 이유다.

RTL-to-GDS 플로우에서 Equivalence Check(EC)는 합성 과정으로 변형된 설계가 원래의 RTL 소스와 동일한 기능을 수행하는지 검증하는 과정이다. 합성 툴이 최적화를 수행하면서 논리 구조가 바뀔 수 있기 때문에, 이 과정은 필수적이다. 본 장에서는 Cadence Conformal LEC 툴을 사용하여 동등성 검증을 수행해볼 것이다. 독자들은 툴 사용법을 익히고, 검증 결과를 해석하는 능력을 배양할 수 있을 것이다.

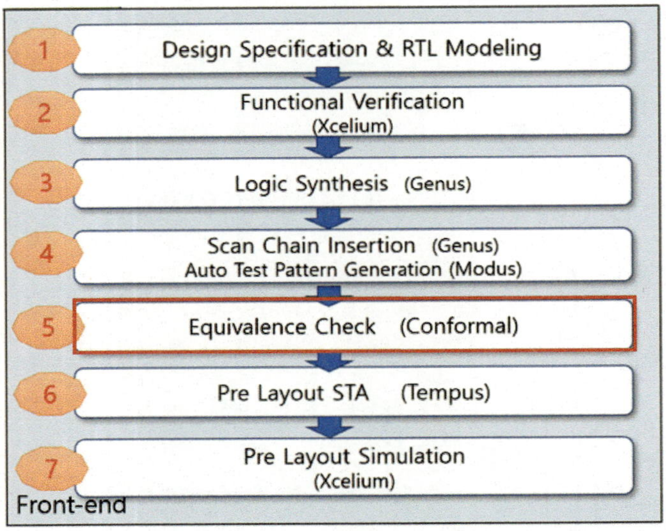

[그림 6-1] Front-End 단계 중 본 장의 위치

6.1 Equivalence Check 개요 및 목적

6.1.1 Equivalence Check 정의

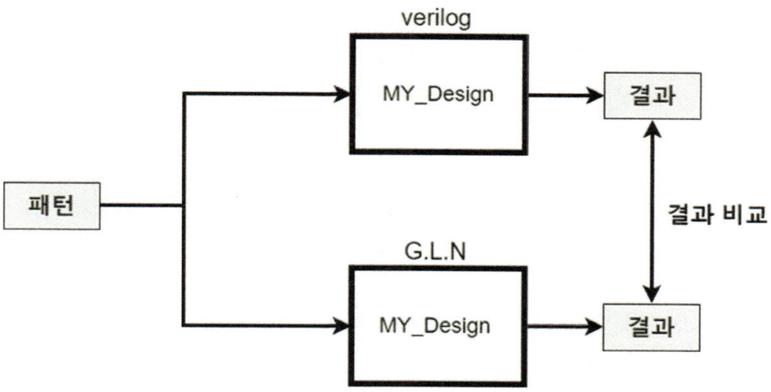

[그림 6-2] Equivalence Check 원리

Equivalence Check는 한 마디로 동등성 검증이다. 더 쉽게 얘기하면 합성 전, 후를 비교하는 것이다. 위 그림을 보면 합성 전의 Verilog 코드와 합성 후인 게이트 레벨 넷리스트(Gate Level Netlist, G.L.N)가 준비되어 있는 것을 볼 수 있다. 이 두 형태의 디자인에 동일한 패턴(1010.....10)을 입력한 뒤 결과가 같은지의 여부를 보는 것이다. 반도체 설계에서는 아래와 같은 시점에서 Equivalence Check를 수행한다.

[표 6-1] Equivalence Check 수행 시점

Front-End 단계 : RTL vs Gate Level Netlist 비교 (합성 직후) Back-End 단계 #0 : Pre-Layout vs Post-Layout Netlist 비교 (Auto PnR 직후) Back-End 단계 #1 : ECO 적용 전후 비교

[표 6-2] 주요 검증 방식

간단한 이름 비교 : RTL과 합성 디자인의 입출력 포트, Register, Net의 이름이 같은지 비교 확인 **패턴 비교** : 동일한 입력 패턴을 입력한 뒤 출력이 같은지 확인

6.1.2 합성 과정에서 발생하는 변형

합성 툴이 RTL 코드를 Gate Level로 변환하면서 일으키는 주요 변형을 알아보자. 크게 두 가지이다.

(1) 논리 최적화

- 선언은 했지만, 실제로 사용되지 않는 레지스터와 Net 등의 로직 제거

– 중복된 게이트 통합

코드의 여러 군데에 동일한 게이트가 사용되는 경우, 중복된 게이트를 통합

– 상수 값 전파

코드에 0과 1이 고정되어 있어, 늘 같은 상수 값을 전파하는 경우

(2) 구조 변경

– 멀티플렉서 구조 최적화

합성 중 최적화 과정에서 빈번히 발생

– 리소스 공유를 통한 면적 절약

중복된 회로가 있다면 리소스의 공유를 하여 면적을 절약

– 타이밍 개선을 위한 논리 재구성

합성 툴이 판단하여 논리를 재구성할 수 있음

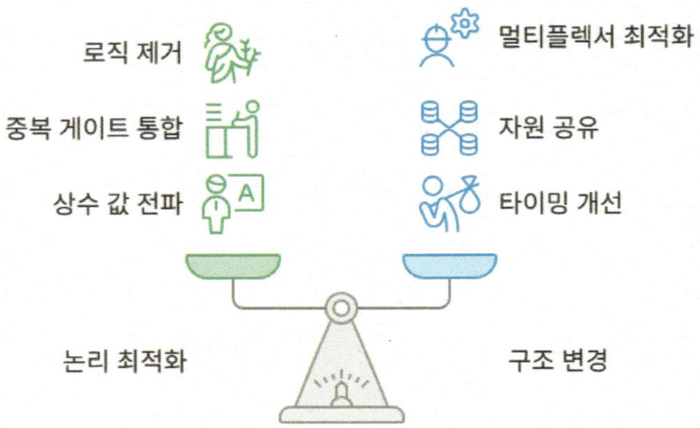

[그림 6-3] 합성 시 발생하는 변형의 균형

필자의 경험상, 이런 변형들은 대부분 정상적인 최적화 과정이지만, 때로는 꼭 필요한 코드를 삭제하는 등 전혀 예상치 못한 결과를 가져올 수 있다. 합성 툴이 실수를 한다고? 라는 생각을 할 수 있을 텐데 믿기 힘들겠지만 실제로 그런 일이 한 번씩 일어난다. 합성의 원리 중에는 최적화와 구조 변경이 있기 때문이다.

6.1.3 Equivalence Check 실패 시 문제점

만약 EC 과정을 스킵하거나 EC 과정에서 문제를 발견하지 못하고 다음 단계로 진행한다면 다음과 같은 위험이 있다.

(1) 설계 신뢰성 문제

- 실리콘에서 예상과 다른 동작
- 이후 검증 결과의 신뢰도 하락
- 재설계 및 일정 지연 발생

(2) 비용 증가

- 디버깅 비용 급증
- 테이프 아웃 지연
- 제품 출시 일정 차질

이렇게 적혀 있는 하나하나가 모두 설계회사나 설계자 입장에서 정말 큰 일이 아닐 수 없다. 독자들이 꼭 알아야 하는 것은, EC는 단순한 검증이 아니라 설계 품질을 보장하는 안전장치라는 점이다.

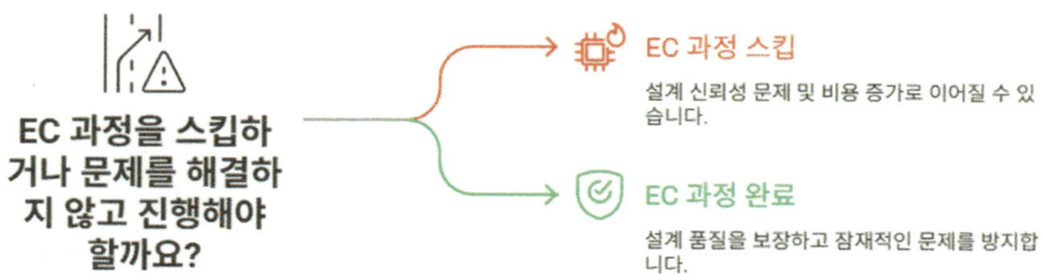

[그림 6-4] Equivalence Check는 필수 과정임

6.2 Equivalence Check 툴 소개

6.2.1 Cadence Conformal

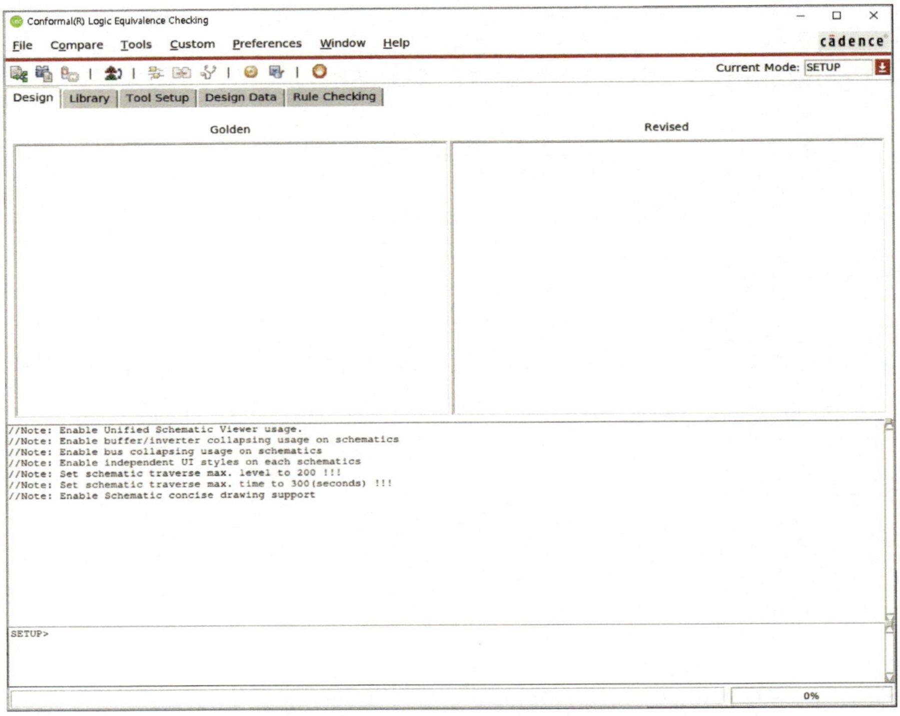

[그림 6-5] Conformal 툴의 GUI

Conformal 툴을 GUI 환경으로 구동한 모습이다. 툴은 두 가지 모드를 가지고 있는데, Setup 모드에서는 합성 전, 후의 파일들을 인식하고, LEC 모드에서는 비교를 수행한다. Logic Equivalence Checker(LEC)는 업계표준 동등성 검증 툴로서 아래와 같은 특징을 갖는다.

(1) 주요 특징

- Golden(참조)과 Revised(변경) 디자인의 비교
- 강력한 자동 매칭 기능
- 포괄적인 검증 결과 리포트 제공
- GUI 및 배치 모드 지원

(2) 검증 진행 순서

- 라이브러리 로드
- Golden 디자인 읽기(RTL)
- Revised 디자인 읽기(합성 후)
- 비교점(Compare Point) 설정
- 논리 동등성 비교 수행
- 결과 리포트 생성

[표 6-3] 여기서 용어 정리

용어	설명
Golden	참조 디자인(일반적으로 RTL 코드)
Revised	변경된 디자인(일반적으로 게이트 레벨 넷리스트)
Compare Point	비교할 지점(입출력, 레지스터 등)
LEC Mode	본격적인 비교를 위한 동작모드
Equivalent	비교 결과, 논리적으로 동일함
Non-Equivalent	비교 결과, 논리적으로 다름

6.3 실습 환경 구성

6.3.1 실습 준비

Equivalence Check 실습을 위해 다음 경로로 이동하자.

```
$> cd ~/SoC
$> source CSHRC/digital.cshrc
$> cd SoC_make_G45
$> cd TOP/EC
$> ls
```

```
[ex_poly2@npit EC]$ ls
README_HowtoRun  log  script
```

[그림 6-6] EC 디렉토리 내의 모습

위 그림에서 폴더는 파란색으로 표시되고, 실행 가능한 스크립트 파일은 녹색으로 표시되고 있다.

- README_HowtoRun : 실행 가이드
- log 폴더 : 검증 로그 파일의 저장 위치
- script 폴더 : 실행 스크립트 위치

6.3.2 README 파일 확인

실습 진행 전 README 파일을 확인하자.

```
$> vim README_HowtoRun
```

```
$> lec


1. GUI Mode
- Library define
- Read the Golden Design(RTL)
- Read the Revised Design(Gate Level Netlist)
- Set the compare points up
- Go to lec mode
- Compare

2. Batch Mode (script based)
After lec is invoked, type the below command at the console

SETUP> dofile ./script/script.tcl
```

[그림 6-7] 간단한 설명

내용 확인을 했다면 아래 명령으로 종료하자.

```
[vim] Esc → :q! [엔터]
```

6.3.3 스크립트 파일 확인

툴에 직접 적용할 명령을 담은 파일이다. 아래 명령으로 open하자.

```
$> vim script/script.tcl
```

```
set log file ./log/all.log -replace

read library -verilog -both \
        ../../../GPDK045/digital/gsclib045_all_v4.4/gsclib045/verilog/slow_vdd1v0_basicC
ells.v \
        ../../../GPDK045/digital/gsclib045_all_v4.4/gsclib045/verilog/fast_vdd1v0_basicC
ells.v \
        ../../../GPDK045/digital/giolib045_v3.5/vlog/pads_SS_s1vg.v

read design ../RTL/cmsdk_mcu.v ../RTL/verilog_smkcow/cmsdk_mcu_clkctrl.v ../RTL/verilog_
smkcow/cmsdk_mcu_pin_mux.v ../../../cortexm0_designstart/implementation/cortex_m0_mcu_sy
stem_cadence_8ns/mapped/cmsdk_mcu_system_syn_final.v -verilog -golden

read design ../SYN/mapped/cmsdk_mcu_syn_final.v -verilog -revised

set system mode lec

add compare points -all

compare

report verification
report statistics
```

[그림 6-8] 간단한 비교를 위한 스크립트 내용

독자들이 위 명령을 툴에 차례대로 적용하면서 내용을 이해할 수 있을 것이니, 지금은 자세한 설명을 생략하겠다. 아래 명령으로 vim을 종료하자.

```
[vim] Esc → :q! [엔터]
```

6.4 실습 1 : 기본 Equivalence Check

6.4.1 실습 개요

이번 절을 통하여 GUI에서 어떻게 툴을 진행하는지를 다룰 것이다. 아래와 같은 목표를 갖고 있고, 소요 예상 시간은 약 25분 내외이다.

[표 6-4] 실습 목표

– Conformal LEC 툴의 기본 사용법 습득 – 동등성 검증 과정 이해 – 검증 결과 해석

6.4.2 실습 진행 순서

[표 6-5] 비교 작업의 진행 순서

– Conformal 툴 실행 – 합성 전에 해당하는, RTL 소스 코드를 읽어 들임 – 합성 후에 해당하는, 게이트 레벨 넷리스트를 읽어 들임 – 두 항목 간의 이름으로의 비교 (포트, 레지스터 등) – 자동 생성한 패턴을 두 항목에 넣어서 일치성(Equivalence) 검증

이전 장에서 그랬던 것처럼 터미널을 두 개 준비하자. 하나에서는 툴을 띄우고, 다른 하나에서는 script/script.tcl을 open한 뒤 마우스 드래그 & copy 방식으로 진행하자. 아래 명령을 통해 툴을 실행하자.

```
$> lec
```

화면을 아래 그림처럼 간단히 조정하자. SETUP> 콘솔에 명령을 입력할 것이니 해당 영역을 크게 만들면 메시지 확인에 도움이 되겠다. vim 창은 행 번호가 보이지 않도록 하여 사전에 오류를 방지하자.

```
[vim] Esc → : → set nonumber [엔터]
```

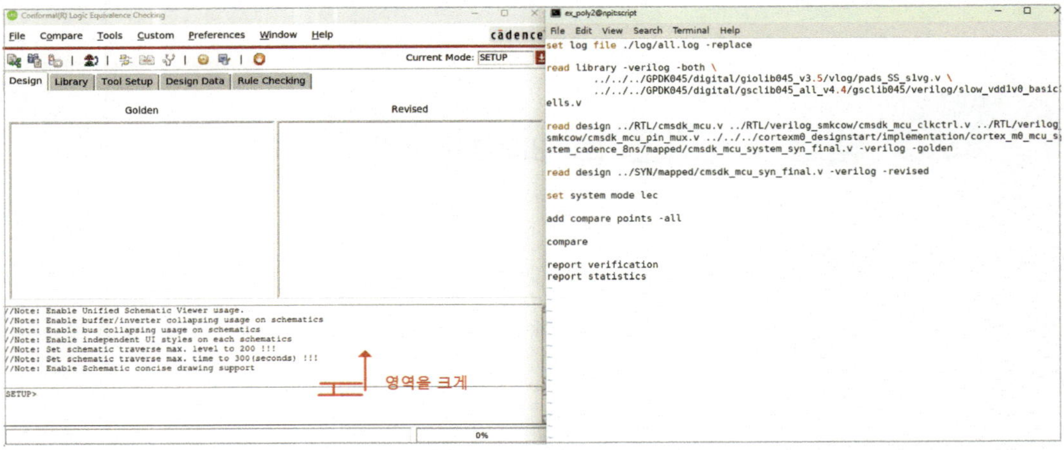

[그림 6-9] 실습 준비

아래 그림은 GUI 각 영역의 소개이다. Golden과 Revised 영역이 좌, 우로 보이는데, 각각 RTL 코드와 게이트 레벨 넷리스트가 보이는 곳이라고 예상하면 되겠다.

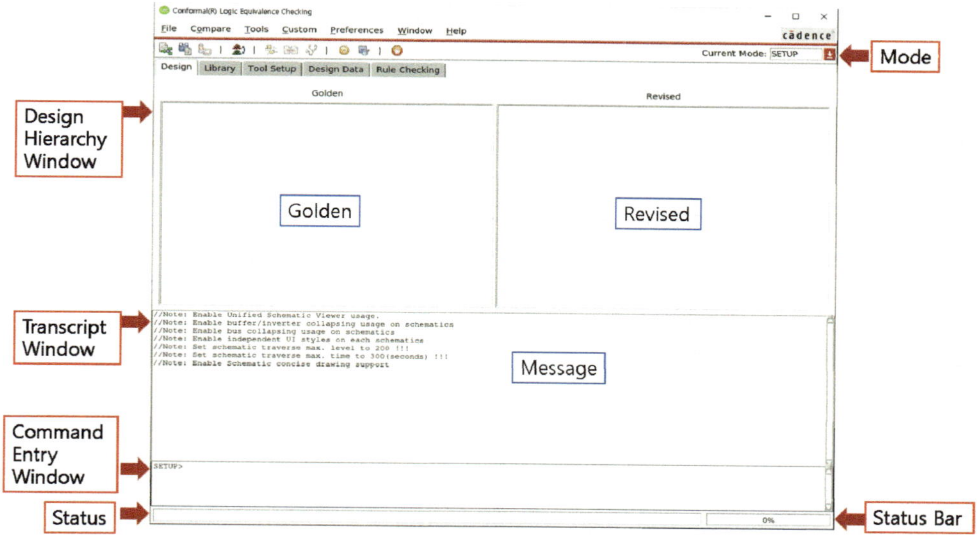

[그림 6-10] GUI 각 영역의 설명

(1) 로그 파일 설정

Equivalence Check를 진행하는 동안 생성되는 메시지, 즉 로그를 저장할 위치를 지정한다.

[표 6-6] 명령

```
# log 폴더 안에 all.log로 저장
# -replace 옵션은 기존 로그 파일을 덮어쓰기
set log file ./log/all.log -replace
```

수행 결과는 아래와 같다.

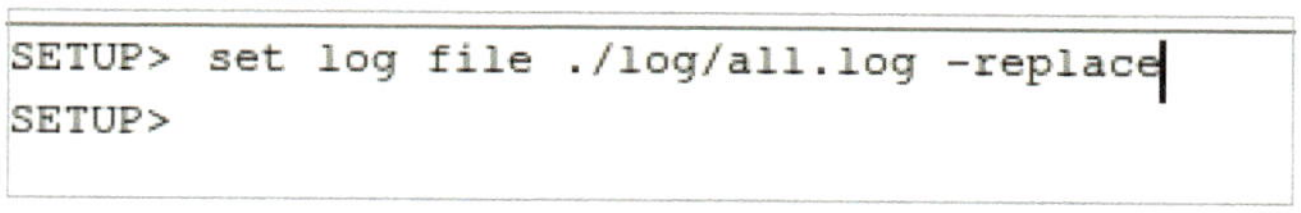

[그림 6-11] 로그 파일 설정 완료

(2) 라이브러리 로드

합성할 때 사용했던 라이브러리가 무엇인지 툴에게 알려주는 과정이다. Conformal 툴 입장에서는 처음에 매우 중요한 명령인데, 라이브러리 내에 어떤 셀이 있는지 파악한 뒤에 비교를 수행해야 하기 때문이다. 그런데 보통 설계자들이 정확하게 라이브러리 파일명과 경로를 기억하지 않기 때문에, 이 명령을 수행하기 전에 미리 합성 폴더로 가서 관련 내용과 경로를 확인하는 일이 필요하다.

[표 6-7] 명령

```
# –verilog : 라이브러리 파일이 Verilog 형식임을 지정
# –both : Golden과 Revised 디자인에 공통적으로 라이브러리를 지정
# 각 행의 마지막에 있는 ₩ 표시는 개행이 아니라, 한 줄로 이어짐을 뜻함

read library –verilog –both ₩

../../../GPDK045/digital/gsclib045_all_v4.4/gsclib045/verilog/slow_vdd1v0_basicCells.v ₩

../../../GPDK045/digital/gsclib045_all_v4.4/gsclib045/verilog/fast_vdd1v0_basicCells.v ₩
 ../../../GPDK045/digital/giolib045_v3.5/vlog/pads_SS_s1vg.v
```

해당 명령을 넣을 때는 SETUP〉 부분을 클릭하여 프롬프트가 보이는 상태에서 마우스 가운데 휠 버튼을 눌러야 한다.

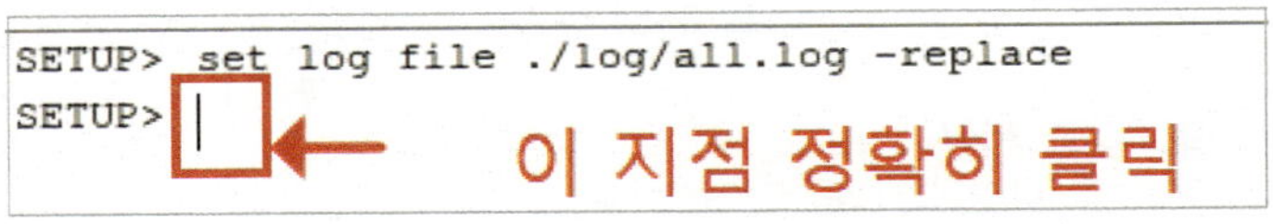

[그림 6-12] 명령 넣기 전, 정확한 마우스 클릭 필요

수행 결과는 아래와 같다. 경로와 파일명에 오타가 없다면 다른 메시지 없이 잘 수행된다. 혹시 명령을 내린 후 다음 줄의 SETUP〉 초반으로 프롬프트가 이동하지 않는다면, 키보드의 Home 버튼을 누르면 된다.

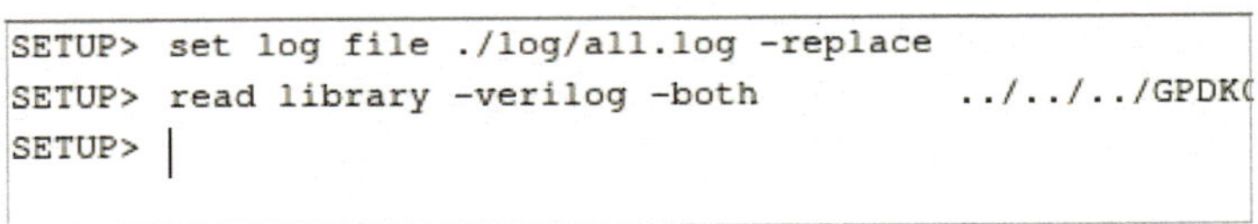

[그림 6-13] 라이브러리 로드 완료

이후에 Library 탭을 클릭하면 입력한 라이브러리가 갖고 있는 셀 리스트를 Golden과 Revised 항목을 통해 확인할 수 있다.

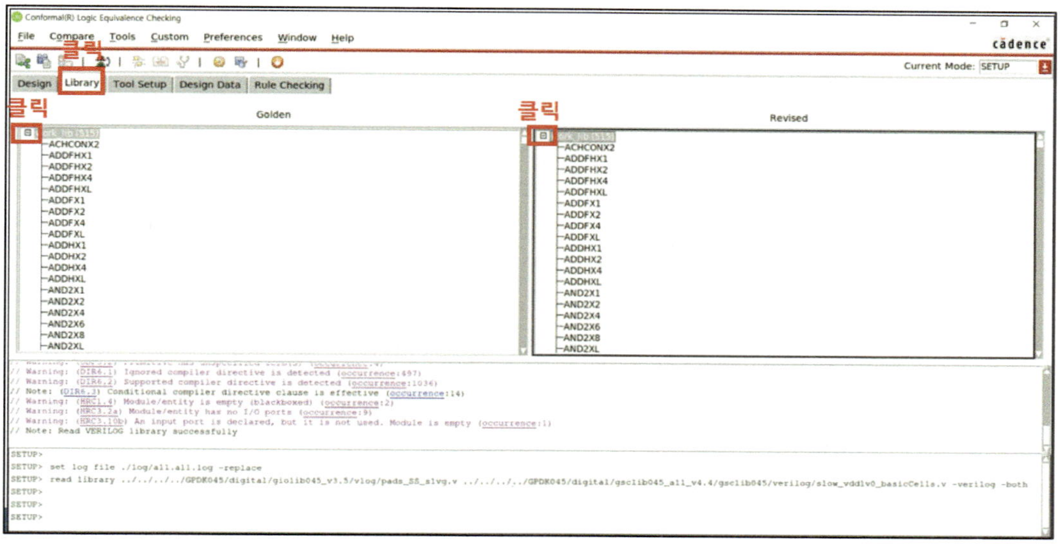

[그림 6-14] 공통 라이브러리의 셀들 확인 가능

참고로 이 툴은 .lib 파일 뿐 아니라 .v 파일도 입력받을 수 있다. 본 실습에서는 .v 파일로 입력하도록 했는데, 주어진 script 폴더안에 .lib 파일을 읽어 들이는 스크립트 파일도 준비해 두었으니 독자 취향대로 사용하면 되겠다.

(3) Golden 디자인 로드 (합성 전)

합성 전의 내용을 입력하는 과정이다. RTL 소스 코드를 로드한다.

[표 6-8] 명령

```
# –verilog : 입력 받는 코드의 형식이 Verilog라는 뜻
# –golden : 합성 전 소스코드라는 뜻의 Golden
read design ../RTL/cmsdk_mcu.v ₩
../RTL/verilog_smkcow/cmsdk_mcu_clkctrl.v ₩
../RTL/verilog_smkcow/cmsdk_mcu_pin_mux.v ₩
../../../cortexm0_designstart/implementation/cortex_m0_mcu_system_cadence_8n
s/mapped/cmsdk_mcu_system_syn_final.v ₩
–verilog –golden
```

수행 결과는 아래와 같다.

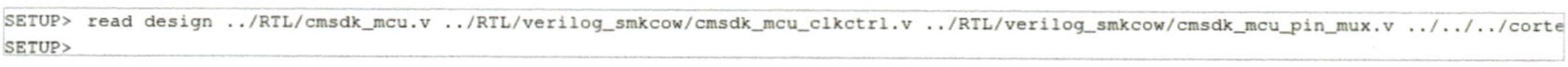

[그림 6-15] Golden 디자인 로드 (RTL)

메시지 창을 보면 Warning이 발생하지만, 에러가 아니니 스킵하자.

```
// Parsing file ../../../cortexm0_designstart/implementation/cortex_m0_mcu_system_cadence_8n
// Golden root module is set to 'cmsdk_mcu'
// Warning: (RTL2.2) Variable is referenced but never assigned (occurrence:579)
// Warning: (RTL2.5) Net is referenced without an assignment. Design verification will be ba
ce:1241)
// Warning: (RTL2.13) Undriven pin is detected (occurrence:1179)
// Warning: (RTL8.3) Unreachable DFF/DLAT is removed (occurrence:1)
// Warning: (RTL14) Signal has input but it has no output (occurrence:1939)
// Warning: (RTL14.1) Fanout load of the signal is removed (occurrence:20)
// Note: (VLG9.2) The `define macro is used (occurrence:32)
// Warning: (DIR3.1) synthesis/translate/compile on/off directive is detected (occurrence:2)
```

[그림 6-16] Golden 디자인 로드 시 Warning 발생

(4) Revised 디자인 로드 (합성 후)

합성 후에 해당하는 게이트 레벨 넷리스트를 로드한다.

[표 6-9] 명령

```
# -verilog : 입력 받는 코드의 형식이 Verilog라는 뜻
# -revised: 합성 후 게이트 레벨 넷리스트라는 뜻의 Revised
read design ../SYN/mapped/cmsdk_mcu_syn_final.v -verilog -revised
```

수행 결과는 아래와 같다.

```
SETUP> read design ../SYN/mapped/cmsdk_mcu_syn_final.v -verilog -revised
SETUP>
```

[그림 6-17] Revised 디자인 로드 (게이트 레벨 넷리스트)

메시지 창을 보면 Warning이 발생하지만, 에러가 아니니 스킵하자.

```
// Parsing file ../SYN/mapped/cmsdk_mcu_syn_final.v ...
// Revised root module is set to 'cmsdk_mcu'
// Warning: (RTL2.5) Net is referenced without an assignment. Design verification will b
ce:133)
// Warning: (RTL2.13) Undriven pin is detected (occurrence:105)
// Warning: (RTL14) Signal has input but it has no output (occurrence:1962)
// Warning: (RTL14.1) Fanout load of the signal is removed (occurrence:168)
// Warning: (HRC3.10a) An input port is declared, but it is not completely used in the r
// Warning: There are 105 undriven nets in Revised
// Warning: There are 105 undriven pins in Revised
// Note: Read VERILOG design successfully
```

[그림 6-18] Revised 디자인 로드 시 Warning 발생

Golden과 Revised Design이 로드되면 아래 그림과 같이 Design 탭의 양쪽에서 확인할 수 있다.

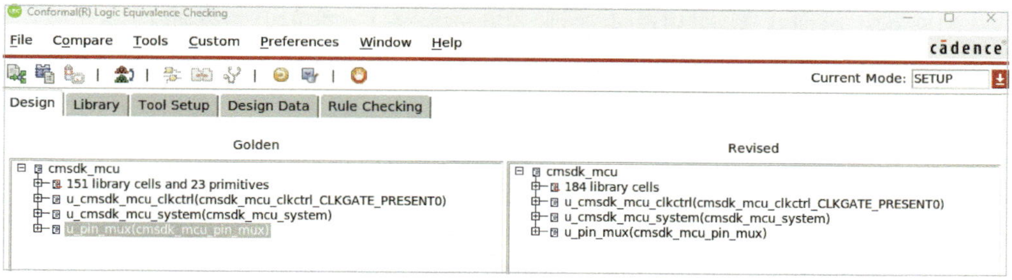

[그림 6-19] 디자인 로드가 모두 이상 없이 진행된 결과

또한 Design Data 탭을 통해서, 로드된 파일들과 Summary를 확인할 수 있다.

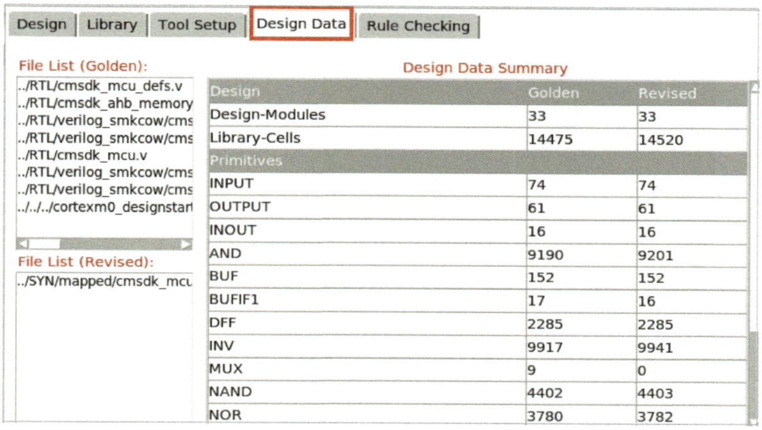

[그림 6-20] Design Data 탭 확인

여기까지 Library 로드와 디자인 로드가 끝났으니 비교할 준비가 되었다.

(5) LEC 모드 전환 및 이름 비교

GUI 화면 우측 상단을 통해 현재 모드를 알 수 있다. 이전까지는 SETUP 모드로 진행했는데, 지금부터는 LEC 모드로 진행한다. 아래 그림처럼 GUI에서 LEC를 선택하자.

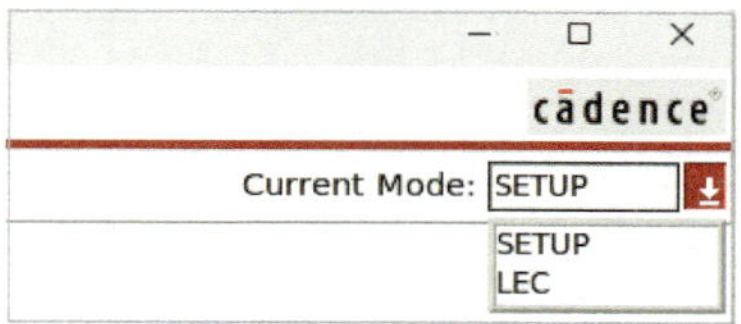

[그림 6-21] 모드 전환

LEC를 선택하면 아래와 같은 명령이 툴에 전달되며, 모드 전환이 진행된다.

```
SETUP> set system mode lec
LEC> LEC>
```

[그림 6-22] 명령으로도 전환 가능

[표 6-10] 명령

 # GUI 또는 명령으로 진행 가능 set system mode lec

LEC 모드로 전환하면 그와 동시에 이름 비교가 진행된다. 양측에서 포트와 레지스터들의 이름 등을 확인하여 비교하는 원리이다. 아래 그림과 같이 Mapped Point 현황과 Unmapped Point 현황으로 결과를 확인할 수 있다. 이 중 Mapped는 이름이 같은 것이다. 아래 그림에서는 총 2499개로 확인되는데 일반적인 프로젝트에서 이렇게 나와야 정상이다.

Mapped points: SYSTEM class

Mapped points	PI	PO	DFF	Z	Total
Golden	106	77	2284	32	2499
Revised	106	77	2284	32	2499

[그림 6-23] mapped points 현황

추가로 Unmapped 포인트가 확인된다. 아래 그림처럼 Unreachable 항목으로 D 플립플롭이 Golden과 Revised에서 각각 1개씩 확인된다. 하지만 이것은 해당 셀 자체의 이슈로서, 비교 결과에 영향을 미치지 않으니 Unmapped 내역은 스킵하고 지나가도록 한다.

Unmapped points:

Golden:

Unmapped points	DFF	Total
Unreachable	1	1

Revised:

Unmapped points	DFF	Total
Unreachable	1	1

[그림 6-24] unmapped 현황

(6) 비교 수행

이름으로 비교했을 때 일치한다고 확인된 Mapped 항목에 임의의 테스트 패턴을 넣어서 결과를 비교하는 단계이다. 먼저, 비교를 위한 지점을 등록하도록 하자. 아래 명령을 통해서 Mapped 항목을 compare point로 등록한다.

```
LEC> add compare points -all
```

명령의 수행 결과는 아래와 같고, 전체 mapped 항목 중에서 PO(Primary Output)과 DFF를 합한 총 2361개의 지점이 등록되었음을 알 수 있다.

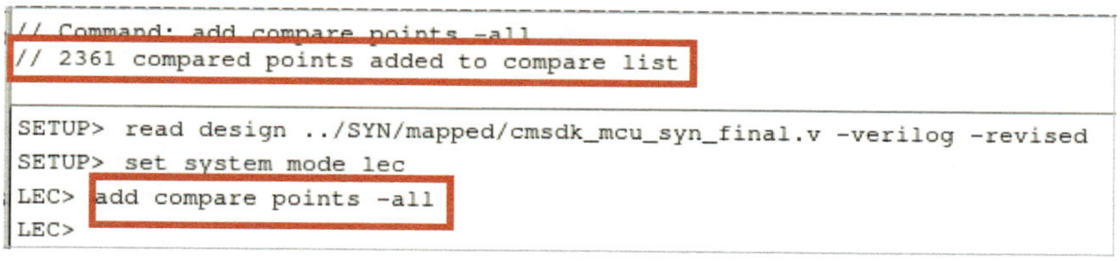

[그림 6-25] 비교 포인트 등록

이제 2361개 지점에 대하여 임의의 테스트 패턴 생성 및 입력을 통해 일치성을 확인하고자 한다. 아래 명령으로 비교를 수행하자.

[표 6-11] 명령

```
# 비교 수행
compare
```

compare 명령을 수행한 결과는 아래 그림과 같다. Compare point로 등록된 2361개 포인트에 대하여 비교를 수행했다. 이 부분에서 독자들이 잘 이해해야 할 것은, 지금의 compare 명령은 비교 수행만 할 뿐, 합성 전후를 비교한 결과를 보여주는 것이 아니라는 것이다. 비교 결과는 바로 다음에 소개할 report verification 명령으로 확인할 수 있다.

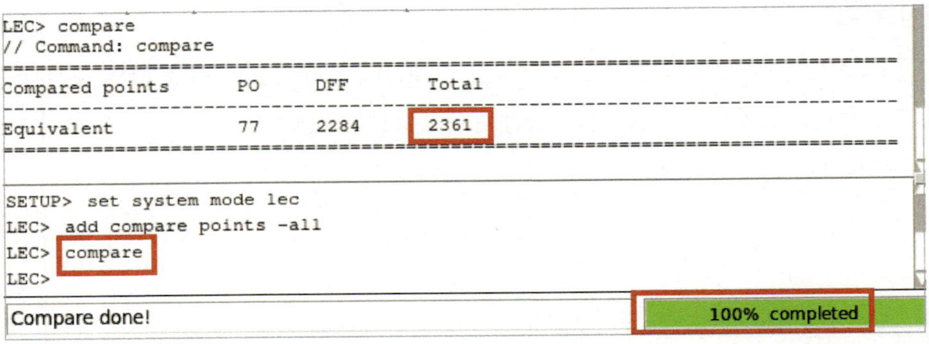

[그림 6-26] 비교 수행 결과

참고로, 비교(compare)는 아래 내용을 확인한다.

- 모든 Primary Output과 reachable black box inputs가 모두 mapped인지 확인한다. 즉, 이름이 모두 같은지 확인한다.
- 모든 mapped 된 포인트들이 compared point로 잘 등록되어 있는지 확인
- compared points 포인트로 등록된 모든 지점들이 비교되었는지 확인
- 모든 compared point들이 equivalent 한지 확인
- 모든 compared point들이 abort가 뜨지 않았는지 확인

(7) 리포트 검증 수행

아래 명령을 통하여 합성 전, 후에 대한 비교 결과를 볼 수 있다.

[표 6-12] 명령

```
# 검증 수행 결과 리포트
report verification
```

아래 그림과 같이 PASS이다. 결과적으로 합성 전과 후는 동일하다. 참고로 PASS 이외의 다른 결과로는 INCOMPLETE, NONEQ, ABORT가 있다.

```
                    Verification Report
--------------------------------------------------------------------------------
Category                                                                   Count
--------------------------------------------------------------------------------
1. Non-standard modeling options used:                                       0
--------------------------------------------------------------------------------
2. Incomplete verification:                                                  0
--------------------------------------------------------------------------------
3. User modification to design:                                              0
--------------------------------------------------------------------------------
4. Conformal Constraint Designer clock domain crossing checks recommended:  0
--------------------------------------------------------------------------------
5. Design ambiguity:                                                         1
     Duplicate module definition:                                 yes
--------------------------------------------------------------------------------
6. Compare Results:                                                        PASS
================================================================================
```

[그림 6-27] 최종 결과 PASS

(8) 리포트 통계 수행

동등성 검사 결과는 PASS인데, 비교에 대한 세부 내용이 궁금한 사람들에게 아래 명령이 유용할 것이다.

[표 6-13] 명령

 # 비교 세부 내용 확인 report statistics

수행 결과는 아래와 같다.

```
// Command: report statistics
Mapping and compare statistics
=====================================================================
                      Compare Result     Golden           Revised
---------------------------------------------------------------------
Root module name                         cmsdk_mcu        cmsdk_mcu

Primary inputs                              106              106
   Mapped                                   106              106

Tri-state (Z) key points                     32               32
   Mapped                                    32               32

Primary outputs                              77               77
   Mapped                                    77               77
      Equivalent                77

State key points                           2285             2285
   Mapped                                  2284             2284
      Equivalent              2284
   Unmapped                                   1                1
      Unreachable                             1                1
=====================================================================
```

[그림 6-28] 비교에 대한 세부적인 리포트 확인

Golden과 Revised 항목으로 입력한 모듈 이름부터 Primary Inputs, Tri-state key points, Primary outputs, State key points 항목에 대한 현황을 숫자로 확인할 수 있다. Mapped 부분을 통해 106, 32, 77, 2284 포인트의 이름이 동일하다는 것을 알 수 있고, 이중 77, 2284 포인트에 임의의 패턴을 입력한 결과 서로 Equivalent 하다는 것을 알 수 있다.

(9) Dofile과 로그 파일 저장

Conformal 툴은 출력하는 결과 파일이 없다. 다만, 이 툴은 반복 진행을 많이 할 수 있는 툴이기 때문에 Dofile을 저장하는 것이 나중에 도움이 될 것이다. 아래처럼 File 탭의 Save Dofile을 진행하자.

[그림 6-29] 메뉴 진행

아래와 같은 작은 창에서 script/script.tcl_test로 임의 지정을 하자.

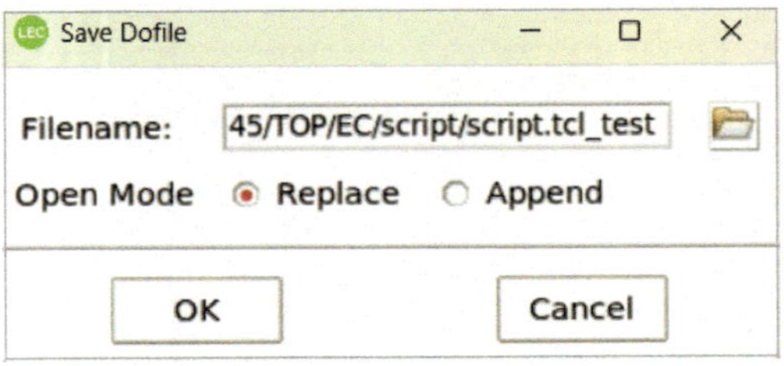

[그림 6-30] Save Dofile

저장된 Dofile의 내용은 아래와 같다. 우리가 GUI에서 수행했던 내용이 잘 저장되었음을 알 수 있다.

```
set log file ./log/all.log -replace
read library -verilog -both        ../../../GPDK045/digital/gsclib045_
      ../../../GPDK045/digital/gsclib045_all_v4.4/gsclib045/verilog/fa
/giolib045_v3.5/vlog/pads_SS_s1vg.v
read design ../RTL/cmsdk_mcu.v ../RTL/verilog_smkcow/cmsdk_mcu_clkctrl
ortexm0_designstart/implementation/cortex_m0_mcu_system_cadence_8ns/ma
read design ../SYN/mapped/cmsdk_mcu_syn_final.v -verilog -revised
set system mode lec
add compare points -all
compare
report verification
report statistics
```

[그림 6-31] 저장된 script 파일의 내용

또한, 툴 사용시 발생하는 메시지들을 모두 저장할 수 있다. 아래 그림처럼 Save Transcript를 진행하자.

[그림 6-32] 메뉴 진행

아래 그림처럼 log/all.log 파일을 지정하되 기존의 파일이 있더라도 Replace 하자.

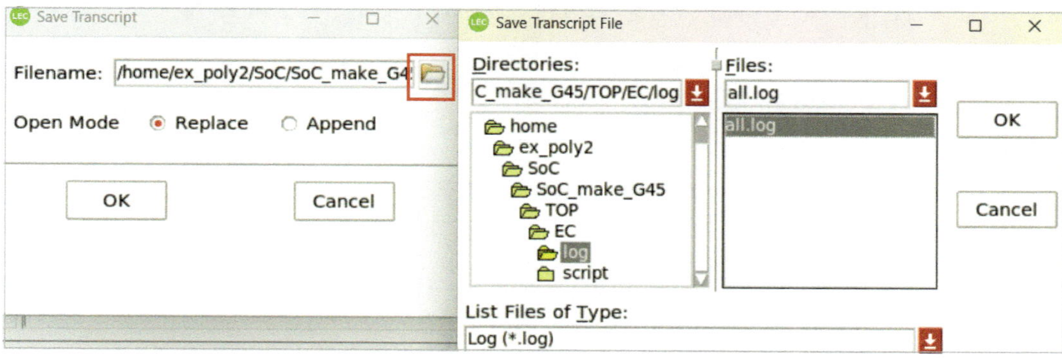

[그림 6-33] log 파일 저장

이렇게 2개 파일을 저장한 뒤 툴을 종료하자.

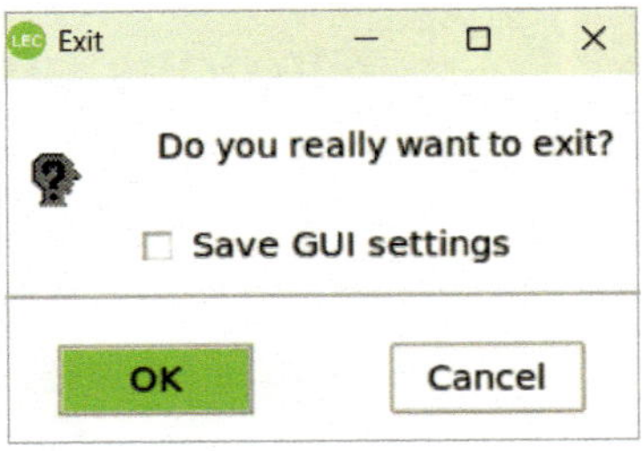

[그림 6-34] Exit

[표 6-14] 여기까지 자가 진단해보자

- LEC 툴 기본 사용법을 익혔다.
- Golden과 Revised 개념을 이해했다.
- 검증 결과를 해석할 수 있다.
- 비교점의 의미를 파악했다.

6.5 실습 2 : 배치 모드 실행

6.5.1 Dofile을 이용한 자동 실행

앞선 실습에서는 GUI를 통하여 작업을 했지만, 실제 업무에서는 자동화된 배치 모드를 많이 사용한다. 앞서 저장한 Dofile을 재활용하면 반복적인 검증 과정을 빠르고 쉽게 자동화할 수 있다. 아래와 같은 목표를 갖고 있고, 소요 예상 시간은 약 3분 내외이다.

[표 6-15] 실습 목표

- Dofile을 활용하여 검증 진행

6.5.2 툴 실행 및 Dofile 실행

현재 위치를 아래와 같이 확인하고 툴을 실행한다.

```
$> cd ~/SoC/SoC_make_G45/TOP/EC
$> lec
```

GUI가 뜨면, 상단 메뉴바에서 File → Do Dofile을 클릭한다.

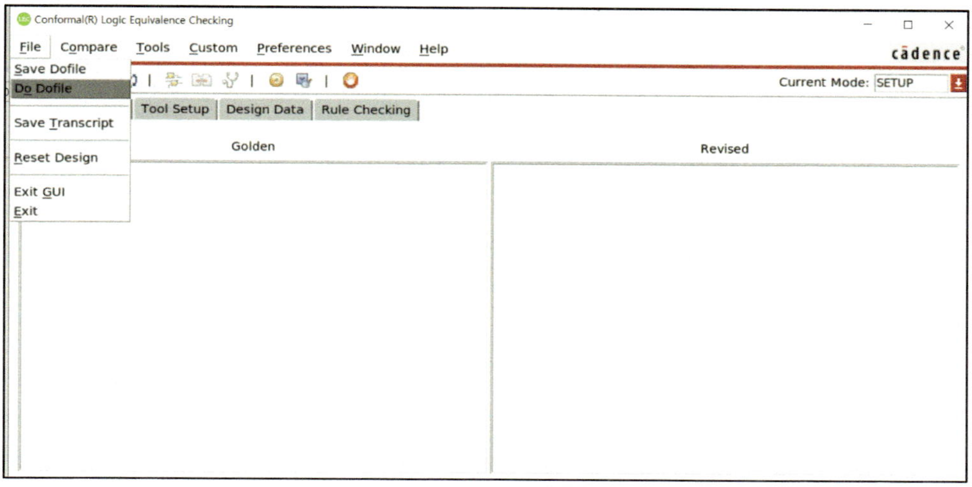

[그림 6-35] File → Do Dofile

Do Dofile 창이 열리면 Directories에서 script/script.tcl_test을 선택하고 OK를 누른다.

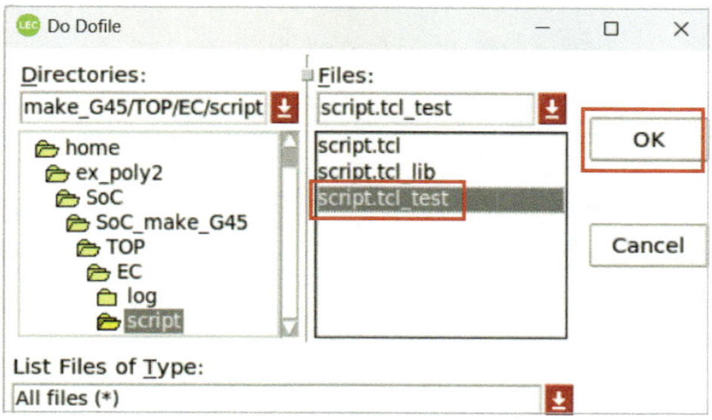

[그림 6-36] 이전에 저장한 Dofile 수행

메시지 창에 실행 결과가 나타난다. 이전 실습과 동일한 결과이다.

```
                              Verification Report
--------------------------------------------------------------------------------
Category                                                                   Count
--------------------------------------------------------------------------------
1. Non-standard modeling options used:                                       0
--------------------------------------------------------------------------------
2. Incomplete verification:                                                  0
--------------------------------------------------------------------------------
3. User modification to design:                                              0
--------------------------------------------------------------------------------
4. Conformal Constraint Designer clock domain crossing checks recommended:   0
--------------------------------------------------------------------------------
5. Design ambiguity:                                                         1
     Duplicate module definition:                                  yes
--------------------------------------------------------------------------------
6. Compare Results:                                                       PASS
================================================================================
```

[그림 6-37] 최종 결과 PASS

위 방식은 GUI를 띄운 뒤에 실행하는 방식이었고, 순수 배치 모드로 실행하고자 한다면 아래 명령으로 진행할 수 있다.

```
$> lec -NOGui -Dofile ./script/script.tcl_test
```

6.6 요약 및 본 장을 통한 기대 효과

6.6.1 실습을 통한 성과

본 장의 실습을 통해 독자들은 다음과 같은 성과를 얻었을 것이다.

[표 6-16] 본 장을 통해 예상되는 성과

1) Equivalence Check 기본 이해 - EC의 정의와 목적 파악 - 합성 과정에서의 변형 이해 - RTL-to-GDS 플로우에서의 EC 위치 파악 **2) Conformal LEC 툴 사용법 습득** - 기본 명령어 실행 - Golden과 Revised 디자인 로드 - 검증 결과 해석 **3) 실무 활용 능력 배양** - 대화형 모드와 배치 모드 사용 - 검증 실패 시 대응 방법 이해

6.6.2 다음 장으로의 연결

본 장에서는 Equivalence Check를 통해 합성 결과의 논리적 정확성을 확인했다. 다음 과정은 Pre-Layout STA와 Pre-Layout Simulation이다. Tempus 툴을 이용하 Gate Level Netlist에 대한 보다 세밀한 타이밍 검증을 수행하게 되며, Xcelium 툴을 이용하여 Cell Delay를 적용한 한층 현실적인 시뮬레이션을 수행하게 될 것이다.

아쉽지만 분량상의 이유로 본 책은 여기에서 마무리를 하도록 한다. Front-End 과정에서 스킵되는 이후의 과정은 Vol 2.에서 AutoPNR 과정 후 꼭 다루도록 하겠다. Back-End 과정에서는 GUI도 많이 다룰 것이라서 커맨드와 텍스트가 많은 Front-End 과정보다 더 재미있을 것이다. 또한 디자인의 측면에서도 좀 더 현실적인 상황에 가까워지기 때문에 기대해도 좋을 것이다.

Front-End를 다룬 본 책 Vol 1.에서 사용한 툴 버전을 다시 한번 언급하면서 마치도록 한다.

[표 6-16] 본 책에서 사용하는 툴 별 버전

툴명	버전	비고
Xcelium	XCELIUMMAIN2403	
Verisium	VERISIUMDEBUG2403	
VManager for IMC	VMANAGER2403	
Genus	DDI221	DDI 패키지
Conformal	CONFRML221	
Tempus	SSV221	
Innovus	DDI221	DDI 패키지
Virtuoso	IC618	

요점 정리

01. Equivalence Check 는 합성 전후의 논리적 동등성을 검증하는 필수 과정이다.
02. RTL-to-GDS 플로우에서 EC 는 세 번 수행이 가능하다: Pre-Layout 과 Post-Layout, ECO 과정 직후이다.
03. Golden 은 참조 디자인(RTL 코드), Revised 는 변경된 디자인(Gate Level Netlist)을 의미한다.
04. Cadence Conformal LEC 는 업계 표준 논리 동등성 검증 툴이다.
05. EC 과정은 Setup Mode 와 LEC Mode 두 단계로 구성된다.
06. Setup Mode 에서는 로그 설정, 라이브러리 로드, 디자인 읽기, 제약 조건 설정을 수행한다.
07. LEC Mode 에서는 Compare Point 매핑과 논리 동등성 비교를 수행한다.
08. Compare Point 는 Primary Input, Primary Output, Sequential Element 로 구성된다.
09. 비교 결과는 Equivalent, Non-equivalent, Incomplete, Abort 로 분류된다.
10. **합성 과정에서 논리 최적화, 구조 변경, 타이밍 최적화 등의 변형이 발생**할 수 있다.
11. PASS 결과는 RTL 과 Gate Level Netlist 가 논리적으로 동일함을 의미한다.
12. **GUI 모드**와 **배치 모드(-NOGui -Dofile)** 두 가지 실행 방식을 지원한다.
13. Dofile 저장을 통해 반복 검증 작업을 **자동화**할 수 있다.
14. **로그 파일**(Transcript)을 통해 모든 검증 과정을 추적할 수 있다.
15. EC 실패 시 **설계 신뢰성 문제와 비용 증가를 초래**할 수 있어 반드시 수행해야 한다.

연습문제 객관식 문제 (10개)

01 Equivalence Check의 주요 목적으로 가장 적절한 것은?

① RTL 코드의 문법 오류를 검사한다
② 합성 전후의 논리적 동등성을 검증한다
③ 타이밍 제약 조건을 설정한다
④ 물리적 레이아웃을 최적화한다

02 RTL-to-GDS 플로우에서 Equivalence Check가 수행되는 단계는?

① RTL Modeling와 Logic Synthesis
② Function Simulation와 Scan Chain Insertion
③ Pre-Layout EC와 Post-Layout EC, ECO
④ Pre-Layout STA와 Post-Layout STA

03 Conformal LEC에서 Golden과 Revised의 정의로 올바른 것은?

① Golden: Gate Level Netlist, Revised: RTL 코드
② Golden: RTL 코드, Revised: Gate Level Netlist
③ Golden: 합성 후 설계, Revised: 합성 전 설계
④ Golden: Post-Layout, Revised: Pre-Layout

04 Conformal LEC툴에 대한 설명으로 틀린 것은?

① Setup Mode가 있음
② LEC Mode가 있음
③ Mapping Mode가 있음
④ Compare 명령을 수행

05 Setup Mode에서 수행되지 않는 작업은?

① 로그 파일 설정
② 라이브러리 로드
③ Compare Point 매핑
④ 비교시 제약 조건 설정

06 Compare Point에 포함되지 않는 것은?

① Primary Input
② Primary Output
③ Sequential Element
④ Combinational Logic

07 Name-based Mapping에 대한 설명으로 올바른 것은?

① 논리 기능을 분석하여 매핑한다
② 신호명을 기반으로 매핑한다
③ 타이밍 정보를 기반으로 매핑한다
④ 물리적 위치를 기반으로 매핑한다

08 Equivalence Check 결과 분류에 포함되지 않는 것은?

① Equivalent
② Non-equivalent
③ Abort
④ Partially Equivalent

09 배치 모드로 Conformal LEC를 실행하는 명령어는?

① lec -batch script.tcl
② lec -NOGui -Dofile script.tcl
③ lec -auto script.tcl
④ lec –silent script.tcl

10 Dofile의 주요 용도는?

① 시뮬레이션 파형을 저장한다
② 합성 결과를 저장한다
③ 반복 검증 작업을 자동화한다
④ 타이밍 제약을 저장한다

연습문제 주관식 문제 (4개)

11 Equivalence Check가 RTL-to-GDS 플로우에서 필요한 이유를 3가지 이상 설명하시오.

12 Conformal LEC의 Setup Mode에서 수행해야 하는 5가지 주요 작업을 순서대로 나열하고 각각의 목적을 간략히 설명하시오.

13 Compare Point의 종류 3가지를 나열하고, 각각이 무엇을 의미하는지 설명하시오. 또한 실습에서 확인한 Cortex-M0 디자인의 Compare Point 개수를 기억나는 대로 작성하시오.

14 Equivalence Check에서 Non-equivalent 결과가 나왔을 때 가능한 원인 3가지와 각각의 해결 방법을 제시하시오.

정답

[객관식]

1 ② 합성 전후의 논리적 동등성을 검증한다 **2** ③ Pre-Layout EC와 Post-Layout EC, ECO **3** ② Golden: RTL 코드, Revised: Gate Level Netlist **4** ③ Mapping Mode가 있음 **5** ③ Compare Point 매핑 (LEC Mode에서 수행) **6** ④ Combinational Logic (Compare Point가 아님) **7** ② 신호명을 기반으로 매핑한다 **8** ④ Partially Equivalent (존재하지 않는 분류) **9** ② lec -NOGui -Dofile script.tcl **10** ③ 반복 검증 작업을 자동화한다

[주관식]

11 Equivalence Check가 필요한 이유:
합성 과정에서 논리 최적화로 인한 구조 변경 검증
설계 변경이나 ECO 적용 후 기능 보존 확인
디버깅 비용 절감 및 개발 일정 단축

12 Setup Mode의 5가지 주요 작업:
로그 파일 설정 - 검증 과정 기록을 위함
라이브러리 로드 - 합성에 사용된 셀 라이브러리 읽기
Golden 디자인 로드 - 참조용 RTL 코드 읽기
Revised 디자인 로드 - 비교할 Gate Level Netlist 읽기
LEC 모드 전환 - 본격적인 비교를 위한 모드 변경

13 Compare Point의 종류:
Primary Input: 칩의 외부 입력 신호 (실습: 106개)
Primary Output: 칩의 외부 출력 신호 (실습: 77개)
Sequential Element: PO(Primary Output)과 DFF (실습: 2361개)

14 Non-equivalent 원인과 해결방법:
합성 최적화 과정의 예상치 못한 변경 → 합성 스크립트 및 제약 조건 재검토
설계 버그나 의도하지 않은 논리 변경 → RTL 코드 검토 및 수정
라이브러리나 환경 설정 오류 → 라이브러리 매핑 및 제약 조건 재설정

용어설명

용어	설명
Equivalence Check	합성 전후의 논리적 동등성을 검증하는 필수 과정
RTL-to-GDS 플로우에서 EC 위치	Pre-Layout(5단계)과 Post-Layout(9단계)에서 두 번 수행
Golden	참조 디자인으로 사용되는 RTL 코드
Revised	변경된 디자인으로 사용되는 Gate Level Netlist
Cadence Conformal LEC	업계 표준 논리 동등성 검증 툴
Setup Mode	로그 설정, 라이브러리 로드, 디자인 읽기, 제약 조건 설정 단계
LEC Mode	Compare Point 매핑과 논리 동등성 비교를 수행하는 단계
Compare Point	Primary Input, Primary Output, Sequential Element로 구성되는 비교 지점
Name-based Mapping	신호명을 기반으로 Golden과 Revised를 매핑하는 방식
Function-based Mapping	논리 기능을 분석하여 Golden과 Revised를 매핑하는 방식
비교 결과 분류	Equivalent, Non-equivalent, Inverted Equivalent, Abort로 구분
합성 과정의 변형	논리 최적화, 구조 변경, 타이밍 최적화 등으로 인한 디자인 변화
PASS 결과	RTL과 Gate Level Netlist가 논리적으로 동일함을 의미
실행 방식	GUI 모드와 배치 모드(-NOGui -Dofile) 두 가지 지원
Dofile	반복 검증 작업을 자동화하기 위한 스크립트 파일
Transcript	모든 검증 과정을 추적할 수 있는 로그 파일

부 록

1 스탠다드 셀 라이브러리의 선택 기준

스탠다드 셀 라이브러리는 일반적으로 설계 엔지니어들이 공정 진행을 하기 전에 선택한다. 스탠다드 셀을 선택을 위한 주요 기준은 아래와 같다.

1. 타이밍 마진(Timing Margin)

- 셀 지연 시간이 클럭 주기의 몇 %를 차지하는지 확인 필요
- 일반적으로 지연 시간이 클럭 주기의 70% 이하여야 안정적임
- 셋업(Setup) 및 홀드(Hold) 시간 여유

타이밍 마진 비유

타이밍 마진은 지하철을 타기 위해 역에 도착하는 시간과 유사하다. 열차 출발 5분 전에 도착해야 한다면(셋업 타임), 열차가 8시에 출발할 경우 7시 55분까지는 역에 도착해야 한다. 타이밍 마진이 충분하지 않으면 열차를 놓치게 된다(타이밍 위반).

2. 셋업/홀드 타임(Setup/Hold Time)

- 플립플롭의 셋업 타임: 클럭 에지 전에 데이터가 안정되어야 하는 시간
- 홀드 타임: 클럭 에지 후에 데이터가 안정되어야 하는 시간
- 다양한 동작 조건(PVT)에서의 셋업/홀드 타임 변화

3. 동작 주파수 범위(Operating Frequency Range)

- 셀이 정상 동작하는 최대 주파수
- 다양한 환경 조건(온도, 전압)에서의 안정성
- 주파수 상승에 따른 성능 저하 추이

4. 전력 소모(Power Consumption)

- 동적 전력: 스위칭에 의한 전력 소모
- 정적 전력: 누설 전류에 의한 전력 소모
- 다양한 동작 조건에서의 전력 특성

5. 면적 효율성(Area Efficiency)

- 동일 기능 구현에 필요한 셀 면적
- 배치 및 라우팅 효율성
- 면적과 성능 간의 트레이드-오프

> **실무 팁**
> 실제 칩 설계에서는 이러한 다양한 요소들 사이에 트레이드 오프가 존재한다. 예) 고성능을 요구하는 부분
> – 더 빠른 셀 선택, 반대로 면적이 크고 전력 소모가 많은 셀
>
> 예) 전력 효율이 중요한 부분
> – 저전력 셀 선택, 반대로 느린 셀

이러한 기준들은 실제 산업에서 반도체 설계시 PPA(Performance, Power, Area) 최적화의 핵심 요소이다.

2 스탠다드 셀 .lib 파일이 포함하고 있는 라이브러리 특성 및 셀 리스트

기본적인 Threshold 라이브러리인 svt를 위한 .lib는 여러 개가 있다. 여러 타입의 셀과 Operation Conditon을 타겟하고 있다. .lib 파일별로 어떤 셀을 포함하고 있는지 공식적인 설명이 없어서 필자가 정리하여 나타내었다.

(1) fast_vdd1v0_basicCells.lib : PVT_1P1V_0C

기본 유닛	단위	PVT 항목	Value
cap	1pf	PROCESS	1
current	1mA	Temperature	0 C
Power	1pW	Voltage	1.1v
resistance	1Kohm	VDD	1.1v
Time	1ns	ExtVDD	1.1v
Volt	1V	489 cells including 48 test cells	

	Cell name		Cell name		Cell name		Cell name		Cell name
1	ACHCONX2	15	AND2X2	29	AND4X6	43	AOI211X4	57	AOI22X1
2	ADDFHX1	16	AND2X4	30	AND4X8	44	AOI211XL	58	AOI22X2
3	ADDFHX2	17	AND2X6	31	AND4XL	45	AOI21X1	59	AOI22X4
4	ADDFHX4	18	AND2X8	32	ANTENNA	46	AOI21X2	60	AOI22XL
5	ADDFHXL	19	AND2XL	33	AO21X1	47	AOI21X4	61	AOI2BB1X1
6	ADDFX1	20	AND3X1	34	AO21X2	48	AOI21XL	62	AOI2BB1X2
7	ADDFX2	21	AND3X2	35	AO21X4	49	AOI221X1	63	AOI2BB1X4
8	ADDFX4	22	AND3X4	36	AO21XL	50	AOI221X2	64	AOI2BB1XL
9	ADDFXL	23	AND3X6	37	AO22X1	51	AOI221X4	65	AOI2BB2X1
10	ADDHX1	24	AND3X8	38	AO22X2	52	AOI221XL	66	AOI2BB2X2
11	ADDHX2	25	AND3XL	39	AO22X4	53	AOI222X1	67	AOI2BB2X4
12	ADDHX4	26	AND4X1	40	AO22XL	54	AOI222X2	68	AOI2BB2XL
13	ADDHXL	27	AND4X2	41	AOI211X1	55	AOI222X4	69	AOI31X1
14	AND2X1	28	AND4X4	42	AOI211X2	56	AOI222XL	70	AOI31X2

	Cell name		Cell name		Cell name		Cell name		Cell name
71	AOI31X4	85	BUFX2	99	CLKBUFX2	113	CLKINVX8	127	DFFHQX8
72	AOI31XL	86	BUFX20	100	CLKBUFX20	114	CLKMX2X12	128	DFFNSRX1
73	AOI32X1	87	BUFX3	101	CLKBUFX3	115	CLKMX2X2	129	DFFNSRX2
74	AOI32X2	88	BUFX4	102	CLKBUFX4	116	CLKMX2X3	130	DFFNSRX4
75	AOI32X4	89	BUFX6	103	CLKBUFX6	117	CLKMX2X4	131	DFFNSRXL
76	AOI32XL	90	BUFX8	104	CLKBUFX8	118	CLKMX2X6	132	DFFQX1
77	AOI33X1	91	CLKAND2X12	105	CLKINVX1	119	CLKMX2X8	133	DFFQX2
78	AOI33X2	92	CLKAND2X2	106	CLKINVX12	120	CLKXOR2X1	134	DFFQX4
79	AOI33X4	93	CLKAND2X3	107	CLKINVX16	121	CLKXOR2X2	135	DFFQXL
80	AOI33XL	94	CLKAND2X4	108	CLKINVX2	122	CLKXOR2X4	136	DFFRHQX1
81	BMXIX2	95	CLKAND2X6	109	CLKINVX20	123	CLKXOR2X8	137	DFFRHQX2
82	BMXIX4	96	CLKAND2X8	110	CLKINVX3	124	DFFHQX1	138	DFFRHQX4
83	BUFX12	97	CLKBUFX12	111	CLKINVX4	125	DFFHQX2	139	DFFRHQX8
84	BUFX16	98	CLKBUFX16	112	CLKINVX6	126	DFFHQX4	140	DFFRX1

	Cell name		Cell name		Cell name		Cell name		Cell name
141	DFFRX2	155	DFFSRXL	169	DLY1X4	183	EDFFTRXL	197	INVX8
142	DFFRX4	156	DFFSX1	170	DLY2X1	184	EDFFX1	198	INVXL
143	DFFRXL	157	DFFSX2	171	DLY2X4	185	EDFFX2	199	MDFFHQX1
144	DFFSHQX1	158	DFFSX4	172	DLY3X1	186	EDFFX4	200	MDFFHQX2
145	DFFSHQX2	159	DFFSXL	173	DLY3X4	187	EDFFXL	201	MDFFHQX4
146	DFFSHQX4	160	DFFTRX1	174	DLY4X1	188	HOLDX1	202	MDFFHQX8
147	DFFSHQX8	161	DFFTRX2	175	DLY4X4	189	INVX1	203	MX2X1
148	DFFSRHQX1	162	DFFTRX4	176	EDFFHQX1	190	INVX12	204	MX2X2
149	DFFSRHQX2	163	DFFTRXL	177	EDFFHQX2	191	INVX16	205	MX2X4
150	DFFSRHQX4	164	DFFX1	178	EDFFHQX4	192	INVX2	206	MX2X6
151	DFFSRHQX8	165	DFFX2	179	EDFFHQX8	193	INVX20	207	MX2X8
152	DFFSRX1	166	DFFX4	180	EDFFTRX1	194	INVX3	208	MX2XL
153	DFFSRX2	167	DFFXL	181	EDFFTRX2	195	INVX4	209	MX3X1
154	DFFSRX4	168	DLY1X1	182	EDFFTRX4	196	INVX6	210	MX3X2

	Cell name
211	MX3X4
212	MX3XL
213	MX4X1
214	MX4X2
215	MX4X4
216	MX4XL
217	MXI2X1
218	MXI2X2
219	MXI2X4
220	MXI2X6
221	MXI2X8
222	MXI2XL
223	MXI3X1
224	MXI3X2

	Cell name	Area
225	MXI3X4	
226	MXI3XL	
227	MXI4X1	
228	MXI4X2	
229	MXI4X4	
230	MXI4XL	
231	NAND2BX1	1.368
232	NAND2BX2	2.394
233	NAND2BX4	3.762
234	NAND2BXL	1.368
235	NAND2X1	1.026
236	NAND2X2	1.71
237	NAND2X4	3.1464
238	NAND2X6	4.5657

	Cell name	Area
239	NAND2X8	5.2497
240	NAND2XL	1.026
241	NAND3BX1	
242	NAND3BX2	
243	NAND3BX4	
244	NAND3BXL	
245	NAND3X1	
246	NAND3X2	
247	NAND3X4	
248	NAND3X6	
249	NAND3X8	
250	NAND3XL	
251	NAND4BBX1	
252	NAND4BBX2	

	Cell name
253	NAND4BBX4
254	NAND4BBXL
255	NAND4BX1
256	NAND4BX2
257	NAND4BX4
258	NAND4BXL
259	NAND4X1
260	NAND4X2
261	NAND4X4
262	NAND4X6
263	NAND4X8
264	NAND4XL
265	NOR2BX1
266	NOR2BX2

	Cell name
267	NAND4BX2
268	NAND4BX4
269	NAND4BXL
270	NAND4X1
271	NAND4X2
272	NAND4X4
273	NAND4X6
274	NAND4X8
275	NAND4XL
276	NOR2BX1
277	NOR2BX2
278	NOR2BX4
279	NOR2BXL
280	NOR2X1

	Cell name
281	NOR3X4
282	NOR3X6
283	NOR3X8
284	NOR3XL
285	NOR4BBX1
286	NOR4BBX2
287	NOR4BBX4
288	NOR4BBXL
289	NOR4BX1
290	NOR4BX2
291	NOR4BX4
292	NOR4BXL
293	NOR4X1
294	NOR4X2

	Cell name
295	NOR4X4
296	NOR4X6
297	NOR4X8
298	NOR4XL
299	OA21X1
300	OA21X2
301	OA21X4
302	OA21XL
303	OA22X1
304	OA22X2
305	OA22X4
306	OA22XL
307	OAI211X1
308	OAI211X2

	Cell name
309	OAI211X4
310	OAI211XL
311	OAI21X1
312	OAI21X2
313	OAI21X4
314	OAI21XL
315	OAI221X1
316	OAI221X2
317	OAI221X4
318	OAI221XL
319	OAI222X1
320	OAI222X2
321	OAI222X4
322	OAI222XL

	Cell name
323	OAI22X1
324	OAI22X2
325	OAI22X4
326	OAI22XL
327	OAI2BB1X1
328	OAI2BB1X2
329	OAI2BB1X4
330	OAI2BB1XL
331	OAI2BB2X1
332	OAI2BB2X2
333	OAI2BB2X4
334	OAI2BB2XL
335	OAI31X1
336	OAI31X2

	Cell name
337	OAI31X4
338	OAI31XL
339	OAI32X1
340	OAI32X2
341	OAI32X4
342	OAI32XL
343	OAI33X1
344	OAI33X2
345	OAI33X4
346	OAI33XL
347	OR2X1
348	OR2X2
349	OR2X4
350	OR2X6

	Cell name
351	OR2X8
352	OR2XL
353	OR3X1
354	OR3X2
355	OR3X4
356	OR3X6
357	OR3X8
358	OR3XL
359	OR4X1
360	OR4X2
361	OR4X4
362	OR4X6
363	OR4X8
364	OR4XL

	Cell name	
365	SDFFHQX1	test
366	SDFFHQX2	test
367	SDFFHQX4	test
368	SDFFHQX8	test
369	SDFFNSRX1	test
370	SDFFNSRX2	test
371	SDFFNSRX4	test
372	SDFFNSRXL	test
373	SDFFQX1	test
374	SDFFQX2	test
375	SDFFQX4	test
376	SDFFQXL	test
377	SDFFRHQX1	test
378	SDFFRHQX2	test

	Cell name	
379	SDFFRHQX4	test
380	SDFFRHQX8	test
381	SDFFRX1	test
382	SDFFRX2	test
383	SDFFRX4	test
384	SDFFRXL	test
385	SDFFSHQX1	test
386	SDFFSHQX2	test
387	SDFFSHQX4	test
388	SDFFSHQX8	test
389	SDFFSRHQX1	test
390	SDFFSRHQX2	test
391	SDFFSRHQX4	test
392	SDFFSRHQX8	test

	Cell name	
393	SDFFSRX1	test
394	SDFFSRX2	test
395	SDFFSRX4	test
396	SDFFSRXL	test
397	SDFFSX1	test
398	SDFFSX2	test
399	SDFFSX4	test
400	SDFFSXL	test
401	SDFFTRX1	test
402	SDFFTRX2	test
403	SDFFTRX4	test
404	SDFFTRXL	test
405	SDFFX1	test
406	SDFFX2	test

	Cell name	
407	SDFFX4	test
408	SDFFXL	test
409	SEDFFHQX1	
410	SEDFFHQX2	
411	SEDFFHQX4	
412	SEDFFHQX8	
413	SEDFFTRX1	
414	SEDFFTRX2	
415	SEDFFTRX4	
416	SEDFFTRXL	
417	SEDFFX1	test
418	SEDFFX2	test
419	SEDFFX4	test
420	SEDFFXL	test

	Cell name
421	SMDFFHQX1
422	SMDFFHQX2
423	SMDFFHQX4
424	SMDFFHQX8
425	TBUFX1
426	TBUFX12
427	TBUFX16
428	TBUFX2
429	TBUFX20
430	TBUFX3
431	TBUFX4
432	TBUFX6
433	TBUFX8
434	TBUFXL

	Cell name
435	TIEHI
436	TIELO
437	TLATNCAX12
438	TLATNCAX16
439	TLATNCAX2
440	TLATNCAX20
441	TLATNCAX3
442	TLATNCAX4
443	TLATNCAX6
444	TLATNCAX8
445	TLATNSRX1
446	TLATNSRX2
447	TLATNSRX4
448	TLATNSRXL

	Cell name
449	TLATNTSCAX12
450	TLATNTSCAX16
451	TLATNTSCAX2
452	TLATNTSCAX20
453	TLATNTSCAX3
454	TLATNTSCAX4
455	TLATNTSCAX6
456	TLATNTSCAX8
457	TLATNX1
458	TLATNX2
459	TLATNX4
460	TLATNXL
461	TLATSRX1
462	TLATSRX2

	Cell name
463	TLATSRX4
464	TLATSRXL
465	TLATX1
466	TLATX2
467	TLATX4
468	TLATXL
469	XNOR2X1
470	XNOR2X2
471	XNOR2X4
472	XNOR2XL
473	XNOR3X1
474	XNOR3XL
475	XOR2X1
476	XOR2X2

	Cell name
477	XOR2X4
478	XOR2XL
479	XOR3X1
480	XOR3XL
481	DECAP10
482	DECAP2
483	DECAP3
484	DECAP4
485	DECAP5
486	DECAP6
487	DECAP7
488	DECAP8
489	DECAP9

(2) fast_vdd1v0_extvdd1v0.lib : PVT__1P1V_0C

기본 유닛	단위	PVT 항목	Value
cap	1pf	PROCESS	1
current	1mA	Temperature	0 C
Power	1pW	Voltage	1.1v
resistance	1Kohm	VDD	1.1v
Time	1ns	ExtVDD	1.1v
Volt	1V	51 cells including 16 test cells	

	Cell name		Cell name		Cell name			Cell name	
1	FSWNX1	15	PBUFX2	29	RDFFSRQX1		43	SRDFFNX1	test
2	FSWX1	16	PINVX1	30	RDFFSRX1		44	SRDFFQX1	test
3	HSWDNX1	17	RDFFNQX1	31	RDFFSX1		45	SRDFFRQX1	test
4	HSWDX1	18	RDFFNRQX1	32	RDFFX1		46	SRDFFRX1	test
5	HSWNX1	19	RDFFNRX1	33	RTLATRX1		47	SRDFFSQX1	test
6	HSWX1	20	RDFFNSQX1	34	RTLATSRX1		48	SRDFFSRQX1	test
7	ISOHLDX1_OFF	21	RDFFNSRQX1	35	RTLATX1		49	SRDFFSRX1	test
8	ISOHLDX1_ON	22	RDFFNSRX1	36	SRDFFNQX1	test	50	SRDFFSX1	test
9	ISOHX1_OFF	23	RDFFNSX1	37	SRDFFNRQX1	test	51	SRDFFX1	test
10	ISOHX1_ON	24	RDFFNX1	38	SRDFFNRX1	test			
11	ISOLX1_OFF	25	RDFFQX1	39	SRDFFNSQX1	test			
12	ISOLX1_ON	26	RDFFRQX1	40	SRDFFNSRQX1	test			
13	ISONLX1_OFF	27	RDFFRX1	41	SRDFFNSRX1	test			
14	ISONLX1_ON	28	RDFFSQX1	42	SRDFFNSX1	test			

(3) fast_vdd1v0_extvdd1v2.lib : PVT__1P1V_0C

기본 유닛	단위	PVT 항목	Value
cap	1pf	PROCESS	1
current	1mA	Temperature	0 C
Power	1pW	Voltage	1.1v
resistance	1Kohm	VDD	1.1v
Time	1ns	ExtVDD	1.32v
Volt	1V	10 cells	

	Cell name
1	LSHLX1_TO
2	LSHL_ISOH_X1_TO_ON
3	LSHL_ISOL_X1_TO_ON
4	LSHL_ISONH_X1_TO_ON
5	LSHL_ISONL_X1_TO_ON
6	LSLHX1_FROM
7	LSLH_ISOH_X1_FROM_OFF
8	LSLH_ISOL_X1_FROM_OFF
9	LSLH_ISONH_X1_FROM_OFF
10	LSLH_ISONL_X1_FROM_OFF

(4) fast_vdd1v0_multibitsDFF.lib : PVT_1P1V_0C

기본 유닛	단위	PVT 항목	Value
cap	1pf	PROCESS	1
current	1mA	Temperature	0 C
Power	1pW	Voltage	1.1v
resistance	1Kohm	VDD	1.1v
Time	1ns	ExtVDD	1.1v
Volt	1V	16 cells including 8 test cells	

	Cell name	
1	DFF2RX1	
2	DFF2RX2	
3	DFF2X1	
4	DFF2X2	
5	DFF4RX1	
6	DFF4RX2	
7	DFF4X1	
8	DFF4X2	
9	SDFF2RX1	test
10	SDFF2RX2	test
11	SDFF4RX1	test
12	SDFF4RX2	test
13	SPDFF2RX1	test
14	SPDFF2RX2	test
15	SPDFF4RX1	test
16	SPDFF4RX2	test

(5) fast_vdd1v2_basicCells.lib : PVT_1P32V_0C

기본 유닛	단위	PVT 항목	Value
cap	1pf	PROCESS	1
current	1mA	Temperature	0 C
Power	1pW	Voltage	1.32v
resistance	1Kohm	VDD	1.32v
Time	1ns	ExtVDD	1.32v
Volt	1V	489 cells including 48 test cells	

	Cell name		Cell name		Cell name		Cell name		Cell name
1	ACHCONX2	15	AND2X2	29	AND4X6	43	AOI211X4	57	AOI22X1
2	ADDFHX1	16	AND2X4	30	AND4X8	44	AOI211XL	58	AOI22X2
3	ADDFHX2	17	AND2X6	31	AND4XL	45	AOI21X1	59	AOI22X4
4	ADDFHX4	18	AND2X8	32	ANTENNA	46	AOI21X2	60	AOI22XL
5	ADDFHXL	19	AND2XL	33	AO21X1	47	AOI21X4	61	AOI2BB1X1
6	ADDFX1	20	AND3X1	34	AO21X2	48	AOI21XL	62	AOI2BB1X2
7	ADDFX2	21	AND3X2	35	AO21X4	49	AOI221X1	63	AOI2BB1X4
8	ADDFX4	22	AND3X4	36	AO21XL	50	AOI221X2	64	AOI2BB1XL
9	ADDFXL	23	AND3X6	37	AO22X1	51	AOI221X4	65	AOI2BB2X1
10	ADDHX1	24	AND3X8	38	AO22X2	52	AOI221XL	66	AOI2BB2X2
11	ADDHX2	25	AND3XL	39	AO22X4	53	AOI222X1	67	AOI2BB2X4
12	ADDHX4	26	AND4X1	40	AO22XL	54	AOI222X2	68	AOI2BB2XL
13	ADDHXL	27	AND4X2	41	AOI211X1	55	AOI222X4	69	AOI31X1
14	AND2X1	28	AND4X4	42	AOI211X2	56	AOI222XL	70	AOI31X2

	Cell name		Cell name		Cell name		Cell name		Cell name
71	AOI31X4	85	BUFX2	99	CLKBUFX2	113	CLKINVX8	127	DFFHQX8
72	AOI31XL	86	BUFX20	100	CLKBUFX20	114	CLKMX2X12	128	DFFNSRX1
73	AOI32X1	87	BUFX3	101	CLKBUFX3	115	CLKMX2X2	129	DFFNSRX2
74	AOI32X2	88	BUFX4	102	CLKBUFX4	116	CLKMX2X3	130	DFFNSRX4
75	AOI32X4	89	BUFX6	103	CLKBUFX6	117	CLKMX2X4	131	DFFNSRXL
76	AOI32XL	90	BUFX8	104	CLKBUFX8	118	CLKMX2X6	132	DFFQX1
77	AOI33X1	91	CLKAND2X12	105	CLKINVX1	119	CLKMX2X8	133	DFFQX2
78	AOI33X2	92	CLKAND2X2	106	CLKINVX12	120	CLKXOR2X1	134	DFFQX4
79	AOI33X4	93	CLKAND2X3	107	CLKINVX16	121	CLKXOR2X2	135	DFFQXL
80	AOI33XL	94	CLKAND2X4	108	CLKINVX2	122	CLKXOR2X4	136	DFFRHQX1
81	BMXIX2	95	CLKAND2X6	109	CLKINVX20	123	CLKXOR2X8	137	DFFRHQX2
82	BMXIX4	96	CLKAND2X8	110	CLKINVX3	124	DFFHQX1	138	DFFRHQX4
83	BUFX12	97	CLKBUFX12	111	CLKINVX4	125	DFFHQX2	139	DFFRHQX8
84	BUFX16	98	CLKBUFX16	112	CLKINVX6	126	DFFHQX4	140	DFFRX1

	Cell name
141	DFFRX2
142	DFFRX4
143	DFFRXL
144	DFFSHQX1
145	DFFSHQX2
146	DFFSHQX4
147	DFFSHQX8
148	DFFSRHQX1
149	DFFSRHQX2
150	DFFSRHQX4
151	DFFSRHQX8
152	DFFSRX1
153	DFFSRX2
154	DFFSRX4

	Cell name
155	DFFSRXL
156	DFFSX1
157	DFFSX2
158	DFFSX4
159	DFFSXL
160	DFFTRX1
161	DFFTRX2
162	DFFTRX4
163	DFFTRXL
164	DFFX1
165	DFFX2
166	DFFX4
167	DFFXL
168	DLY1X1

	Cell name
169	DLY1X4
170	DLY2X1
171	DLY2X4
172	DLY3X1
173	DLY3X4
174	DLY4X1
175	DLY4X4
176	EDFFHQX1
177	EDFFHQX2
178	EDFFHQX4
179	EDFFHQX8
180	EDFFTRX1
181	EDFFTRX2
182	EDFFTRX4

	Cell name
183	EDFFTRXL
184	EDFFX1
185	EDFFX2
186	EDFFX4
187	EDFFXL
188	HOLDX1
189	INVX1
190	INVX12
191	INVX16
192	INVX2
193	INVX20
194	INVX3
195	INVX4
196	INVX6

	Cell name
197	INVX8
198	INVXL
199	MDFFHQX1
200	MDFFHQX2
201	MDFFHQX4
202	MDFFHQX8
203	MX2X1
204	MX2X2
205	MX2X4
206	MX2X6
207	MX2X8
208	MX2XL
209	MX3X1
210	MX3X2

	Cell name
211	MX3X4
212	MX3XL
213	MX4X1
214	MX4X2
215	MX4X4
216	MX4XL
217	MXI2X1
218	MXI2X2
219	MXI2X4
220	MXI2X6
221	MXI2X8
222	MXI2XL
223	MXI3X1
224	MXI3X2

	Cell name	Area
225	MXI3X4	
226	MXI3XL	
227	MXI4X1	
228	MXI4X2	
229	MXI4X4	
230	MXI4XL	
231	NAND2BX1	1.368
232	NAND2BX2	2.394
233	NAND2BX4	3.762
234	NAND2BXL	1.368
235	NAND2X1	1.026
236	NAND2X2	1.71
237	NAND2X4	3.1464
238	NAND2X6	4.5657

	Cell name	Area
239	NAND2X8	5.2497
240	NAND2XL	1.026
241	NAND3BX1	
242	NAND3BX2	
243	NAND3BX4	
244	NAND3BXL	
245	NAND3X1	
246	NAND3X2	
247	NAND3X4	
248	NAND3X6	
249	NAND3X8	
250	NAND3XL	
251	NAND4BBX1	
252	NAND4BBX2	

	Cell name
253	NAND4BBX4
254	NAND4BBXL
255	NAND4BX1
256	NAND4BX2
257	NAND4BX4
258	NAND4BXL
259	NAND4X1
260	NAND4X2
261	NAND4X4
262	NAND4X6
263	NAND4X8
264	NAND4XL
265	NOR2BX1
266	NOR2BX2

	Cell name
267	NAND4BX2
268	NAND4BX4
269	NAND4BXL
270	NAND4X1
271	NAND4X2
272	NAND4X4
273	NAND4X6
274	NAND4X8
275	NAND4XL
276	NOR2BX1
277	NOR2BX2
278	NOR2BX4
279	NOR2BXL
280	NOR2X1

	Cell name
281	NOR3X4
282	NOR3X6
283	NOR3X8
284	NOR3XL
285	NOR4BBX1
286	NOR4BBX2
287	NOR4BBX4
288	NOR4BBXL
289	NOR4BX1
290	NOR4BX2
291	NOR4BX4
292	NOR4BXL
293	NOR4X1
294	NOR4X2

	Cell name
295	NOR4X4
296	NOR4X6
297	NOR4X8
298	NOR4XL
299	OA21X1
300	OA21X2
301	OA21X4
302	OA21XL
303	OA22X1
304	OA22X2
305	OA22X4
306	OA22XL
307	OAI211X1
308	OAI211X2

	Cell name
309	OAI211X4
310	OAI211XL
311	OAI21X1
312	OAI21X2
313	OAI21X4
314	OAI21XL
315	OAI221X1
316	OAI221X2
317	OAI221X4
318	OAI221XL
319	OAI222X1
320	OAI222X2
321	OAI222X4
322	OAI222XL

	Cell name
323	OAI22X1
324	OAI22X2
325	OAI22X4
326	OAI22XL
327	OAI2BB1X1
328	OAI2BB1X2
329	OAI2BB1X4
330	OAI2BB1XL
331	OAI2BB2X1
332	OAI2BB2X2
333	OAI2BB2X4
334	OAI2BB2XL
335	OAI31X1
336	OAI31X2

	Cell name		Cell name		Cell name			Cell name	
337	OAI31X4	351	OR2X8	365	SDFFHQX1	test	379	SDFFRHQX4	test
338	OAI31XL	352	OR2XL	366	SDFFHQX2	test	380	SDFFRHQX8	test
339	OAI32X1	353	OR3X1	367	SDFFHQX4	test	381	SDFFRX1	test
340	OAI32X2	354	OR3X2	368	SDFFHQX8	test	382	SDFFRX2	test
341	OAI32X4	355	OR3X4	369	SDFFNSRX1	test	383	SDFFRX4	test
342	OAI32XL	356	OR3X6	370	SDFFNSRX2	test	384	SDFFRXL	test
343	OAI33X1	357	OR3X8	371	SDFFNSRX4	test	385	SDFFSHQX1	test
344	OAI33X2	358	OR3XL	372	SDFFNSRXL	test	386	SDFFSHQX2	test
345	OAI33X4	359	OR4X1	373	SDFFQX1	test	387	SDFFSHQX4	test
346	OAI33XL	360	OR4X2	374	SDFFQX2	test	388	SDFFSHQX8	test
347	OR2X1	361	OR4X4	375	SDFFQX4	test	389	SDFFSRHQX1	test
348	OR2X2	362	OR4X6	376	SDFFQXL	test	390	SDFFSRHQX2	test
349	OR2X4	363	OR4X8	377	SDFFRHQX1	test	391	SDFFSRHQX4	test
350	OR2X6	364	OR4XL	378	SDFFRHQX2	test	392	SDFFSRHQX8	test

	Cell name			Cell name			Cell name		Cell name
393	SDFFSRX1	test	407	SDFFX4	test	421	SMDFFHQX1	435	TIEHI
394	SDFFSRX2	test	408	SDFFXL	test	422	SMDFFHQX2	436	TIELO
395	SDFFSRX4	test	409	SEDFFHQX1		423	SMDFFHQX4	437	TLATNCAX12
396	SDFFSRXL	test	410	SEDFFHQX2		424	SMDFFHQX8	438	TLATNCAX16
397	SDFFSX1	test	411	SEDFFHQX4		425	TBUFX1	439	TLATNCAX2
398	SDFFSX2	test	412	SEDFFHQX8		426	TBUFX12	440	TLATNCAX20
399	SDFFSX4	test	413	SEDFFTRX1		427	TBUFX16	441	TLATNCAX3
400	SDFFSXL	test	414	SEDFFTRX2		428	TBUFX2	442	TLATNCAX4
401	SDFFTRX1	test	415	SEDFFTRX4		429	TBUFX20	443	TLATNCAX6
402	SDFFTRX2	test	416	SEDFFTRXL		430	TBUFX3	444	TLATNCAX8
403	SDFFTRX4	test	417	SEDFFX1	test	431	TBUFX4	445	TLATNSRX1
404	SDFFTRXL	test	418	SEDFFX2	test	432	TBUFX6	446	TLATNSRX2
405	SDFFX1	test	419	SEDFFX4	test	433	TBUFX8	447	TLATNSRX4
406	SDFFX2	test	420	SEDFFXL	test	434	TBUFXL	448	TLATNSRXL

	Cell name		Cell name		Cell name
449	TLATNTSCAX12	463	TLATSRX4	477	XOR2X4
450	TLATNTSCAX16	464	TLATSRXL	478	XOR2XL
451	TLATNTSCAX2	465	TLATX1	479	XOR3X1
452	TLATNTSCAX20	466	TLATX2	480	XOR3XL
453	TLATNTSCAX3	467	TLATX4	481	DECAP10
454	TLATNTSCAX4	468	TLATXL	482	DECAP2
455	TLATNTSCAX6	469	XNOR2X1	483	DECAP3
456	TLATNTSCAX8	470	XNOR2X2	484	DECAP4
457	TLATNX1	471	XNOR2X4	485	DECAP5
458	TLATNX2	472	XNOR2XL	486	DECAP6
459	TLATNX4	473	XNOR3X1	487	DECAP7
460	TLATNXL	474	XNOR3XL	488	DECAP8
461	TLATSRX1	475	XOR2X1	489	DECAP9
462	TLATSRX2	476	XOR2X2		

(6) fast_vdd1v2_extvdd1v0.lib : PVT__1P32V_0C

기본 유닛	단위	PVT 항목	Value
cap	1pf	PROCESS	1
current	1mA	Temperature	0 C
Power	1pW	Voltage	1.32v
resistance	1Kohm	VDD	1.32v
Time	1ns	ExtVDD	1.32v
Volt	1V	10 cells	

	Cell name
1	LSHLX1_TO
2	LSHL_ISOH_X1_TO_ON
3	LSHL_ISOL_X1_TO_ON
4	LSHL_ISONH_X1_TO_ON
5	LSHL_ISONL_X1_TO_ON
6	LSLHX1_FROM
7	LSLH_ISOH_X1_FROM_OFF
8	LSLH_ISOL_X1_FROM_OFF
9	LSLH_ISONH_X1_FROM_OFF
10	LSLH_ISONL_X1_FROM_OFF

(7) fast_vdd1v2_extvdd1v2.lib : PVT__1P32V_0C

기본 유닛	단위	PVT 항목	Value
cap	1pf	PROCESS	1
current	1mA	Temperature	0 C
Power	1pW	Voltage	1.32v
resistance	1Kohm	VDD	1.32v
Time	1ns	ExtVDD	1.32v
Volt	1V	51 cells including 16 test cells	

	Cell name		Cell name		Cell name			Cell name	
1	FSWNX1	15	PBUFX2	29	RDFFSRQX1		43	SRDFFNX1	test
2	FSWX1	16	PINVX1	30	RDFFSRX1		44	SRDFFQX1	test
3	HSWDNX1	17	RDFFNQX1	31	RDFFSX1		45	SRDFFRQX1	test
4	HSWDX1	18	RDFFNRQX1	32	RDFFX1		46	SRDFFRX1	test
5	HSWNX1	19	RDFFNRX1	33	RTLATRX1		47	SRDFFSQX1	test
6	HSWX1	20	RDFFNSQX1	34	RTLATSRX1		48	SRDFFSRQX1	test
7	ISOHLDX1_OFF	21	RDFFNSRQX1	35	RTLATX1		49	SRDFFSRX1	test
8	ISOHLDX1_ON	22	RDFFNSRX1	36	SRDFFNQX1	test	50	SRDFFSX1	test
9	ISOHX1_OFF	23	RDFFNSX1	37	SRDFFNRQX1	test	51	SRDFFX1	test
10	ISOHX1_ON	24	RDFFNX1	38	SRDFFNRX1	test			
11	ISOLX1_OFF	25	RDFFQX1	39	SRDFFNSQX1	test			
12	ISOLX1_ON	26	RDFFRQX1	40	SRDFFNSRQX1	test			
13	ISONLX1_OFF	27	RDFFRX1	41	SRDFFNSRX1	test			
14	ISONLX1_ON	28	RDFFSQX1	42	SRDFFNSX1	test			

(8) fast_vdd1v2_multibitsDFF.lib : PVT_1P32V_0C

기본 유닛	단위	PVT 항목	Value
cap	1pf	PROCESS	1
current	1mA	Temperature	0 C
Power	1pW	Voltage	1.32v
resistance	1Kohm	VDD	1.32v
Time	1ns	ExtVDD	1.32v
Volt	1V	16 cells and 8 test cells	

	Cell name	
1	DFF2RX1	
2	DFF2RX2	
3	DFF2X1	
4	DFF2X2	
5	DFF4RX1	
6	DFF4RX2	
7	DFF4X1	
8	DFF4X2	
9	SDFF2RX1	test
10	SDFF2RX2	test
11	SDFF4RX1	test
12	SDFF4RX2	test
13	SPDFF2RX1	test
14	SPDFF2RX2	test
15	SPDFF4RX1	test
16	SPDFF4RX2	test

(9) slow_vdd1v0_basicCells.lib : PVT_0P9V_125C

기본 유닛	단위	PVT 항목	Value
cap	1pf	PROCESS	1
current	1mA	Temperature	125 C
Power	1pW	Voltage	0.9 v
resistance	1Kohm	VDD	0.9 v
Time	1ns	ExtVDD	0.9 v
Volt	1V	489 cells including 48 test cells	

	Cell name		Cell name		Cell name		Cell name		Cell name
1	ACHCONX2	15	AND2X2	29	AND4X6	43	AOI211X4	57	AOI22X1
2	ADDFHX1	16	AND2X4	30	AND4X8	44	AOI211XL	58	AOI22X2
3	ADDFHX2	17	AND2X6	31	AND4XL	45	AOI21X1	59	AOI22X4
4	ADDFHX4	18	AND2X8	32	ANTENNA	46	AOI21X2	60	AOI22XL
5	ADDFHXL	19	AND2XL	33	AO21X1	47	AOI21X4	61	AOI2BB1X1
6	ADDFX1	20	AND3X1	34	AO21X2	48	AOI21XL	62	AOI2BB1X2
7	ADDFX2	21	AND3X2	35	AO21X4	49	AOI221X1	63	AOI2BB1X4
8	ADDFX4	22	AND3X4	36	AO21XL	50	AOI221X2	64	AOI2BB1XL
9	ADDFXL	23	AND3X6	37	AO22X1	51	AOI221X4	65	AOI2BB2X1
10	ADDHX1	24	AND3X8	38	AO22X2	52	AOI221XL	66	AOI2BB2X2
11	ADDHX2	25	AND3XL	39	AO22X4	53	AOI222X1	67	AOI2BB2X4
12	ADDHX4	26	AND4X1	40	AO22XL	54	AOI222X2	68	AOI2BB2XL
13	ADDHXL	27	AND4X2	41	AOI211X1	55	AOI222X4	69	AOI31X1
14	AND2X1	28	AND4X4	42	AOI211X2	56	AOI222XL	70	AOI31X2

	Cell name		Cell name		Cell name		Cell name		Cell name
71	AOI31X4	85	BUFX2	99	CLKBUFX2	113	CLKINVX8	127	DFFHQX8
72	AOI31XL	86	BUFX20	100	CLKBUFX20	114	CLKMX2X12	128	DFFNSRX1
73	AOI32X1	87	BUFX3	101	CLKBUFX3	115	CLKMX2X2	129	DFFNSRX2
74	AOI32X2	88	BUFX4	102	CLKBUFX4	116	CLKMX2X3	130	DFFNSRX4
75	AOI32X4	89	BUFX6	103	CLKBUFX6	117	CLKMX2X4	131	DFFNSRXL
76	AOI32XL	90	BUFX8	104	CLKBUFX8	118	CLKMX2X6	132	DFFQX1
77	AOI33X1	91	CLKAND2X12	105	CLKINVX1	119	CLKMX2X8	133	DFFQX2
78	AOI33X2	92	CLKAND2X2	106	CLKINVX12	120	CLKXOR2X1	134	DFFQX4
79	AOI33X4	93	CLKAND2X3	107	CLKINVX16	121	CLKXOR2X2	135	DFFQXL
80	AOI33XL	94	CLKAND2X4	108	CLKINVX2	122	CLKXOR2X4	136	DFFRHQX1
81	BMXIX2	95	CLKAND2X6	109	CLKINVX20	123	CLKXOR2X8	137	DFFRHQX2
82	BMXIX4	96	CLKAND2X8	110	CLKINVX3	124	DFFHQX1	138	DFFRHQX4
83	BUFX12	97	CLKBUFX12	111	CLKINVX4	125	DFFHQX2	139	DFFRHQX8
84	BUFX16	98	CLKBUFX16	112	CLKINVX6	126	DFFHQX4	140	DFFRX1

	Cell name
141	DFFRX2
142	DFFRX4
143	DFFRXL
144	DFFSHQX1
145	DFFSHQX2
146	DFFSHQX4
147	DFFSHQX8
148	DFFSRHQX1
149	DFFSRHQX2
150	DFFSRHQX4
151	DFFSRHQX8
152	DFFSRX1
153	DFFSRX2
154	DFFSRX4

	Cell name
155	DFFSRXL
156	DFFSX1
157	DFFSX2
158	DFFSX4
159	DFFSXL
160	DFFTRX1
161	DFFTRX2
162	DFFTRX4
163	DFFTRXL
164	DFFX1
165	DFFX2
166	DFFX4
167	DFFXL
168	DLY1X1

	Cell name
169	DLY1X4
170	DLY2X1
171	DLY2X4
172	DLY3X1
173	DLY3X4
174	DLY4X1
175	DLY4X4
176	EDFFHQX1
177	EDFFHQX2
178	EDFFHQX4
179	EDFFHQX8
180	EDFFTRX1
181	EDFFTRX2
182	EDFFTRX4

	Cell name
183	EDFFTRXL
184	EDFFX1
185	EDFFX2
186	EDFFX4
187	EDFFXL
188	HOLDX1
189	INVX1
190	INVX12
191	INVX16
192	INVX2
193	INVX20
194	INVX3
195	INVX4
196	INVX6

	Cell name
197	INVX8
198	INVXL
199	MDFFHQX1
200	MDFFHQX2
201	MDFFHQX4
202	MDFFHQX8
203	MX2X1
204	MX2X2
205	MX2X4
206	MX2X6
207	MX2X8
208	MX2XL
209	MX3X1
210	MX3X2

	Cell name
211	MX3X4
212	MX3XL
213	MX4X1
214	MX4X2
215	MX4X4
216	MX4XL
217	MXI2X1
218	MXI2X2
219	MXI2X4
220	MXI2X6
221	MXI2X8
222	MXI2XL
223	MXI3X1
224	MXI3X2

	Cell name	Area
225	MXI3X4	
226	MXI3XL	
227	MXI4X1	
228	MXI4X2	
229	MXI4X4	
230	MXI4XL	
231	NAND2BX1	1.368
232	NAND2BX2	2.394
233	NAND2BX4	3.762
234	NAND2BXL	1.368
235	NAND2X1	1.026
236	NAND2X2	1.71
237	NAND2X4	3.1464
238	NAND2X6	4.5657

	Cell name	Area
239	NAND2X8	5.2497
240	NAND2XL	1.026
241	NAND3BX1	
242	NAND3BX2	
243	NAND3BX4	
244	NAND3BXL	
245	NAND3X1	
246	NAND3X2	
247	NAND3X4	
248	NAND3X6	
249	NAND3X8	
250	NAND3XL	
251	NAND4BBX1	
252	NAND4BBX2	

	Cell name
253	NAND4BBX4
254	NAND4BBXL
255	NAND4BX1
256	NAND4BX2
257	NAND4BX4
258	NAND4BXL
259	NAND4X1
260	NAND4X2
261	NAND4X4
262	NAND4X6
263	NAND4X8
264	NAND4XL
265	NOR2BX1
266	NOR2BX2

	Cell name
267	NAND4BX2
268	NAND4BX4
269	NAND4BXL
270	NAND4X1
271	NAND4X2
272	NAND4X4
273	NAND4X6
274	NAND4X8
275	NAND4XL
276	NOR2BX1
277	NOR2BX2
278	NOR2BX4
279	NOR2BXL
280	NOR2X1

	Cell name
281	NOR3X4
282	NOR3X6
283	NOR3X8
284	NOR3XL
285	NOR4BBX1
286	NOR4BBX2
287	NOR4BBX4
288	NOR4BBXL
289	NOR4BX1
290	NOR4BX2
291	NOR4BX4
292	NOR4BXL
293	NOR4X1
294	NOR4X2

	Cell name
295	NOR4X4
296	NOR4X6
297	NOR4X8
298	NOR4XL
299	OA21X1
300	OA21X2
301	OA21X4
302	OA21XL
303	OA22X1
304	OA22X2
305	OA22X4
306	OA22XL
307	OAI211X1
308	OAI211X2

	Cell name
309	OAI211X4
310	OAI211XL
311	OAI21X1
312	OAI21X2
313	OAI21X4
314	OAI21XL
315	OAI221X1
316	OAI221X2
317	OAI221X4
318	OAI221XL
319	OAI222X1
320	OAI222X2
321	OAI222X4
322	OAI222XL

	Cell name
323	OAI22X1
324	OAI22X2
325	OAI22X4
326	OAI22XL
327	OAI2BB1X1
328	OAI2BB1X2
329	OAI2BB1X4
330	OAI2BB1XL
331	OAI2BB2X1
332	OAI2BB2X2
333	OAI2BB2X4
334	OAI2BB2XL
335	OAI31X1
336	OAI31X2

	Cell name
337	OAI31X4
338	OAI31XL
339	OAI32X1
340	OAI32X2
341	OAI32X4
342	OAI32XL
343	OAI33X1
344	OAI33X2
345	OAI33X4
346	OAI33XL
347	OR2X1
348	OR2X2
349	OR2X4
350	OR2X6

	Cell name
351	OR2X8
352	OR2XL
353	OR3X1
354	OR3X2
355	OR3X4
356	OR3X6
357	OR3X8
358	OR3XL
359	OR4X1
360	OR4X2
361	OR4X4
362	OR4X6
363	OR4X8
364	OR4XL

	Cell name	
365	SDFFHQX1	test
366	SDFFHQX2	test
367	SDFFHQX4	test
368	SDFFHQX8	test
369	SDFFNSRX1	test
370	SDFFNSRX2	test
371	SDFFNSRX4	test
372	SDFFNSRXL	test
373	SDFFQX1	test
374	SDFFQX2	test
375	SDFFQX4	test
376	SDFFQXL	test
377	SDFFRHQX1	test
378	SDFFRHQX2	test

	Cell name	
379	SDFFRHQX4	test
380	SDFFRHQX8	test
381	SDFFRX1	test
382	SDFFRX2	test
383	SDFFRX4	test
384	SDFFRXL	test
385	SDFFSHQX1	test
386	SDFFSHQX2	test
387	SDFFSHQX4	test
388	SDFFSHQX8	test
389	SDFFSRHQX1	test
390	SDFFSRHQX2	test
391	SDFFSRHQX4	test
392	SDFFSRHQX8	test

	Cell name	
393	SDFFSRX1	test
394	SDFFSRX2	test
395	SDFFSRX4	test
396	SDFFSRXL	test
397	SDFFSX1	test
398	SDFFSX2	test
399	SDFFSX4	test
400	SDFFSXL	test
401	SDFFTRX1	test
402	SDFFTRX2	test
403	SDFFTRX4	test
404	SDFFTRXL	test
405	SDFFX1	test
406	SDFFX2	test

	Cell name	
407	SDFFX4	test
408	SDFFXL	test
409	SEDFFHQX1	
410	SEDFFHQX2	
411	SEDFFHQX4	
412	SEDFFHQX8	
413	SEDFFTRX1	
414	SEDFFTRX2	
415	SEDFFTRX4	
416	SEDFFTRXL	
417	SEDFFX1	test
418	SEDFFX2	test
419	SEDFFX4	test
420	SEDFFXL	test

	Cell name
421	SMDFFHQX1
422	SMDFFHQX2
423	SMDFFHQX4
424	SMDFFHQX8
425	TBUFX1
426	TBUFX12
427	TBUFX16
428	TBUFX2
429	TBUFX20
430	TBUFX3
431	TBUFX4
432	TBUFX6
433	TBUFX8
434	TBUFXL

	Cell name
435	TIEHI
436	TIELO
437	TLATNCAX12
438	TLATNCAX16
439	TLATNCAX2
440	TLATNCAX20
441	TLATNCAX3
442	TLATNCAX4
443	TLATNCAX6
444	TLATNCAX8
445	TLATNSRX1
446	TLATNSRX2
447	TLATNSRX4
448	TLATNSRXL

	Cell name
449	TLATNTSCAX12
450	TLATNTSCAX16
451	TLATNTSCAX2
452	TLATNTSCAX20
453	TLATNTSCAX3
454	TLATNTSCAX4
455	TLATNTSCAX6
456	TLATNTSCAX8
457	TLATNX1
458	TLATNX2
459	TLATNX4
460	TLATNXL
461	TLATSRX1
462	TLATSRX2

	Cell name
463	TLATSRX4
464	TLATSRXL
465	TLATX1
466	TLATX2
467	TLATX4
468	TLATXL
469	XNOR2X1
470	XNOR2X2
471	XNOR2X4
472	XNOR2XL
473	XNOR3X1
474	XNOR3XL
475	XOR2X1
476	XOR2X2

	Cell name
477	XOR2X4
478	XOR2XL
479	XOR3X1
480	XOR3XL
481	DECAP10
482	DECAP2
483	DECAP3
484	DECAP4
485	DECAP5
486	DECAP6
487	DECAP7
488	DECAP8
489	DECAP9

(10) slow_vdd1v0_extvdd1v0.lib : PVT__0P9V_125C

기본 유닛	단위	PVT 항목	Value
cap	1pf	PROCESS	1
current	1mA	Temperature	125 C
Power	1pW	Voltage	0.9 v
resistance	1Kohm	VDD	0.9 v
Time	1ns	ExtVDD	0.9 v
Volt	1V	51 cells including 16 test cells	

	Cell name		Cell name		Cell name			Cell name	
1	FSWNX1	15	PBUFX2	29	RDFFSRQX1		43	SRDFFNX1	test
2	FSWX1	16	PINVX1	30	RDFFSRX1		44	SRDFFQX1	test
3	HSWDNX1	17	RDFFNQX1	31	RDFFSX1		45	SRDFFRQX1	test
4	HSWDX1	18	RDFFNRQX1	32	RDFFX1		46	SRDFFRX1	test
5	HSWNX1	19	RDFFNRX1	33	RTLATRX1		47	SRDFFSQX1	test
6	HSWX1	20	RDFFNSQX1	34	RTLATSRX1		48	SRDFFSRQX1	test
7	ISOHLDX1_OFF	21	RDFFNSRQX1	35	RTLATX1		49	SRDFFSRX1	test
8	ISOHLDX1_ON	22	RDFFNSRX1	36	SRDFFNQX1	test	50	SRDFFSX1	test
9	ISOHX1_OFF	23	RDFFNSX1	37	SRDFFNRQX1	test	51	SRDFFX1	test
10	ISOHX1_ON	24	RDFFNX1	38	SRDFFNRX1	test			
11	ISOLX1_OFF	25	RDFFQX1	39	SRDFFNSQX1	test			
12	ISOLX1_ON	26	RDFFRQX1	40	SRDFFNSRQX1	test			
13	ISONLX1_OFF	27	RDFFRX1	41	SRDFFNSRX1	test			
14	ISONLX1_ON	28	RDFFSQX1	42	SRDFFNSX1	test			

(11) slow_vdd1v0_extvdd1v2.lib : PVT__0P9V_125C

기본 유닛	단위	PVT 항목	Value
cap	1pf	PROCESS	1
current	1mA	Temperature	125 C
Power	1pW	Voltage	0.9 v
resistance	1Kohm	VDD	0.9 v
Time	1ns	ExtVDD	1.08 v
Volt	1V	10 cells	

	Cell name
1	LSHLX1_TO
2	LSHL_ISOH_X1_TO_ON
3	LSHL_ISOL_X1_TO_ON
4	LSHL_ISONH_X1_TO_ON
5	LSHL_ISONL_X1_TO_ON
6	LSLHX1_FROM
7	LSLH_ISOH_X1_FROM_OFF
8	LSLH_ISOL_X1_FROM_OFF
9	LSLH_ISONH_X1_FROM_OFF
10	LSLH_ISONL_X1_FROM_OFF

(12) slow_vdd1v0_multibitsDFF.lib PVT_0P9V_125C

기본 유닛	단위	PVT 항목	Value
cap	1pf	PROCESS	1
current	1mA	Temperature	125 C
Power	1pW	Voltage	0.9 v
resistance	1Kohm	VDD	0.9 v
Time	1ns	ExtVDD	0.9 v
Volt	1V	16 cells including 8 test cells	

	Cell name	
1	DFF2RX1	
2	DFF2RX2	
3	DFF2X1	
4	DFF2X2	
5	DFF4RX1	
6	DFF4RX2	
7	DFF4X1	
8	DFF4X2	
9	SDFF2RX1	test
10	SDFF2RX2	test
11	SDFF4RX1	test
12	SDFF4RX2	test
13	SPDFF2RX1	test
14	SPDFF2RX2	test
15	SPDFF4RX1	test
16	SPDFF4RX2	test

(13) slow_vdd1v2_basicCells.lib : PVT_1P08V_125C

기본 유닛	단위	PVT 항목	Value
cap	1pf	PROCESS	1
current	1mA	Temperature	125 C
Power	1pW	Voltage	1.08 v
resistance	1Kohm	VDD	1.08 v
Time	1ns	ExtVDD	1.08 v
Volt	1V	489 cells including 48 test cells	

	Cell name		Cell name		Cell name		Cell name		Cell name
1	ACHCONX2	15	AND2X2	29	AND4X6	43	AOI211X4	57	AOI22X1
2	ADDFHX1	16	AND2X4	30	AND4X8	44	AOI211XL	58	AOI22X2
3	ADDFHX2	17	AND2X6	31	AND4XL	45	AOI21X1	59	AOI22X4
4	ADDFHX4	18	AND2X8	32	ANTENNA	46	AOI21X2	60	AOI22XL
5	ADDFHXL	19	AND2XL	33	AO21X1	47	AOI21X4	61	AOI2BB1X1
6	ADDFX1	20	AND3X1	34	AO21X2	48	AOI21XL	62	AOI2BB1X2
7	ADDFX2	21	AND3X2	35	AO21X4	49	AOI221X1	63	AOI2BB1X4
8	ADDFX4	22	AND3X4	36	AO21XL	50	AOI221X2	64	AOI2BB1XL
9	ADDFXL	23	AND3X6	37	AO22X1	51	AOI221X4	65	AOI2BB2X1
10	ADDHX1	24	AND3X8	38	AO22X2	52	AOI221XL	66	AOI2BB2X2
11	ADDHX2	25	AND3XL	39	AO22X4	53	AOI222X1	67	AOI2BB2X4
12	ADDHX4	26	AND4X1	40	AO22XL	54	AOI222X2	68	AOI2BB2XL
13	ADDHXL	27	AND4X2	41	AOI211X1	55	AOI222X4	69	AOI31X1
14	AND2X1	28	AND4X4	42	AOI211X2	56	AOI222XL	70	AOI31X2

	Cell name		Cell name		Cell name		Cell name		Cell name
71	AOI31X4	85	BUFX2	99	CLKBUFX2	113	CLKINVX8	127	DFFHQX8
72	AOI31XL	86	BUFX20	100	CLKBUFX20	114	CLKMX2X12	128	DFFNSRX1
73	AOI32X1	87	BUFX3	101	CLKBUFX3	115	CLKMX2X2	129	DFFNSRX2
74	AOI32X2	88	BUFX4	102	CLKBUFX4	116	CLKMX2X3	130	DFFNSRX4
75	AOI32X4	89	BUFX6	103	CLKBUFX6	117	CLKMX2X4	131	DFFNSRXL
76	AOI32XL	90	BUFX8	104	CLKBUFX8	118	CLKMX2X6	132	DFFQX1
77	AOI33X1	91	CLKAND2X12	105	CLKINVX1	119	CLKMX2X8	133	DFFQX2
78	AOI33X2	92	CLKAND2X2	106	CLKINVX12	120	CLKXOR2X1	134	DFFQX4
79	AOI33X4	93	CLKAND2X3	107	CLKINVX16	121	CLKXOR2X2	135	DFFQXL
80	AOI33XL	94	CLKAND2X4	108	CLKINVX2	122	CLKXOR2X4	136	DFFRHQX1
81	BMXIX2	95	CLKAND2X6	109	CLKINVX20	123	CLKXOR2X8	137	DFFRHQX2
82	BMXIX4	96	CLKAND2X8	110	CLKINVX3	124	DFFHQX1	138	DFFRHQX4
83	BUFX12	97	CLKBUFX12	111	CLKINVX4	125	DFFHQX2	139	DFFRHQX8
84	BUFX16	98	CLKBUFX16	112	CLKINVX6	126	DFFHQX4	140	DFFRX1

	Cell name		Cell name		Cell name		Cell name		Cell name
141	DFFRX2	155	DFFSRXL	169	DLY1X4	183	EDFFTRXL	197	INVX8
142	DFFRX4	156	DFFSX1	170	DLY2X1	184	EDFFX1	198	INVXL
143	DFFRXL	157	DFFSX2	171	DLY2X4	185	EDFFX2	199	MDFFHQX1
144	DFFSHQX1	158	DFFSX4	172	DLY3X1	186	EDFFX4	200	MDFFHQX2
145	DFFSHQX2	159	DFFSXL	173	DLY3X4	187	EDFFXL	201	MDFFHQX4
146	DFFSHQX4	160	DFFTRX1	174	DLY4X1	188	HOLDX1	202	MDFFHQX8
147	DFFSHQX8	161	DFFTRX2	175	DLY4X4	189	INVX1	203	MX2X1
148	DFFSRHQX1	162	DFFTRX4	176	EDFFHQX1	190	INVX12	204	MX2X2
149	DFFSRHQX2	163	DFFTRXL	177	EDFFHQX2	191	INVX16	205	MX2X4
150	DFFSRHQX4	164	DFFX1	178	EDFFHQX4	192	INVX2	206	MX2X6
151	DFFSRHQX8	165	DFFX2	179	EDFFHQX8	193	INVX20	207	MX2X8
152	DFFSRX1	166	DFFX4	180	EDFFTRX1	194	INVX3	208	MX2XL
153	DFFSRX2	167	DFFXL	181	EDFFTRX2	195	INVX4	209	MX3X1
154	DFFSRX4	168	DLY1X1	182	EDFFTRX4	196	INVX6	210	MX3X2

	Cell name		Cell name	Area		Cell name	Area		Cell name
211	MX3X4	225	MXI3X4		239	NAND2X8	5.2497	253	NAND4BBX4
212	MX3XL	226	MXI3XL		240	NAND2XL	1.026	254	NAND4BBXL
213	MX4X1	227	MXI4X1		241	NAND3BX1		255	NAND4BX1
214	MX4X2	228	MXI4X2		242	NAND3BX2		256	NAND4BX2
215	MX4X4	229	MXI4X4		243	NAND3BX4		257	NAND4BX4
216	MX4XL	230	MXI4XL		244	NAND3BXL		258	NAND4BXL
217	MXI2X1	231	NAND2BX1	1.368	245	NAND3X1		259	NAND4X1
218	MXI2X2	232	NAND2BX2	2.394	246	NAND3X2		260	NAND4X2
219	MXI2X4	233	NAND2BX4	3.762	247	NAND3X4		261	NAND4X4
220	MXI2X6	234	NAND2BXL	1.368	248	NAND3X6		262	NAND4X6
221	MXI2X8	235	NAND2X1	1.026	249	NAND3X8		263	NAND4X8
222	MXI2XL	236	NAND2X2	1.71	250	NAND3XL		264	NAND4XL
223	MXI3X1	237	NAND2X4	3.1464	251	NAND4BBX1		265	NOR2BX1
224	MXI3X2	238	NAND2X6	4.5657	252	NAND4BBX2		266	NOR2BX2

	Cell name		Cell name		Cell name		Cell name		Cell name
267	NAND4BX2	281	NOR3X4	295	NOR4X4	309	OAI211X4	323	OAI22X1
268	NAND4BX4	282	NOR3X6	296	NOR4X6	310	OAI211XL	324	OAI22X2
269	NAND4BXL	283	NOR3X8	297	NOR4X8	311	OAI21X1	325	OAI22X4
270	NAND4X1	284	NOR3XL	298	NOR4XL	312	OAI21X2	326	OAI22XL
271	NAND4X2	285	NOR4BBX1	299	OA21X1	313	OAI21X4	327	OAI2BB1X1
272	NAND4X4	286	NOR4BBX2	300	OA21X2	314	OAI21XL	328	OAI2BB1X2
273	NAND4X6	287	NOR4BBX4	301	OA21X4	315	OAI221X1	329	OAI2BB1X4
274	NAND4X8	288	NOR4BBXL	302	OA21XL	316	OAI221X2	330	OAI2BB1XL
275	NAND4XL	289	NOR4BX1	303	OA22X1	317	OAI221X4	331	OAI2BB2X1
276	NOR2BX1	290	NOR4BX2	304	OA22X2	318	OAI221XL	332	OAI2BB2X2
277	NOR2BX2	291	NOR4BX4	305	OA22X4	319	OAI222X1	333	OAI2BB2X4
278	NOR2BX4	292	NOR4BXL	306	OA22XL	320	OAI222X2	334	OAI2BB2XL
279	NOR2BXL	293	NOR4X1	307	OAI211X1	321	OAI222X4	335	OAI31X1
280	NOR2X1	294	NOR4X2	308	OAI211X2	322	OAI222XL	336	OAI31X2

	Cell name
337	OAI31X4
338	OAI31XL
339	OAI32X1
340	OAI32X2
341	OAI32X4
342	OAI32XL
343	OAI33X1
344	OAI33X2
345	OAI33X4
346	OAI33XL
347	OR2X1
348	OR2X2
349	OR2X4
350	OR2X6

	Cell name
351	OR2X8
352	OR2XL
353	OR3X1
354	OR3X2
355	OR3X4
356	OR3X6
357	OR3X8
358	OR3XL
359	OR4X1
360	OR4X2
361	OR4X4
362	OR4X6
363	OR4X8
364	OR4XL

	Cell name	
365	SDFFHQX1	test
366	SDFFHQX2	test
367	SDFFHQX4	test
368	SDFFHQX8	test
369	SDFFNSRX1	test
370	SDFFNSRX2	test
371	SDFFNSRX4	test
372	SDFFNSRXL	test
373	SDFFQX1	test
374	SDFFQX2	test
375	SDFFQX4	test
376	SDFFQXL	test
377	SDFFRHQX1	test
378	SDFFRHQX2	test

	Cell name	
379	SDFFRHQX4	test
380	SDFFRHQX8	test
381	SDFFRX1	test
382	SDFFRX2	test
383	SDFFRX4	test
384	SDFFRXL	test
385	SDFFSHQX1	test
386	SDFFSHQX2	test
387	SDFFSHQX4	test
388	SDFFSHQX8	test
389	SDFFSRHQX1	test
390	SDFFSRHQX2	test
391	SDFFSRHQX4	test
392	SDFFSRHQX8	test

	Cell name	
393	SDFFSRX1	test
394	SDFFSRX2	test
395	SDFFSRX4	test
396	SDFFSRXL	test
397	SDFFSX1	test
398	SDFFSX2	test
399	SDFFSX4	test
400	SDFFSXL	test
401	SDFFTRX1	test
402	SDFFTRX2	test
403	SDFFTRX4	test
404	SDFFTRXL	test
405	SDFFX1	test
406	SDFFX2	test

	Cell name	
407	SDFFX4	test
408	SDFFXL	test
409	SEDFFHQX1	
410	SEDFFHQX2	
411	SEDFFHQX4	
412	SEDFFHQX8	
413	SEDFFTRX1	
414	SEDFFTRX2	
415	SEDFFTRX4	
416	SEDFFTRXL	
417	SEDFFX1	test
418	SEDFFX2	test
419	SEDFFX4	test
420	SEDFFXL	test

	Cell name
421	SMDFFHQX1
422	SMDFFHQX2
423	SMDFFHQX4
424	SMDFFHQX8
425	TBUFX1
426	TBUFX12
427	TBUFX16
428	TBUFX2
429	TBUFX20
430	TBUFX3
431	TBUFX4
432	TBUFX6
433	TBUFX8
434	TBUFXL

	Cell name
435	TIEHI
436	TIELO
437	TLATNCAX12
438	TLATNCAX16
439	TLATNCAX2
440	TLATNCAX20
441	TLATNCAX3
442	TLATNCAX4
443	TLATNCAX6
444	TLATNCAX8
445	TLATNSRX1
446	TLATNSRX2
447	TLATNSRX4
448	TLATNSRXL

	Cell name
449	TLATNTSCAX12
450	TLATNTSCAX16
451	TLATNTSCAX2
452	TLATNTSCAX20
453	TLATNTSCAX3
454	TLATNTSCAX4
455	TLATNTSCAX6
456	TLATNTSCAX8
457	TLATNX1
458	TLATNX2
459	TLATNX4
460	TLATNXL
461	TLATSRX1
462	TLATSRX2

	Cell name
463	TLATSRX4
464	TLATSRXL
465	TLATX1
466	TLATX2
467	TLATX4
468	TLATXL
469	XNOR2X1
470	XNOR2X2
471	XNOR2X4
472	XNOR2XL
473	XNOR3X1
474	XNOR3XL
475	XOR2X1
476	XOR2X2

	Cell name
477	XOR2X4
478	XOR2XL
479	XOR3X1
480	XOR3XL
481	DECAP10
482	DECAP2
483	DECAP3
484	DECAP4
485	DECAP5
486	DECAP6
487	DECAP7
488	DECAP8
489	DECAP9

(14) slow_vdd1v2_extvdd1v0.lib : PVT__1P08V_125C

기본 유닛	단위	PVT 항목	Value
cap	1pf	PROCESS	1
current	1mA	Temperature	125 C
Power	1pW	Voltage	1.08 v
resistance	1Kohm	VDD	1.08 v
Time	1ns	ExtVDD	0.9 v
Volt	1V	10 cells	

	Cell name
1	LSHLX1_TO
2	LSHL_ISOH_X1_TO_ON
3	LSHL_ISOL_X1_TO_ON
4	LSHL_ISONH_X1_TO_ON
5	LSHL_ISONL_X1_TO_ON
6	LSLHX1_FROM
7	LSLH_ISOH_X1_FROM_OFF
8	LSLH_ISOL_X1_FROM_OFF
9	LSLH_ISONH_X1_FROM_OFF
10	LSLH_ISONL_X1_FROM_OFF

(15) slow_vdd1v2_extvdd1v2.lib : PVT__1P08V_125C

기본 유닛	단위	PVT 항목	Value
cap	1pf	PROCESS	1
current	1mA	Temperature	125 C
Power	1pW	Voltage	1.08 v
resistance	1Kohm	VDD	1.08 v
Time	1ns	ExtVDD	1.08 v
Volt	1V	51 cells including 16 test cells	

	Cell name		Cell name		Cell name			Cell name	
1	FSWNX1	15	PBUFX2	29	RDFFSRQX1		43	SRDFFNX1	test
2	FSWX1	16	PINVX1	30	RDFFSRX1		44	SRDFFQX1	test
3	HSWDNX1	17	RDFFNQX1	31	RDFFSX1		45	SRDFFRQX1	test
4	HSWDX1	18	RDFFNRQX1	32	RDFFX1		46	SRDFFRX1	test
5	HSWNX1	19	RDFFNRX1	33	RTLATRX1		47	SRDFFSQX1	test
6	HSWX1	20	RDFFNSQX1	34	RTLATSRX1		48	SRDFFSRQX1	test
7	ISOHLDX1_OFF	21	RDFFNSRQX1	35	RTLATX1		49	SRDFFSRX1	test
8	ISOHLDX1_ON	22	RDFFNSRX1	36	SRDFFNQX1	test	50	SRDFFSX1	test
9	ISOHX1_OFF	23	RDFFNSX1	37	SRDFFNRQX1	test	51	SRDFFX1	test
10	ISOHX1_ON	24	RDFFNX1	38	SRDFFNRX1	test			
11	ISOLX1_OFF	25	RDFFQX1	39	SRDFFNSQX1	test			
12	ISOLX1_ON	26	RDFFRQX1	40	SRDFFNSRQX1	test			
13	ISONLX1_OFF	27	RDFFRX1	41	SRDFFNSRX1	test			
14	ISONLX1_ON	28	RDFFSQX1	42	SRDFFNSX1	test			

(16) slow_vdd1v2_multibitsDFF.lib : PVT_1P08V_125C

기본 유닛	단위	PVT 항목	Value
cap	1pf	PROCESS	1
current	1mA	Temperature	125 C
Power	1pW	Voltage	1.08 v
resistance	1Kohm	VDD	1.08 v
Time	1ns	ExtVDD	1.08 v
Volt	1V	16 cells including 8 test cells	

	Cell name	
1	DFF2RX1	
2	DFF2RX2	
3	DFF2X1	
4	DFF2X2	
5	DFF4RX1	
6	DFF4RX2	
7	DFF4X1	
8	DFF4X2	
9	SDFF2RX1	test
10	SDFF2RX2	test
11	SDFF4RX1	test
12	SDFF4RX2	test
13	SPDFF2RX1	test
14	SPDFF2RX2	test
15	SPDFF4RX1	test
16	SPDFF4RX2	test

3 공정 코너와 Operating Condition

스탠다드 셀 라이브러리는 일반적으로 공정의 정보를 담고 있다. 그 정보 중 가장 중요한 것으로서 코너라는 것을 이해해보자. 코너는 칩이 동작할 수 있는 상황을 뜻하는데 Process, Voltage, Temperature 즉 PVT 라는 이름으로 정의된다. 종류와 특징은 아래와 같다.

(1) Slow 코너

칩이 느리게 동작할 수 있는 상황을 뜻함. 즉 최악의 타이밍 조건이기 때문에 느린 것으로서, 높은 온도와 낮은 전압이 공급되는 상황으로 이해할 것.

(2) Fast 코너

칩이 빠르게 동작할 수 있는 상황을 뜻함. 즉 최선의 타이밍 조건이기 때문에 빠른 것으로서, 낮은 온도와 높은 전압이 공급되는 상황으로 이해할 것.

(3) Typical 코너

칩이 동작하기에 일반적인 상황을 뜻함. 상온과 적당한 전압이 공급되는 상황으로 이해할 것.

온도부터 살펴보자. 반도체는 일반적으로 온도가 낮으면 빨리 동작한다. 쉽게 말해서 같은 AND 게이트라 하더라도 온도가 낮으면 빨리 출력할 수 있는 것이다. 자칫 잘못 생각하면 금속의 성질을 떠올려서 온도가 높으면 금속이 조금 녹거나 연하게 되어 빠른 특성을 보인다고 생각할 수 있지만, 실리콘은 그 반대다.

공급 전압이다. 가장 먼저 기준 전압이라는 것이 있고, 그 기준 대비 +- 10%씩을 고려해서 총 3단계의 전압이 칩에 들어갈 수 있다고 생각하면 된다. 밥이라고 생각하면 쉬운데, 밥을 많이 먹으면 힘을 많이 낼 수 있는 것처럼 10% 높은 전압을 부여하면 같은 AND 게이트라 하더라도 빠른 출력이 가능한 것이다.

그래서 많은 라이브러리 파일 중에는 높은 전압과 낮은 온도를 부여했을 때의 PVT 특성을 갖는 .lib파일이 있고, 반대로 낮은 전압과 높은 온도를 부여했을 때의 PVT 특성을 갖는 .lib파일이 있다. GPDK045의 경우 Threshold 특징으로 라이브러리를 분류한 뒤, 여러 PVT 특성으로 재차 분류가 가능하다. 아래 표를 참고하기 바란다.

[표 A-1] basicbells.lib 만 기재

Threshold	File	PVT SUMMARY
hvt	fast_vdd1v0_basicCells_hvt.lib	PVT_1P1V_0C
	fast_vdd1v2_basicCells_hvt.lib	PVT_1P32V_0C
	slow_vdd1v0_basicCells_hvt.lib	PVT_0P9V_125C
	slow_vdd1v2_basicCells_hvt.lib	PVT_1P08V_125C
svt	fast_vdd1v0_basicCells.lib	PVT_1P1V_0C
	fast_vdd1v2_basicCells.lib	PVT_1P32V_0C
	slow_vdd1v0_basicCells.lib	PVT_0P9V_125C
	slow_vdd1v2_basicCells.lib	PVT_1P08V_125C
lvt	fast_vdd1v0_basicCells_lvt.lib	PVT_1P1V_0C
	fast_vdd1v2_basicCells_lvt.lib	PVT_1P32V_0C
	slow_vdd1v0_basicCells_lvt.lib	PVT_0P9V_125C
	slow_vdd1v2_basicCells_lvt.lib	PVT_1P08V_125C

이 중 본 교재에서는 fast_vdd1v0_basicCells.lib와 slow_vdd1v0_basicCells.lib 파일을 사용하였다. 각각 Best, Worst 코너를 상징하고 있어서 결과로 구현한 칩이 2개의 상황에서도 모두 잘 동작할 수 있도록 하는 것을 목표로 한다.

저자 소개

선혜승

- 前, 한국폴리텍대학 반도체융합캠퍼스 교수
- 現, 카이스트 반도체설계교육센터(IDEC) 책임연구원

Cadence® Channel Partner 나인플러스아이티(주) 기술연구개발팀

Cadence®로 배우는 Arm® 기반 SoC 설계

디지털 반도체 설계

Digital Front-End

1판 1쇄 2025년 8월 25일

저 자	선혜승 / 나인플러스아이티(주) 기술연구개발팀
발행인	송광헌
발행처	**북두(더)**
주 소	서울특별시 영등포구 경인로82길 3-4 센터플러스 807호 (우) 07371
전 화	02-2164-2580
FAX	02-2164-2584
등 록	1993. 11. 22. 제 10-902 호

정가 : 33,000원

ISBN : 979-11-6675-643-6 93560

한국과학기술출판협회 회원사